"十二五"职业教育国家规划教材

经全国职业教育教材审定委员会审定

供高专高职医药卫生类专业使用

计算机基础与应用

第二版

U0210010

主　编　陈典全　崔金梅

副主编　薛洲恩　赵　娟　施宏伟

编　者　（按姓氏汉语拼音排序）

陈典全　重庆医药高等专科学校

陈建丽　四川护理职业学院

崔金梅　山西医科大学汾阳学院

何　艳　重庆医药高等专科学校

洪　辉　商丘医学高等专科学校

刘金花　山西医科大学汾阳学院

施宏伟　吉林大学通化医药学院

宋克强　四川护理职业学院

薛洲恩　湖北三峡职业技术学院

姚玉献　南阳医学高等专科学校

张　明　辽宁医药职业学院

赵　娟　承德护理职业学院

科 学 出 版 社

北 京

内 容 简 介

　　本书主要介绍计算机的基础知识，包括计算机的产生过程、计算机的特点、计算机系统组成、软件与硬件系统中的常用概念、计算机的工作原理及计算机信息系统安全知识。着重介绍计算机操作系统的功能、Windows 7 的特点及基本操作、计算机的软硬件资源的管理理念和手段。在常用办公软件中，本书介绍文字处理软件 Word 2010、数据处理软件电子表格 Excel 2010、电子演示文稿幻灯片 PowerPoint 2010 的功能和操作技巧及应用，并简单介绍了数据库的基础知识和 Access 2010 的功能，以便指导学生用 Access 2010 进行简单的数据处理。

　　本书对计算机网络系统的基础知识，局域网络系统，Internet 的基本组成及常用网络设备的功能及用途，计算机网络的工作原理及相关网络协议的功能，局域网中设置共享资源，获取共享资源，连接 Internet 的主要方式，使用 IE 浏览器访问指定的网站，搜索引擎检索信息，查阅资料，下载文件，电子邮件的基础知识，发电子邮件等作了较为详细的介绍。此外，对多媒体技术的基础及计算机技术在医院信息管理系统和医学影像存档系统中的应用作了简单介绍。让学生学习这门课程后，可以掌握较为完整的计算机应用基础知识和技能。

　　本书可供高专高职医药卫生类专业使用。

图书在版编目 (CIP) 数据

计算机基础与应用 / 陈典全，崔金梅主编. —2 版. —北京: 科学出版社，2016.6

"十二五"职业教育国家规划教材

ISBN 978-7-03-047180-2

Ⅰ. 计… Ⅱ. ①陈… ②崔… Ⅲ. 电子计算机 – 高等学校 – 教材 Ⅳ. TP3

中国版本图书馆 CIP 数据核字 (2016) 第 008709 号

责任编辑：张立丽 / 责任校对：彭 涛
责任印制：赵 博 / 封面设计：张佩战

科 学 出 版 社 出版

北京东黄城根北街 16 号
邮政编码：100717
http://www.sciencep.com

北京汇瑞嘉合文化发展有限公司 印刷
科学出版社发行 各地新华书店经销

*

2016 年 6 月第 一 版　开本：787 × 1092　1/16
2019 年 5 月第六次印刷　印张：19
字数：450 000

定价：69.80 元
（如有印装质量问题，我社负责调换）

前　言

　　随着高等职业教育进一步深入发展，培养高素质技术型职业人才是时代的需要和全社会的迫切需求。计算机基础与应用教学在职业院校的教学中是必修课程。计算机科学既是一门技术课程，又是一门文化课程。在信息技术飞速发展的大背景下，计算机科学技术既是学生必须具备的科学文化知识，又是学生职业生涯必不可少的使用工具。如何提高学生的计算机应用能力，增强学生利用计算机网络资源优化自身知识结构及技能水平的自觉性，以及如何将学生由被动学习变为主动学习已成为高素质技能型人才培养过程中的重要命题。近几年，计算机科学技术发展很快，软硬件更新更快，为了适应当前高职高专学校教育教学改革的趋势，满足高职院校计算机应用基础课程教学的要求，在原有教材编写的基础之上，重新编写了《计算机基础与应用（第二版）》教材。

　　《计算机基础与应用（第二版）》教材在保持原有教材特色的基础上，既具有应用计算机的基础知识，又具有实用的操作技能及明确的课程教学目标。本书采用任务驱动的方式来完成教学目标，努力使学生知道：我为什么要学？学了我能干什么？我需要具有哪些计算机的知识和操作技能？让学生怀揣梦想，明确任务，带着强烈好奇心去学习这门课程里所讲述的知识和操作技能，试着完成任务，并享受成功的喜悦！我们强调的是"用"，以及要"用"而所需的文化、思想、方法、知识及技能。所以我们的教材编写模式是：任务，相关知识与技能，实施方案。这是我们编写这本教材的特色。我们对实践性较强的每一章内容，都尽可能设有一个总任务，把总任务又分成多个子任务，在每一节中分阶段完成。当本章教学内容完成后，这个总任务也随之完成，这是本书的亮点。本书的另一特色是：知识学有所用，内容翔实，可浅可深，结合全国计算机等级考试内容，给予考点提示。还有相关知识链接，扩大学生知识面。每章有学习目标和小结，还配有上机操作训练题、理论习题及参考答案。操作部分有具体详细的操作步骤，附有相应图片，结合课件演示，可操作性强，便于学生自学。本书还配有课件，便于教师教学时使用。本书具有易学易教的特点，它既是一本教科书，又是一本实验教材。新教材内容更贴近生活，体现科学性、文化性、实用性、新颖性，重基础、重技术、重应用，供高专高职医药卫生类专业使用，教师可根据实际情况选用教学内容。

　　教材内容升级为 Windows 7 和 Office 2010 版本，在保持原版教材基本内容不变的情况下，更加注意新软件的新特点、新思维、新技术，以及新操作理念的变化，更新编写思想、操作方法和步骤，添加重要新功能介绍和应用，完善第一版编写内容和练习题。新版教材内容更新、语言更准确、结构更合理、布局更科学、操作更简洁。

　　本书编者都是长期在教学一线从事计算机基础课程教学和教育研究工作的教师。在编写过程中，编者参考了教育部制定的《高职高专计算机公共课程教学基本要求》和《大学计算机教学基本要求》，并将长期积累的教学经验和体会融入到教材的各个部分，采用情景化案例教学的理念设计课程标准并组织全书的内容编写。同时，本书将使学生做到掌握技能与获取合格证书的有效统一。

　　本书凝聚了《计算机基础与应用（第二版）》教材编写组全体同仁的心力和智慧。第一章计算机基础知识由四川护理职业学院宋克强、陈建丽老师编写，第二章中文操作系统Windows 7 的应用由湖北三峡职业技术学院薛洲恩老师编写，第三章 Word 2010 的应用由山西医科大学汾阳学院崔金梅老师编写，第四章 Excel 2010 的应用由重庆医药高等专科学校陈典全老师编写，第五章 PowerPoint 2010 的应用由承德护理职业学院赵娟老师编写，第六章Access 2010 的应用由山西医科大学汾阳学院刘金花老师编写，第七章计算机网络应用由南阳医学高等专科学校姚玉献老师编写，第八章多媒体技术基础由商丘医学高等专科学校洪辉老师编写，第九章医学信息应用基础由山西医科大学汾阳学院刘金花老师编写。第一章～第四章理论练习题及操作题由重庆医药高等专科学校何艳老师编写，第五章～第九章理论练习题及操作题由辽宁医药职业学院张明老师编写。由吉林大学通化医药学院施宏伟老师录制操作视频以及进行部分章节审稿。在此非常感谢大家的共同努力。

　　限于编者水平，书中难免存在不足之处，恳请广大读者批评指正。

编　者

2016 年 1 月

目　录

第一章 计算机基础知识

学习目标

1. 了解计算机的发展过程、社会贡献及未来发展方向
2. 了解计算机中信息的表示方法，掌握 ASCII 码和常用的汉字编码的特点
3. 了解计算机信息表示中各种进制的特点，并掌握它们之间的转换方法
4. 了解计算机的工作原理，掌握计算机软硬件系统的组成和各部分的功能
5. 掌握微型计算机硬件系统的组成部件及各部件的功能特点
6. 了解计算机键盘和汉字输入法的基础知识，掌握键盘输入法的基本操作

电子计算机是 20 世纪人类最重大的科技发明之一。它的出现为人类社会进入信息化时代奠定了坚实的基础，从发明到现在，经过 70 年的发展，计算机从解决人类的计算问题开始，到也能解决人类的非计算机问题，计算机的应用已经渗透到社会的各个领域，有力地推动了其他科学技术的发展，对人们的学习、工作和生活产生了巨大的影响。本章主要介绍计算机的产生、发展和特点，计算机中数据、字符和汉字的编码，计算机系统的组成及工作原理，微机系统的主要硬件及功能等。

第一节　计算机简介

一、任　务

任务 1：了解计算机的发展历史。
任务 2：认识计算机各个发展阶段中的特点。
任务 3：认识各种类型的计算机。
任务 4：熟悉计算机的应用领域。

二、相关知识与技能

（一）计算机的诞生

为了解决导弹弹道计算问题，1946 年 2 月，世界上第一台电子数字计算机 ENIAC（Electronic Numerical Integrator And Calculator）在美国的宾夕法尼亚大学诞生，如图 1-1 所示。该机器使用了 18 800 个电子管、1500 个继电器、8000 多个电阻电容，占地 170 平方米，重量达 30 吨，耗电 150 千瓦，耗资 40 万美元，每秒钟能完成 5000 次加法运算、300 次乘法运算。

图 1-1　第一台电子计算机

它的出现标志着计算机时代的到来，具有划时代的伟大意义，揭开了人类科技的新纪元。

从计算机诞生到现在，计算机技术发展迅猛，如今已经渗透到社会的各个领域，并逐步改变着人们的生活方式。一般根据计算机所使用的主要物理器件，将计算机的发展划分为四个阶段，也称为计算机发展的四个时代。

1. 第一代计算机（1946～1957年），电子管时代　这个阶段的计算机，其用途逐步从早期的军事领域向其他科研方面扩展，其代表机型为 ENIAC。主要特点是：以电子管作为主要的电子元器件；内存储器开始使用水银延迟线或者静电存储器，后来采用磁芯，大小只有几 KB；外存储器有穿孔纸带、卡片、磁鼓等；程序设计语言主要采用机器语言和汇编语言；运算速度慢，每秒钟几千次到几万次；造价高，体积庞大，耗电量高，可靠性差，维护困难；主要应用于科学计算。

 **链　接**

历史上的计算工具

在人类历史发展的长河中，由于生产和生活的需要，人们陆续发明了许许多多的计算工具，从早期的算筹、结绳，到算盘、机械加法器，再到手摇式计算机、电子计算机等。计算工具的发展也促进了人类社会的不断进步。

2. 第二代计算机（1958～1964年），晶体管时代　晶体管和磁芯存储器导致了第二代计算机的产生，其代表机型为 IBM 700 系列。主要特点是：采用晶体管作为计算机的基本电子元器件；用磁芯作为主存储器，大小有几十 KB，外存储器有穿孔纸带、磁鼓、磁盘、磁带；程序设计语言有了较大发展，已逐步使用高级语言，如 COBOL 和 FORTRAN 等，以单词、语句和数学公式代替了含混的二进制机器码，使计算机编程更容易；提出了操作系统的概念；运算速度有了较大的提高，每秒钟达到了几十万次到上百万次；计算机的应用扩展到了事务处理和工业自动控制方面。

3. 第三代计算机（1965～1970年），集成电路时代　在这个阶段，集成电路、中小规模集成电路逐渐成为制造计算机主要元器件的材料，其代表机型有 IBM System 360 系列机，这一时期计算机的特征是：采用中小规模集成电路替代了分立的晶体管元件，体积进一步缩小，功耗更低，使用寿命增长；内存使用半导体存储器，存储容量增大，可以达到兆字节；运算速度更快，每秒钟达到了几百万次，最高每秒钟可达上千万次；使用了操作系统，使得计算机在中心程序的控制协调下可以同时运行许多不同的程序；高级语言数量增多，提出了结构化程序的设计思想，计算机的设计开始朝着系列化、标准化和通用化的方向发展；计算机的功能更强，应用范围更加广泛，已扩大到文字处理和辅助设计等领域。

4. 第四代计算机（1971年至今），大规模和超大规模集成电路时代　1971年，Intel 公司研制出了第一代微处理器，这标志着计算机的发展进入到了大规模和超大规模集成电路时代，这一时期的计算机整体性能在不断提高。其主要特点是：应用大规模、超大规模集成电路逻辑元件，体积和价格不断下降，功能和可靠性不断增强；这一时期主存储器采用集成度更高的半导体芯片，存储容量可达几十兆到几十吉字节（GigaByte，又称千兆字节），内存得到了更大的发展；外存储器主要有磁带、磁盘和光盘；运算速度加快，每秒钟可达几百万次到上万亿次；操作系统不断发展和完善，出现了形形色色的应用软件，加速了计算机向各个领域及家庭的普及；计算机网络，成为联系各行各业的纽带，影响和改变着人们认识世界、获取信息的方式，计算机进入了网络时代，整个世界朝着信息化、多元化、全球化的方向发展。

考点提示：计算机的发展阶段

 **链　接**

我国的计算机研制

　　我国于1956年开始研制计算机，1958年，我国第一台计算机103型通用数字电子计算机研制成功，运行速度每秒1500次；1973年，第一台每秒百万次集成电路计算机研制成功；1977年，第一台微型计算机DJS050机研制成功；1983年，银河1号巨型计算机研制成功，运行速度每秒1亿次。随后，我国的计算机得到了迅猛的发展，尤其巨型机的发展已经跻身世界前列。

（二）计算机的特点

　　1. 运算速度快　当今计算机的运算速度已达到每秒上千万亿次，微机也可达每秒亿次以上。国际权威组织于2014年11月24日公布：全球运算速度最快的计算机是中国的天河二号，以每秒33.86千万亿次的浮点运算速度位居世界榜首。随着计算机技术的不断发展，计算机的运算速度还在提高，使大量复杂的科学计算问题得以解决。例如，卫星轨道、大型水坝、天气预报、人口普查等计算工作，过去依靠人工计算，需要几年、几十年，而现在用计算机只需要几天甚至几分钟就可以完成。

　　2. 计算精度高　科学技术的发展特别是尖端科学技术的发展，需要高度精确的计算。航天卫星能够发射到太空、高精密仪器能够设计制造、导弹能够准确地击中目标，这些都与计算机的精确计算分不开。电子计算机的计算精度在理论上不受限制，一般计算机可以有十几位甚至几十位（二进制）有效数字，计算精度可由千分之几到百万分之几。通过一定的技术手段，计算机可以实现任何精度要求，这是其他计算工具都望尘莫及的。

　　3. 具有记忆和逻辑判断能力　计算机的存储器可以存储大量的数据，这使计算机具有了"记忆"功能。计算机的存储器由内存储器和外存储器组成，现代计算机的内存容量已达到几百兆甚至上千兆，而外存更有惊人的容量，随着计算机存储容量的不断增大，可存储记忆的信息也会越来越多。

　　计算机的运算器除了能够完成基本的算术运算外，还具有对各种信息进行比较、判断等逻辑运算的功能。这种能力是计算机处理逻辑推理问题的前提，可以使用其进行诸如资料分类、情报检索等具有逻辑加工性质的工作。

　　4. 具有自动控制能力　计算机内部操作是根据人们事先编好的程序自动控制进行的。用户根据需要事先设计运行步骤与程序，计算机在程序控制下自动严格地按步骤运行，整个过程不需要人工干预。由于采用程序存储方式，一旦输入编制好的程序，启动计算机后，就能自动地执行直到完成任务，而其他计算工具不具备这一特点，这是计算机最突出的特点。

　　5. 可靠性高、通用性强　计算机技术已经非常成熟，除非人为操作失误，计算机一般不会出现错误。现代计算机连续无故障运行时间可达到几十万小时以上，可靠性非常高，各行各业都在使用计算机处理相关工作。

　　另外，计算机只要安装上相应的软件，就几乎能够顺利地解决自然科学和社会科学中一切类型的问题，因而具有很强的稳定性和通用性，能广泛应用于各个领域。

　　　　　　　　　　　　　　　　　　　考点提示：计算机的特点

（三）计算机分类及社会贡献

　　1. 计算机分类　随着计算机应用领域的不断扩大，人们研制出了不同类型的计算机。计算机有很多种分类方法，一般情况下，计算机可按处理对象、用途或规模和性能等进行不同的分类。

　　1）按计算机处理数据的方式分类

　　可分为数字计算机、模拟计算机和数模混合计算机三大类。

2）按计算机的功能和用途分类

可分为专用计算机和通用计算机。

3）按计算机的规模和性能分类

可分为巨型机、大型机、小型机、工作站和微型机。

（1）巨型机。巨型机也称超级计算机，有极高的运算能力和高可靠性。巨型机的特点是运算速度更快、内存容量更大、功能更强。目前世界上只有少数几个国家能生产巨型机。巨型机一般应用于尖端科学技术和军事国防系统的研究开发，如核武器设计、空间技术、石油勘探、天气预报等领域。我国自主研发的银河系列机、天河一号、天河二号等都是巨型机，能否研制巨型机是衡量一个国家经济实力和科学水平的重要标志之一。

（2）大型机。大型机的特点是具有大容量的内存和外存、综合处理能力强、通用性较好、性能覆盖面广，主要应用在银行、政府、大公司、高等院校科研组织、社会管理机构等部门。大型机在未来将被赋予更多的使命，如企业内部的信息管理与安全保护、大型事务处理等。

（3）小型机。小型机规模小，结构简单，价格便宜，可靠性高，对运行环境要求低，容易操作且维护费用低，广泛应用于中小型公司和企事业单位。

（4）工作站。工作站是介于小型机和个人计算机之间的一种高档微型计算机。它配备了大容量的内、外存储器和高分辨率的大屏幕显示器，具有较高的运算速度和较强的性能，是专长于处理某些特殊事物的计算机，主要应用于计算机辅助设计、图像处理、网络管理等方面。

（5）微型机。微型机又称个人计算机（Personal Computer，PC），是日常生活中使用最多、最普遍的计算机，具有价格便宜、体积小、功耗低、性能可靠、使用方便、软件丰富、功能日益增强等特点。现在微型计算机已经应用到了各行各业，成为人们学习、工作、生活的重要工具。

考点提示：计算机的类型

2. 计算机的主要应用　计算机自出现以来获得了飞速发展，被广泛应用于各个领域，对社会各方面起着越来越重要的作用。计算机的应用概括起来主要有以下几个方面。

（1）科学计算。科学计算也叫数值计算，主要是解决科学研究、工程技术等领域的数值计算问题，是计算机最早的应用领域，如应用于人造卫星轨道测算、水利枢纽、地震分析、地质勘探、天气预报、航天飞机、导弹拦截等大量的数值计算与分析。由于计算机具有高速度、高精度、大存储容量和高度自动化的特点，因此特别适合计算工作量大、数值变化范围大的科学研究和工程设计。

（2）数据处理。数据处理即信息处理，是指对大量的原始数据进行采集、整理、转换、加工、存储、传播以供检索、再生和利用。数据处理是目前计算机应用最多的一个领域，其特点是要处理的原始数据量大，而运算比较简单，有大量的逻辑运算。目前，计算机信息处理已经广泛应用于办公自动化、文字处理、情报检索、医疗诊断、会计电算化、电影电视动画设计、企业计算机辅助管理等各行各业。信息处理为社会经济管理和决策提供了新的技术手段，提高了办公自动化水平，从而大大提高了政府、企业等部门的办事效率。随着信息化社会的不断发展，数据处理的范围还将不断扩大。

（3）计算机辅助系统。计算机辅助系统主要包括计算机辅助设计（Computer Aided Design，CAD）、计算机辅助制造（Computer Aided Manufacturing，CAM）和计算机辅助教学（Computer Aided Instruction，CAI）等。

计算机辅助设计是指利用计算机的计算、图形化等功能，帮助设计人员进行设计工作。由于计算机具有快速的数值计算、较强的数据处理及模拟的能力，它能使设计标准化、科学化、自动化。计算机辅助设计技术广泛应用于工程施工图设计、模型设计、机械制造设计、影视制作等行业。使用计算机辅助设计技术不但降低了设计人员的工作量，还提高了设计质量，缩短了设计周期，更提高了设计的自动化水平。

计算机辅助制造是指利用计算机对生产设备进行管理、控制和操作，完成产品加工、装配、检测、包装等过程。使用计算机辅助设计的产品，可以直接通过专门的加工制造设备自动生产出来。利用计算机辅助制造可以缩短生产周期，提高产品质量，降低成本。

计算机辅助教学是指，在计算机辅助下进行的各种教学活动以对话方式与学生讨论教学内容、安排教学进程、进行教学训练的方法与技术。计算机辅助教学能利用文字、声音、图形、图像等信息制作各种各样的交互式授课、练习与测试等模式的多媒体课件，综合利用计算机的多媒体、超文本、人工智能及知识库等技术，帮助教师教学，指导学生自主学习。计算机辅助教学克服了传统的教学方式单一、片面的缺点，减轻了教师的教学负担，能有效地缩短学习时间、提高教学质量和教学效率，在现代教育技术中起着非常重要的作用。

（4）过程控制。又称实时控制，是指利用计算机实时采集和检测数据，对数据进行分析处理，再根据既定标准按最佳值迅速地对控制对象进行自动控制和自动调节，是计算机的另一个广泛应用领域。计算机过程控制具有良好的实时性、高性能等特点，利用计算机对工业生产过程或设备的运行过程进行状态检测并实施自动控制，不仅可以大大提高控制的自动化水平，而且可以提高控制的及时性和准确性，从而改善劳动条件、提高产品质量和生产效率。过程控制主要应用于生产线控制、加工控制、飞行控制、交通控制等，如冶金、石油、化工、纺织、机械、航天等方面。

（5）人工智能。人工智能（Artificial Intelligence，AI）是利用计算机模仿人类大脑的推理和决策等智能活动，如理解、判断、学习、图像和物体的识别等。人工智能是计算机应用的一个新的领域，在这方面的研究和应用还处于发展阶段，但在医疗诊断、语言翻译、定理证明、机器人等方面已有了显著的成效。目前一些智能系统已经能够代替人类的部分脑力劳动，例如，我国已研发成功的一些中医专家诊断系统，可以模拟医生给患者诊断病情、开处方。而机器人具有感知和理解周围环境，使用语言、推理、规划和操作等技能，模仿人类完成某些动作，代替人类做一些诸如搬运、焊接、喷漆、装配等繁重的工作，还能在放射、污染、有毒、高温、高压、水下等危险的环境中进行工作。

（6）计算机网络。计算机网络，是指利用通信设备和线路将分布在不同地理位置上的、功能独立的多个计算机连接起来，在功能完善的网络软件支持下实现资源共享和高效通信的系统。计算机网络是计算机技术与通信技术高度发展与结合的产物。人们依靠计算机网络可以进行信息查询、收发邮件、文件传输、远程登录等，计算机网络已进入千家万户，给人们的生活带来了极大的便利。

（7）云计算。云计算是一种资料的合理共享。云计算很美，很飘逸，也很虚拟化。云计算利用计算机网络能够把各种业务相关的上下游企业及顾客整合到一个基于云的统一应用、信息共享的虚拟化商业平台上，甚至实现跨行业的信息整合，从而实现外部经营模式的创新、协同业务伙伴共同创造竞争蓝海。例如，IBM 公司依靠分布于全球 13 个云计算中心的支持，帮助规模不等的各行业组织建立云基础架构，提供实现云的技术和产品，管理云计算中心，协助企业快速实现商业创新与变革、优化流程、降低成本、整合上下游合作伙伴并建立创新的产业生态链。

考点提示：计算机的主要应用领域

（四）计算机的发展趋势

未来计算机的发展将朝着巨型化、微型化、网络化和智能化等方向发展。未来计算机将是人工智能、并行处理、纳米技术、神经元网络和生物芯片等技术相互结合的产物，具有感知能力、思考能力、判断能力、学习能力和一定的自然语言能力。新型的计算机必将推动新一轮计算技术革命，未来计算机将发展到一个更高、更先进的水平。

第二节 计算机中信息的表示（数字化）

一、任 务

任务 1：熟悉计算机内部数据的表示方法。

任务 2：二进制数据的算数运算和逻辑运算。

任务 3：各进制数之间的相互转换。

二、相关知识与技能

人类用文字、图表、数字记录着世界上各种各样的信息，便于人们进行处理和交流。现在把这些信息都输入到计算机中，由计算机来处理和保存。当代冯·诺依曼型计算机使用二进制来表示数据，本节所要讨论的就是如何利用二进制来表示各种数据。

（一）二进制数及运算

1. 数制的基本概念 数制就是用一组固定的符号和统一的规则来表示数值的方法。按进位的原则进行计数的数制称为进位计数制，简称计数制。人们在日常生活和工作中，习惯使用十进制计数制。十进制计数制使用 0、1、2、3、4、5、6、7、8、9 共 10 个数字符号，并按照"逢十进一"的规则进行计数。

在生活中，数制的种类是多种多样的，除了十进制外，还大量使用各种不同的进位计数制：钟表计时采用的 60 秒等于 1 分、60 分等于 1 小时的六十进制；7 天等于一周的七进制；12 个月等于一年、12 个物品等于一打的十二进制；计算机中使用的二进制等。无论使用哪种进制，数值的表示都包含两个基本要素：基数和位权。

基数是指某数制中所使用的数字字符的个数。例如，十进制使用 0、1、2、3、4、5、6、7、8、9 这 10 个不同的符号来表示数值，数字字符的总个数为 10，基数就为 10；二进制使用 0、1 两个不同的符号来表示数值，数字字符的总个数为 2，基数就为 2；八进制使用 8 个不同的符号 0、1、2、3、4、5、6、7 表示数值，基数为 8；十六进制使用 16 个不同的符号 0、1、2、3、4、5、6、7、8、9、A、B、C、D、E、F 表示数值，基数为 16。

每一种数制能够使用的基本数字符号称为数码。每一种数制中最小的数码都是 0，而最大的数码都比基数小 1。既然有不同的进制数，那么给出一个数时就必须指明它属于哪一种进制数。不同进制数中的数据可以用加下标或后缀这两种书写方法来区分。例如，二进制数 10111 可以写成 $(10111)_2$ 或 10111B；八进制数 715 可以写成 $(715)_8$ 或 715O；十六进制数 3AF 可以写成 $(3AF)_{16}$ 或 3AFH；十进制数 135 可以写成 $(135)_{10}$ 或 135D，但通常十进制数使用得最为普遍，所以没用下标或后缀标识的数字便默认为十进制数，十进制数 135 可以直接写成 135。

各种数制有一个共同的特点，即在一个数中，相同数字符号在不同的数位上表示的数值不同。例如，十进制数 333.3 中有 4 个数码 3，它们所表示的值从左到右依次是 300、30、3 和 0.3。该数可以表示为

$$333.3=3 \times 10^2+3 \times 10^1+3 \times 10^0+3 \times 10^{-1}$$

我们把以基数为底的整数次幂称为位权。任何数制中，一个数字在某个固定位置上所代表的值与其所处的位置有关，每个位置都存在一个常数，这个常数就是位权，简称权。从小数点开始，自右向左整数位的位权依次是 10^0、$10^1 10^2 \cdots$，自左向右小数位的位权依次是 10^{-1}、10^{-2}、10^{-3}、$\cdots$。上式被称为按权展开式。

同理，二进制数 1011.1B 的按权展开式为

$$1011.1B=1 \times 2^3+0 \times 2^2+1 \times 2^1+1 \times 2^0+1 \times 2^{-1}$$

每一位的位权都是以基数 2 为底的整数次幂，而每一位的值都等于该位置上的数码与该

位置位权的乘积。

由此可见，任意 R 进制数的值都可以写成该进制数中各位数码本身的值与其位权乘积之和的形式。因此，任意一个具有 n 位整数和 m 位小数的 R 进制数 N 的按权展开式为

$$(N)_R = a_{n-1} \times R^{n-1} + a_{n-2} \times R^{n-2} + \cdots + a_0 \times R^0 + a_{-1} \times R^{-1} + \cdots + a_{-m} \times R^{-m}$$

值得注意的是，利用按权展开的方法，可以把任意数制的一个数转换成等值的十进制数。

2. 常用数制　计算机领域常用的数制有四种，即十进制、二进制、八进制和十六进制。十进制大家非常熟悉，二进制是计算机中使用的基本数制，由于数值较大的二进制数的位数较多，不方便书写、阅读及记忆，所以经常使用八进制数或十六进制数进行书写，我们可以把八进制和十六进制看成是二进制的压缩形式。四种常用数制对照表如表 1-1 所示。

3. 二进制的运算规则

1）算数运算规则

（1）加法规则：0+0=0，0+1=1，1+0=1，1+1=10。

（2）减法规则：0-0=0，1-0=1，1-1=0，10-1=1。

（3）乘法规则：0×0=0，0×1=0，1×0=0，1×1=1。

（4）除法规则：0÷1=0，1÷1=1。

2）逻辑运算规则

（1）逻辑"与"运算（AND）：0∧0=0，0∧1=0，1∧0=0，1∧1=1。

（2）逻辑"或"运算（OR）：0∨0=0，0∨1=1，1∨0=1，1∨1=1。

（3）逻辑"非"运算（NOT）：$\overline{0}=1$，$\overline{1}=0$。

（4）逻辑"异或"运算（XOR）：0⊕0=0，0⊕1=1，1⊕0=1，1⊕1=0。

表 1-1　各种数制对照表

十进制	二进制	八进制	十六进制
0	0000	0	0
1	0001	1	1
2	0010	2	2
3	0011	3	3
4	0100	4	4
5	0101	5	5
6	0110	6	6
7	0111	7	7
8	1000	10	8
9	1001	11	9
10	1010	12	A
11	1011	13	B
12	1100	14	C
13	1101	15	D
14	1110	16	E
15	1111	17	F

链　接

计算机的逻辑运算与算术运算的主要区别

逻辑运算是按位进行的，位与位之间不像加减运算那样有进位或借位的关系。

考点提示：计算机内部数据的表示方法

（二）计算机中使用的各种进位制数间的转换

尽管计算机可以处理各种数据和信息，但计算机内部一切数据和信息的表示、存储、处理和传输都是使用二进制。任何形式的数据，无论是数字、文字、声音、图形、图像、视频，进入计算机都必须进行二进制编码转换。

1. 非十进制数转换成十进制数　非十进制数转换成十进制数的方法比较简单，只要将非十进制数按权展开后求和即可。

【例 1-1】　将二进制数（1011.1）$_2$ 转换成十进制数。

$$(10111.1)_2=1 \times 2^4+0 \times 2^3+1 \times 2^2+1 \times 2^1+1 \times 2^0+1 \times 2^{-1}$$
$$=16+0+4+2+1+0.5=(23.5)_{10}$$

【例1-2】 将八进制数 $(256)_8$ 转换成十进制数。

$$(256)_8=2 \times 8^2+5 \times 8^1+6 \times 8^0=128+40+6=(174)_{10}$$

【例1-3】 将十六进制数 $(2AF.4)_{16}$ 转换成十进制数。

$$(2AF.4)_{16}=2 \times 16^2+10 \times 16^1+15 \times 16^0+4 \times 16^{-1}=512+160+15+0.25=(687.25)_{10}$$

2.十进制数转换成非十进制数 十进制数转换成非十进制数要分两部分进行，即整数之间的转换用"除基取余法"，小数之间的转换用"乘基取整法"。

【例1-4】 将十进制数 86 转换成二进制数。

将十进制整数 86 连续除以基数 2，直到商为 0 为止，然后，将每次相除所得的余数按倒序从左到右排列，即

```
2 |_____86
2 |_____43……0        低位
2 |_____21……1          ↑
2 |_____10……1
2 |_____5……0           所以（86）₁₀=（1010110）₂
2 |_____2……1
  |_____1……0        高位
```

除基取余法：将十进制整数除以要转换进制的基数，取所得的余数放右边，反复除到商为 0 止，最后将所有余数按从下往上从左到右依次写出，就是所求进制整数。

【例1-5】 将十进制数 0.875 转换成二进制数。

将十进制小数 0.875 连续乘以基数 2，直到积小数部分为 0 为止，然后，将每次相乘所得的整数按正序从左到右排列，即

```
     0.875
     ×2                整数 高位
  1.75  0.75            1     ↓
      ×2
   1.5  0.5             1      所以（0.875）₁₀=（0.111）₂
      ×2
  1.0                   1   低位
```

乘基取整法：将十进制纯小数乘以要转换进制的基数，取其积的整数放右边，余下的纯小数再乘以基数，取其积的整数放右边，反复这样做下去，直到所取小数位为 0 或到指定小数位止，添 0 加点，再将所有整数从上往下从左到右依次写出，就是所求进制纯小数。

【例1-6】 将十进制数 86.875 转换成二进制数。

因为 $(86)_{10}=(1010110)_2$

$(0.875)_{10}=(0.111)_2$

所以 $(86.875)_{10}=(1010110.111)_2$

3.非十进制数之间的相互转换 表1-1列出了 4 种数制中数的对应关系。从表中可以看出，1 位八进制数对应 3 位二进制数，1 位十六进制数对应 4 位二进制数。因此，二进制数与八进制数之间、二进制数与十六进制数之间的相互转换便十分容易。十六进制数转换成二进制数的方法是：将每一位十六进制数直接写成相应的 4 位二进制数。而二制数转换成十六进制数的方法是：以小数点为界，整数部分自右向左将每 4 位二进制数分成一组，若不足 4 位，则

高位用 0 补足 4 位，小数部分自左向右将每 4 位二进制数分成一组，若不足 4 位，则低位用 0 补足 4 位，然后，将每一组二进制数直接写成相应的 1 位十六进制数即可。

【例 1-7】　将八进制数（17.36）$_8$ 转换成二进制数。

$$（17.36）_8=（\underline{001}\,\underline{111}.\underline{011}\,\underline{110}）_2=（1111.01111）_2$$

【例 1-8】　将二进制数（11001111.01111）$_2$ 转换成八进制数。

$$（11001111.01111）_2=（\underline{011}\,\underline{001}\,\underline{111}.\underline{011}\,\underline{110}）_2=（317.36）_8$$

【例 1-9】　将十六进制数（3A8C.D6）$_{16}$ 转换成二进制数。

$$（3A8C.D6）_{16}=（\underline{0011}\,\underline{1010}\,\underline{1000}\,\underline{1100}.\underline{1101}\,\underline{0110}）_2$$
$$=（11101010001100.1101011）_2$$

【例 1-10】　将二进制数（11001111.01111）$_2$ 转换成十六进制数。

$$（11001111.01111）_2=（\underline{1100}\,\underline{1111}.\underline{0111}\,\underline{1000}）_2=（CF.78）_{16}$$

考点提示：各进制数间的相互转换

（三）计算机中数据的单位

计算机中的数据可分为两大类，即数值数据和非数值数据。数值数据表示数量的多少，而非数值数据是字符、汉字、声音、图形、图像以及动画等。在计算机内部，所有类型的数据都是以二进制形式表示和存储的。

计算机中常用数据单位有三种：位、字节和字。

（1）位（bit）。计算机中最小的数据单位，是二进制的一个数位，简称位，用比特（bit）表示。一个二进制位可以表示 2^1 种状态，即 0 和 1；两个二进制位可表示 2^2 种状态，即 00、01、10 和 11；n 个二进制位可以表示 2^n 种状态。显然，位数越多，二进制位能够表示的状态就越多，所表示的数的范围就越大。

（2）字节（byte）。计算机中 1 个字节由 8 位二进制数组成，用 byte 表示，记作 B。字节是计算机中数据处理和数据存储的基本单位。例如，每个西文字符用 1 字节存储，每个汉字用 2 字节存储。除了用字节表示存储容量外，计算机存储容量通常还使用 KB、MB、GB、TB、PB 等单位，它们之间的换算关系是

$$1KB=2^{10}B=1024B$$
$$1MB=2^{20}B=1024KB$$
$$1GB=2^{30}B=1024MB$$
$$1TB=2^{40}B=1024GB$$
$$1PB=2^{50}B=1024TB$$

（3）字（word）。在计算机中，通常用若干个二进制位表示一个数或一条指令，把它们作为一个整体来存储、处理和传输。这种作为一个整体来处理的二进制位串就称为字，用 word 表示。字是计算机一次存取、加工和传送的数据长度，字长取决于计算机的内部结构，计算机型号不同，其字长也不同。1 个字由若干字节组成，一般都为 8 的整数倍数。例如，字长为 32 位的计算机，1 个字由 4 字节组成；字长为 64 位的计算机，1 个字由 8 字节组成。字长越长，计算机的运算精度和效率就越高。

（四）数值数据的表示

数值数据有大小和正负之分，无论多大的数，在计算机内只能用"1"和"0"表示。在同一计算机内，数据的长度一般是固定统一的，不足的部分用"0"填充。通常把二进制数的最高位定义为符号位，用"0"表示正数，"1"表示负数。计算机内这种正负号数字化表示

的数被称为机器数。

在计算机内，数都是以二进制形式表示的，它分为有符号数和无符号数。有符号的定点数可以用三种方法表示，即原码、反码和补码。所谓原码，就是一个二进制的最高位为符号位，"0"表示正，"1"表示负，其余位为数值位。正数的反码和原码相同，负数的反码就是其原码逐位取反，即"0"变为"1"，"1"变为"0"，但符号位"1"不变。正数的补码与其原码相同，负数的补码是在其反码的末位加1。在计算机中，数值用补码来表示和存储。

考点提示：计算机中的信息单位

（五）非数值数据的表示

非数值数据又称为符号数据，包括字母、数字、汉字和其他计算机能够识别的符号等，是人与计算机交互过程中不可或缺的重要信息，而计算机内部只能识别二进制数，要在计算机中实现字符和汉字的存储、转换，必须对每一个字符或汉字进行二进制编码。

1. ASC II 编码　字符是用来组织、控制或表示数据的字母、数字和其他计算机能够识别的符号，字符的编码方案有很多种，但使用最广泛的字符编码是 ASCII 编码，即美国国家信息交换标准代码（American Standard Code for Information Interchange）。ASCII 编码是由美国国家标准委员会制定的一种字符编码集，是一种 7 位二进制编码，能表示 $2^7=128$ 种国际上最通用的西文字符。

ASCII 码字符集如表 1-2 所示，其中包括 0 ～ 9 这 10 个数字、52 个大小写的英文字母、32 个通用字符和 34 个控制符号。

ASCII 码是用 7 位二进制数编码，但因为计算机的基本存储单位为字节，即 8 位，存放时必须占全一个字节，故最高位作为校验位，恒置为 0，其余 7 位才是 ASCII 码值。

表 1-2　ASCII 字符编码表

$b_3b_2b_1b_0$ ╲ $b_6b_5b_4$		0	1	2	3	4	5	6	7
		000	001	010	011	100	101	110	111
0	0000	NUL	DLE	SP	0	@	P	、	p
1	0001	SOH	DC1	!	1	A	Q	a	q
2	0010	STX	DC2	"	2	B	R	b	r
3	0011	ETX	DC3	#	3	C	S	c	s
4	0100	EOT	DC4	$	4	D	T	d	t
5	0101	ENQ	NAK	%	5	E	U	e	u
6	0110	ACK	SYN	&	6	F	V	f	v
7	0111	BEL	ETB	'	7	G	W	g	w
8	1000	BS	CAN	(	8	H	X	h	x
9	1001	HT	EM	)	9	I	Y	i	y
A	1010	LF	SUB	*	:	J	Z	j	z
B	1011	VT	ESC	+	;	K	[	k	{
C	1100	FF	FS	,	<	L	\	l	|
D	1101	CR	GS	-	=	M	]	m	}
E	1110	SO	RS	.	>	N	^	n	~
F	1111	SI	US	/	?	O	-	o	DEL

ASCII 码字符的码值可用 7 位二进制代码或 2 位十六进制来表示。例如，字母 D 的 ASCII 码值为 1000100B 或 44H，数字 4 的码值为 0110100B 或 34H 等。

一般，计算机源程序和文本文件都是由一系列连续的 ASCII 码组成的，一连串连续的 ASCII 码组成的数据称为字符串，可以用来表示一个字符、一个单词、一句话或一篇文章。

考点提示：ASCII 码

2.汉字编码　汉字也是字符，所以也必须进行二进制编码后才能被计算机接受和处理。汉字是象形文字，汉字的编码比 ASCII 码要复杂得多，一般用 2 字节表示一个汉字。由于汉字有 1 万多个，常用汉字也有 6000 多个，所以使用 2 字节来为不同的汉字进行编码。汉字的编码方案众多，各种方案各有千秋，但一般汉字的编码方案需要解决以下四种编码问题。

（1）汉字输入码。汉字输入码也叫外码，是将汉字通过键盘输入计算机而编制的一种代码。汉字输入码是根据汉字的发音或字形结构等多种属性和汉语有关规则编制的，目前已经有几百种汉字输入编码法，一种好的编码应具有编码规则简单、编码短、易学易记、重码少、输入速度快等优点。现在还没有一种汉字输入编码方法完全符合上述要求。目前使用较广泛的汉字输入法有搜狗拼音输入法、五笔字型输入法等。为了提高输入速度，输入编码也正在往智能化方向发展，如基于模糊识别的语音输入、手写输入或扫描输入等。汉字的输入码大致有四种类型，即音码、形码、音形码和数字码。

（2）汉字信息交换码。汉字信息交换码是用于汉字信息交换处理系统之间或者与通信系统之间进行信息交换的汉字代码，简称交换码。我国于 1980 年颁布了《信息交换用汉字编码字符集——基本集》（GB 2312—1980），是计算机处理汉字所用的编码，称为汉字交换码，简称国标码。国标码的主要用途是作为汉字信息交换码使用，可以使不同系统之间的汉字信息进行相互交换。一个汉字的国标码用 2 字节的低 7 位参与编码，2 字节的最高位均为 0。汉字国标码共收集 7445 个字符编码。

（3）汉字机内码。汉字机内码是为在计算机内部对汉字进行存储、处理和传输而编制的汉字代码，又称为内码。当一个汉字输入计算机后就转换为内码，然后才能在计算机内传输、处理。计算机既能处理汉字，也能处理英文字符。英文字符的内码是最高位为 0 的 8 位 ASCII 码，对应于国标码，一个汉字的内码也用 2 字节存储，为了避免与单字节的 ASCII 码产生歧义，把国标码每个字节的最高位由 0 改为 1，作为汉字内码的标识。

汉字的输入码是多种多样的，同一个汉字，不同的输入法有不同的输入码，但汉字的机内码是一样的。

（4）汉字字形码。汉字字形码是用于汉字显示或打印输出的二进制信息，也称汉字字模。汉字字形码是确定一个汉字字形点阵的代码，一般采用点阵字形表示字符。汉字点阵有 16×16 点阵、32×32 点阵、64×64 点阵，点阵不同，汉字字形码的长度也不同。点阵数越大，字形质量就越高，字形码占用的字节数就越多。

汉字字形数字化后，以二进制文件的形式存储在存储器中，构成汉字字形库或汉字字模库，简称汉字字库，它的作用是为汉字的输出设备提供字形数据。汉字内码与汉字字形一一对应，输出时，根据内码在字库中查得其字形描述信息，然后显示或打印输出。汉字字形信息的存储方法有整字存储法和压缩信息存储法两种。

考点提示：汉字的各种编码

第三节　计算机系统的构成及工作原理

一、任　务

任务 1：了解冯·诺依曼体系计算机的基本思想和工作原理。

任务 2：掌握计算机硬件系统的五大组成部件及各部分的功能。

任务 3：掌握计算机软件系统的分类及各系统软件的功能。

任务 4：掌握程序设计语言的分类，了解各类语言的主要特点。

任务 5：了解计算机指令的组成、指令周期和指令系统。

二、相关知识与技能

完整的计算机系统由硬件系统和软件系统两部分组成。硬件系统是指构成计算机的各种看得见、摸得着的物理设备。软件系统则是指运行在硬件中的程序以及相关的数据、文档。现代计算机的硬件系统从设计原理上一般由运算器、控制器、存储器、输入设备和输出设备等五部分组成。根据功能特点的不同，软件系统一般分为系统软件和应用软件两大类。

在计算机系统中，硬件系统是物理基础，软件系统必须在硬件平台上才能运行和发挥作用；软件系统则是整个系统的灵魂，硬件系统必须由软件系统加以指挥和控制。硬件和软件协同合作且缺一不可。图 1-2 为计算机系统层次结构示意图。

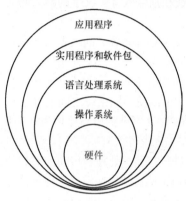

图 1-2　计算机系统层次结构示意图

（一）硬件系统的组成及工作原理

1. 计算机硬件系统的组成　ENIAC 等早期的电子计算机虽然大大地提高了计算技术，但是它们本身也存在着两个重大的缺点：一是没有存储器；二是用布线接板进行控制，甚至要搭接几天，计算速度也就被这一工作抵消了。有鉴于此，美籍匈牙利数学家冯·诺依曼（von Neumann）带领其研究小组经过长时间的研究讨论，发表了一个全新的"存储程序通用电子计算机方案"（Electronic Discrete Variable Automatic Computer，EDVAC）。该方案有三条重要的设计思想：一是计算机应由运算器、控制器、存储器、输入设备和输出设备等五大部分组成，每个部分有一定的功能；二是程序预先存入存储器中，使计算机在工作中能自动地从存储器中取出程序指令并加以执行；三是计算机内部以二进制的形式表示数据和指令。由于该设计思想所具有的科学性和先进性，一经提出便引起计算机业界的广泛关注，并从此成为半个多世纪以来计算机设计制造所遵循的标准。图 1-3 为计算机硬件系统示意图。

（1）输入设备。输入设备（Input Device）用于把需要处理的数据、文本、图形、图像，以及音频、视频等信息和处理这些信息的程序输入计算机中，其主要作用是把人们能够识别的信息转换成计算机能够识别的二进制代码输入计算机中，以便计算机进行处理。最常见的输入设备是键盘和鼠标。

（2）输出设备。输出设备（Output Device）用于将计算机处理后的二进制信息转换成人们能够识别的文字、图形、图像及声音等形式并表示出来。最常见的输出设备是显示器和打印机。

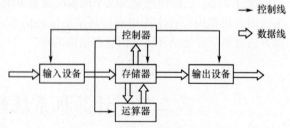

图 1-3　计算机硬件系统示意图

（3）存储器。存储器（Memory）是计算机系统中的记忆设备，用来存放程序、要处理的数据及处理后的结果。按照功能和特点，一般将存储器分为内存（也称为主存储器）和外存（也称为辅助有储器）两大类。常见的外存有硬盘、光盘和 USB 存储设备等。

（4）运算器。运算器是计算机处理信息的部件，其主要功能是对二进制数据进行加、减、乘、除等算术运算，以及完成与、或、非、异或等逻辑运算和移位等操作。运算器由算术逻辑单元（Arithmetic Logical Unit，ALU）、累加器（Accumulator，ACC）、状态寄存器、通用寄存器组等组成。运算器处理的数据来自存储器，处理后的结果通常也送回存储器，少量的可以暂时保存在运算器的通用寄存器和累加器中。

（5）控制器。控制器（Control Unit）是整个计算机系统的控制中心，它指挥计算机各部分协调统一地工作，保证计算机按照预先设定的程序有条不紊地进行操作及处理。控制器由指令寄存器、译码器、操作控制部件、指令计数器和时序发生器等组成。在计算机的运行过程中，控制器不断从存储器中逐条取出指令，分析每条指令要完成的操作以及操作所需数据的存放位置，然后根据分析的结果向计算机其他部件发出控制信号，统一指挥整个计算机完成指令所规定的操作。

在现代计算机的制造过程中，通常总是采用先进的超大规模集成电路技术把控制器与运算器集成在一个芯片上，该芯片称为中央处理器（Central Processing Unit，CPU）。CPU 是计算机的核心设备，它的性能特别是工作速度和计算精度对机器的整体性能有着非常重要的影响。

考点提示：计算机硬件系统的组成及各部分的功能

链　接

第五代计算机的硬件结构

随着计算机软硬件技术和应用需求的不断发展，以高速数值计算为主要目标、以顺序控制和按地址查询为基础的冯·诺依曼体系计算机已严重地妨碍了计算机性能的继续提高。新一代计算机（即第五代计算机）不仅要进行数值计算或一般信息的处理，而且主要面向知识处理，具有形式化推理、联想、学习和解释的能力，能够帮助人们进行判断、决策、开拓未知的领域和获取新的知识。因此，新一代计算机系统通常都由问题求解和推理、知识库管理、智能化人机接口三个基本子系统组成。

2. 计算机的基本工作原理　冯·诺依曼结构计算机基本工作原理的核心之处就是"程序存储和程序控制"，即将事先编制好的程序输入到计算机的存储器中存储起来，然后依次取出各条指令加以执行。其中每一条指令的执行又分为以下四个基本操作。

（1）取出指令。从内存储器中取出指令送到指令寄存器。

（2）分析指令。对指令寄存器中存放的指令进行分析，由译码器对操作码进行译码，将指令的操作码转换成相应的控制电信号，并由地址码确定操作数的地址。

（3）执行指令。由操作控制线路向需要完成该操作的各部件发出完成该操作所需要的一系列控制信息，以完成该指令所需要的操作。

（4）为执行下一条指令做准备。形成下一条指令的地址，指令计数器指向存放下一条指令的地址，最后控制单元将执行结果写入内存。

上述完成一条指令的整个执行过程称为一个"指令周期"。

考点提示：工作原理

（二）软件系统介绍

1. 系统软件　系统软件通常是计算机运行和管理所必备的软件，主要用于计算机系统的管理、控制、运行和维护，以及完成应用程序的编译等任务。根据系统软件功能的不同，一般又可分为操作系统、语言处理系统、数据库管理系统和服务程序四类。

（1）操作系统。操作系统（Operating System，OS）的主要功能是管理和控制计算机系统的软硬件资源，调度计算机的工作流程，以及提供操作界面以方便用户使用计算机。它是一个计算机的软件系统中最重要的组成部分，是计算机系统正常运行必不可少的软件。

常用的操作系统有 Windows、Mac OS、Linux、UNIX/Xenix、iOS、Android、Free BSD、

DOS、OS/2 等。

（2）语言处理系统。一般将程序设计语言分为机器语言（即二进制代码程序）、汇编语言和高级语言三大类。除机器语言程序外，用其他程序设计语言编写的程序称为源程序，源程序都不能直接在计算机上执行，需要将它们翻译成目标计算机上的二进制代码程序（目标程序）后才能运行。语言处理系统的作用就是把用高级语言编写的各种源程序处理成可在计算机上执行的目标程序。

按照不同的源语言、目标语言和翻译处理方法，翻译程序分成若干种类。从汇编语言到机器语言的翻译程序称为汇编程序，从高级语言到机器语言或汇编语言的翻译程序称为编译程序。按源程序中指令或语句的动态执行顺序，逐条翻译并立即解释执行相应功能的处理程序称为解释程序。

（3）数据库管理系统。数据库（Database）是依照某种数据模型组织并存放在一起的相关数据的集合。数据库管理系统（Database Management System，DBMS）则是一种管理和操作数据库的软件，主要用于建立、使用和维护数据库；它对数据库进行统一的管理和控制，以保证数据库的安全性和完整性。

目前常见的数据库管理系统有 MS SQL Server、Oracle、Sybase、DB2、Informix、MySQL、PostgreSQL、Access、Visual FoxPro 等。

（4）服务程序。服务程序是为了方便人们维护和使用计算机而提供的管理、调试软件，通常包括编辑程序、连接装配程序、诊断排错程序和调试程序等。

2.应用软件　应用软件是指为了解决各类实际问题而编写的程序及有关技术的资料。用户可以根据自己的实际需求编写符合需要的应用软件，也可以委托他人或组织编写，或者是直接到市场上购买现有的软件。

因此，应用软件的数目可说是成千上万，种类也是多种多样。常用的非专业应用软件（通用软件）主要有办公应用软件（如微软 Office）、多媒体软件（如暴风影音）、网络应用软件（如 MSN）、翻译软件（如金山词霸）、计算机病毒防治软件（如金山毒霸）、系统检测和优化软件（如 Windows 优化大师）等，专业应用软件如工程制图软件（如 AutoCAD）、平面图形处理软件（如 Photoshop）、3D 动画制作软件（如 3DS MAX）等。

考点提示：系统软件的分类和功能

（三）计算机指令及计算机语言

计算机的运行过程其实就是不断执行程序的过程，而每一个程序都是由一条条的计算机指令所组成的，因此计算机的运行过程实质上也就是不断地执行计算机指令的过程。

1.计算机指令及指令系统

（1）计算机指令。计算机指令是指计算机所要执行的基本操作命令。指令是计算机进行程序控制的最小单位，规定了计算机能完成的某一种操作；它是一种采用二进制表示的命令语言，因此能被计算机识别并加以执行。

一条计算机指令通常由操作码和操作数两部分组成。操作码用于指明该指令要完成的操作，操作数指明操作的对象或地址，如存数、取数等。

（2）计算机指令系统。某种计算机所能执行的全部计算机指令的集合称为该类计算机的指令系统，它描述了计算机全部的控制信息和逻辑判断能力。不同类型的计算机包含的指令类和数目可能是不尽相同的，但是一般都包含有算术运算指令、逻辑运算指令、数据传送指令、判断和控制指令、输入/输出指令等。指令系统是代表一台计算机性能的重要因素，它的格式与功能不仅直接影响到机器的配件结构，也影响到系统软件和机器的适用范围。

2.计算机程序设计语言　人类要控制计算机首先必须编写控制计算机的程序。所谓程序，就是为完成某一项任务而所用到的指令的有序集合。而编写计算机程序所用的语言则称为程序设计语言。一般将程序设计语言分为机器语言、汇编语言和高级语言三大类。

1）机器语言

机器指令（二进制代码指令）的集合就是机器语言。机器语言又称低级语言或二进制代码语言，它是用二进制数表示的、计算机唯一能够直接理解和执行的程序语言，所以是所有程序设计语言中运行速度最快的语言。

虽然用机器语言编写的程序能够被计算机直接理解执行，但是机器语言在应用上也存在着一些重大的缺点。

（1）用机器语言进行程序设计的思维和表达方式与人们的习惯大相径庭，只有经过较长时间职业训练的程序员才能胜任。

（2）机器语言的书面形式全是"密"码（二进制的0、1序列），造成其可读性差，不便于交流使用。而且程序的开发周期长，开发的程序可靠性差。

（3）机器语言严重地依赖于具体的计算机，所以可移植性差，重用性差。

2）汇编语言

汇编语言是将机器语言"符号化"的程序设计语言（图1-4）。在汇编语言中用助记符代替机器语言中的操作码，用地址代替操作数，因此汇编语言比机器语言易于读写、调试和修改，同时又具有机器语言的优点。但在编写复杂程序时，相对高级语言而言，汇编语言的代码量较大；而且汇编语言依赖于具体的处理器体系结构，不能通用，因此不能直接在不同处理器体系结构之间移植。

```
        ORG 1000H
START:  MOV R0, BUFFER-1
        MOV R2, #00H
        MOV A, @R0
        MOV R3, A
        INC R3
        SJMP NEXT
LOOP:   INC R0
        CJNE @R0, #44H, NEXT
        INC R2
NEXT:   DJNZ R3, LOOP
        MOV RESULT, R2
        SJMP $
BUFFER  DATA 30H
RESULT  DATA 2AH
        END
```

图1-4 汇编语言代码示例

汇编语言的主要优点有以下几方面。

（1）保持了机器语言的优点，具有直接和简捷的特点。

（2）可有效地访问、控制计算机的各种硬件设备，如磁盘、存储器、CPU、I/O端口等。

（3）目标代码简短，占用内存少，执行速度快，是一种高效的程序设计语言。

（4）可以与很多高级语言配合使用，因而应用十分广泛。

3）高级语言

由于汇编语言依赖于硬件体系且助记符量大而难记，于是人们又发明了更加易用的高级语言（图1-5）。高级语言是一种接近自然语言和数学公式的程序设计语言。高级语言更容易阅读理解，由于其源程序代码与机器无关，因而通用性好、可移植性强。高级语言并不是特指某一种具体的语言，目前常用的高级语言有C、C++、Visual C++、C#、Java、Delphi、Pascal、Visual Basic、FORTRAN等。

```
// Hello.cpp : Defines the entry
point for the console application.
//

#include "stdafx.h"

int main(int argc, char* argv[])
{
        printf("Hello World!\n");
        return 0;
}
```

图1-5 高级语言代码示例

高级语言的主要特点和优势有以下几方面。

（1）接近算法语言，因此易学、易掌握，一般工程技术人员只需几周时间的培训就可以胜任程序员的工作。

（2）高级语言为程序员提供了结构化程序设计的环境和工具，设计出来的程序可读性好、可维护性强、可靠性高。

（3）高级语言远离机器语言，与具体的计算机硬件关系不大，因而所写出来的程序可移植性好、重用率高。

（4）由于把繁杂琐碎的事务交给了编译程序去做，所以高级语言程序设计过程自动化程度高、开发周期短。

考点提示：程序设计语言的分类和主要特点

第四节　微型计算机的硬件系统

一、任　务

任务1：掌握微型计算机硬件系统的基本配置，了解主机箱、主板、硬盘、移动存储设备、键盘、鼠标、显示器、打印机等的分类和特点。

任务2：掌握微处理器（MPU）各组成部分的功能和性能指标。

任务3：掌握内存的分类、功能特征和性能指标。

二、相关知识与技能

微型计算机（简称微机）是一种由大规模集成电路组成的、体积较小的电子计算机，使用微处理器（Micro-Processing Unit，MPU）作为其中央处理器。由于微机具有体积小、价格低、功能强和使用方便等特点，因而成为绝大多数个人用户的首选。不过，微机与巨型计算机等在设计原理方面没有本质上的区别，它也是由运算器、控制器、存储器、输入设备和输出设备等部件组成的。通常把微机中微处理器、内存，以及放置它们的主机箱合称为主机，而把输入设备、输出设备和外部存储器等称为外设。

（一）主机

1. 主机箱　微机的主机箱通常为一个金属外壳、中空的长方体箱体，用于在其中放置和固定主机板、硬盘和光驱等重要设备，起到承托保护和屏蔽电磁辐射的作用。同时，机箱一般还内置有一个电源（有些需单独购买），用于将外部交流电转换为低压直流电供给主板和硬盘、光驱等。

现在市场上机箱的种类主要有 AT、ATX、Micro ATX 及 BTX-AT 机箱等，各个类型的机箱只能安装其支持类型的主板和电源，一般是不能混用的。其中 ATX 机箱是目前最常见的机箱，支持现在绝大部分类型的主板。

2. 主板　主板（Mainboard）通常为一个矩形电路板，上面安装了组成计算机的主要电路系统，一般有 BIOS 芯片、I/O 控制芯片、各种面板控制开关接口、指示灯插接件、扩充插槽、主板及插卡的直流电源供电接插件等元件（图1-6）。主板安装在主机箱内，用户可以在其对应位置安装 CPU 和内存条，也可以在其扩展槽处插入外部设备连接卡（如显卡、声卡、网络连接卡等），还可以在其连接端口处连接鼠标、键盘、显示器、打印机和

图1-6　主板

USB 存储器设备等。主板是微机最基本的也是最重要的部件之一，控制着整个系统各部件之间的信息流动，计算机系统的各个硬件设备都必须直接或间接地插入或连接主板。

根据主板上各元器件布局排列方式、尺寸大小、形状、所使用的电源规格等的不同，可将主板分为 AT、Baby-AT、ATX、Micro ATX、BTX 等，其中 ATX 是市场上最常见的主板结构。

3. 微处理器　微机的中央处理器称为微处理器，由运算器、控制器和寄存器等组成，主要完成计算机的运算和控制功能，是微机系统最为核心的部件（图1-7）。

图 1-7　中央处理器 CPU

1）微处理器的组成

运算器主要由算术逻辑部件、寄存器组和状态寄存器等组成，其主要功能是完成对数据的算术运算、逻辑运算和逻辑判断等操作。运算器是微机系统对数据进行加工处理的中心。

控制器是整个计算机的指挥中心，主要由程序计数器、指令寄存器、指令译码器、操作控制器等部分组成。控制器的主要功能是根据事先给定的命令，发出各种控制信号，指挥计算机各部分协调一致地工作。

寄存器是一种存储容量相对较小的高速存储部件，主要用来暂存指令、数据和地址。在微处理器的控制器中包含的寄存器主要有指令寄存器和程序计数器，而在微处理器的运算器中寄存器主要为累加器。

2）微处理器的性能指标

微处理器的性能大致上能反映出它所配置的微机的主要性能，因此其性能指标对一台微机来说是十分重要的。微处理器的性能指标主要有字长、主频和缓存等。

（1）字长是指微处理器每次能够处理的二进制数据的最大位数。字长与计算机的功能和用途有很大的关系，是计算机的一个重要技术指标。字长越大，计算机处理数据的速度也就越快，处理数据的精度也可以越高。早期微机的字长曾经有 4 位、8 位、16 位和 32 位等，目前市面上微机的处理器字长大部分都是 64 位。

（2）主频也叫时钟频率，常用单位是 MHz（兆赫兹）；不过随着微处理器的发展，主频已经由过去的 MHz 提高到了现在的 GHz（1GHz=1024MHz）。需要注意的是，由于主频并不直接代表运算速度，在一定情况下很可能会出现主频较高的 CPU 实际运算速度较低的现象，因此主频仅仅是 CPU 性能表现的一个方面，而不能完全代表 CPU 的整体性能。

（3）由于微处理器和内存在速度上存在着很大的差异，因此常常在微处理器内部增加一部分速度较快的缓存（Cache）用于存放最近常用的程序和数据，从而减少微处理器访问内存的次数以达到提高计算机处理速度的目的。

考点提示：CPU 的组成和主要性能指标

4. 内存　在计算机内部设有一个直接存储器与 CPU 交换信息，称为主存储器（简称主存）（图1-8），一般称为内存。内存用于存放当前正在执行的程序和使用的数据。内存由半导体存储器组成，因此存取速度快；但是由于单位价格相对较贵的原因，一般容量较小。内存中每个字节有一个固定的编号（称为内存地址），微处理器在存取内存储器中的数据时是按地址进行的。

1）内存的分类

按照工作特点一般将内存储器分为随机存储器和只读存储器两大类。

（1）随机存储器（Random Access Memory，RAM）的主要特点是既可以读出其中的信息，也可以往其中写入新的信息，但是断电后其中存储的信息会立即丢失。RAM 又可分为动态随机存储器（Dynamic RAM，DRAM）和静态随机存储器（Static RAM，SRAM）两大类：DRAM 的特点是集成度高，但是速度相对要慢一些，主要用于大容量内存储器；SRAM 的特点是存取速

图 1-8　内存

度快，主要用于高速缓冲存储器。

（2）只读存储器（Read Only Memory，ROM）的特点是只能读出其中的信息而不能往其中写入信息。因此 ROM 常用来存放固定不变的、重复使用的程序或数据。最典型的 ROM 是主板上的 BIOS（基本输入 / 输出系统），其中部分内容是用于启动计算机的指令，在每次开机时都要执行。

2）内存的性能指标

一般所说的内存主要是指随机存储器，它对微机的性能特别是处理速度影响很大。内存最重要的两个性能指标是存取速度和存储容量。

（1）存取速度。内存的存取速度是指在内存中存取一次数据所需的时间（单位一般为纳秒，ns），该时间越短说明内存的速度越快。市面上内存条的速度指标通常以某种形式印在芯片上。例如，在芯片型号的后面印有的 -60、-70、-10、-7 等字样就分别表示其存取速度为 60ns、70ns、10ns、7ns 等。

（2）存储容量。内存的存储容量是指内存中能够保存的二进制数据的容量大小，一般情况下内存容量越大计算机的运算处理速度就可以越快。但是具体到每一台微机所能支持的最大内存容量都是有限制的。内存容量的基本单位为字节（Byte，简记为 B），不过在实际的应用中一般使用较大的单位 MB 或 GB。早期微机上单条内存的容量通常有 16MB、32MB、64MB、128MB、256MB、512MB 等，目前主流微机上单条内存的容量一般为 1GB 或 2GB。

考点提示：内存的分类、特点和主要性能指标

（二）外设

外设是指除 CPU 和内存外的包括输入设备、输出设备和外部存储器（简称外存）在内的所有设备。不过在实际的微机组装过程中，出于连接的需要和保护设备的考虑，诸如硬盘、光驱、各种外设卡（如声卡、显卡）都是安装在主机箱内的。

1. 外存　外存又称辅助存储器，主要用于保存暂时不用但又需长期保留的程序或数据。由于 CPU 只能直接从内存中存取数据和指令，因此存放在外存中的程序和数据必须调入内存才能运行和使用。和内存相比，外存的速度相对较慢，但是由于单位价格便宜因此容量较大。常见的外存主要有硬盘、光盘和 USB 移动存储器等。

1）硬盘

这里所说的硬盘是指采用温彻斯特技术的硬盘（简称温盘），其基本原理是在固定、密封的空间内利用磁记录技术在涂有磁记录介质的旋转圆盘上进行数据存储。硬盘具有存储容量大、数据传输率高、存储数据可长期保存等特点。在微机系统中，硬盘常用于存放操作系统、程序和数据，是主存储器（内存）的最主要扩充（图 1-9）。

2）光盘

光盘存储器是利用光学原理进行信息存储的存储器，通过光盘驱动器可以读写其中的数据。光盘的特点是存储容量大、可靠性高，只要存储介质不发生问题，光盘上的信息就永远存在。

光盘按读写特性可分为只读型光盘、只写一次

图 1-9　硬盘

型光盘和可重写型光盘。只读型光盘由厂家预先写入数据，用户只能读取其中的信息而不能修改；这种光盘主要用于存储文献和不需要修改的信息。只写一次型光盘的特点是可以由用户写入信息但只能写一次，写后将永久存储在盘上不可修改。可重写型光盘类似于磁盘，可以重复读写；它的材料与只读型光盘有很大的不同，是磁光材料。

光盘按其制造原理和容量可分为 CD（Compact Disc）和 DVD（Digital Versatile Disk）两种。CD 是当今应用最广泛的光盘，分为 CD-ROM、CD-R、CD-RW 等三种基本类型，其容量一般在 700MB 左右。DVD 则分为 DVD-ROM、DVD-R、DVD-RW 等三种基本类型，单面单层的 DVD 容量一般为 4.7 GB 左右。

3）U 盘和移动硬盘

U 盘又称为闪存盘（Flash Disk），是一种较为新型的移动存储产品。U 盘采用一种可读写的半导体存储器——闪速存储器（Flash Memory）作为存储媒介。U 盘既不需要物理驱动器也不需要外接电源，只需通过通用串行接口（USB）与主机相连，因此可热插拔。U 盘的体积小、携带方便，同时 U 盘在读写文件、格式化等操作方面与软、硬盘的操作一样方便。

尽管 U 盘具有体积小、性能高等优点，但是其存储容量一般较小。因此为同时满足大数据量存储和移动存储的需要，移动硬盘就应运而生了（图 1-10）。移动硬盘大多采用 USB 接口（或 IEEE1394 和 eSATA 接口），在提供大容量存储的同时既能提供较高的数据传输速度也可以支持热插拔。

4）固态硬盘

固态硬盘（Solid State Drives）简称固盘，是一种新型的、使用固态电子存储芯片阵列而制成的硬盘，它在接口的规范、定义、功能及使用方法上与普通硬盘完全相同，在产品外形和尺寸上也与普通硬盘基本一致（图 1-11）。固态硬盘的优点是读写速度快、防震抗摔、低功耗、无噪声、可工作温度范围大和轻便等，其缺点主要有容量最大为 4TB、使用寿命较短、价格较高等。

图 1-10　移动硬盘

固态硬盘的存储介质分为两种，一种是采用闪存（Flash 芯片）作为存储介质，另外一种是采用 DRAM 作为存储介质。基于闪存的固态硬盘也就是通常所说的 SSD，SSD 固态硬盘最大的优点就是可以移动，而且数据保护不受电源控制，能适应各种环境，适合个人用户使用。基于 DRAM 的固态硬盘采用 DRAM 作为存储介质，应用范围较窄。

图 1-11　固态硬盘

考点提示：常见外部存储器的类型和特点

2. 输入设备　输入设备是将外界的各种信息（如程序、数据、命令等）送入计算机内部的设备。常见的输入设备主要有键盘、鼠标，另外诸如扫描仪、摄像头、光笔、手写输入板、游戏杆、语音输入装置等都属于输入设备。

1）键盘

键盘是计算机最常用的输入设备之一，其作用是向计算机输入命令、程序和数据。键盘由一组按阵列方式排列在一起的按键开关组成；按下一个键相当于接通一个开关电路，并把该键的位置编码经接口电路送入计算机。

根据键盘按键的触点结构可将键盘分为机械触点式键盘、电容式键盘和薄膜式键盘几种，根据键盘上按键的个数将键盘分为 83 键、101 键和 104 键等键盘，根据键盘与主机的接口将键盘分为RS232键盘、PS/2键盘和USB键盘,根据键盘与主机的通信方式将键盘分为有线键盘和无线键盘。

2）鼠标

鼠标是一种指点选择设备。一般将鼠标分为机械式和光电式两种。机械式鼠标底部有一个小球,当手持鼠标在桌面上移动时,小球也相对转动;通过检测小球在两个垂直方向上移动的距离,并将其转换为数字量送入计算机进行处理。光电式鼠标的底部装有光电管,当手持鼠标在特定的反射板上移动时,光源发出的光经反射板反射后被鼠标接收为移动信号并送入计算机,从而控制屏幕光标的移动。机械式鼠标的移动精度一般不如光电式。

另外,根据鼠标与主机的接口可将鼠标分为RS232鼠标、PS/2鼠标和USB鼠标,根据鼠标与主机的通信方式可将鼠标分为有线鼠标和无线鼠标。

考点提示：常见输入设备的类型

3.输出设备　输出设备是将计算机处理后的信息以人们能够识别的形式（如文字、图形、图像、声音等）进行显示和输出的设备。常见的输出设备主要有显示器、打印机,另外绘图仪、语音输出系统、影像输出系统等也属于输出设备。

1）显示器

显示器通常也被称为监视器（Monitor）。常见的显示器有CRT显示器、LCD显示器、LED显示器、等离子显示器等。显示器的性能指标主要有显示区域尺寸、点距、分辨率、刷新频率、扫描方式等。

（1）CRT显示器。CRT显示器是一种使用阴极射线管（Cathode Ray Tube）的显示器（图1-12）。CRT纯平显示器具有可视角度大、无坏点、色彩还原度高、色度均匀、可调节的多分辨率模式、响应时间短等LCD显示器难以超过的优点,并且现在CRT显示器价格要比LCD显示器便宜不少。

图1-12　CRT显示器

（2）LCD（Liquid Crystal Display）显示器,也称液晶显示器。LCD显示器是一种平面超薄的显示设备,由一定数量的彩色或黑白像素组成,放置于光源或者反射面前方。它的主要原理是以电流刺激液晶分子产生点、线、面配合背部灯管构成画面。与CRT显示器相比,LCD显示器具有机身薄、节省空间、功耗低、不产生高温等优点,同时液晶显示器的辐射远低于CRT显示器且画面柔和不伤眼睛。

（3）LED显示器（LED Panel）。LED显示器是一种通过控制半导体发光二极管的显示方式并以此显示文字、图形、图像、动画等各种信息的显示屏幕。与LCD显示器相比,LED显示器在亮度、功耗、可视角度和刷新速率等方面都更具优势：LED显示器与LCD显示器的功耗比大约为1∶10,而且更高的刷新速率使得LED显示器在视频方面有更好的性能表现；LED显示器还能提供宽达160°的视角,甚至能够适应-40℃的低温。

（4）等离子显示器（Plasma Display Panel,PDP）。等离子显示器是采用了等离子平面屏幕技术的新一代显示设备（图1-13）。等离子显示技术的成像原理是在显示屏上排列大量的密封、低压气体室,通过电流激发使其发出肉眼看不见的紫外光,然后紫外光碰击后面玻璃上的红、绿、蓝三色荧光体发出肉眼能看到的可见光并以此成像。等离子显示器的优越性主要体现在厚度薄、分辨率

图1-13　等离子显示器

高、占用空间少且可作为家中的壁挂电视使用，代表了未来计算机显示器的发展趋势。

2）打印机

打印机（Printer）用于将计算机处理后的文字或图形结果打印在相关介质（主要为纸张）上。打印机的种类很多，按打印元件对打印纸张是否有击打动作分击打式打印机与非击打式打印机。现在社会上使用比较普遍的针式打印机属于击打式打印机，而喷墨打印机和激光打印机则属于非击打式打印机。打印机的性能指标主要有打印分辨率、打印速度、最大打印幅面、打印噪声等。

（1）针式打印机。针式打印机是通过打印头中的打印针击打复写纸，从而在纸张上形成文字或图形（图1-14）。用户可以根据需求来选择多联纸张，一般常用的多联纸张有2联、3联、4联纸，甚至也有使用6联的。只有针式打印机能够完成一次性打印多联纸，喷墨打印机、激光打印机是无法实现多联纸张打印的。针式打印机的打印成本低，但是打印分辨率低并且无法打印彩色。

图 1-14　针式打印机

（2）喷墨打印机。其基本原理是带电的喷墨雾点经过电极偏转后，直接在纸上形成所需形状。喷墨打印机的优点是组成字符和图像的印点比针式打印机小得多，因而打印分辨率高，印字质量高且清晰；可灵活方便地改变字符尺寸和字体；字符和图形形成过程中无机械磨损，印字能耗小。

（3）激光打印机。其基本原理是从激光源发出的激光束经字符点阵信息控制的声光偏转器调制后进入光学系统，通过多面棱镜对旋转的感光鼓进行横向扫描，在感光鼓上的光导薄膜层上形成字符或图像的静电潜像，再经过显影、转印和定影，便在纸上得到所需的字符或图像。激光打印机的主要优点是打印速度快，印字的质量高，噪声小，可采用普通纸，可印刷字符、图形和图像。

（4）3D打印机。3D打印是一种新的打印技术，正在逐渐兴起。3D打印机（又称三维打印机）是一种累积制造技术即快速成形技术的机器；它以数字模型文件为基础，运用特殊蜡材、粉末状金属或塑料等可黏合材料，通过打印一层一层的黏合材料来制造三维的物体（图1-15）。

图 1-15　3D 打印机

3D打印机与传统打印机最大的区别在于它使用的"墨水"是实实在在的原材料。3D打印带来了世界性制造业革命，以前是部件设计完全依赖于生产工艺能否实现，而3D打印机的出现将会颠覆这一生产思路。任何复杂形状的设计均可以通过3D打印机来实现，这使得企业在生产部件的时候不再考虑生产工艺问题。3D打印还无需机械加工或模具就能直接从计算机图形数据中生成任何形状的物体，从而极大地缩短了产品的生产周期，提高了生产率。

尽管仍有待完善，但3D打印技术市场潜力巨大，势必成为未来制造业的众多突破技术之一。

考点提示：常见输出设备的类型和特点

（三）计算机的整体性能指标

（1）字长：字长是CPU能够直接处理的二进制数据位数，它直接关系到计算机的计算精度、功能和效率。字长越长，处理信息的能力就越强。常见的微机字长有8位、16位、32位和64位。

（2）运算速度：运算速度是指计算机每秒钟所能执行的指令条数，一般用MIPS为单位。

（3）主频：主频是指计算机的时钟频率，单位用 MHz 表示。

（4）内存容量：内存容量是指内存储器中能够存储信息的总字节数，一般以 KB、MB、GB 为单位。

（5）外设配置：外设是指计算机的输入 / 输出设备及硬盘容量。

（6）计算机稳定性：计算机的主要配件稳定性。

考点提示：计算机的性能指标

链　接

便携式微机

除常见的台式微机外，为满足用户移动办公、学习和娱乐的需要，市面上还有笔记本电脑、一体机电脑和平板电脑等主要的便携式微机，它们的主要特点都是机身小巧、携带方便，同时功能强大，能够满足不同的需要。笔记本电脑（Notebook Computer）与台式机有着类似的结构组成，它的主要特点是体积小、重量轻、携带方便且功能强大（并不输台式机多少）。平板电脑（Tablet Computer）是一种无需翻盖、没有键盘、小到可以放入手袋但功能完整的计算机；它以触摸屏作为输入设备，允许用户通过触控笔、数字笔甚至手指来操作而不用传统的键盘和鼠标。一体机电脑是最早由联想集团提出的一种将传统分体台式机的主机集成到显示器中的计算机，其主要特点是简约无线、节省空间、超值整合、节能环保和外观潮流。

第五节　键盘认识与汉字输入法

一、任　务

任务 1：分清键盘上各键的功能和使用方法。

任务 2：熟悉键盘的键位分布。

任务 3：汉字输入法。

二、相关知识与技能

（一）键盘简介

键盘是计算机系统最重要的输入设备，也是最基本的文字录入工具，是人机进行交流的桥梁，因此熟悉与掌握键盘是文字输入的基本条件。键盘通常包括数字键、字母键、符号键、功能键和控制键等。键盘种类繁多，功能不一，按照键盘上键位的多少，可以将键盘分为84键、101键、104键、107键等，目前主流键盘是104键键盘和107键键盘。图 1-16 为107键键盘。

1. 键盘的键位分布　标准键盘按照功能一般分为五个区，分别是主键盘区、功能键区、编辑键区、数字小键盘区和状态指示区。主键盘区主要是用来录入数据、程序和文字的；功能键区的各个键位都可以用来执行一些快捷操作；编辑键区主要是在编辑文档的过程中用来移动光标、翻页、删除的；数字键区主要用来快速录入数字符号。

2. 主键盘区　主键盘区位于键盘的下方，是键盘中最重要的区域，也是用得最频繁的一个区域，任何输入法都要通过它才能输入文字、数字和符号。主键盘区包括26个字母键、10个数字键、21个符号键、1个控制键、1个空格键及一些特殊符号键。

（1）字母键：从［A］到［Z］共26个键位，用于输入英文字母或汉字编码。

（2）数字键：数字键从［0］到［9］共10个键位，用于输入阿拉伯数字，有的汉字编码也用到数字键。

（3）符号键：共21个键位，其中有10个符号键与数字键是在同一键位上，键面上都刻有一上一下两种符号，称为双字符键。上面的符号称为上档符号，下面的符号称为下档符号。

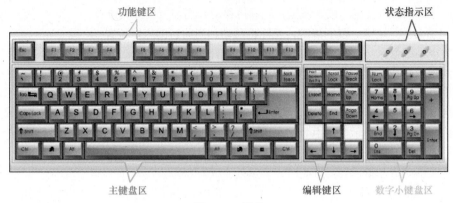

图 1-16　键盘

（4）空格键：位于主键盘区的下方，是键盘中最长的键，其上无标记符号。按一次空格键，光标向右移动一格，产生一个空字符。

（5）Shift：上档键。同时按此键和任一字母键，输入的是大写字母；此键也用于控制双字符键的上半部分。〔Shift〕键共有两个。

（6）Back Space：退格键。位于主键盘区最右上角。按此键，光标左移一个键位，同时删除当前光标位置上的字符。

（7）Caps Lock：大写字母锁定键。按此键后，输入的字母为大写字母；当再次按此键时可解除大写锁定状态。此键只对字母键有作用，对符号键、数字键没有作用。

（8）Tab：制表键。按此键，光标向右跳格。

（9）Enter：回车键。按此键表示开始执行所输入的命令；在输入信息时，按此键光标会跳到下一行开始处。

（10）Ctrl：控制键。此键一般不单独使用，和其他键组合起来才能发挥作用。〔Ctrl〕键共两个。

（11）Alt：转换键。此键不单独使用，和其他键组合起转换作用。〔Alt〕键共两个。

（12）Windows键：也叫开始菜单键，按此键可以打开"开始"菜单。〔Windows〕键共两个。

（13）快捷菜单键：按此键可以打开光标所指对象的快捷菜单。

3.功能键区　　功能键区位于键盘的最上端，由〔Esc〕、〔F1〕～〔F12〕共13个键组成。〔Esc〕键称为返回键或取消键，用于退出应用程序或取消操作命令。〔F1〕～〔F12〕这12个键被称为功能键，在不同程序中有着不同的作用。通常情况下，按〔F1〕键则表示打开帮助文档。

4.编辑键区　　编辑键区共有13个键，下面4个键为光标方向键，按下该键，光标将向4个方向移动。

（1）Print Screen：屏幕复制键。该键的作用是将屏幕的当前画面以位图形式保存在剪贴板中；同〔Alt〕键组合，复制当前窗口并作为图形存入剪贴板中。

（2）Scroll Lock：屏幕滚动锁定键。在DOS时期用处很大，由于当时显示技术限制了屏幕只能显示宽80个字符长25行的文字，在阅读文档时，使用该键能非常方便地翻滚页面。

（3）Pause Break：暂停键。在DOS下，按下该键屏幕会暂时停止，在某些计算机启动时，按下该键会停止在启动界面。

（4）Insert：插入/改写键。在文档编辑时，用于切换插入和改写状态。

（5）Delete：删除键。按下该键将删除光标所在位置后面的字符。

（6）Page Up：向上翻页键。按下该键，屏幕向前翻一页。

（7）Page Down：向下翻页键。按下该键，屏幕向后翻一页。

（8）Home：行首键。按下该键，光标将移动到当前行的开头位置。

（9）End：行尾键。按下该键，光标将移动到当前行的末尾位置。

5. 数字小键盘区　该区域通常也叫做数字键区，我们用它来进行输入数据等操作。当第一个键盘指示灯亮起时，该区域数字键盘被激活，可以使用；当该灯熄灭时，则该键盘数字区域被关闭。

6. 状态指示区　位于键盘的右上方，由 Num Lock、Caps Lock 和 Scroll Lock 三个指示灯组成。

（1）Num Lock 指示灯：由数字小键盘区的 Num Lock 键控制，当 Num Lock 灯亮时，表示数字小键盘处于打开状态。

（2）Caps Lock 指示灯：灯亮时，表示处于大写状态。

（3）Scroll Lock 指示灯：由键盘区的 Scroll Lock 键控制，当 Scroll Lock 指示灯亮时，表示激活了屏幕滚动锁定功能。

（二）汉字输入法

1. 汉字输入法概述　汉字输入法是指为了将汉字输入到计算机中而采用的编码方法，是中文信息处理的重要技术。通常所说的汉字输入法主要是指利用电脑键盘编码将汉字录入到计算机中，不过除此之外还可以利用语音输入技术、手写输入技术及扫描输入技术等方法将汉字输入到计算机中。

（1）普通汉字输入过程：输入汉字输入码→汉字交换码（国标码）→汉字机内码→汉字字形码（输出码）。

（2）汉字语音输入是利用软件的语音识别技术将使用者通过语音输入设备（如麦克风）输入计算机中的语音转换为文字的输入方法。20 世纪 90 年代中后期，IBM 公司推出了非特定人连续语音识别系统 ViaVoice，这是当时语音识别中的佼佼者；与此同时，国内很多从事汉字语音识别研究的科研人员也建立了巨大的中文语言资料库，推出了中文普通话的语音输入系统。

（3）手写输入技术是一种利用软件识别用户在手写板或触摸屏上书写的汉字并转换为汉字编码输入到计算机的中文输入方式。国内在 1997 年就已经出现了采用基于语义句法的模式识别方法的手写汉字输入系统。

（4）扫描输入技术是一种使用光学字符识别技术（Optical Character Recognition，OCR）将汉字输入计算机的方法（图 1-17）。通常首先利用扫描仪检查纸上打印的字符（或比较标准的手写文字），采用光学的方式将纸质文档中的文字转换成黑白点阵的图像文件，然后通过识别软件将图像中的文字转换成文本格式。

2. 键盘汉字输入方法的分类　在计算机用户中使用最为广泛的还是键盘汉字输入法。根据键盘汉字输入法的编码原理，一般分为拼音输入法、形码输入法、音形结合码输入法和内码输入法等四类。

拼音输入法采用汉语拼音作为编码依据，包括全拼输入法和双拼输入法。常用的拼音输入法以智能 ABC、微软拼音、搜狗拼音、百度输入法等为代表。

形码输入法是指依据汉字字形（如笔画或汉字部件）进行编码的方法。计算机上广泛使用的形码输入法有五笔字型输入法、郑码输入法等。

音形结合码输入法是以拼音（通常为拼音

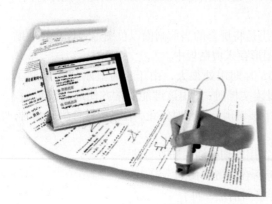

图 1-17　手持式扫描输入

首字母或双拼）加上汉字笔画或者偏旁为编码方式的输入法，包括音形码和形音码两类。代表性的输入法有自然码、二笔输入法和拼音之星等。

内码输入法不同于一般意义上的输入法。在中文信息处理中，要先决定字符集，并赋予每个字符一个编号或编码，称作内码。内码输入法是指直接通过指定字符的内码来做输入。由于内码不便于记忆，并且不同的字符集就会有不同的内码，因此一般的用户很少使用内码输入法。国内使用的内码输入法系统主要有 GB 内码、GB 区位码。

本章小结

本章概述了计算机的诞生和发展历史，介绍了计算机的特点、分类及应用领域；重点讲述了数据在计算机中的表示方法、存储方式、数制的基本概念、位与字节的概念、计算机编码的概念；通过实例讲解数制间的相互转换、存储单位的换算、汉字编码的方法。同时，在介绍现代计算机的基本原理和软硬件系统组成的基础上，较为详细地讲述了微机硬件系统的组成部分和功能特点。最后，简单介绍了有关计算机键盘的基础知识和汉字输入法的基本应用。通过本章的学习，可以使同学们对计算机有一个整体的认识，为后续课程的学习打下基础。

技能训练 1-1　　基本操作

一、熟悉键盘的基本结构及各键的功能

二、练习键盘的中英文输入，可以通过"金山打字通"软件辅助练习

三、熟悉鼠标的基本操作以及鼠标和键盘的综合运用

四、熟悉主机各部件的基本结构及功能

技能训练 1-2　　综合操作

一、了解计算机的合理配置和组装（硬件部分）

二、练习计算机的系统安装（软件部分）

练习 1　　计算机基础知识测评

一、单选题

1. 汉字国标码（GB 2312—1980）规定的汉字编码，每个汉字用_____。

　A. 1 字节表示　　B. 2 字节表示

　C. 3 字节表示　　D. 4 字节表示

2. 半导体只读存储器（ROM）与半导体随机存储器（RAM）的主要区别在于_____。

　A. ROM 可以永久保存信息，RAM 在掉电后信息会丢失

　B. ROM 掉电后，信息会丢失，RAM 则不会

　C. ROM 是内存储器，RAM 是外存储器

　D. RAM 是内存储器，ROM 是外存储器

3. 微机唯一能够直接识别和处理的语言是_____。

　A. 汇编语言　　　　B. 高级语言

　C. 甚高级语言　　　D. 机器语言

4. 在内存中，每个基本单位都被赋予一个唯一的序号，这个序号称为_____。

　A. 字节　　　　　　B. 编号

　C. 地址　　　　　　D. 容量

5. 在下列存储器中，访问速度最快的是_____。

　A. 硬盘存储器　　　B. 软盘存储器

　C. 内存储器　　　　D. 磁带存储器

6. 某单位的人事档案管理程序属于_____。

　A. 工具软件　　　　B. 应用软件

　C. 系统软件　　　　D. 字表处理软件

7. 操作系统是_____。

　A. 软件与硬件的接口

　B. 主机与外设的接口

　C. 计算机与用户的接口

　D. 高级语言与机器语言的接口

8. 用计算机管理科技情报资料，是计算机在_____方面的应用。

A. 科学计算　　　　　　B. 数据处理

C. 实时控制　　　　　　D. 人工智能

9. I/O 接口位于_____。

　A. 主机和 I/O 设备之间　B. 主机和总线之间

　C. 总线和 I/O 设备之间　D. CPU 与存储器之间

10. 微机的性能指标中的内存容量是指_____。

　A. RAM 的容量

　B. RAM 和 ROM 的容量

　C. 软盘的容量

　D. ROM 的容量

11. 计算机采用二进制最主要的理由是_____。

　A. 存储信息量大

　B. 符合习惯

　C. 结构简单运算方便

　D. 数据输入、输出方便

12. 在不同进制的四个数中，最小的一个数是_____。

　A.（1101100）$_2$　　　B.（65）$_{10}$

　C.（70）$_8$　　　　　　D.（A7）$_{16}$

13. PCI 是指_____。

　A. 产品型号　　　　　　B. 总线标准

　C. 微机系统名称　　　　D. 微处理器型号

14. 一台计算机的字长是 4 字节，这意味着它_____。

　A. 能处理的字符串最多由 4 个英文字母组成

　B. 能处理的数值最大为 4 位十进制数 9999

　C. 在 CPU 中作为一个整体加以传送处理的二进制数码为 32 位

　D. 在 CPU 中运算的结果最大为 2^{32}

15. 在计算机内存中要存放 256 个 ASCII 码字符，需_____的存储空间。

　A. 512 字节　　　　　　B. 256 字节

　C. 0.5KB　　　　　　　D. 0.512KB

二、判断题

（　）1. 操作系统是为实现计算机的各种应用而编制的计算机程序软件。

（　）2. 启动 DOS 系统就是把 DOS 系统装入内存并运行。

（　）3. CPU 能直接访问存储在内存中的数据，也能直接访问存储在外存中的数据。

（　）4. 扇区是磁盘存储信息的最小单位。

（　）5. CAT 是指计算机辅助设计。

（　）6. 两个显示器屏幕大小相同，则它们的分辨率必定相同。

（　）7. 存储地址为 0000H ～ FFFFH 区域，表示是 64KB 的存储空间。

（　）8. 某汉字的国标码是 5041H，则该汉字的机内码是 D0C1H。

（　）9. 在计算机中运行程序，必须先将程序调入计算机的硬盘。

（　）10. 硬盘装在主机箱内，因此硬盘属于主存。

（　）11. 以数据形式存储在计算机中的信息，可以是数值、文字、图形及声音等各种形式的数据。

（　）12. 现代计算机的基本工作原理是程序控制。

（　）13. 解释方式的作用是将高级语言源程序翻译成目标程序。

（　）14. 笔记本电脑的键盘比台式机键盘多了一个功能键 [Fn]。

（　）15. 使用笔记本电脑时应尽可能将电量基本用尽后再充（电量低于 5%）。

三、填空题

1. 计算机的每条指令必须包括两个最基本的部分，分别是_____和_____。

2. 第 2 代电子计算机采用的逻辑元件是_____。

3. 断电后，能继续为计算机系统供电的电源称为_____。

4. 计算机最早的应用领域是_____。

5. 计算机中，中央处理器 CPU 由_____和_____两部分组成。

6. 运算器是能完成_____运算和_____运算的装置。

7. 在计算机中，指令的执行过程分为_____、_____、_____和_____。

8. 字长为 8 位的二进制无符号数，其十进制的最大值是_____。

9. 在微机中，应用最普遍的字符编码是_____。

10. 为解决某一特定问题而设计的指令序列称为_____。

第二章 中文操作系统 Windows 7 的应用

学习目标

1. 了解操作系统的概念、功能、特点
2. 掌握 Windows 7 的基本知识和基本操作
3. 学会使用"Windows 7 资源管理器"管理文件和文件夹
4. 掌握 Windows 7 的任务管理
5. 了解 Windows 7 的系统设置

Windows 7 中文操作系统是微软公司推出的又一个 Windows 版本，是继 Windows XP 和 Windows Vista 之后最重要的操作系统，内核版本号为 Windows NT 6.1，它构建在 Windows Vista 的基础之上，延续了 Windows Vista 的 Aero 风格，并且更胜一筹（版本升至 1.1）。Windows 7 对用户界面和底层架构都作了大量的精雕细琢，引入了众多的新特性和改进来支持新硬件，给予用户更好的工具管理数字化生活。Windows 7 可供家庭及商业工作环境、笔记本电脑、平板电脑、多媒体中心等使用。

第一节　Windows 7 的桌面与操作

一、任　务

任务 1：排列桌面图标。
任务 2：改变任务栏的大小和位置。

二、相关知识与技能

（一）操作系统的概念

操作系统是管理、控制计算机软件和硬件资源协调运行的程序系统，由一系列具有不同控制和管理功能的程序组成。只有硬件部分，还未安装任何软件系统的电脑叫做裸机，操作系统是直接运行在裸机上的最基本的系统软件，是系统软件的核心，一台电脑硬件配置好后，首先必须安装操作系统，然后安装其他系统软件和应用软件。

（二）操作系统的五大功能

现代操作系统的功能十分丰富，操作系统通常应包括下列五大功能模块。

（1）进程管理：又称处理器管理。在一个允许多道程序同时执行的系统里，操作系统会根据一定的策略将处理器交替地分配给系统内等待运行的程序。这种对 CPU 的策略分配管理称为进程管理。

（2）作业管理：完成某个独立任务的程序及其所需的数据组成一个作业。作业管理的任务，主要是为用户提供一个使用计算机的界面，使其方便地运行自己的作业，并对所有进入系统的作业进行调度和控制，尽可能高效地利用整个系统的资源。

（3）存储器管理：实质是对存储"空间"的管理，主要指对内存资源的管理。包括内存分配、内存保护、地址映射及内存扩充等。

（4）设备管理：实质是对硬件设备的管理，其中包括对输入/输出设备的分配、启动、完成和回收。设备管理负责管理计算机系统中除了中央处理器和主存储器以外的其他硬件资源。

（5）文件管理：主要负责文件的存储、检索、共享和保护，为用户提供文件管理操作的方便。

（三）常用操作系统

在计算机的发展过程中，出现过许多不同的操作系统，其中最为常用的有 DOS、Windows、Linux、UNIX、OS/2 等，下面介绍常见的微机操作系统的发展过程和功能特点。

1. DOS 操作系统　DOS 是磁盘操作系统（Disk Operating System）的英文缩写，它的主要功能是管理磁盘文件，所以把它称为磁盘操作系统。DOS 系统是一个单用户、单任务、字符界面和 16 位的操作系统，DOS 最初是微软公司为 IBM-PC 开发的操作系统，它对硬件平台的要求很低，适用性较广。

2. Windows 操作系统　Windows 是 Microsoft 公司在 1985 年 11 月发布的第一代窗口式单用户多任务系统，它使个人计算机开始进入图形用户界面时代。最早推出的 Windows 1.0 版是一个具有多窗口及多任务功能的版本，但由于当时的硬件平台为 PC/XT，速度很慢，所以 Windows 1.0 版本并未十分流行。

1995 年，Microsoft 公司推出了 Windows 95。在此之前的 Windows 都是由 DOS 引导的，也就是说它们还不是一个完全独立的系统，而 Windows 95 是一个完全独立的系统，并在很多方面作了进一步的改进，还集成了网络功能和即插即用（Plug and Play）功能，是一个全新的 32 位操作系统。

2001 年 10 月 25 日，Microsoft 公司发布了功能极其强大的 Windows XP，该系统采用 Windows 2000/NT 内核，运行非常可靠、稳定，用户界面焕然一新，使用起来得心应手，这次微软终于可以和苹果的 Macintosh 软件一争高下了，优化了与多媒体应用有关的功能，内建了极其严格的安全机制，每个用户都可以拥有高度保密的个人特别区域，尤其是增加了具有防盗版作用的激活功能。

2009 年 7 月 14 日，Windows 7 正式开发完成，并于同年 10 月 22 日正式发布。2009 年 10 月 23 日，微软于中国正式发布 Windows 7。

3. UNIX 操作系统　UNIX 是一个强大的多用户、多任务操作系统，支持多种处理器架构。UNIX 系统 1969 年在贝尔实验室诞生，目前它的商标权由国际开放标准组织（The Open Group）所拥有。

4. Linux 操作系统　Linux 是一个多用户操作系统，是 UNIX 操作系统的一种克隆系统，与主流的 UNIX 系统兼容。Linux 最初由世界名牌大学——赫尔辛基大学（北欧芬兰）计算机科学系学生 Linus Torvalds 开发，其源程序发布在互联网上，全球电脑爱好者下载该源程序，加入到 Linux 的开发队伍中，Linux 也因此成为一个全球最稳定的、最有发展前景的操作系统，是 Windows 操作系统强有力的竞争对手。

5. OS/2 操作系统　OS/2 是"Operating System/2"的缩写，该系统是作为 IBM 第二代个人电脑 PS/2 系统产品的理想操作系统引入的。DOS 于个人计算机上获得巨大成功后，在图形用户界面（Graphical User Interface，GUI）的潮流影响下，IBM 和微软共同研制和推出了 OS/2 这一当时先进的个人电脑上的新一代操作系统。最初它主要是由微软开发，由于多方面的差别，微软最终放弃了 OS/2 而转向开发 Windows 系统。

（四）Windows 7 的新特性

1. 全新的任务栏　Windows 7 全新的任务栏具有强大的预览功能，所有最小化窗口只需鼠标滑过就能预览，当打开的窗口比较多时，切换窗口更容易实现。相同的程序窗口合并到一起，在任务栏上只显示一个图标。可以根据需要将程序锁定到任务栏，也可以将已锁定到任务栏的程序解锁。

2. 跳转列表　跳转列表（Jump List）是 Windows 7 操作系统的一项新功能，通过跳转列表，用户可以快速访问常用的文档、图片、网站。右击任务栏上程序图标，弹出历史记录列表（跳转列表），显示最近打开的文档名称，单击其中任一文件可快速打开。将鼠标移到任务栏某个程序上，打开此程序的跳转列表，在跳转列表中将鼠标停留在任一项目上，其右侧会出现一个锁定图标，单击该图标，即可将项目锁定到跳转列表。

3. 库　Windows 7 操作系统为用户带来了另一种称为"库"（Library）的文件管理新结构。库不同于文件夹，它还具备方便用户在计算机中快速查找到所需文件的作用。

（五）Windows 7 的版本

Windows 7 包含以下版本：

- Windows 7 Starter（简易版）
- Windows 7 Home Basic（家庭普通版）
- Windows 7 Home Premium（家庭高级版）
- Windows 7 Professional（专业版）
- Windows 7 Enterprise（企业版）
- Windows 7 Ultimate（旗舰版）

（六）Windows 7 的启动与关闭

1. 启动 Windows 7　启动计算机时，首先要接通计算机的电源，然后依次打开显示器电源开关和主机电源开关。开机后，计算机进行自检并显示欢迎界面。如果用户在安装 Windows 7 时设置了用户名和密码，将出现 Windows 7 登录界面，如果计算机系统本身没有设密码的用户，系统将自动以该用户身份进入 Windows 7 系统；如果系统设置了一个以上的用户并且有密码，用鼠标单击相应的用户图标，然后从键盘上输入相应的登录密码并按 [Enter] 键就可以进入 Windows 7 系统。

2. 关闭 Windows 7　关闭 Windows 7 的操作步骤如下。

（1）保存打开的所有文档，退出正在运行的应用程序。

（2）单击任务栏上的 [开始] 按钮，打开 [开始] 菜单→选 [关机] 命令，系统会自动关闭计算机电源。

（七）认识及操作 Windows 7 桌面

"桌面"就是在安装好中文版 Windows 7 后，用户启动计算机登录到系统后看到的整个屏幕界面。它是用户和计算机进行交流的平台，上面可以存放用户经常用到的应用程序和文件夹图标，用户可以根据自己的需要在桌面上添加各种快捷图标，在使用时，双击图标就能够快速打开相应的程序或文件，如图 2-1 所示。

1. 桌面图标　"图标"是指在桌面上排列的小图像，它包含图形、说明文字两部分，如果用户把鼠标指针放在图标上停留片刻，桌面上会出现对图标所表示内容的说明或者是文件存放的路径，双击图标就可以打开相应的内容。

（1）"计算机"图标：用户通过该图标可以实现对计算机硬盘驱动器、文件夹和文件的管理，访问连接到计算机的硬盘驱动器、照相机、扫描仪和其他硬件设备，其功能和资源管理器相同。

（2）"回收站"图标：在回收站中暂时存放着用户已经删除的文件或文件夹，当用户还没有清空回收站时，可以从中还原删除的文件或文件夹。

图 2-1　Windows 7 桌面

（3）"Internet Explorer"图标：用于浏览互联网上的信息，通过双击该图标可以访问网络资源。

（4）"网络"图标：该项中提供了访问网络上其他计算机资源的途径，可以查看工作组中的计算机。如果想要使用其他计算机上的文件或文件夹，只需进入网络，双击目标计算机，就可以使用这个计算机上被设置为共享的文件或文件夹了。如果自己计算机上的文件夹要设置为能被别的计算机访问，可以在该文件夹上右击，在弹出的快捷菜单上选［共享］命令，该文件夹即成为共享文件夹。

2.创建桌面图标　桌面上的图标实质上就是打开各种程序和文件的快捷方式，用户可以在桌面上创建自己经常使用的程序或文件的图标，这样使用时直接在桌面上双击即可快速启动该项目。

创建桌面图标的操步骤如下。

（1）右击桌面上的空白处，在弹出的快捷菜单中选［新建］命令。

（2）利用［新建］命令下的子菜单，用户可以创建各种形式的图标，比如文件夹、快捷方式、文本文档等，如图 2-2 所示。

（3）当用户单击所要创建的选项后，在桌面会出现相应的图标，用户可以为它重命名，以便于识别。

3.图标的排列　当用户在桌面上创建了多个图标时，如果不进行排列，会显得非常凌乱，这样不利于用户选择所需要的项目。使用排列图标命令，可以使用户的桌面看上去整洁而富有条理。用户需要对桌面上的图标进行排列时，可在桌面上的空白处右击，在弹出的快捷菜单中选择［排序方式］命令，其子菜单项中包含了多种排列方式，如图 2-3 所示。

（1）名称：按图标名称开头的字母或拼音顺序来排列。

（2）大小：按图标所代表文件的大小的顺序来排列。

（3）项目类型：按图标所代表的文件的类型来排列。

（4）修改日期：按图标所代表文件的最后一次修改时间来排列。

4.任务栏　桌面的底部是任务栏，从左到右分别是［开始］按钮、快速启动栏、任务按钮栏、语言栏、通知区域、［显示桌面］按钮，

图 2-2　"新建"命令子菜单

如图 2-4 所示。

（1）［开始］按钮：位于最左边，单击
该按钮就会弹出［开始］菜单，所有应用程序
启动、系统程序启动、关机启动、重新启动均
可以从这里操作。

（2）快速启动栏：一般用于放置应用程
序的快捷图标，单击某个图标即可启动相应的
程序，用户可以自行添加或删除快捷图标。

（3）任务按钮栏：在 Windows 7 中可以
打开多个窗口，每打开一个窗口，在任务栏中
就会出现相应的按钮，单击某个按钮，代表将
其窗口显示在其他窗口的最前面，再次单击该
按钮可将窗口最小化。单击任务按钮，可以相互切换窗口。

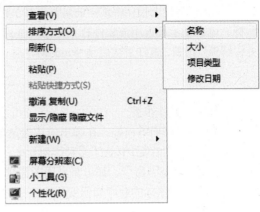

图 2-3　"排序方式"命令

图 2-4　Windows 7 任务栏

（4）通知区域：其中显示了系统当前的时间，声音图标，还包括某些正在后台运行的
程序的快捷图标，如防火墙、QQ、杀毒软件等。双击就可以将其打开；系统将自动隐藏近
期没有使用的程序图标，单击箭头按钮将其展开。

（5）［显示桌面］按钮：最小化所有打开的窗口，快速回到桌面。

5. 任务栏上程序锁定与解锁

（1）任务栏上程序锁定：Windows 7 可以将常用程序锁定在任务栏中以方便访问。
例如，平常工作中经常要用到的文档或是表格可以锁定在任务栏的快速启动栏中，需要时，
不必总是去文件夹中寻找。操作方法是：右击任务栏上的程序图标，就会显示最近用该
软件打开过的文件列表（跳转列表），将鼠标移到该列表上，单击"将此程序锁定到任务栏"
选项，这样每次启动 Windows 7 后，就可以快速打开所需的常用文件，如图 2-5 所示。

图 2-5　"将此程序锁定到任务栏"选项

图 2-6　"将此程序从任务栏解锁"选项

（2）任务栏上程序解锁：如果要将某个程序锁定清除，操作方法是：右击任务栏上的程序图标，就会显示最近用该软件打开过的文件列表，将鼠标移到该列表上，单击"将此程序从任务栏解锁"选项，这样下次启动 Windows 7 后，任务栏就不会出现该程序的图标，如图 2-6 所示。

三、实 施 方 案

1. 任务 1 操作步骤

（1）右击桌面空白处，在弹出的快捷菜单中选择［排序方式］命令。

（2）在子菜单项中包含了多种排列方式，分别选择［名称］命令、［大小］命令、［修改日期］命令、［项目类型］命令，都可将桌面图标排列整齐。操作中注意观察选择不同的排序方式排列图标后，桌面图标的顺序如何变化。

2. 任务 2 操作步骤

（1）右击任务栏空白处，在弹出的快捷菜单中选择［锁定任务栏］命令；取消［锁定任务栏］，鼠标放在任务栏的上边缘处，当鼠标变成双向箭头时，拖动鼠标即可改变任务栏的大小。

（2）鼠标按住任务栏空白区域不放，拖动鼠标在屏幕上移动即可改变任务栏的位置。

第二节　　Windows 7 的基本操作

一、任　　务

任务 1：使用金山打字通 2011。

任务 2：启动 Windows 7 实用程序。

二、相关知识与技能

（一）汉字输入法

1. 字库　字库是外文字体、中文字体及相关字符的电子文字字体集合库，被广泛用于计算机、网络及相关电子产品上。

2. 计算机字库分类

（1）按字符集可分为中文字库（一般是中西混合）、外文字库（纯西文）、图形符号库，其中外文字库又可分为英文字库、俄文字库、日文字库等。

（2）按语言可分为简体字库、繁体字库、GBK 字库等；按编码可分为 GB2312、GBK、GB18030 等。

（3）按风格可分为宋体 / 仿宋体、楷体、黑体、隶书等。

3. 汉字输入法

1）汉字输入法的添加与删除

右击任务栏中的输入法图标，选［设置］命令，弹出"文本服务和输入语言"对话框，选定已安装的输入法，单击"添加"按钮可添加相应的输入法；选定已安装的输入法，单击"删除"按钮可删除相应的输入法。

2）启动汉字输入法

安装好中文输入法后，用户就可以在 Windows 环境中非常方便地输入汉字了。不过，由于 Windows 系统中默认的输入法一般都是英文输入，因此在输入汉字之前必须首先选择自己需要的汉字输入法。

可以使用以下几种方法启动汉字输入法。

（1）单击任务栏上的输入法指示器，在弹出的输入法选择菜单中选择一种中文输入法。

（2）使用键盘快捷键［Ctrl + Space（空格键）］，可以实现英文输入法和中文输入法的切换。并还原到原有汉字输入法。

（3）使用键盘快捷键［Ctrl + Shift］，可以在系统安装的各种输入法之间进行切换。

（4）如果在 Windows 系统中为某种输入法设置了启动热键，也可以使用对应热键来启动汉字输入法。

　3）其他切换

（1）［Shift+ 空格］组合键，进行全角和半角切换。

（2）［Ctrl+.］组合键，进行中英文标点符号切换。

（二）窗口认识与操作

窗口是桌面上用于查看应用程序或文档等信息的一块矩形区域，任何一个标准的 Windows 应用程序在运行时，都是在桌面上呈现一个窗口。Windows 7 中有应用程序窗口、文档窗口等。在同时打开几个窗口时，处于当前工作状态的窗口，就称为当前窗口，或者叫做前台窗口、活动窗口；其他窗口则称为非当前窗口或后台窗口。如果要激活后台窗口，可以单击它的标题栏或窗口的任意部分，也可以单击任务栏上的相应按钮。激活以后，该窗口就相应地成为当前窗口了。

　1.窗口的组成　　Windows 7 的窗口分为应用程序窗口和文档窗口。应用程序都有自己的工作窗口，并且窗口的组成基本相同。双击桌面上"计算机"图标，就可以打开"计算机"窗口，如图 2-7 所示。由标题栏、菜单栏、工具栏、地址栏、搜索栏、导航窗格、预览窗格、工作区、状态栏、［窗口控制］按钮、滚动条和边框等几部分内容组成。

（1）标题栏：位于窗口最上面。标题栏中的标题也称为窗口标题，通常是应用程序名、窗口名等。应用程序的标题栏中常常还有利用此应用程序正在创建的文档名。标题栏最左边是［控制菜单］按钮，最右边是［最小化］按钮、［最大化］按钮和［关闭］按钮。双击标题栏中空白部分，会最大化或还原窗口；右击则弹出快捷菜单。窗口最大化后，［最大化］按钮为［还原］按钮所代替。

图 2-7　窗口的组成

（2）［后退］和［前进］按钮：单击［后退］按钮，返回前一个操作位置，单击［前进］按钮，返回后一个操作位置。

（3）菜单栏：位于标题栏下面，其中包含应用程序或文件夹等的所有菜单项。不同的窗口有不同的菜单项，也有一些是相同的，如"文件""查看""帮助"等。单击一个菜单项，打开一个下拉菜单，列出相关的命令项。

（4）工具栏：位于菜单栏的下面，上面列出了常用命令的快捷方式按钮，如新建、保存、打开、打印、查找、剪切、复制、粘贴、撤销等。单击这些按钮，就等同于从下拉菜单中选择并执行一项命令。

（5）信息窗格（状态栏）：用于显示当前操作状态和提示信息。

（6）预览窗格：当前文件信息预览。

（7）细节窗格：显示当前文件夹中的内容。

（8）导航窗格：树状结构文件夹列表，包含了"收藏夹""库""计算机"和"网络"这几个项目，可以从这几个项目中选择浏览文件夹和文件。

（9）地址栏：标题栏下是地址栏，用于显示和输入当前浏览位置的详细路径信息。

（10）搜索栏：地址栏右边是搜索栏，在此输入字符串，搜索当前文件夹中的文件或子文件夹。

2. 窗口的基本操作　窗口的基本操作包括以下几方面。

（1）窗口的打开：双击文件、文件夹或应用程序的图标，就可以打开相应的文件、文件夹或应用程序。

（2）窗口的关闭：单击窗口的［关闭］按钮；双击［控制］按钮，选择控制菜单中的［关闭］命令；或者按快捷键［Alt+F4］。

（3）窗口的移动：左键按住标题栏，拖动到适当的位置；从控制菜单中选择［移动］命令，按方向键到合适位置后，按［Enter］键。

（4）窗口的大小调整：把鼠标指针放在窗口的四个边框或四个角上，当指针形状改变时，就可以拖动鼠标来调整窗口的大小。或者在控制菜单中选择［大小］命令，按方向键进行移动来调整，并按［Enter］键结束。

（5）窗口的切换操作：①利用［Alt+Tab］组合键，按住 Alt 键不动，然后不停地按 Tab 键，就可以在已经打开的窗口的不同图标之间进行选择切换；选定以后，松开 Alt 键，就可以把选定的图标所代表的窗口设成当前窗口（活动窗口）。②利用任务栏，单击任务栏上的任务按钮，可以把相应的窗口置为活动窗口。③单击非活动窗口的任何部位，这要在可以看见该窗口的一部分的前提下才可以。④按［Alt+Esc］组合键顺序循环切换。

（6）窗口的排列：在任务栏的空白处右击，在弹出的快捷菜单中选［层叠窗口］、［堆叠显示窗口］或［并排显示窗口］。

（7）最小化、最大化和还原窗口：单击［最小化］按钮，则窗口将缩小为任务栏上一个按钮，这时窗口仍保持打开状态，单击任务栏上相应的按钮，窗口将还原至最小化之前的大小；单击［最大化］按钮，窗口将以全屏的方式显示，此时，［最大化］按钮将变成［还原］按钮，单击［还原］按钮，窗口恢复原来的大小。

（三）菜单的操作

菜单是一组命令的集合，是 Windows 7 执行命令的主要形式。Windows 7 提供了三种菜单形式：［开始］菜单、下拉式菜单、快捷菜单。

1）［开始］菜单

当用户在使用计算机时，利用［开始］菜单可以完成启动应用程序、打开文档及寻求帮助等工作，单击任务栏上的［开始］按钮打开［开始］菜单，如图 2-8 所示。

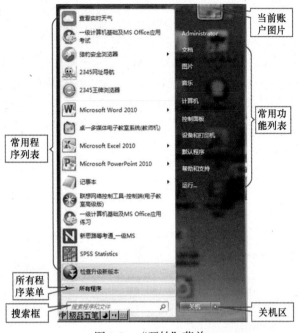

图 2-8　　"开始"菜单

2）下拉式菜单

在应用程序窗口和文档窗口中，通常采用下拉式菜单，单击菜单栏中的菜单项，可打开下拉式菜单，如图 2-9 所示。

3）快捷菜单

用户在某个对象上右击鼠标时，会弹出一个快捷菜单，如用户在桌面空白处右击鼠标时，弹出的快捷菜单（图 2-10）。

4）菜单约定

一个菜单通常包含若干个菜单项，Windows 为了帮助用户操作时对不同菜单项当前所处的状态进行识别，在一些菜单项的

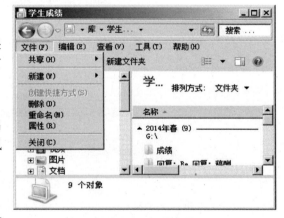

图 2-9　下拉式菜单

图 2-10　快捷菜单

前面或后面加上了特殊标记，不同的标记代表不同的含义。

（1）菜单项呈灰色显示：表示该菜单项当前不可用。

（2）菜单项呈黑色显示：表示该菜单项为正常的菜单项，当前可用。

（3）菜单项后带省略号"…"：表示执行该命令后会打开一个对话框，需要用户输入信息或更改设置。

（4）菜单项右端带三角标记"▶"：表示该菜单项还有下一级菜单（也称为子菜单或级联菜单），鼠标指针指向该菜单项时会自动弹出下一级子菜单。

（5）菜单项前有符号"√"：选择标记。当菜单项前有此符号时，表示该命令有效，如果再一次选择，则删除该标记，命令无效。

（6）菜单项名字前有符号"●"：表示可选项，但在分组菜单中，有且只有一个选项带有符号"●"，表示被选中。

（7）分组线：菜单项之间的分隔线条，通常按功能分组。

（8）菜单项后面带组合键：是执行该命令的快捷键。

（9）命令后的字母（热键）：菜单项括号中的单个字母表示按住 F10 或 Alt 键后，可通过键盘键入该字母，打开其对应的下拉菜单；下拉菜单命令项后括号中的单个字母表示当菜单被打开时，可通过键盘键入该字母执行该项命令。

（四）对话框认识与操作

对话框是用户与计算机系统之间进行信息交流的窗口，用于输入信息，设置选项。对话框没有菜单栏，大小是固定的。对话框中包含的主要控件有：文本框、单选按钮、复选框、列表框、下拉列表框、选项卡、命令按钮等，如图 2-11 所示。

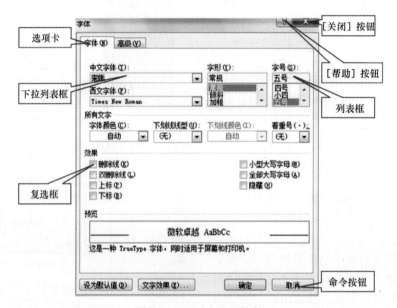

图 2-11　对话中常用控件

（1）文本框：文本框是提供给用户输入一定的文字和数值信息的地方，其中可能是空白，也可能有系统填入的默认值。

（2）单选按钮：对话框的某一栏中可能有若干个圆形的单选按钮，以供单项选择。单击要选择的一项，则该项前面的圆中出现黑点。圆中有黑点表示该项处于选中状态；圆中没有黑点表示该项未被选中。

（3）复选框：用小正方形表示，供多项选择。当框内出现符号"√"时，表示该项处于选中状态；再次单击，该项变为未选中状态。

（4）列表框：列表框中列出可供选择的内容，框中不能一次显示全部可供选择内容时，会出现滚动条。

（5）选项卡：Windows 应用程序的对话框中常常有不同的选项卡（或称为标签），每个选项卡下面是相关主题信息的集合。

（6）下拉列表框：单击下拉列表框右边的向下箭头按钮，打开可供选择的选项列表。

（7）滑块：拖动滑块可以改变数值大小，一般用于调整参数。

（8）数值框：用于调整或输入数值，单击数值框右边的向上或向下微调按钮改变数值大小，也可以直接输入一个数值。

（9）命令按钮：用于执行命令。如果命令按钮后有省略号"..."，则表示将打开一个对话框；如果命令按钮呈暗淡色，则表示该按钮当前不可用。

（10）［帮助］按钮：位于标题栏右侧，单击该按钮，获取在线帮助信息。

（五）快捷键的应用

键盘上有些键需要和其他键配合使用，通过在键盘上的单键或多键组合完成一条功能命令，我们通常把这些按键称为快捷键。因此，如果我们能熟练掌握并灵活运用这些快捷键，便可大大提高我们日常的工作效率。表 2-1 列出了 Windows 7 中的常用快捷键及功能。

表 2-1　常用快捷键及功能

快捷键	功能	快捷键	功能
Alt+Tab	切换当前程序	Ctrl+C	复制
Alt+Esc	循环切换当前程序	Ctrl+X	剪切
Alt+F4	关闭当前应用程序	Ctrl+V	粘贴
Alt+Space	打开程序的控制菜单	Ctrl+S	保存
Print Screen	拷贝屏幕到剪贴板	Ctrl+Z	撤销
Alt+Print Screen	拷贝当前活动窗口到剪贴板	Esc	取消当前任务
Win	打开开始菜单	Win+E	打开资源管理器

三 、 实 施 方 案

1. 任务 1 操作步骤

（1）从因特网下载"金山打字通 2011 正式版"并安装。

（2）启动"金山打字通 2011 正式版"，单击左边［英文打字］按钮，进入"英文打字"页面，有四个选项卡，分别为"键盘练习（初级）""键盘练习（高级）""单词练习""文章练习"，依次选择进行练习，在每项练习前，单击［课程选择］按钮，在"课程选择"列表框中选择相应的练习内容。

2. 任务 2 操作步骤

（1）单击任务栏上的［开始］按钮，打开［开始］菜单→选［所有程序］→选［附件］命令。

（2）在子菜单中选［画图］命令，即可启动"画图"程序。

第三节　Windows 7 的文件管理

一 、 任 　 务

任务 1：在 D 盘中查找第三个字母为 S 的文本文件。

任务 2：使用 360 杀毒软件和 360 安全卫士。

二、相关知识与技能

（一）文件知识

对于十分庞杂的磁盘中的文件系统，必须要能够对所有的文件或文件夹进行快速、有序的管理。在 Windows 7 操作系统中，管理文件或文件夹的工作主要由"Windows 7 资源管理器""计算机"等来完成。

1. 文件的概念　文件是一组被命名的、存放在存储介质上的相关信息的集合。Windows 7 将各种程序和文档以文件的形式进行存储和管理。文件中的信息可以是文字、图形、图像、声音等，也可以是一个程序。每个文件必须有名字，操作系统对文件的组织和管理都是按文件名进行的。

2. 文件的命名　每个文件都有自己的文件名称，Windows 7 就是按照文件名来识别、存取和访问文件的。文件名由文件主名和扩展名（类型符）组成，两者之间用小数点"."分隔。文件主名一般由用户自己定义，文件的扩展名标识了文件的类型和属性，由系统定义。例如"Windows 7 中文操作系统 .docx"，其中，文件主名为"Windows 7 中文操作系统"，扩展名为"docx"。Windows 7 最多可以使用 255 个字符（可以是汉字）作为文件名。但不能包含以下 9 个字符："："" * ""？"" | """"" < "" > "" \ "" /"。系统保留用户命名时的大小写字母，但系统对文件名的英文字母不区分大小写，如 ABC 和 abc 是相同的。

3. 文件类型　文件都包含着一定的信息，而根据其不同的数据格式和意义，每个文件都具有某种特定的文件类型。Windows 利用文件的扩展名来区别每个文件的类型。其中一些基本类型如表 2-2 所示。

表 2-2　常见文件类型及其扩展名

文件类型	扩展名	文件类型	扩展名
可执行程序	com、exe	文本文件	txt
批处理文件	bat	Word 文档文件	docx
Excel 文档文件	xlsx	PowerPoint 演示文稿	pptx
系统配置文件	sys	帮助文件	hlp
压缩文件	zip、rar	网页文件	html、asp
备份文件	bak	字体文件	fon
图像文件	bmp、jpg、gif	视频文件	wmv、rm、asf
音频文件	wav、mp3、mid	可移植文档文件	pdf

4. 文件夹　文件夹是用来组织磁盘文件的一种数据结构，相当于 DOS 中的目录。文件夹被组织成树状结构，即一个文件夹下可以有多个其他文件夹（称子文件夹）。每一个文件夹也有一个相应的文件夹名称。文件夹的命名规则与文件命名规则完全相同，只不过一般没有扩展名。在对文件管理时，可以把同一类型的文件保存在一个文件夹中，也可以根据用途将不同的文件保存在一个文件夹中。

5. 路径　文件的路径就是从磁盘的某一个文件夹开始到存放该文件的子文件夹为止的所有经过的子文件夹，并用反斜杠(\)将子文件夹分隔开表示。路径是描述文件位置的一条通路，是操作系统和用户查找文件的路线图。从磁盘根目录开始的路径叫绝对路径，否则为相对路径。

文件总是存放在外存的某一个文件夹下，所以文件标识符＝逻辑盘符：绝对路径＼文件全名（主名．扩展名）。例如：

中文操作系统 Window 7 的使用 .docx 文件的文件标识名为 C：\xze\jc\ 中文操作系统 Window 7 的使用 .docx。路径为 \xze\jc\，盘符为 C：

实际上 Windows 7 是按文件标识符来查找文件的。

（二）资源管理器启动与界面认识

"资源管理器"是 Windows 7 系统提供的资源管理工具，采用双窗格树形的文件系统结构，通过它可以有效地管理计算机的软硬件资源，和"计算机"相比，资源管理器提供了更加丰富和方便的功能，如高效搜索框、库功能、灵活地址栏、丰富视图模式切换、预览窗格等，可以有效帮助我们轻松提高文件操作效率。操作上更直观、更方便。

1. 启动资源管理器　启动资源管理器有多种方法。常用的有以下几种方法。

（1）单击任务栏上的［开始］按钮，打开［开始］菜单→选［所有程序］→选［附件］→选［Windows 资源管理器］命令。

（2）右击［开始］按钮，在其快捷菜单中选［打开 Windows 资源管理器］命令。

（3）快捷键方式：［Win+E］组合键。

2. 认识资源管理器窗口　资源管理器窗口如图 2-12 所示。

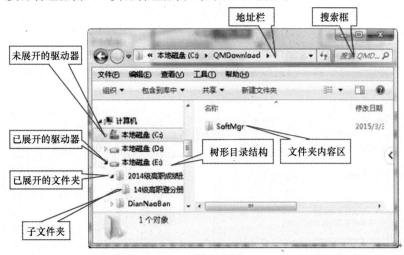

图 2-12　"Windows 资源管理器"窗口

资源管理器窗口工作区包含了三个窗格。左边窗格称为导航窗格，以文件夹形式呈现，采用树形的层次文件结构，用户可以在软盘或硬盘的文件夹下创建自己的文件夹来管理自己的文档；中间窗格称为细节窗格，它显示出左边小窗口被选定文件夹下的子文件夹和文件名等内容；最右边窗格称为预览窗格，它显示的是文件窗格中选中的文档内容，这样用户就可以在不打开文件的情况下预览文件内容，如果选择的是音乐和视频文件，还可以直接播放。窗格间的分隔线可以用鼠标拖动左右区域之间的分隔线调整左右窗口的大小。

可以通过工具栏中右边的隐藏预览窗格按钮□隐藏或显示预览窗格。

（1）导航窗格：在图 2-12 所示资源管理器窗口的导航窗格中，文件夹图标前有"▷"号，表示该文件夹中所含的子文件夹没有被显示出来（称为收缩），单击"▷"号，其子文件夹结构就会显示出来（称为扩展），"▷"同时变成了"◢"。类似地，单击"◢"号，其子文件夹结构就会被隐藏起来，"▲"同时变成了"▷"。

（2）收藏夹：在"收藏夹"里，我们可以迅速看到"下载""桌面""最近访问的位置"这三项信息，其中"最近访问的位置"非常有用，可以帮我们轻松跳转到最近访问的文件和文件夹位置。

（3）搜索框：它能快速搜索 Windows 中的文档、图片、程序、Windows 帮助甚至网络等信息。Windows 7 系统的搜索是动态的，当我们在搜索框中输入第一个字的时刻，Windows 7 的搜索就已经开始工作，大大提高了搜索效率。

（4）地址栏：单击左侧栏的"计算机"就可以进入我们最熟悉的资源管理器界面查看和管理文件。Windows 7 资源管理器的地址栏中为每一级目录都提供了下拉菜单小箭头，点击这些小箭头可以快速查看和选择指定目录中的其他文件夹，非常方便快捷。

如果想要查看和复制当前的文件路径，只要在地址栏空白处单击，即可让地址栏以传统的方式显示文件路径，如 G：\计算机教材改版\备用。

（5）丰富视图模式：Windows 7 资源管理器提供了非常丰富的视图模式，单击工具栏中的"更多选项"小三角按钮 ▦ ▼ 即可打开视图模式菜单，从八个模式中选择自己需要的模式就可以了。

考点提示：资源管理器的使用

（三）文件和文件夹的管理操作

1. 显示隐藏文件和文件夹　在资源管理器窗口中，单击［组织］→选［文件夹选项］命令，打开"文件夹选项"对话框，单击"查看"选项卡，如图 2-13 所示。具有"隐藏"属性的文件和文件夹的设置有一组单选按钮，选中左边的单选按钮，分别设置"不显示隐藏的文件、文件夹或驱动器"和"显示隐藏的文件、文件夹和驱动器"；勾选"隐藏已知文件类型的扩展名"左边的复选框，则隐藏已知文件类型的扩展名，再次单击，则显示已知文件类型的扩展名。

考点提示：显示隐藏的文件、文件夹和驱动器，显示已知文件类型的扩展名

2. 新建文件或文件夹　新建文件或文件夹的操作步骤如下。

（1）在"计算机"或"资源管理器"窗口中，定位需要新建文件或文件夹的位置。

（2）单击［文件］菜单→选［新建］→选［文件夹］命令；或在文件夹内容区的空白处右击，在其快捷菜单中选［新建］→选［文件夹］命令。

（3）对所建立的文件夹图标，将其原名称"新建文件夹"改成（重命名）一个新的文件夹名称即可。

考点提示：新建文件或文件夹

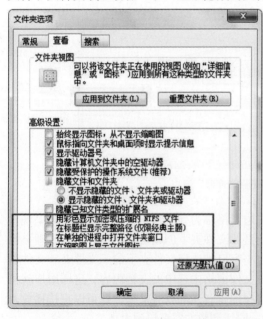

图 2-13　"文件夹选项"对话框

3. 选定文件或文件夹　在 Windows 中，一般都是先选定要操作的对象，再对选定的对象进行处理。在文件夹内容区选定文件或文件夹的基本方法有以下几种，被选定的文件或文件夹呈反相显示。

（1）选择一个文件或文件夹：用鼠标单击所需的文件或文件夹即可选定该文件或文件夹。

（2）选择连续的多个文件或文件夹：先单击第一个文件或文件夹，再按住［Shift］键不放，再单击最后一个或拖动鼠标框选。

（3）选择不连续的多个文件或文件夹：先选择一个文件或文件夹，然后按住［Ctrl］键不放，再依次单击要选择的其他文件或文件夹。

（4）选择全部文件或文件夹：单击［编辑］菜单 → 选［全选］命令；或按［Ctrl+A］快捷键。

（5）反向选择文件或文件夹：先选定不需要的文件或文件夹，然后单击［编辑］菜单 → 选［反向选择］命令。

对于所选定的文件或文件夹，再按住［Ctrl］键不放，单击某个已选定的文件或文件夹，即可以取消对该文件或文件夹的选定；如果单击文件或文件夹列表外任意空白处可取消全部选定。

4. 移动文件或文件夹　"移动"是指文件和文件夹从原位置上消失，出现在指定的新位置上。

1）使用鼠标拖放

（1）选定要移动的文件或文件夹。

（2）用鼠标拖动所选定的文件或文件夹图标到目标位置，松开鼠标即可。若源位置与目标位置在同一驱动器中，直接拖放；若源位置与目标位置在不同驱动器中，拖放时须按住［Shift］键。

2）利用剪贴板

剪贴板是 Windows 系统为传递信息在内存开辟的临时存储区，具有转运站的功能，可实现同一个窗口内或不同窗口间文件及文件夹的复制和移动，剪贴板中的内容可以多次粘贴，若关闭计算机，则信息会丢失。

（1）选定要移动的文件或文件夹。

（2）单击［编辑］菜单 → 选［剪切］命令，将其存入剪贴板（或右击，在弹出的快捷菜单中选［剪切］命令，或者按［Ctrl+X］快捷键）。

（3）定位到目标位置，单击［编辑］菜单 → 选［粘贴］命令或按［Ctrl+V］快捷键。

考点提示：移动文件或文件夹

5. 复制文件或文件夹　"复制"是指原来位置上的文件和文件夹保留不动，在指定的位置上出现源文件和文件夹的一个拷贝。

1）使用鼠标拖放

（1）选定要复制的文件或文件夹。

（2）用鼠标拖动所选定的文件或文件夹图标到目标位置，松开鼠标即可。若源位置与目标位置在不同驱动器中，直接拖放；若源位置与目标位置在同一驱动器中，拖放时须按住［Ctrl］键。

2）利用剪贴板

（1）选定要复制的文件或文件夹。

（2）单击［编辑］菜单 → 选［复制］命令，将其存入剪贴板（或右击，在弹出的快捷菜单中选［复制］命令，或者按［Ctrl+C］快捷键）。

（3）定位到目标位置，单击［编辑］菜单 → 选［粘贴］命令，或者按［Ctrl+V］快捷键。

6. 重命名文件或文件夹　重命名文件或文件夹就是用户根据自己的需要，给文件或文件夹重新命名，使其名称能更好地描述其内容。

重命名文件或文件夹的具体操作步骤如下。

（1）选择要重命名的文件或文件夹。

（2）单击［文件］菜单 → 选［重命名］命令，或者右击，在弹出的快捷菜单中选［重命名］命令。

（3）这时文件或文件夹的名称将处于编辑状态（蓝色反白显示），用户可直接键入新的名称进行重命名操作。

考点提示：重命名文件或文件夹

7. 删除文件或文件夹　回收站是硬盘的一个特殊文件夹，我们在硬盘上删除的一些文件放在这里。它具有保护功能，可以从回收站还原误删除的文件或文件夹。但是软盘、可移动硬盘的文件删除后不会放到回收站。

删除操作一定要慎重，应能保证所删除的是不再有用的。删除时，选定要删除的文件或文件夹，再从以下几种方法中选用一种来删除这些文件或文件夹。

（1）把要删除的文件或文件夹的图标用鼠标拖到回收站图标中。

图 2-14　"删除文件夹"对话框

（2）选定要删除的文件或文件夹，按 [Delete] 键。

（3）在要删除的文件或文件夹图标上右击，在其快捷菜单中选择 [删除] 命令。

（4）不放入回收站的删除，在执行 [删除] 命令时，按 [Shift] 键，则直接从磁盘中删除。

除非是将文件直接拖入回收站中，否则 Windows 为了防止用户误操作，都会弹出如图 2-14 所示对话框，要求确认。

考点提示：删除文件或文件夹

8. 查找文件或文件夹　在查找文件或文件夹时，可以使用通配符 "*" 和 "？"。

？：表示在该位置可以是一个任意合法字符。

*：表示在该位置可以是若干个任意合法字符。

Windows 7 中搜索文件或文件夹的方法如下所示。

（1）开始菜单搜索：单击 [开始] 按钮，打开 [开始] 菜单，在搜索框中输入关键字，搜索结果分类显示在开始菜单中，单击 [查看更多结果] 按钮，显示全部搜索结果窗口。此处搜索程序、控制面板中的内容、Windows 7 小工具特别方便。

（2）资源管理器窗口搜索栏搜索：在"资源管理器"窗口中，先在导航窗格中选定搜索范围，在搜索栏输入关键字，如 "??S*.txt"，即可得到搜索结果，如图 2-15 所示。

考点提示：查找文件或文件夹

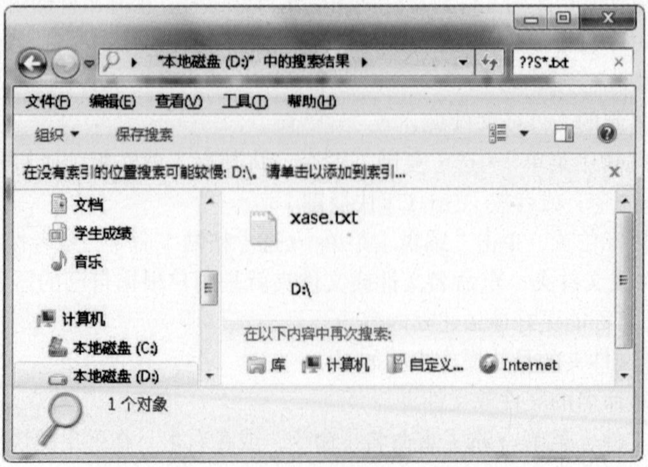

图 2-15　"搜索结果"窗口

9. 创建快捷方式　对象（应用程序、文件、文件夹等）的快捷方式是一个链接对象的图标，它可以看作是指向该对象的指针文件，是一种特殊的文件类型，可为任何一个对象在任意地方建立快捷方式，当用户双击快捷方式图标时，可以打开这个对象，删除快捷方式不影响相应的对象。创建桌面快捷方式的操作步骤如下所示。

（1）在"资源管理器"窗口中，选定要创建快捷方式的应用程序、文件、文件夹等。

（2）单击［文件］菜单→选［创建快捷方式］命令，或者右击，在弹出的快捷菜单中选［创建快捷方式］命令，则在当前位置创建了该对象的快捷方式，可以为该快捷方式重命名。

（3）右击快捷方式的图标，在弹出的快捷菜单中选［发送到］→选［桌面快捷方式］命令，则在桌面上创建了该对象的快捷方式，如要打开该对象，只需在桌面上双击该对象的快捷方式。

考点提示：创建快捷方式并重命名

（四）库认识与使用

1. 认识库　微软公司在 Windows 7 中引入了"库"的概念，表面上库与文件夹的作用相同，可以保存文件，在库中也可以包含子库与文件，实际上库本质上跟文件夹有很大的不同。在文件夹中保存的文件或者子文件夹，都是存储在同一个地方，在 Windows 7 中，库只是一个"虚拟文件夹"，库中的文件夹实际存储在本地电脑的不同驱动器或局域网当中的任何位置，通过库更容易找到目标文件。由于引进了库，文件管理更方便，可以把本地或局域网中的文件添加到库，把文件收藏起来。

简单地讲，文件库可以将我们需要的文件和文件夹统统集中到一起，就如同网页收藏夹一样，只要单击库中的链接，就能快速打开添加到库中的文件夹，而不管它们原来深藏在本地电脑或局域网当中的任何位置。另外，它们都会随着原始文件夹的变化而自动更新，并且可以以同名的形式存在于文件库中。

2. 库的使用

（1）新建库。启动 Windows 资源管理器，在左侧的导航窗格中，展开库，在右窗格中，可以看到系统内置的 4 个库，分别为"视频""图片""文档""音乐"。可以根据需要新建库。新建库的方法：在资源管理器左侧的导航窗格中单击"库"图标，打开"库"窗口。单击工具栏中的"新建库"，如图 2-16 所示，输入库的名称，如学生成绩，按［Enter］键，就创建了一个名为"学生成绩"的库。

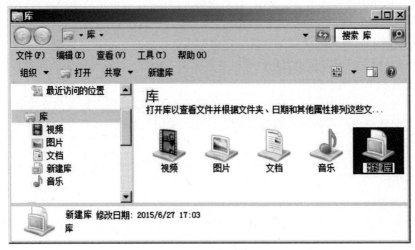

图 2-16　新建库

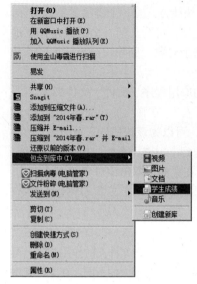

图 2-17　添加到库

（2）将文件夹加入到库：若要添加某个文件夹到"学生成绩"库，右击这个文件夹，选 ［包含到库中］→［学生成绩］命令，如图 2-17 所示[①]。

（五）计算机病毒防范

计算机病毒（Computer Viruses）是人为设计的，以破坏计算机系统为目的的程序，它寄生于其他应用程序或系统的可执行部分，当条件成熟时发作，对计算机系统起破坏作用。由于具有生物病毒的某些特征，因此它被称为"计算机病毒"。《中华人民共和国计算机信息系统安全保护条例》将计算机病毒定义为："计算机病毒，是指编制或者在计算机程序中插入的破坏计算机功能或者破坏数据，影响计算机使用并且能够自我复制的一组计算机指令或者程序代码。"

1. 计算机病毒的特点

（1）寄生性：计算机病毒寄生在其他程序之中，当执行这个程序时，病毒就起破坏作用，而在未启动这个程序之前，它是不易被人发觉的。

（2）传染性：传染性是计算机病毒最重要的特征，病毒程序一旦侵入计算机系统就开始搜索可以传染的程序或存储介质，然后通过自我复制迅速传播。只要一台计算机感染病毒，如不及时处理，计算机病毒会通过 U 盘、计算机网络去传染其他的计算机。

（3）破坏性：不同类型的病毒对系统的破坏性是不一样的。有的计算机病毒仅干扰软件的运行而不破坏该软件；有的无限制地侵占系统资源，使系统无法运行；有的可以毁掉部分数据或程序，使之无法恢复；有的恶性病毒甚至可以毁坏整个系统，导致系统崩溃。

（4）潜伏性：一个编制精巧的计算机病毒程序，进入系统之后一般不会马上发作。在潜伏期中，它并不影响系统的正常运行，只是悄悄地进行传播、繁殖，传染正常的程序。病毒的潜伏性越好，它在系统中存在的时间也就越长，病毒传染的范围也越广，其危害性也越大。

（5）隐蔽性：计算机病毒是一种具有很高技巧、短小精悍的可执行程序。编程时精心设计，隐藏在正常程序之中或磁盘引导扇区中，具有很强的隐蔽性，有的可以通过杀毒软件检查出来，有的根本就查不出来。

2. 计算机感染病毒的症状　计算机一旦感染病毒，会有一些异常的症状出现。通过对这些异常症状的分析，就可以初步判断计算机是否感染了病毒。计算机感染病毒后有如下症状。

（1）计算机突然无法启动。

（2）系统的运行速度明显下降，打开文件时的速度比以前慢，经常无故发生死机。

（3）计算机存储的容量异常减少，系统中的文件长度无故发生变化，文件或文件夹被莫名其妙地删除。

（4）计算机屏幕上出现异常显示。主要有：屏幕异常滚动；屏幕上出现异常信息显示；屏幕上显示的汉字不全。

（5）磁盘卷标发生变化，系统不能识别硬盘。

（6）文件的日期、时间、属性等发生变化；文件无法正确读取、复制或打开。

（7）系统自行重新启动。

①不能直接将文件添加到"文件库"中，但可以放到"文件库"中某一文件夹中。移动盘上的文件夹也不能添加到"文件库"中去。

考点提示：计算机病毒的定义、特点

3.计算机病毒的防范　计算机病毒预防是在计算机病毒尚未入侵或刚刚入侵时就拦截、阻击计算机病毒的入侵或立即报警。用户要加强防范计算机病毒破坏文件的意识。

三、实施方案

1.任务 1 操作步骤

（1）右击［开始］按钮，在其快捷菜单中选［打开 Windows 资源管理器］命令。

（2）在"资源管理器"窗口中，在导航窗格中选定 D 盘，在搜索栏输入关键字"??S*.txt"，即可得到搜索结果。

2.任务 2 操作步骤

（1）双击桌面上的"360 杀毒"图标，启动"360 杀毒软件"。

（2）单击"病毒查杀"选项卡，单击［快速扫描］、［全盘扫描］或［指定位置扫描］按钮，启动"病毒扫描程序"，选中"自动处理扫描出的病毒威胁"复选框。

（3）单击"实时防护"选项卡，根据需要，拖动滑块，设置防护级别。

（4）单击"产品升级"选项卡，及时升级病毒库。

（5）单击任务栏上"通知区域"中的"360 安全卫士"图标，启动"360 安全卫士"，分别单击工具栏中的工具按钮如"电脑体验""查杀木马""清理插件""修复漏洞""清理垃圾"等。

第四节　Windows 7 的任务管理

一、任　务

任务 1：使用计算器，计算 $(37)_8 + (765)_8$ 的值。

任务 2：结束无响应的程序。

任务 3：安装搜狗拼音输入法。

二、相关知识与技能

（一）应用程序的启动与退出

1.应用程序的启动　应用程序的启动有以下几种方法。

（1）应用程序安装后一般在桌面都会创建快捷方式，双击快捷方式就可以启动相应的应用程序。

（2）单击［开始］按钮，打开［开始］菜单→选［所有程序］命令，然后单击要打开的程序。

（3）单击［开始］按钮，打开［开始］菜单→选［运行］命令，弹出"运行"对话框，在"打开"下拉列表框中输入应用程序的文件名，如图 2-18 所示，最后单击［确定］按钮。

（4）双击一个文档的图标，可启动创建该文档的应用程序。

图 2-18　"运行"对话框

2. 退出程序　退出程序有以下几种方法。

（1）单击应用程序窗口标题栏右边的［关闭］按钮。

（2）单击［文件］菜单→选［退出］命令。

（3）双击标题栏最左边的小图标或单击标题栏最左边的小图标，选［关闭］命令。

（4）按组合键［Alt+F4］。

（二）任务管理器

有时候打开一个程序或执行某项命令的时候程序无法响应对应的操作，用退出程序的方法来结束其运行也不能关闭该程序，这时就需要使用 Windows 7 中的任务管理器来结束无响应的程序，操作步骤如下所示。

（1）在桌面任务栏空白处右击鼠标，在弹出的快捷菜单中单击［任务管理器］命令；或者按组合键［Ctrl + Alt + Delete］，在弹出的界面中单击［启动任务管理器］。Windows 任务管理器窗口如图 2-19 所示。

图 2-19　　"Windows 任务管理器"窗口

（2）单击任务管理器窗口中的"应用程序"选项卡，就可以看到用户打开的所有应用程序。用鼠标单击选定无法响应的程序，再单击窗口下边［结束任务］按钮，就可以结束无法响应的程序。

（3）如果仍无法结束不响应的程序，可以单击"进程"选项卡，然后选择应用程序所对应进程，单击［结束进程］按钮。

（三）卸载或更改程序

1. 控制面板　控制面板是 Windows 7 专门为用户提供的对计算机系统进行配置的工具，主要用于更改 Windows 7 的外观和行为方式。用户利用这些工具，可以根据自己的需要调整计算机系统的相关设置，从而使得操作电脑变得更加人性化与个性化。

单击［开始］按钮，打开［开始］菜单→选［控制面板］命令，启动控制面板。控制面板窗口组成如图 2-20 所示。

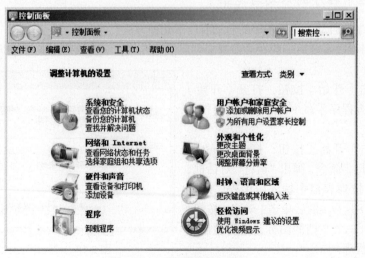

图 2-20　　"控制面板"窗口

2. 卸载或更改程序　卸载应用程序，是一种特殊的删除文件方法，前面所述几种删除方法多是针对文档文件所用，应用程序在安装时除了在外存器上保存了大量文件及文件夹，还在 Windows 中注册报到。若用上述方法删除文件夹及文件，虽然清除了文件，但注册表里的相关信息还在，计算机系统就会形成大量的垃圾信息。而卸载不但能删除相关的文件夹及文件，还能清除安装时留下的注册信息。

可以利用控制面板中的"程序和功能"或应用程序自带的卸载程序卸载。卸载或更改程序的步骤如下所示。

（1）在"控制面板"窗口中，单击"卸载程序"链接，打开"卸载或更改程序"窗口，如图 2-21 所示。

（2）在"当前安装的程序"列表框中选定要卸载或更改的程序名，然后单击［卸载／更改］按钮，根据提示选择修复或卸载该程序。

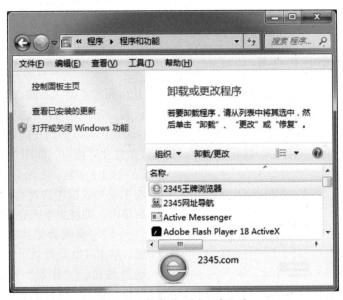

图 2-21　"卸载或更改程序"窗口

三、实 施 方 案

1. 任务 1 操作步骤

（1）单击［开始］按钮，打开［开始］菜单→选［所有程序］→ 选［附件］→ 选［计算器］命令，或在文件夹 C:\Windows\system32 中找到计算器的可执行程序 calc.exe，双击启动计算器。

（2）单击［查看］菜单→选［程序员］命令，选中"八进制"前的单选按钮，用键盘或鼠标输入：37+765=，即可得到运算结果，单击"计算器"窗口中的［关闭］按钮，退出计算器。

2. 任务 2 操作步骤

（1）按组合键［Ctrl＋Alt＋Delete］，在弹出的界面中单击"启动任务管理器"。

（2）单击任务管理器窗口中的"应用程序"选项卡，用鼠标单击选定无法响应的程序，再单击窗口下边［结束任务］按钮。

3. 任务 3 操作步骤

（1）在浏览器地址栏中输入 http：//pinyin.sogou.com，按［Enter］键，进入搜狗拼音输入法官方网站，找到搜狗拼音输入法，单击"立即下载"链接，将"搜狗拼音输入法"安装程序 sogou_pinyin_76e.exe 保存在本地计算机硬盘上。

（2）双击 sogou_pinyin_76e.exe 的图标，打开"搜狗拼音输入法 7.6 正式版"安装向导。

（3）单击［立即安装］按钮，即可完成安装。

（4）安装完后，会自动启动"个性化设置"向导，按照向导提示，即可完成个性化设置。

第五节　Windows 7 的系统管理

一、任　务

任务 1：桌面个性化设置。

任务 2：使用打印机。

二、相关知识与技能

（一）桌面个性化设置

中文版 Windows 7 系统为用户提供了设置个性化桌面的空间，系统自带了许多精美的图片，用户可以将它们设置为墙纸；通过显示属性的设置，用户还可以改变桌面的外观，或选择屏幕保护程序，还可以为背景加上声音。通过这些设置，可以使用户的桌面更加赏心悦目。

右击桌面空白处，选择［个性化］命令，打开"个性化"窗口，如图 2-22 所示。

图 2-22　"个性化"窗口

（1）主题：主题是背景加一组声音，在主题列表框中选择自己喜爱的主题，然后单击，即可为系统应用该主题。

（2）桌面背景：在"个性化"窗口中，单击"桌面背景"链接，进入"背景"选择界面。"背景"列表框提供了多种风格的图片，可根据自己的喜好来选择，也可以通过浏览的方式从已保存的文件中调入自己喜爱的图片。选择一种图片后，单击［保存修改］按钮即可。

（3）窗口颜色：在"个性化"窗口中，单击"窗口颜色"链接，进入"窗口颜色"选择界面，选择一种图片后，单击［保存修改］按钮即可。

（4）桌面图标：在"个性化"窗口中，单击"更改桌面图标"链接，弹出"桌面图标"对话框，在复选框中根据需要选择。单击［确定］按钮即可。

（5）屏幕保护程序：在"个性化"窗口中，单击"屏幕保护程序"链接，弹出"屏幕保护程序设置"对话框，单击"屏幕保护程序"下拉列表框的下拉按钮，从中选择一个屏幕保护程序，单击［确定］按钮即可。

（二）打印机的安装

Windows 系统的打印机安装可以分为本地打印机和网络打印机的安装。本地打印机就是直接连接在计算机上的打印机，网络打印机就是指通过局域网共享其他计算机上安装的打印机。

1. 安装本地打印机

（1）将打印机的数据线与计算机的 LPT1 或 USB 端口相连，打开计算机和打印机，并将打印机的驱动光盘放入计算机的光驱里边。

（2）单击［开始］按钮，打开［开始］菜单→选［设备和打印机］命令，或双击"控制面板"窗口中的"查看设备和打印机"选项，打开"设备和打印机"窗口，如图 2-23 所示。

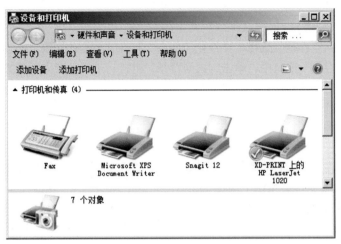

图 2-23　"设备和打印机"窗口

（3）在"设备和打印机"窗口，单击［添加打印机］按钮，弹出"添加打印机"对话框，如图 2-24 所示。

（4）在"添加打印机"对话框中，单击"添加本地打印机"选项，弹出"选择打印机端口"对话框，如图 2-25 所示。选择"使用现有端口"单选按钮和建议的打印机端口，单击［下一步］按钮，弹出"安装打印机驱动程序"对话框。

图 2-24　"添加打印机"对话框

图 2-25　"选择打印机端口"对话框

（5）在"安装打印机驱动程序"对话框中，选择打印机的"厂商"和打印机的"型号"，单击［从磁盘安装］按钮，浏览选定打印机驱动程序。

（6）完成其余步骤，单击［完成］按钮。

2. 安装网络打印机

（1）单击［开始］按钮，打开［开始］菜单→选［设备和打印机］命令，打开"设备和打印机"窗口。

（2）在"设备和打印机"窗口，单击［添加打印机］按钮，弹出"添加打印机"对话框。

（3）在"添加打印机"对话框中，单击"添加网络、无线或 Bluetooth 打印机"选项。

（4）在可用的打印机列表中，选出所要安装的打印机，单击［下一步］按钮。

（5）安装驱动程序，完成其余步骤，单击［完成］按钮。

三、实 施 方 案

1. 任务 1 操作步骤

（1）右击桌面空白处，选择［个性化］命令，打开"个性化"窗口，选择"自然"主题。

（2）在"个性化"窗口中，单击"桌面背景"链接，进入"背景"选择界面。在"背景"列表框中，选择"风景"组中的两个图片"img10.jpg"和"img12.jpg"，并将更改图片时间间隔修改为 20 分钟，单击［保存修改］按钮。

（3）在"个性化"窗口中，单击"窗口颜色"链接，进入"窗口颜色"选择界面，选择窗口颜色为"叶"，单击［保存修改］按钮。

（4）在"个性化"窗口中，单击"更改桌面图标"链接，弹出"桌面图标"对话框，勾选桌面图标中所有复选框，单击［确定］按钮。

（5）在"个性化"窗口中，单击"屏幕保护程序"链接，弹出"屏幕保护程序设置"对话框，单击"屏幕保护程序"下拉列表框的下拉按钮，从中选择"变幻线"，单击［确定］按钮。

2. 任务 2 操作步骤

（1）如安装了两台以上打印机，必须设定一台打印机为默认打印机。在"设备和打印机"窗口，右击要设置为默认打印机的打印机图标，在弹出的快捷菜单中单击［设置为默认打印机］命令。

（2）打印队列是发送到打印机上的文件列表，是当前正在打印和等待打印的文件，在安装本地打印机的计算机上，双击打印机图标，弹出"打印队列"窗口。

（3）在"设备和打印机"窗口，右击打印机图标，单击［查看现在正在打印什么］命令。选定一个文档，单击［打印机］菜单 → 选［暂停打印］命令，可以暂停该文档的打印作业；单击［打印机］菜单 → 选［取消所有文档］命令，可以清除当前的所有打印作业。

本 章 小 结

本章简要介绍了操作系统的概念、五大功能，微机操作系统的发展过程和功能特点，Windows 7 的新特性、Windows 7 启动与关闭方法，Windows 7 桌面与操作、任务栏及其操作；重点讲述了资源管理器的窗口组成，文件和文件夹的创建、复制、更名、删除、移动和搜索等基本操作方法，窗口、对话框、菜单的基本操作，控制面板的作用和基本使用方法、桌面个性化设置、应用程序的更改和卸载方法。

技能训练 2-1 基本操作

一、Windows 7 环境配置

1. 更改计算机桌面背景：选择多幅合适的图片作为计算机的桌面背景，图片位置为合适，图片时间间隔为 10 分钟，无序播放。

2. 更改计算机窗口颜色：设置窗口颜色为大海，启用透明效果。

3. 设置屏幕保护程序：选择一幅合适的图片作为屏幕保护程序，并设置屏保密码，等待时间设定为 10 分钟。

4. 更改屏幕分辨率：更改屏幕分辨率为 1280×720，设置窗口字体为"中等—125%"。

5. 更改桌面图标：在桌面显示"控制面板"图标，并将桌面图标按"名称"排列。

6. 更改任务栏状态：将任务栏移至桌面顶部，并设置任务栏为自动隐藏，任务按钮为［从不合并］，并设置在通知区域显示 U 盘图标。

7. 搜索文档：利用"搜索"框搜索出所有"记事本"的文档。

二、Windows 7 文件操作

1. 在 D 盘根目录下用自己的学号 + 姓名创建一级文件夹。在该文件夹内创建两个二级文件夹"学习""娱乐"，在"学习"文件夹中创建三个文件，文件名分别为 xx.docx、yl.xlsx、xxyl.pptx。

2. 将文件 xxyl.pptx 复制到"娱乐"文件夹中，并更名为 xy.pptx.

3. 将文件夹"学习"设置为隐藏，将文件 xxyl.pptx 设置为隐藏和只读。

4. 显示隐藏的文件和文件夹，显示已知文件类型的扩展名。

5. 在 D 盘下查找第 1 个字母为 y 且扩展名为 xlsx 的所有文件，并将其移动到"娱乐"文件夹中。

6. 为文件 xx.docx 建立名为 xxkj 的桌面快捷方式。

技能训练 2-2　综合操作

一、桌面设置

1. 更改桌面主题设置；

2. 更改桌面墙纸设置；

3. 为计算机设置屏幕保护程序，时间间隔为 5 分钟，并启用密码保护；

4. 显示"计算机"窗口的状态栏，隐藏"计算机"窗口的菜单栏。

二、任务栏设置

1. 设置桌面任务栏为自动隐藏；

2. 将"桌面"设置到工具栏；

3. 将记事本程序锁定到任务栏；

4. 改变任务栏图标显示方式；

5. 改变任务栏位置到桌面左边；

6. 在通知区域隐藏扬声器图标和通知；

7. 在桌面上为系统自带的计算器创建快捷方式。

三、文件及文件夹操作

1. 在 E 盘根目录上建立"计算机作业"文件夹，在此文件夹下建立"文字""图片"两个子文件夹；

2. 在"文字"文件夹下建立一个文本文件，输入自己的简单信息，命名为"简历"；

3. 在 C 盘查找所有以 C 开头的 JPG 文件，并选择若干文件复制到"图片"文件夹中；

4. 删除"E:\计算机作业\图片"文件夹中的 JPG 文件，再从"回收站"中恢复这些被删除的文件；

5. 将"文字"文件夹移动到 D 盘根目录下；

6. 将名为"简历"的文本文件改名，新名字为自己的学号；

7. 将文件夹"图片"设置为隐藏文件夹；

8. 改变文件夹的浏览方式，分别设置为显示和不显示隐藏文件夹，并观察结果；

9. 改变文件及文件夹的显示方式和排列方式，观察相应的变化；

10. 将"文字"文件夹添加压缩文件，压缩文件名为"wz.rar"；

11. 在"计算机作业"文件夹下新建一个名为"解压"的文件夹，并将"wz.rar"解压缩到"解压"文件夹中。

四、控制面板操作

1. 不关机切换 Windows 用户，用新创建的用户登录，查看变化；

2. 查看本机系统设置，查看系统基本配置信息、计算机名等；

3. 添加一种拼音输入法。

五、附件的使用

1. 分别通过菜单方式及运行程序方式启动画图程序，制作一幅画，并保存到"E：\计算机作业\图片"；

2. 运行磁盘清理程序清理 D 盘中无用的程序。

练习 2　Windows 7 操作系统基础知识测评

一、单选题

1. 下列关于任务栏的说法正确的是_____。

　　A. 任务栏位置不可变，大小可变

　　B. 任务栏大小不可变，位置可变

　　C. 任务栏大小和位置都可变

　　D. 任务栏大小和位置都不可变

2. 在 Windows 7 窗口中，选中末尾带有省略号"..."的菜单命令意味着_____。

　　A. 将弹出下一级菜单

　　B. 将执行该菜单命令

　　C. 表明该菜单项已被选中

　　D. 将弹出一个对话框

3. 把 Windows 7 的窗口和对话框作一比较，窗口可以移动和改变大小，而对话框_____。

　　A. 既不能移动，也不能改变大小

　　B. 仅可以移动，不能改变大小

　　C. 仅可以改变大小，不能移动

　　D. 既能移动，也能改变大小

4. 非法的文件夹名是_____。

　　A. x+y　　　　　　　　B. x−y

　　C. x*y　　　　　　　　D. x÷y

5. 关闭资源管理器窗口的组合键是_____。

　　A. Alt+F5　　　　　　B. Alt+F4

　　C. Ctrl+F4　　　　　　D. Ctrl+F5

6. 在同一驱动器上复制文件夹，须在鼠标选中并拖曳至目标位置的同时按下_____键。

　　A. Ctrl　　　　　　　　B. Alt

　　C. Shift　　　　　　　D. Caps Lock

7. 使计算机病毒传播范围最广的媒介是_____。

　　A. 硬磁盘　　　　　　　B. 软磁盘

　　C. 内部存储器　　　　　D. 互联网

8. 下列关于计算机病毒的叙述中，错误的是_____。

　　A. 计算机病毒具有潜伏性

　　B. 计算机病毒具有传染性

　　C. 感染过计算机病毒的计算机具有对该病毒的免疫性

　　D. 计算机病毒是一个特殊的寄生程序

9. Windows 7 中"磁盘碎片整理程序"的主要作用是_____。

　　A. 修复损失的磁盘　　　B. 缩小磁盘空间

　　C. 提高文件访问速度　　D. 扩大磁盘空间

10. 在 Windows 7 中，当程序因某种原因陷入死循环时，下列哪一个方法能较好地结束该程序_____。

　　A. 按［Ctrl+Alt+Delete］键，然后选择结束任务结束该程序的运行

　　B. 按［Ctrl+Delete］键，然后选择结束任务结束该程序的运行

　　C. 按［Ctrl+Shift+Delete］键，然后选择结束任务结束该程序的运行

　　D. 直接按［Reset］键，结束该程序的运行

11. 在资源管理器右窗格中，如果需要选定多个非连续排列的文件，应按组合键_____。

　　A. Ctrl+ 单击要选定的文件对象

　　B. Alt+ 单击要选定的文件对象

　　C. Shift+ 单击要选定的文件对象

　　D. Ctrl+ 双击要选定的文件对象

12. 下列叙述中，正确的一条是_____。

　　A. "开始"菜单只能用鼠标单击［开始］按钮才能打开

　　B. Windows 的任务栏的大小是不能改变的

　　C. "开始"菜单是系统生成的，用户不能再设置它

D. Windows 的任务栏可以放在桌面的四个边
的任意边上

13. 在 Windows 的回收站中,可以恢复 _____。

A. 从硬盘中删除的文件或文件夹

B. 从软盘中删除的文件或文件夹

C. 剪切掉的文档

D. 从光盘中删除的文件或文件夹

14. 当系统硬件发生故障或更换硬件设备时,
为了避免系统意外崩溃应采用的启动方式
为_____。

A. 通常模式　　　　B. 登录模式

C. 安全模式　　　　D. 命令提示模式

15. 在"运行"对话框中输入命令"CMD",打
开 MS-DOS 窗口,返回到 Windows 的方法
是_____。

A. 按 [Alt],并按 [Enter] 键

B. 键入 [Quit],并按 [Enter] 键

C. 键入 [Exit],并按 [Enter] 键

D. 键入 [win],并按 [Enter] 键

二、判断题

(　　) 1. 通常,在地址栏上显示的就是当前对
象的路径。

(　　) 2. 回收站可以存放 U 盘上被删除的信息。

(　　) 3. 记事本所创建的文件的默认扩展名是 exe。

(　　) 4. 在 Windows 7 中,删除库中的文件夹
的时候也会从该文件夹的原始位置将其
删除。

(　　) 5. 磁盘或者 U 盘应尽量避免与染上病毒
的磁盘放在一起。

(　　) 6. 在 Windows 中,回收站是内存中的一
块区域。

(　　) 7. 计算机病毒是一种能把自身精确拷贝
或有修改地拷贝到其他程序体内的程序。

(　　) 8. Windows 任务栏里显示的是正在运行
的程序。

(　　) 9. Windows 回收站中的文件不能被直接
打开。

(　　) 10. 在 Windows 中可以通过 [Alt+Tab] 键
切换多个窗口。

(　　) 11. 在 Windows 中,快捷方式是对系统中
各种资源的链接,因此,删除某个应用
程序的快捷方式不会影响应用程序本身。

(　　) 12. 在 Windows 7 中,系统文件或系统目
录中的文件是不能被加密的。

(　　) 13. 在 Windows 中,格式化的作用是删除
磁盘上所有数据。

(　　) 14. 在 Windows 中,磁盘清理的目的是释
放硬盘上的空间,删除一些垃圾文件、
临时文件和 Internet 缓存文件,以提高系
统性能。

(　　) 15. 只使用键盘,Windows 是无法运行的。

三、填空题

1. 启动 Windows 7 后,看到的整个屏幕界面称
为 _____。在 Windows 7 下,要移动已打开
的窗口,可用鼠标指针指向该窗口的_____将
窗口拖到新位置。

2. 在 Windows 7 中,启动中文输入法或者将中文输
入方式切换到英文方式,应同时按下 _____+
_____ 键。

3. 在 Windows 7 中,可以在 _____里对输入法
进行添加和管理。

4. 在 Windows 7 中删除硬盘上的文件或文件夹时,
如果用户不希望将它移至回收站而直接彻底删
除,则可在选中后按 _____键和 _____键。

5. 在 Windows 7 的资源管理器窗口中,可以通过
_____对相同属性的文件进行分类和管理。

6. 文件名中引入"?",表示所在位置上是任意
_____个字符;引入"*"时,则表示所在位
置上是任意 _____个字符。

7. 要查找所有第三个字母为 S 且扩展名为".wav"
的文件,应输入 _____。

8. 文本文件的扩展名是 _____;声音文件的扩展
名是 _____;程序文件的扩展名是 _____。

9. 在 Windows 7 中,要将当前屏幕上的全屏幕画
面截取下来,放置在系统剪贴板,应该使用
_____键。

10. 在 Windows 7 中,有两个对系统资源进行管理
的程序,它们是"资源管理器"和 _____。

第三章 Word 2010 的应用

学习目标

1. 熟悉 Word 文字处理软件的窗口及功能区
2. 熟练掌握文本的编辑和文档的格式化操作
3. 熟练掌握页面设置和图文混排操作
4. 掌握表格的制作及基本数据计算
5. 理解域、目录与邮件合并的应用

（一）中文 Office 2010 软件包简介

Office 是 Microsoft 公司推出的办公自动化软件包，随着版本不断升级更新，功能越来越强大。Office 2010 全新用户界面覆盖其所有组件，包括如下应用程序。

Word 2010 主要用于文字处理，是创建专业文档的利器。能创建和编辑具有专业外观的文档、信函、论文等。

Excel 2010 主要用于数据处理，轻松处理复杂信息。执行计算、分析信息及可视化电子表格中的数据。

PowerPoint 2010 主要用于制作电子演示文稿。创建和编辑用于幻灯片播放、会议和网页的演示文稿。

Access 2010 主要用于信息处理及高级信息管理。创建数据库和程序来跟踪与管理信息。

Outlook 2010 主要用于电子邮件的接收和发送管理，有序管理信息和日程。可以发送和接收电子邮件、管理日程、联系人和任务，以及记录活动。

OutNote 2010 主要用于记笔记，是万能笔记本，支持搜集、组织、查找和共享笔记信息。

SharePoint Designer（FrontPage 2010）主要用于网页设计，轻松做个人网页。建立并管理完全符合您的构想的网站。

Publisher 2010 主要用于营销材料管理，是营销材料的绝佳工具。创建新闻稿和小册子等专业品质出版物及营销素材。

SharePoint Workspace 2010 主要用于连接信息和流程，随时连接信息和流程。将 SharePoint 网站同步到你的计算机并处理内容。

（二）文字处理软件的主要功能

文字处理软件是计算机最常用的应用软件之一，使人们能够方便地使用计算机进行文字处理工作，日常办公、编写教材和书稿都离不开文字处理软件，为提高办公效率，信息时代要求所有使用计算机的人都应该学会至少一种文字处理软件。

文字处理软件的主要功能有文档管理、编辑、排版、表格处理、图形处理、邮件合并等。市场上有很多文字处理软件如 Word、WPS 等，相对来说，Word 2010 是目前使用最广泛的文字处理软件。

第一节　Word 的基本操作

一、任　　务

某单位办公室有一台电脑和打印机，电脑装有 Windows 7 操作系统及办公软件 Office 2010。办公人员想用电脑处理日常文书资料并打印输出，需要做哪些准备工作？

二、相关知识与技能

在 Windows 操作系统下，启动、创建或打开一个 Word 文档后 Word 用户工作界面提供了直观的图形界面，操作便捷灵活，保存文档到指定位置，关闭并退出 Word 程序。

（一）Word 的启动、创建与打开

1. Word 的启动　可根据需要灵活选择多种方法，下面介绍两种最常用的方法。

方法一：单击［开始］→［所有程序］→［Microsoft Office］→［Microsoft Word 2010］，即可创建一空白文档。

方法二：在桌面或任何窗口中，双击 Word 文档，都可启动 Word 并同时打开所选已存在的文档。

2. 新建文档　在输入文本之前首先要创建一个新文档，就如同拿来一张白纸，准备工作，操作方法如下。

方法一：单击"快速访问工具栏"上的 按钮（如果快速访问工具栏中显示有"新建"按钮，否则在自定义快速访问工具栏中选择"新建"）。

方法二：键盘输入 Ctrl+N 即可建立一个新的文档。

方法三：选择［文件］选项卡中的"新建"命令项，打开"新建文档"工作窗格的可用模板，选择"空白文档""创建"即可。

3. 打开文档　打开已有文档的方法有如下三种。

方法一：单击"快速访问工具栏"上的 按钮（如果快速访问工具栏中不显示有"打开"按钮，则首先得将"打开"命令添加到快速访问工具栏中）。

方法二：使用快捷键 Ctrl+O。

方法三：选择［文件］选项卡中的"打开"命令项。

不管使用上述哪种方法，均能打开"打开"对话框，然后选择文档位置、文档类型及文档名，单击［打开］按钮，所选文档即被打开。

方法四：打开最近使用过的文档：若要打开最近使用过的文档，可利用［文件］菜单上所列出的最近使用过的 25 个（默认，最多可设 50 个）Word 文档列表，单击文件名即可。

（二）Word 窗口的组成

Word 作为 Windows 环境下的应用程序，其窗口和窗口的组成与 Windows 其他应用程序相似。Word 2010 窗口由标题栏、快速访问工具栏、选项卡、功能区、标尺、文本编辑区、滚动条、状态栏、文档视图工具栏、显示比例控制栏等部分组成，如图 3-1 所示。

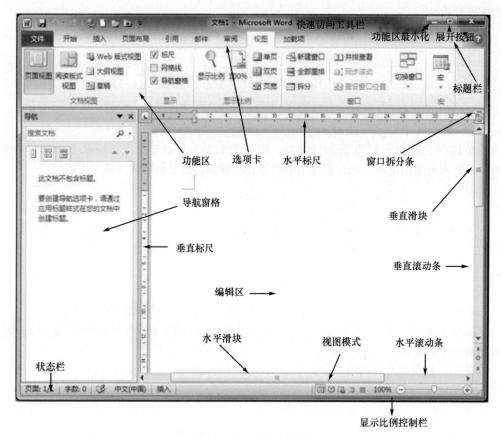

图 3-1　Word 窗口组成

1.导航窗格　可搜索该文档中的词或词组，查找并定位。导航窗格有三种显示方式，若选标题显示方式，可浏览文档中的标题，利用所选标题快速将光标定位到相应标题位置；若选页面显示方式，可浏览文档中的页面，利用所选页面快速将光标定位到相应页面位置；若选结果显示方式，可浏览搜索的结果，利用所选结果快速将光标定位到相应结果位置。

调出导航窗格有两种方法：方法一：单击［视图］选项卡→在功能区的［显示］组中选"导航窗格"；方法二：单击［开始］选项卡→在功能区的［编辑］组中选"查找"命令。

2.快速访问工具栏　把自己经常使用的工具命令添加到快速访问工具栏中，以方便使用。快速访问工具栏可放在标题栏的左边，窗口控制按钮的右旁，也可以放在功能区的下方，包含一组用户使用频率高的工具，如"保存""撤销"和"恢复"，用户可以根据需要，利用"自定义快速访问工具栏"命令添加或定义常用的命令。

快速访问工具栏除了默认的按钮之外，还有很多按钮被隐藏，用户可以通过自定义的方法进行设置，将这些隐藏的按钮显现出来。

单击快速访问工具栏中右侧的倒三角，在弹出的下拉列表中显示的按钮前会用"√"标记，单击要显示的命令，该命令前会被勾选；若要将命令隐藏则再次单击该命令，将前面的"√"取消即可。

如果自定义访问工具栏的下拉列表中没有需要的按钮，可以在列表中单击［其他命令…］选项，通过"Word 选项"对话框，在"从下列位置选择命令"中选择［"文件"选项卡］，添加需要的按钮（图 3-2）。

图 3-2　自定义快速访问工具栏

3. 选项卡　它取代了以前版本的传统菜单并增加了一些新功能，Word 2010 默认提供了九个选项卡，单击某一选项卡，就能打开对应的功能区。有些选项卡只有在编辑或处理某些特定对象时才会在功能区显示出来，以方便用户使用，叫上下文选项卡。

4. 功能区　Word 2010 与 Word 2003 及以前版本相比，一个显著的区别就是用功能区取代了菜单操作方式，它位于选项卡的下方，选中某一选项卡，就会打开对应的功能区。功能区中根据功能的不同又分为若干个组。

这些功能组中涵盖了 Word 的各种功能。组的右下角通常都会有一个对话框启动器按钮，用于打开与该组命令相关的对话框，以便用户更进一步地操作和设置。

Word 默认含有八个功能区，分别是"开始""插入""页面布局""引用""邮件""审阅""视图"和"加载项"选项卡的对应功能区。

Office 2010 通过功能区可以实现对各种文档的操作。为了文档编辑的方便，我们可以对功能区进行自定义。

当用户进行较大文档的编辑时，功能区较为占用界面资源，此时可以通过单击工作界面右上方的［功能区最小化］按钮，将功能区最小化为一行。如果需要重新展开功能区，可以单击［展开功能区］按钮，达到工作区的相对扩大和缩小。

用户根据需要，可以在功能区中添加新组，并增加新组中的按钮。现在我们以添加"自动求和"按钮到"表格工具"选项卡中为例来说明添加新按钮的方法。

在功能区中任意位置右击，在弹出的快捷菜单中选择"自定义功能区"命令，弹出"Word 选项"对话框的"自定义功能区"选项，在"从下列位置选择命令"中选择"不在功能区中的命令"，从左侧列表框中找到"求和"命令。在右侧的"自定义功能区"中选择要添加位置为主选项卡，在右侧列表框中选择［插入］选项卡，使用［新建组］按钮自定义组件"计算"组，然后单击［添加］按钮，求和工具 Σ 被添加到功能区的"计算"组，单击［删除］可以取消添加，如图 3-3 所示。

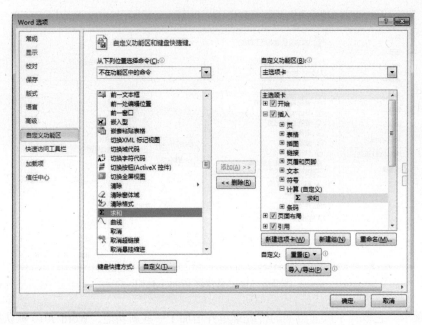

图 3-3　自定义功能区

（三）Word 视图

视图是查看文档的方式，同一文档可以在不同的视图下查看。

Word 2010 共有五种视图方式：页面视图、阅读版式视图、Web 版式视图、大纲视图和草稿。用户可以根据对文档的操作需求不同使用不同的视图，文档的内容不会改变，文档编排主要使用页面视图。视图之间的切换可以使用"视图"功能区中的命令，但更简洁的方法是使用 Word 文档窗口视图工具栏中的视图切换按钮，如图 3-1 所示。

1. 页面视图　页面视图是以实际打印形式显示的文档视图，这正是 Word "所见即所得"功能的体现。在页面视图中，除了显示普通视图包含的信息外，还可以查看和编辑页眉和页脚，调整页边距，处理分栏、图形和边框等打印页面的全部信息。

2. 阅读版式视图　当文档切换为阅读版式视图后，Word 会隐藏许多工具和其他窗口对象，整个屏幕仅显示正文。这种状态最大限度地提供了键入和浏览正文的空间，方便阅读文档内容，通过"视图选项"的下拉菜单中的命令，可以对所阅读文档进行"增大文本字号""减小文本字号""显示一页""显示双页"等设置。

3. Web 版式视图　Web 版式视图是为了满足用户利用因特网发布信息和创建 Web 文档的需要。在 Web 版式视图中可看到常用的 Web 页的 URL 地址、背景、阴影和其他效果，且不再进行分页，就像在 Web 浏览器中浏览 Web 一样。

4. 大纲视图　大纲视图是显示文档层级结构的视图，帮助显示文档的组织方式，并重新组织文档，使快速浏览长文档变得方便快捷。它可用多达九级的标题层次组织文档，清晰地显示出章、节、小节等文档层次。

5.草稿　草稿主要用于查看草稿形式的文档，便于快速编辑文本。在草稿视图下取消了页面边距、页眉页脚、分栏、图片等元素，仅显示标题和正文，是最节省计算机系统资源的视图方式。

考点提示：Word 文档的建立、打开、视图方式、保护

三、实　施　方　案

要实现文书资料的电脑处理，最初的工作准备一般可分以下阶段实施。

（1）创建一个 Word 文档。

（2）调整工作界面，选择"页面视图"方式。

（3）设置页面结构：纸张大小、方向和页面边距等。

（4）录入文档内容。

（5）确定文档的保存位置、文件名和文件类型（一般为"Word 文档"）。

其中（3）、（4）为后面小节完成内容。

（四）文档的保存、保护与退出

1.保存文档　保存文档的操作方法有如下几种。

方法一：单击"快速访问工具栏"上的 🖫 按钮。

方法二：选择［文件］选项卡中的"保存"命令项。

方法三：直接使用快捷键［Ctrl+S］。

方法四：选择［文件］选项卡中的［另存为］命令项或按［F12］键，保存已命名的文档，如图 3-4 所示。在"另存为"窗口操作中，要注意选择文档位置、文档类型及文档名，然后单击［保存］按钮，回到 Word 窗口。

图 3-4　文档保存对话框

提　示

在保存新建的文档时，如果在文档中已输入了一些内容，Word 自动将输入的第一行内容作为文件名，我们常常修改这个文件名，输入新的文件名后再存盘，这时标题栏中的"文档"会变成所设定的文件名；如果是已存在文件，点击"另存为"时，标题栏中的文件名称会变成所设定的存盘名称，而旧文件名的文件仍然保留在磁盘中。

2. 自动保存　为避免计算机的意外故障引起文档内容的丢失，最好随时对正在编排的文档作保存文档操作，另外，可以对文档进行自动保存设置。

方法一：在"另存为"对话框的右下角单击［工具］按钮，在弹出下拉菜单中选择"保存选项"命令，弹出"保存选项"对话框，在对话框中可以设置"保存自动恢复信息时间间隔"，并在分钟文本框中输入一个数字（默认时间间隔为 10 分钟）。另外，还可以设置文件保存的格式（默认为 .docx）。

方法二：在"Word 选项"对话框的左侧窗格选择［保存］选项卡，在右侧窗格中选择时间间隔。

3. 文档的保护　有时为了保护所编辑的文档不被人查看、修改，在 Word 中可通过密码设置对打开文档权限、修改文档权限或对文档指定内容编辑权限加以保护。

（1）设置打开权限密码的具体操作方法分别如下所示。

方法一：在"另存为"对话框的右下角单击［工具］按钮，在弹出下拉菜单中选择"常规选项"命令，弹出"常规选项"对话框，在对话框中可以设置打开文件时的密码和修改文件的密码，如图 3-5 所示。

方法二：单击［文件］选项卡，选择［信息］选项，在其右侧窗格中选择"保护文档"按钮下方的倒三角按钮，在弹出的快捷菜单中选择"用密码进行加密"命令，弹出"加密文档"对话框，如图 3-6 所示，在此对话框中设置密码。

（2）设置修改权限密码：在允许别人打开并查看文档但无权修改时可以设置"修改文件时的密码"，如图 3-5 所示，将文件设置为"只读"，使不知道密码的人以只读方式打开，也是保护文件不被修改的一种方法。

图 3-5　"常规选项"对话框

图 3-6　"加密文档"对话框

（3）对文档指定内容进行编辑限制：当文档作者认为文档中的某些内容比较重要，不允许被他人更改，但允许阅读或对其修订、审阅等操作，可通过审阅 - 保护 - 限制编辑，打开"限制格式和编辑"窗格，选择"仅允许在文档中进行此类型的编辑"复选框，并在"限制编辑"下拉列表框中选择"修订""批注""填写窗体""不允许任何更改（只读）"四个选项选择一项，之后，在操作被保护的文档内容时只能进行选定的编辑操作[①]。

---

① 当要对已有的文档改变文档类型、以另一文件名保存、添加密码时，请选［文件］选项中的"另存为"保存。

4. Word 文档的退出

当要结束一个文档的编辑，关闭目前编辑的文档窗口，或者需要退出 Word 程序时，如果工作文档未保存，Word 会自动询问是否要将这个文档存盘，出现如图 3-7 所示的对话框，用户根据需要选择操作命令按钮。

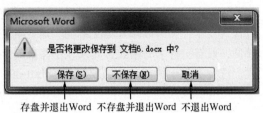

图 3-7　关闭文档对话框

　提　示

选择快速访问工具栏中的［关闭 / 全部关闭］命令关闭文档时，如果快速访问工具栏中没有［关闭 / 全部关闭］命令，则需要首先将该命令添加到快速访问工具栏中。

方法一：单击 Word 窗口标题栏右侧的"关闭"按钮。

方法二：执行［文件］选项卡中的［退出］命令。

方法三：按 Alt+F4 组合键可以方便地退出 Word。

第二节　Word 文档的编辑

一、任　务

启动 Word 建立文档后，文书资料中常常需要混合录入汉字、英文大小写字符、数字、日期和时间等，或输入一些标点符号与特殊符号等文本内容，如何使用一系列文本编辑方法？如何进行多文档操作或两文档合并？

二、相关知识与技能

（一）文本录入

1. 输入中文与切换输入法　在 Windows 中输入汉字，要把输入状态切换到中文输入模式，鼠标单击通知区 按钮，选择要使用的中文输入法就可以了。

2. 输入中文标点符号

（1）使用键盘上的符号键：选择中文输入状态，按键盘上标点符号键可直接输入所需符号。按［Ctrl+.］可切换中 / 英文标点符号。

（2）使用近期插入过的"符号列表"输入：功能区的［插入］选项卡中，单击［符号］组中的［符号］按钮，符号列表存放有 20 个最近用过的符号，以方便选择。

（3）特殊符号的输入：除了标点符号外，有时要在文件中加入一些特殊符号，如版权符、几何图形符等，需要定位插入点后，在功能区的［插入］选项卡中，单击［符号］组中的［符号］按钮，在其下拉列表选择"其他符号"命令，打开"符号"对话框，如图 3-8 所示。选择字体子集，在其中选择欲插入的符号，单击［插入］按钮即可。

（4）使用软件盘输入各类特殊符号：在中文输入法托盘 中单击"软键盘"按钮，出现上弹菜单，选择一类符号，即可出现有关这类符号的软键盘，鼠标单击或按相应的键选择所需符号。

3. 英文录入及格式转换　中文 Word 既可以输入汉字，又可以输入英文单词。输入英文单词一般有三种书写格式，先录入小写英文格式，选定英文单词或句子，反复按［Shift+F3］键，可以实现三种格式的转换。

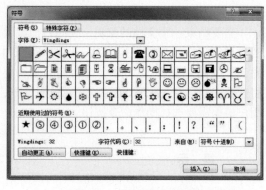

图 3-8　"符号"对话框

格式一：全部小写，如"microsoft Office 2010"。

格式二：首字母大写其余小写，按组合键［Shift+F3］，转换书写格式为"Microsoft OFFICE 2010"。

格式三：全部大写，按组合键［Shift+F3］，转换书写格式为"MICROSOFT OFFICE2010"。

4. 基本编辑技巧

（1）移动光标位：录入文本操作时"I"会出现在光标位，称为"插入点"，表明输入字符出现的位置，输入文本时，插入点自动后移。

在编辑过程中，除使用鼠标指针选择光标位置外，键盘上的编辑键也可以移动光标，键盘是编辑的重要工具，要善于使用，以增加编辑效率，并快速修正错误。例如，［Backspace］是向前删除光标左边的字符；［Delete］是向后删除光标右边的字符；［Home］开头键和［End］结尾键可迅速将光标移到同行文字的最左边和最右边等。

提　示

在 Word 中文本的输入可以分为插入模式和改写模式两种，Word 默认的文本输入模式为插入模式。在插入模式下，输入的文本将在插入点的左侧出现，插入点右侧的文本将依次向后延伸；而在改写模式下，输入的文本将依次替换插入点右侧的文本。按下键盘上的［Insert］键可在插入和改写模式之间切换。

（2）回车符：Word 有自动换行的功能，当输入到每行的末尾时不必按［Enter］键，Word 会自动换行，只有单设一个新段落时才按［Enter］键，标志一个段落的结束，新段落的开始。

Word 自然段落间用回车符"↵"分隔，两个自然段落的合并只需删除它们之间的回车符使后一段落与前一段落合并即可。

一个段落分成两个段落，只需在分段处键入回车符即可。段落格式具有"继承性"，因此，如果对文档的各个段的格式修饰风格不同时，最好在整个文档录入完后进行格式修饰。

（3）换行符：如果只是另起一行，但不另起一段，通过［Shift+Enter］输入换行符，只是另起一行显示文档内容。需要注意的是文档编排格式是基于段落的，换行符与回车符是不同的。

（二）插入脚注、尾注和批注

在文章中可为某个文本（如一个新名词、一个英文缩写）加注释，而又不使注释出现在正文中，可采用插入批注、脚注和尾注。

1. 插入脚注和尾注　脚注和尾注是对正文内容的补充说明。通常脚注是与本页内容有关的说明，如注释，位于每一页的底端；尾注是与整篇文档有关的说明，位于文档的末尾，如引用的参考文献。插入脚注与尾注的操作方法如下。

定位光标插入点，切换到［引用］选项卡，单击［脚注］组中的［插入脚注］按钮，光标定位处出现一个数字序号，同时在页面的底端出现注释分隔线；在分隔线下的窗口中输入注释文本即可。同样的，插入尾注的方法也一样，只是尾注是在整个文档最后一页的底端出现注释分隔线。

脚注与尾注也可以相互转换，其方法是单击［脚注］组右下角的箭头，弹出"脚注和尾注"对话框，如图 3-9 所示，其中有［转换］按钮，可以将尾注全部转换为脚注或者脚注全部转换为尾注。除此之外，还有格式选项，可以对脚注和尾注的编号格式、起始编号等做修改。

图 3-9　"脚注和尾注"对话框

查阅脚注和尾注时，切换到［开始］选项卡，单击［编辑］组中的［查找］按钮的下三角，在下拉菜单中选择"转到"命令，弹出"查找与替换"对话框，切换到"定位"选项卡，在"定位目标"列表中选择脚注或者尾注，在输入框中输入"脚注"或"尾注"的序号，单击［上一处］或者［下一处］按钮即可；或者光标移至该序号处后双击鼠标，注释文本即在文档的下方显示出来，如图 3-10 所示，并能打印出来。

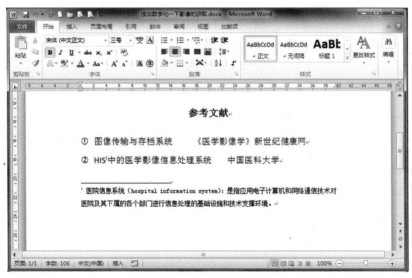

图 3-10　"插入尾注"效果图

2. 插入批注　批注主要用于联机审阅。

选择添加批注的内容，单击［审阅］选项卡，选择［批注］组中的［新建批注］按钮，在被选内容旁边出现添加"批注"的红色区，输入批注文本即可。

当鼠标移至插入批注的内容时，注释文字将在屏幕中浮动显示在该文本的上方，双击批注标记进入批注窗格可以修改批注，如图 3-11 所示。

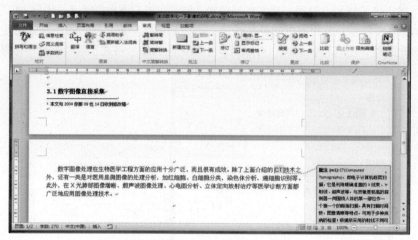

图 3-11　"插入批注、脚注"效果图

操作技巧：选定批注标记后按［Delete］键，可以删除批注；或者单击［批注］组中的［删除］按钮。

（三）文本的选定、复制、移动和删除

1. 文本的选定　Word 中，不管是移动、复制或删除数据，还是格式化数据操作，都必须将操作对象设成标记区域，使文本呈现反白状态，即遵守"先选定，后操作"规则。

选择文本的方法很多，下面介绍几种常用的文本标记方法。

（1）选择任意数量的文本。如果选择文本范围较小，按住鼠标左键，从欲选定文本的开头拖动至欲选定文本的结尾处，即可选定该文本，所选文本变成文字本身颜色的反色。若要取消选择，只需用鼠标左键单击文本任何位置即可。如果选择文本范围较大，把"I"形鼠标指针定位于要选择文本的开始处单击，然后按住［Shift］键，再单击选择文本块的末尾。

使用鼠标标记文本的操作方法如表 3-1 所示。

表 3-1　使用鼠标选定文本范围

标记范围	操作方法
选择一个词	双击词语（中文单词或英文单词）
选择一行文本	单击该行左侧选定栏
选择多行文本	在选定栏中拖动鼠标
选择一句文本	按住［Ctrl］键，再单击句子中的任意位置
选择一段文本	双击该段任一行的选定栏，或三击段内的任意位置
选择多段文本	双击选定栏后按左键不放，往上或往下拖移
选择整篇文件	三击选定栏

（2）使用键盘按键也可以设定标记区域。常用的键盘按键如表 3-2 所示。

（3）选择不连续的文本。Word 中可以一次选取所有所需数据，先选取第一个标记区，按住［Ctrl］键，然后鼠标拖动选择第二个标记区，直到所有标记区选择完毕。

（4）选定矩形区域中的文本。将鼠标移动到矩形区域的左上角，按住［Alt］键，拖动鼠标直到区域的右下角，放开鼠标。

2. 文本的复制、移动和删除 Office 的各组件中主要通过"剪贴板"进行文本的复制、移动和删除，剪贴板可以看成一个临时存储区，复制或剪切时将选定内容存放到剪贴板，粘贴时将剪贴板的内容复制到文档的插入点位置。Word 剪贴板最多可记录24项内容，启动剪贴板对话框，同时可以进行有选择的粘贴操作。

表 3-2 使用键盘选定文本范围

按键	说明
Shift+↑↓←→	向上下左右延伸标记范围
Shift+Home	向左延伸到一行的开头
Shift+End	向右延伸到一行的结尾
Shift+PageUp	向上延伸一页
Shift+PageDown	向下延伸一页
Ctrl+Shift+Home	向上延伸到文件的开头
Ctrl+Shift+End	向下延伸到文件的结尾

文本的复制、移动和删除时，先要选取欲操作的文本。

（1）复制（或移动）文本。当文本相同或相似时，可以利用复制的功能，快速产生一模一样的文本，然后再稍加修改；当文字的位置不对时，可以利用移动的功能，将它移动到正确的位置。常用以下三种方法。

方法一：菜单或工具按钮的方法，是最基本的操作方法。在［开始］选项卡中，单击［剪贴板］组中的［剪切］（或［复制］）按钮，将插入点移到欲移动（或复制）的目标位置，单击［剪贴板］组中的［粘贴］按钮。或者是选定欲移动（或复制）的文本后，右击菜单中的相应命令完成。

方法二：鼠标拖动的方法，是一种比较快速的方法。将鼠标指针移动到选定的文本上，等鼠标指针由"I"形变为空心箭头时，按住鼠标左键（如果是复制则要同时按住［Ctrl］键）拖动，将选定内容拖（或复制）到一个新的位置。

方法三：快捷键的方法，是一种更有效率的方法。在键盘上按下［Ctrl +C］（或［Ctrl+X］）组合键，选择想要粘贴文本的位置，然后按下［Ctrl+V］组合键。

（2）删除文本。编辑文件时，要将错误的字或多余的字删除，除使用键盘操作删除少数字符外，还可以选定文本，按下键盘上的［Delete］键、空格键或退格键。

（四）文本的查找与替换

1. 查找文本 当文档比较大，有数十页或数百页时，查找功能可以快速查找到指定的数据；替换功能可以将指定的文字进行统一的修改或删除。

图 3-12 "查找和替换"对话框

将插入点移到查找的开始位置，切换到［开始］选项卡中，单击［编辑］组中"查找"命令旁边的下三角，选择下拉列表中的"高级查找…"命令，或者单击［编辑］组中的［替换］按钮，弹出"查找和替换"对话框，如图3-12所示。

例如，查找文档中"高血压"并替换为 Hypertension。

选择"查找"标签，在"查找内容"文本框中键入需要查找的内容"高血压"，单击［查找下一处］按钮，Word 开始进行查找搜索，找到第一个符合查找内容的文本处停下，不断重复查找，直到完成查找操作。

 **提 示**

　　如果是单纯的对文档中的某个词进行查找，可以在导航窗口搜索框中输入欲查找的内容，文档中相应的词就会突出显示。导航窗格中会将与查找词相匹配的项均列出来。

　　2.替换文本　　选择"替换"标签，在"查找内容"文本框中键入要被替换的内容"高血压"，在"替换为"文本框中键入所替换的内容"Hypertension"，单击［替换］（或［查找下一处］、［全部替换］）按钮，Word 开始进行替换（或查找下一处、全部替换）操作。按［Esc］键可取消正在进行的搜索。替换操作不但可以对查找到的内容进行替换，也可以替换指定的格式，只需单击下方的［更多］按钮，在查找和替换对话框的延伸部分中，可以设定更详细的查找和替换的格式内容，如英文字的"区分大小写"和"全字匹配""使用通配符""区分全/半角"；若选择［格式］按钮，则可以查找/替换"字体""段落"和"样式"等格式，而不局限于只是单纯的文字。如果查找特殊字符，则可单击［特殊格式］按钮，打开列表从中选择所需要的特殊字符。在"替换为"文本框中无内容时，替换则是删除查找文字。

　　3.撤销和重复　　在编辑文档时经常会发生误删、误改内容，单击"快速访问工具栏"中的［撤销］按钮 ↻，即可取消上一步操作。单击［恢复］按钮 ↺ 是撤销命令的逆操作。

（五）多文档与多窗口操作

　　Word 可以同时打开多个文档，这些文档的按钮会以重叠的方式出现在任务栏中。当光标移到按钮上停留时，会展开为各自的文档窗口缩略图，单击文档窗口缩略图可实现文档的切换，另外，［视图］选项卡中［窗口］组中的"切换窗口"列表也可实现文档的切换。另外，在"切换窗口"菜单下设有当前打开的文档列表，并以"√"标记当前活动文档。如果要将另一打开文档切换为当前活动文档，只需在列表中单击该文档或单击要作为当前活动文档窗口的任何位置即可。

　　Word 提供了灵活的窗口操作方式。通过排列窗口功能，可以在一个屏幕中同时显示多个文档；通过拆分窗口功能，可以在屏幕有限的空间中显示文档中不相邻的两个部分。

　　选择［窗口］菜单中［拆分］命令，或拖动垂直滚动条上方的"拆分线"，均可将文档拆分开来，选择［取消拆分］项，或双击拆分线，可以取消拆分。

　　4.文档的合并　　在文档中可以插入已保存的文件，实现多文档的合并。定位插入点，切换到［插入］选项卡，单击［文本］组中的［对象］按钮；在其下拉菜单中选择"文件中的文字"，在打开的"插入文件"对话框中选择文件查找范围、文件名和文件类型，然后单击［确定］即可。

考点提示：中文输入法，输入符号方法，插入脚注和批注；字符、文本块的选定、移动、复制、删除、查找替换等操作；段落的合并，文档合并

三、实 施 方 案

　　要实现各类文书不同资料内容的标准化、规范化的录入，一般可分以下阶段实施。
　　（1）启动、建立一个或者打开一个或几个 Word 文档。
　　（2）选择一种汉字输入法，使用各种方法混合录入汉字、英文大小写字符、特殊符号等各类文本内容。
　　（3）复制、移动、删除、查找替换等一系列文本编辑方法，可以在一个或多文档间进行。
　　利用"光标位"编辑技巧进行文本内容小范围、细节上的修改。
　　（重新）确定文档的保存位置、文件名和文件类型。

第三节　Word 文档的排版

一、任　务

当文本录入并基本编辑后，除了选择恰当的字符格式合理设置外，文本对齐方式和段落格式的恰当编排也是很重要的，如何根据文档内容和使用目的进行排版，创建一篇简洁醒目、便于阅读的文档。

二、相关知识与技能

（一）设置常用字符格式

1.基本字符格式　输入文字后，为文字设定格式，基本格式包括字体、大小、字形、颜色、边框等。常用的中文字体主要有宋体、仿宋体、黑体、楷体和隶书等，常用的英文字体是 Times New Roman。对字号所列出的是从最大的初号直到最小的八号；字号也可以用"磅"作为衡量单位：5 磅最小，72 磅最大（1 磅 =1/72 英寸，5 号字相当于是 10.5 磅）。字体样式，即字形，主要有加粗和倾斜两种字符形式，另外有下划线、字符边框、字符底纹和字符缩放等。文字默认为黑色，也可以根据需要设定其他颜色。设置字符格式的方法有两种。

方法一：单击［开始］选项卡［字体］组中的字体、字号下拉列表，选择所需的字体、字号或字形。

方法二：选择［开始］选项卡，单击［字体］组右下角的箭头，打开"字体"对话框并完成设定，如图 3-13 所示。

2.字符的缩放、间距和位置　在文档中，缩放是将字符形状按比例变形。字和字之间的距离称为字符间距，默认为标准，可依编排的要求，将字符间距加宽或紧缩。

选定要设置的字符，打开"字体"对话框，选择"高级"标签，在间距菜单中选择标准、加宽或紧缩间距，在磅值设定栏输入磅值，设置字符的间距，如图 3-14 所示。另外，在"位置"下拉选项中选择"提升"或"降低"，可改变字符与同行其他字符的相对位置。

图 3-13　"字体"对话框

图 3-14　"字符间距"对话框

3.特殊字体效果　为使编辑的文档更加美观，Word 除了利用"字体"对话框设定字符格式外，还提供了一些特殊的字体效果，如表 3-3 所示。

表 3-3　字体效果

效果选项	功能	示例
删除线	画一条线穿过标记的文字	高血压
双删除线	画两条线穿过标记的文字	高血压
上标	提高标记文字的位置并将字体缩小	$3^2+4^2=5^2$
下标	下移标记文字的位置并将字体缩小	硫酸 H_2SO_4
阴影	在标记文字的后方、下方和右方加阴影	健康教育
空心	将每个字留下内部和外部的边框	健康教育
阳文	将标记文字以浮标形式突出页面	健康教育
阴文	将标记文字盖入或压入页面	健康教育
着重号	将每个字下面加一个实心圆点	健康教育
下划线	将标记的文字下面画线	个人简历
边框	将标记的文字加边框	个人简历
底纹	将标记的文字加底色	个人简历

设置特殊的字体效果具体操作如下。

选定要设置的字符，单击［开始］选项卡［字体］组中的相应按钮，若没有相应按钮，单击［字体］组右下角的箭头，在"字体"对话框中进行设置；另外，在"字体"对话框中，可以为文字加下划线、加着重号或改变文字颜色等，如图 3-13 所示。

为文本加边框和底纹。可凸显重要的文字内容，并增加文件的美感。Word 的边框可分为字符边框、段落边框和页面边框三种。通过［开始］选项卡［段落］组中田·按钮的下拉列表，选择"边框和底纹"项。打开"边框和底纹"窗口的"边框"选项卡。在字符的外缘套上线条，称为字符边框。字符边框的线条种类很多，并可配合颜色的变化，在文档上呈现多彩的文字，另外也可以将字符设定底色，让文字更加醒目，以引起读者的注意。

（二）设置段落格式

段落是文本、图形、对象和其他项目等的集合，是文档排版的基本单位。段落具有自身的格式特征，如段落缩进（左右边界、首行缩进）、段落对齐方式、段前段后距离、行距等段落格式。

1. "段落"对话框的使用　设定段落编排格式的操作方法是：单击［开始］选项卡中［段落］组右下角的箭头，或通过"页面布局"［段落］组的右下箭头，出现"段落"对话框后，选择"缩进和间距"选项卡，如图 3-15 所示。

调整段落格式主要包括以下几个方面。

（1）段落缩进。在"段落"窗口中选择"缩进和

图 3-15　段落对话框

间距"选项卡，在左侧、右侧栏中输入缩进的距离，然后从"特殊格式"下拉列表中选择第一行的编排方式为"首行缩进"或"悬挂缩进"，再到"磅值"栏输入第一行首行缩进或悬挂缩进的距离。

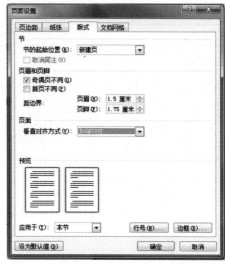

（2）行间距。从"行距"下拉列表中选择一种行距，可选择倍行值或磅值设置行距。

（3）段落间距。为了明显分隔各个段落，在"段前"与"段后"栏中选择或输入间距大小。

（4）文本水平对齐方式。在"对齐方式"下拉列表中选择一种方式，也可以直接使用［段落］组中对齐方式按钮。

（5）文本垂直对齐方式。要单击［页面布局］选项卡中［页面设置］组右下角箭头，出现"页面设置"对话框后，选择"版式"选项标签，如图3-16所示，在垂直对齐下拉列表中选择内容即可。

图 3-16 "页面设置"对话框

2. 使用标尺调整段落边界　在页面视图中，Word 窗口可以显示一水平标尺，如图3-17所示，当需要调整某段落边界时，必须先选择要调整的这些段落，再调整标尺上的边界标记。

在利用标尺设定段落格式时，如果拖动标记时同时按住［Alt］键，则在标尺上显示出具体缩进的数值，一目了然地精密设定段落的格式。

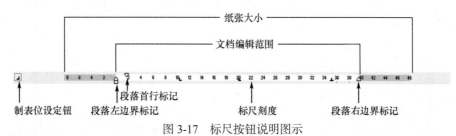

图 3-17　标尺按钮说明图示

（三）制表位的使用

段落内文字中要设定空白间隔时，除了使用空格键外，可以使用制表位的设定，迅速调整精确的显示位置。

1. 标尺　标尺是设定数据排列方式的工具，分为水平标尺和垂直标尺，水平标尺标示每一段落的编排方式，垂直标尺则用来标示文档的长度。标尺上的刻度单位一般设定为公分[①]，利用刻度可以了解输出时实际的文档尺寸。

在水平标尺上有一些符号，除显示段落的左右边界、首行缩进等信息，还可以在标尺白色部分（文档编辑范围）设定多个制表位。只要在标尺上调整制表位符号的位置，数据便会随之更改，如图3-17所示。

2. 快速设定制表位　通过标尺上的制表位快速设定文字的对齐方式。不同的制表位设定文字的不同对齐方式，文档使用制表位后，可以任意修改制表位位置，制表位共有五种对齐方式，如表3-4所示。

—————————————

① 1公分 =1 厘米。

表 3-4　制表位对齐方式

按钮	对齐方式	说明
⌊	左对齐式制表位	从制表位往右延伸文字
⊥	居中式制表位	在制表位将文字对齐
⌋	右对齐式制表位	从制表位往左延伸文字
⊥.	小数点对齐式制表位	将小数点对齐制表位
⏐	竖线对齐式制表位	在制表位插入垂直线

文字对齐一般常使用左对齐式制表符⌊，选择要设定制表位的段落，选择需要的制表位按钮，在标尺要设定处单击则出现制表位符号。光标定位在文字前，然后按一次〔Tab〕键，光标就会移到下一个制表位的位置使各列文字对齐。

如图 3-18 所示，"基本信息"内容可以分四列显示，文字对齐在制表位上。

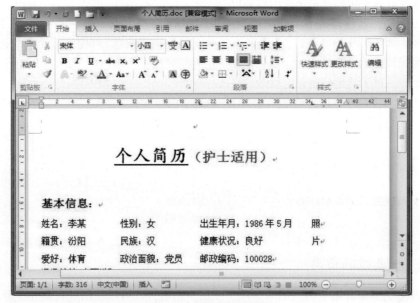

图 3-18　制表位效果图

3. 精确设定制表位　想要精确设定文字对齐位置或在制表位前方加上前导符，就必须打开制表位窗口设定，如图 3-19 所示。

单击〔开始〕选项卡〔段落〕组右下角的箭头，打开"段落"对话框，在其左下角单击〔制表位〕项，出现"制表位"对话框后，选择〔全部清除〕按钮清除以前的设定，输入制表位精确位置，设置对齐方式与前导符，单击〔设置〕按钮即可，完成画面如图 3-20 所示。

操作技巧：选择要重新设定制表位内容的段落，鼠标双击标尺上的已设定的制表位符号，也可以出现"制表位"对话框。

（四）项目符号与编号

编排文档时在某些段落前加上编号或某些特定的符号（称为项目符号），使用特殊符号提示项目的开始，或表示内容顺序，以方便阅读。

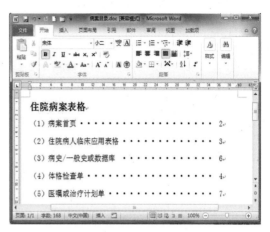

图 3-19　制表位窗口　　　　　　　　图 3-20　"前导符"制表位效果图

1. 自动创建项目符号与编号　最方便的方法是在键入文本时，先输入一个星号"*"后跟一个空格，按［Enter］键后，星号自动变为项目符号"●"，这样逐段输入，每段前都有一个项目符号。如果要结束自动添加的项目符号，可以按［Backspace］键删除插入点前的项目符号，再按一次［Enter］键即可。

2. 对已键入的文本可以快速设定项目符号与编号　使用［开始］选项卡的［段落］组中的［项目符号］按钮，从相应按钮的下拉菜单中单击"定义新项目符号"（或"定义新编号格式"）选项，打开"定义新项目符号"（或"定义新编号格式"）对话框，选定或设置"项目符号"或"编号"的样式、位置，改变符号样式、图片样式等，如图 3-21 和图 3-22 所示。

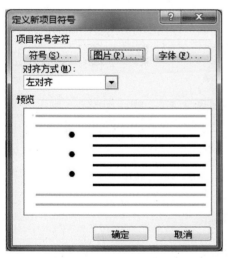

图 3-21　"定义项目符号"窗口　　　　图 3-22　"定义新编号格式"窗口

3. 设定多级项目编号　为多层次结构文件加编号，形成多层次的多级符号，选择文字内容，在［开始］选项卡［段落］组中单击［多级符号］按钮，在其下拉菜单中选择一种多级符号，再选择［自定义］按钮。

出现"自定义多级符号列表"窗口，从级别中选择想要设定的级别数，设定该级别的编号格式，如第一章；设定编号样式，如一、二、三……；设定起始编号及其字体，如 1 等，在"将级别链接到样式"下拉列表中选择无样式。第 1 级别设定后，使用相同的方法，重复其他级别的设定，使用［段落］组中的［减少缩进量］和［增加缩进量］两个按钮，可以调整项目符号或编号的级别。

（五）格式复制与样式

Word 提供了格式刷和"样式"任务窗格帮助用户提高文档编排的效率。

1. 格式刷　要套用字符或文本格式，通过［开始］选项卡［剪贴板］组中像刷子一样的工具按钮，可以把格式复制到别的文本上，而不必重复设定，如果双击格式刷按钮，可连续设定多次格式，直到按［Esc］键取消格式刷为止。

2. 样式　Word 提供了快速样式库，以供用户快速选用，也可以将文中选定的文字或段落通过新建样式自己定义样式，将用户常使用的字体格式（字体、字号、字体颜色……）与段落格式（对齐方式、左右缩进、段落间距……）设定完成后，给予一个名称，这个名称称为样式。在样式名称后面会出现回车符来代表段落样式，是针对段落设定的；而 a 符号表示字符样式，是针对字符设定的，如图 3-23 所示。通过 Word 提供的"样式"创建、查看、选择、应用及管理等功能。可以多次套用到文档的段落上，而不必每次都要调整段落样式。Word 提供的样式具有新建样式、样式检查、样式管理、样式选择应用及清除格式等功能。

（1）自定义样式：当内置样式无法满足用户的需要时，可以自己定义样式，在"样式"任务窗格中选择［新样式…］按钮，出现"根据格式设置创建新样式"对话框，如图 3-24 所示，在属性区设定样式名称、样式类型等，然后设定样式的格式，如 "字体" "段落" 等，完成后就可以在 "样式" 下拉列表中出现刚才所定义的样式。

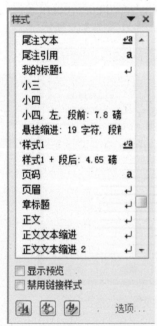

图 3-23　样式和格式任务窗口　　　　　图 3-24　"新建样式"对话框

（2）套用现有样式：在 Word 文档中内置有正文、标题 1、标题 2、标题 3 样式，选择文本或光标定位于段落，单击［开始］选项卡［样式］组的快速样式窗格中相应的样式。若应用自定义样式可以单击［样式］组右下角的箭头，从下拉列表中选择一种样式名称即可。

（3）重新修改样式的格式：定义好的样式，它的格式内容是可以修改的，在样式工作窗格中选择想要修改格式的样式，然后选择名称旁的下拉列表，选择修改命令，出现"修改样式"对话框，在"修改样式"对话框中重新设定样式的格式即可。

操作技巧：段落样式修改后，文件中所套用这个段落样式的数据，就会根据新的样式来调整文档的格式。

（4）删除段落样式：不需要的段落样式可将它删除，免得样式菜单中太多选项，影响选择的效率。在"样式"任务窗格中选择想要删除的样式，然后选择名称旁的下拉列表中"删除"，出现询问窗口，选择"是"即可删除样式，文件中套用此样式的段落会改为内置"正文"的样式。

若选择文本，使用"样式"任务窗格中的"全部清除"命令，在自定义样式不删除情况下清除文本的样式成为内置"正文"样式。

（5）管理样式：把样式设定为通用的样式或应用于其他文档。在文件中设定样式后，此样式只适用于该文件，若打开其他文件或新的文件，样式栏并不会出现此样式名称，若碰到常用段落样式，可以将它设定成通用的样式，存于默认文档 Normal.dot（也称通用模板）。如此一来，就可以在每一个文档文件中使用该样式，而不必重新设定了。具体操作方法如下。

打开"样式"工作窗格，选择［管理样式］按钮，打开"管理样式"对话框，单击左下角的［导入/导出...］按钮，会弹出"管理器"对话框，如图 3-25 所示。

在"管理器"对话框中，从左侧选择想要复制的样式名称，选择［复制］按钮，样式名称会出现在右侧列表中。关闭窗口后，刚才选取的段落样式就会变成通用样式，当下一次打开新的 Word 文档时，在"样式"任务窗格中，就会显示所复制的段落样式。

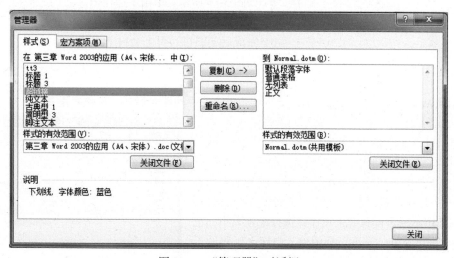

图 3-25 　 "管理器"对话框

考点提示：设置字符格式、段落格式 显示标尺，设定制表位、字符边框、段落边框和页面边框；设置项目符号与编号

三、实 施 方 案

要实现各种类型文书资料的标准化、规范化的排版，一般可分以下阶段实施。

（1）建立（或打开）一个 Word 文档并编辑好文档内容。

（2）选择恰当的字符格式设置，如字体、字形、大小、字符样式等。

（3）各个段落的格式设置，如段落缩进、段落间距、行距、段前段后距离、段落对齐方式等。

（4）（重新）确定文档的保存位置、文件名和文件类型。

第四节　Word 文档的页面布局与打印输出

一、任　务

页面布局直接关系到文档的整体效果，在前面两节中对文档基本编排操作的基础上，如何再利用 Word 页面设置、段落、页面背景、页眉页脚等，打印输出令人赏心悦目、富有时代气息的文档？

二、相关知识与技能

（一）页面背景

除设置文字、段落的底纹和页面边框外，同样的也可以设置页面的底纹。页面的底纹也就是页面的背景。单击［页面布局］选项卡［页面背景］组中的［页面颜色］按钮，在弹出的

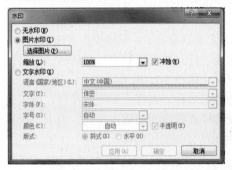

图 3-26　　"水印"窗口

下拉菜单中可以选择喜欢的颜色。或者单击"填充效果"命令，弹出"填充效果"对话框，在对话框中可以选择页面的纹理和图案。

文档的背景也可以设定成水印效果的图片，这样就会衬托出朦胧美。选择［页面布局］选项卡，在［页面背景］组中单击［水印］按钮，在其下拉列表中选择"自定义水印"命令，出现"水印"窗口，如图 3-26 所示，单击［选择图片 …］按钮，选择［插入］按钮，回到"水印"窗口，选择"缩放"比例，完成后文档每一页上会衬上淡淡水印图片。

（二）页面设置

利用 Word 页面设置功能，可以设定纸张大小、页边距、版式、奇偶页配置等。

1. 选择纸张大小和方向　　常用的纸张格式有 A3、A4、A5、B4、B5、8K、16K、信纸等，其尺寸各不相同。在［页面布局］选项卡的［页面设置］组中，单击［纸张大小］下拉菜单可以选择纸张大小，或者单击列表最后一项"其他页面大小"，打开"页面设置"对话框，如图 3-27 所示，可查看纸张尺寸并选择纸张大小，也可以在"高度"和"宽度"框中输入自定义纸张的长和宽。［方向］组中可选"纵向"或"横向"。

2. 设置页边距　　"页面设置"对话框中，选择［页边距］选项卡，在上、下、左、右框中分别填写上边距、下边距、左边距、右边距的数值；如果需要装订，可以选择装订线在页面顶端还是左侧，如图 3-28 所示。

3. 文字方向　　为适应特殊中文文档的排版需求，Word 提供了竖排文字功能，包含文本、表格和标注等多种对象的文档，可迅速在横向显示和纵向显示之

图 3-27　　"纸张"选项卡

间进行转换。方法是选择［页面布局］选项卡，单击［页面设置］组中的［文字方向］按钮，在其下拉列表中选择一种文字方向，或者单击最下方的"文字方向选项 …"命令，打开"文字方向"对话框，如图 3-29 所示。在"方向"栏中选择所需文字排列方向即可。

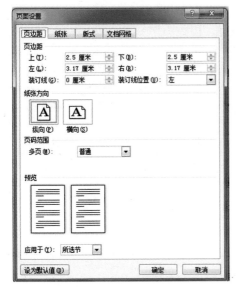

图 3-28 "页边距"选项卡

图 3-29 "文字方向"对话框

链 接

如果文档没有重新分节，改变文字方向时，意味着对整篇文档进行操作，也就是说在一篇文档中只能有一种文字方向。

4.分栏 Word 提供了分栏排版的功能，可以提高文档的阅读速度，也可以使文档版式生动活泼，分栏时正文的排列从一栏的底部到另一栏的顶部直至页面被填满，然后再开始下一页。具体操作步骤如下。

（1）在"页面"视图中选定文本，单击［页面布局］功能区的［页面设置］组中的［分栏］按钮，在其下拉列表中进行选择，或者单击最后一项"更多分栏 ..."命令，打开"分栏"对话框，如图 3-30 所示。

（2）选择预设项或在"栏数"框中输入分栏数，在"宽度和间距"栏中，指定各栏的栏宽和间距，栏宽和间距的总和应该等于页面宽度。

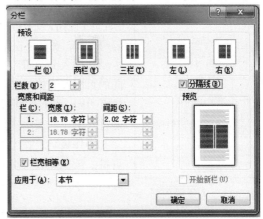

图 3-30 "分栏"对话框

（3）设置或取消"分隔线"复选框，在"应用于"下拉列表中选择分栏应用于本节、整篇文档或所选文字即可，如图 3-31 所示。

5.首字下沉 为了突出文字格式对比效果，往往将文档段落中第一行的第一个字加大并下沉，形成一种新的风格，称为首字下沉。方法是：定位插入点到所选段落，单击［插入］选项卡［文本］组中的［首字下沉］按钮，在其下拉列表中选择"首字下沉选项 ..."命令，显示"首字下沉"对话框，如图 3-32 所示，在对话框中选择"下沉"或"悬挂"。选择了"下沉"，进一步设置首字的"下沉行数"和"距正文的距离"即可。

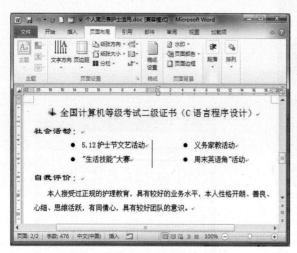

图 3-31　文档中分栏效果图　　　　　　　　　图 3-32　"首字下沉"对话框

图 3-33　"分隔符"下拉菜单

（三）分隔符

分隔符主要包括分页符和分节符。文档中插入分隔符可以更灵活地设置页面版式，使页面设置与文档内容有机结合。

1.插入分页符　文档充满一页后，Word 会设置自动分页；文档不满一页而需要分页时，可以人工插入分页符。具体操作方法是：在页面视图中，将插入点移至待分页处；单击［插入］功能区［页面］组中的［分页］按钮，或选择［页面布局］选项卡，单击［页面设置］组中的［分隔符］项，在其下拉菜单中选择"分页符"命令，如图 3-33 所示。

2.插入分节符　　默认情况下 Word 将整篇文档视为一节，采用相同的页面设置格式。如果一篇文档中需要采用不同排版格式，如不同的页边距、背景、页眉、页脚等，就必须分节，如图 3-33 所示，在"分隔符"下拉列表中选择"分节符"即可。

操作技巧：按［Ctrl+Enter］组合键也可以在光标插入点处插入分页符。欲删除人工分页符，只要把插入点移至分页符处，按［Delete］键即可。

（四）页眉页脚

所谓页眉页脚，就是文档的辅助信息，它们通常包含章节名、标题、页数、页码和日期等，是独立于原文档的公共基本信息。

1.插入页码　页码是一种功能变量，Word 具有自动依次编码的功能。从［插入］选项卡的［页眉和页脚］组中单击［页码］按钮，在其下拉列表中选择页码的位置，如图 3-34 所示，在"页边距"下级菜单中可以选择页码位于页边距处的位置。

选择［设置页码格式...］按钮，从数字格式菜单中可以选择页码的数字格式。

图 3-34　"页码"下拉列表

2.文档设置统一的页眉页脚　从［插入］选项卡的［页眉和页脚］组中,单击［页眉］或［页脚］按钮,在其下拉菜单中选择"编辑页眉"或"编辑页脚",功能区出现［页眉和页脚工具］选项卡,同时文档中的编辑光标出现在页眉栏,在页眉输入内容,并设定所需字体格式,单击［转至页脚］按钮 ,光标出现在页脚栏,同样输入数据内容,选择［关闭页眉和页脚］按钮即可使光标回到文档中。

操作技巧: 在页眉或页脚栏中双击鼠标左键,切换到页眉或页脚栏就可以修改页眉或页脚的内容。

3.设置"奇偶页不同"的页眉页脚　通常一本书的页眉和页脚设定"奇偶页不同"。奇数页中使用"章名"或"节名"作页眉;偶数页中使用"书名"作页眉。首先启动［页眉和页脚工具］选项卡,在其［选项］组中选择"奇偶页不同",然后分别设定奇数页和偶数页页眉、页脚即可。

提　示

在添加页眉和页脚时,必须将文档先切换到页面视图方式,因为只有在页面视图和打印预览视图方式下才能看到页眉和页脚的效果。

(五)打印预览与控制

当编辑、排版完成后,就可以打印输出了,打印前先查看排版内容是否理想,如果满意则打印,否则可继续修改与编排。

1.打印预览及编辑　编辑文件时,有时候需要观看文件的整体效果,此时只要调整文件的显示比例,就可以缩小或放大文件的显示比例。

编辑完成的文件,先利用打印预览功能,观看整页文件排列方式,确定版面正确后,再将文件打印出来。

在预览窗口中若发现文件尚有瑕疵,也需要在预览窗口中进行编辑,可以利用自定义快速访问工具栏的方法,将"打印预览编辑模式"添加到快速访问工具栏中。

在快速访问工具栏中单击［预览编辑模式］按钮,功能区会出现"打印预览"选项卡,在其功能区去掉放大镜前的"√",就可以直接修改内容。

2.打印控制　选择［文件］选项卡中的［打印］项,或者选择"快速访问工具栏"下拉菜单中的［打印预览］按钮,右侧窗格中会出现预览窗口。在预览效果图的右下角有显示比例滑块和［缩放到页面］,通过拖动滑块可以调节显示的比例或直接单击［缩放到页面］按钮来查看整页效果。确定文档版式正确后,选择［打印］按钮打印输出。

直接单击"快速访问工具栏"中打印预览屏幕上的［打印］按钮,则按 Word 默认的设置打印整个文档。

有时候需要打印文档的一部分或需要打印多份,或者要改变默认的设置等,选择［文件］菜单中的［打印］项,在"打印"窗口"打印所有页"右侧的下拉菜单中选择打印选项,若选择"打印所有页",会将整个文档全部打印出来;选择"打印当前页",会打印光标所在的那一页;选择"自定义打印范围",然后在"页数"空格中输入页码,则会打印指定的页码;单击［打印］按钮即可开始打印。

操作技巧: 可以通过在"单面打印"右侧下拉菜单中选择"手动双面打印"实现纸张双面打印功能。

三、实施方案

要创建并打印输出令人赏心悦目、富有时代气息的各种类型文书资料，一般可分以下阶段实施。

（1）建立（或打开）一个 Word 文档并编辑好文档内容。

（2）根据具体情况进行页面设置：选择纸张大小与方向、页边距等。

（3）选择恰当的字符格式和段落的格式设置。

（4）根据具体文档的需要进行版面设置，如首字下沉、文字方向、分栏、边框底纹等文档修饰方面的设置。

（5）精心设置页面外观，反复打印预览，浏览整体效果。

（6）确定版面正确后，对打印过程严格控制，将文件打印输出。

个人简历等一页纸文档格式设置和页面布局的效果图如图 3-14、图 3-16、图 3-23 所示。

第五节　图文混排

一、任　务

在掌握了基本的编排操作后，如何对前面几节中所制作的文书资料改变编排版面，以及插入生动有趣的图片、图形和艺术字等，以便于增加文档的信息量和感染力。

二、相关知识与技能

图文混排是 Word 的特色功能之一，能使文档达到图文并茂的效果。

（一）插入艺术字

艺术字可用来制作特殊文字效果，如制作标题、海报和广告等，可使文档丰富多彩。

1.建立艺术字　在［插入］选项卡的［文本］组中选择［艺术字］按钮，并在打开的艺术字预设样式面板中选择合适的艺术字样式，会出现艺术字效果，同时在功能区出现了"绘图工具格式"选项卡，如图 3-35 所示。

图 3-35　"绘图工具格式"功能区

2.编辑艺术字　录入文字，选择艺术字，可以对已有艺术字文本进行形状、大小、旋转、文字竖排及对齐方式等编辑。已建立的艺术字对象，如果对图案形状不满意，可以通过［绘图工具］→［格式］选项卡中的按钮改变，而不需要重新制作。具体操作方法是：选择艺术字文本对象，在功能区［绘图工具］→［格式］选项卡的［艺术字样式］组中选择"文本效果"，在其下拉菜单中选择"转换"命令，在出现的下一级菜单中选择一种图案形状，如"弯曲"中的"上弯弧"。也可以改变艺术字形状轮廓，或者拖动形状轮廓边上的箭头，改变艺术字中心点位置，画面显示如图 3-36 所示。

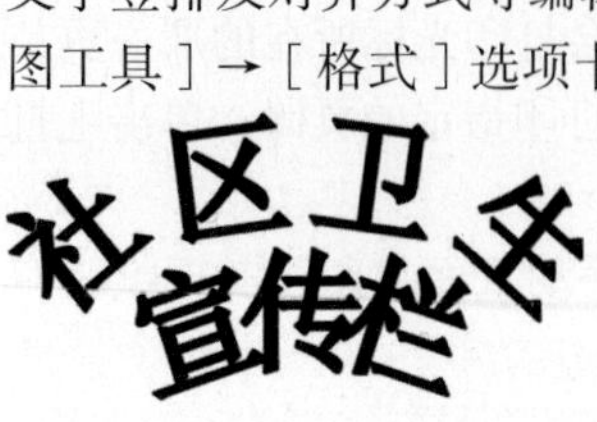

图 3-36　艺术字效果图

（二）文本框的使用

文档中的文本一般采用字符录入的基本编辑方法，如果要改变文本版面，通常利用文本框的功能。文本框是装载图形、表格、文字等各种对象的特殊容器，它打破了规则排版的局限，可放置到文档页面的指定位置，不必受段落格式和页面设置等因素的影响。Word 内置有多种样式的文本框。

1. 插入文本框　　插入文本框之前，最好将视图方式设置为页面视图，以便准确观察文本框的位置和大小。

在［插入］选项卡中，单击［文本］组中的［文本框］按钮，在打开的内置文本框面板中选择一种合适的文本框类型，也可以单击面板下面"绘制文本框"或"绘制竖排文本框"命令，此时鼠标指针变成了十字形状。定位插入点，松开鼠标，即可创建出一个空文本框。也可以选定文本后插入文本框，所选文本成为文本框内容。

2. 快速改变文本框位置和大小　　文本框的位置发生变化时，Word 会自动调整该文本框周围的文本，使之达到和谐的排版，而无需人工干预。拖动鼠标可快速改变文本框位置和大小。

用鼠标指向文本框，当鼠标指针呈四向箭头时，可拖动文本框到新位置。鼠标指针呈双箭头状，拖动尺寸控制点，来实现文本框大小的调整。

3. 设置文本框格式　　选定文本框，功能区出现［绘图工具］→［格式］选项卡，可对文本框的格式进行设置；也可选定文本框后右击菜单，在快捷菜单中选择"设置形状格式"，或在［绘图工具］→［格式］选项卡单击［艺术字样式］组的右下箭头，打开"设置文本效果格式"对话框，改变文本框边框线、填充颜色、阴影等格式。

4. 删除文本框　　选定文本框，按［Delete］键删除。

提　示

在 Word 中所有对象包括艺术字、图片、剪贴画等的移动、复制、删除、格式设置均与文本框的操作方法相同。

（三）图形和图片的插入

在文档中插入图形和图片，不仅美化文档，还可以增加文档的信息量并提高文档的可读性，是文档编辑的重要操作。

选择［插入］选项卡，在［插图］组中可选项有"图片""剪贴画""形状""SmartArt""图表""屏幕截图"等选项与按钮。

1. 插入剪贴画　　Word 自带的"剪辑库"中的图元文件（扩展名为 .wmf）插入方法是：定位插入点，选择"剪贴画"项，弹出"插入剪贴画"任务窗格，如图 3-37 所示。

在"搜索文字"文本框中输入"医生"或"分隔线"，单击"结果类型"下拉三角按钮，单击［搜索］按钮，选择合适剪贴画右侧的下拉三角按钮，在打开的菜单中选择"插入"命令即可将剪贴画插入到文档中。

2. 插入文件图片　　对存储扫描的图片和

图 3-37　"插入剪贴画"对话框

照片等，直接单击［插图］组中的［图片］按钮，弹出"插入图片"对话框可导入图片。

单击图片，图片周围出现八个空心小方块，拖动控制点可改变图片大小。选定文档中的图片会出现［图片工具］功能区，设置图片的环绕方式、大小、位置和边框等格式。

选择［图片工具］选项卡中的选项，对图片进行相应的修饰，如图 3-38 所示。例如，单击［图片工具］选项卡［调整］组中的［重新着色］按钮，在下拉列表中选择"自动""灰度""黑白"或"冲蚀"等选项，图片将显示相应的效果。

图 3-38　［图片工具］功能区

图 3-39　酒精灯
效果图

3. 绘制图形　利用［插入］选项卡［插图］组中的［形状］，可打开自选图形单元列表框，可以从中选择所需的图形单元绘制常见图形，通过拖出、调整大小、旋转、翻转、设置颜色和组合等来制作复杂的图形；若利用富有层次感的［阴影］、［三维效果］等按钮，将使图形绚丽多彩。

如图 3-39 所示，绘制酒精灯，可以按以下绘图方法来实现：首先绘制两梯形，下面为蓝色，上无填充；绘制两矩形块为无填充；选择"线条"类中的"自由曲线"，绘制灯芯（线宽 6 磅、黑色）和火焰（线宽 2 镑、红色）；然后，移动各个自选图形拼合成酒精灯。

重复上述过程，在酒精灯下选"矩形"，填充为"纹理"，绘出深色木质填充的木块。

🏛 **链　接**

为了使图形更加赏心悦目，Word 提供了一系列修饰图形的手段，包括设置阴影和三维效果、添加填充色和字体颜色，操作基本相似。

（四）插入数学公式

在科技论文中，经常需要建立和使用数学公式，Word 提供了多种常用的内置数学公式供用户直接插入到文档中。

1. 直接调用内置公式　切换到［插入］选项卡，在［符号］组中单击［公式］下拉三角按钮，在打开的内置公式列表中选择需要的公式，如"二项式定理"公式即可。

2. 打开［公式工具］→［设计］选项卡进行公式设计　在"内置"公式列表中选择"插入新公式"命令或单击 π 按钮 会打开公式工具窗口，如图 3-40 所示，选择所需的公式模板进行公式编辑。

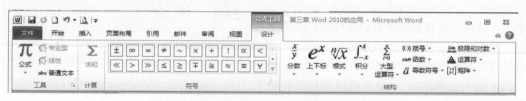

图 3-40　公式工具功能区

　　3. 调用 Microsoft 公式编辑器 3.0 实现公式的编排　切换到［插入］选项卡，在［文本］组中单击［对象］按钮，屏幕将显示"对象"对话框，选择"新建"选项卡后，在"对象类型"列表框中选择"Microsoft 公式编辑器 3.0"项，再单击［确定］按钮，即可调用 Microsoft 公式编辑器 3.0，如图 3-41 所示。

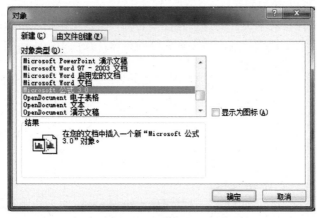

图 3-41　"对象"对话框

　　此时屏幕将显示"公式"工具板和一个编辑框，如图 3-42 所示，并且原 Word 的功能区菜单换为 Microsoft 公式编辑器 3.0 的菜单栏。

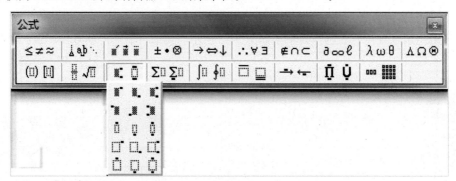

图 3-42　Microsoft 公式编辑器 3.0 的编辑窗口

　　公式工具板是 Microsoft 公式编辑器 3.0 的核心，上面一行按钮组是"符号"工具栏，下面一行按钮组是"模板"工具栏。公式的编排是使用公式工具板中的符号工具栏和模板工具栏的内容，选择各组模板按钮，在其下拉的子模板中选择需要的形式，然后根据光标提示，在相应的插槽中依次键入公式内容。

　　公式编辑结束后，只要单击编辑框外的任何位置，即可退出 Microsoft 公式编辑器 3.0 的编辑环境。若在文档窗口双击公式可再次启动公式编辑器，以便对公式进行修改。

（五）插入超链接

　　超链接目标可以选择 Internet 网址、电子邮件地址或本机上的文档，在文档中插入超链接，可实现资源共享。

　　1. 链接至网站　如链接至"中华医学会"网站，操作步骤如下。

　　选中文档中的"中华医学会"文本，切换到［插入］选项卡，单击［链接］组中［超链接］按钮，打开"插入超链接"对话框，在"要显示的文字"栏中显示"中华医学会"字样；

在地址栏中输入中华医学会网址 http://www.cma.org.cn；确定后"中华医学会"字样变成另一种颜色并加上了下划线；当按着［Ctrl］键鼠标移动到链接文字上时会变成手的形状，单击它可跳转到"中华医学会"主页。

2. 链接本机上的文档　如果注释文本比较长，可以先将注释文本存放在一个独立的文件中，非 Word 格式也可以，然后建立一个链接。

输入前面建立的注释文本文件的详细路径及名称，单击［确定］按钮，即将需要加注释的文本变成蓝色并带有下划线形式。不影响文档的打印，按住［Ctrl］键的同时单击该文本，则可直接打开注释文本所在的文件。

考点提示：艺术字体创建与编辑；图片和图形的插入、移动、编辑等操作；文本框等

三、实施方案

利用 Word 图文混排功能制作图文并茂的文档，类似 Word 的基本编排操作，可分以下阶段实施。

（1）创建或打开一个 Word 文档。

（2）根据具体情况进行页面设置：选择纸张大小与方向、页面边距等页面结构。

（3）输入或修改文档内容，保存文档，确定保存位置。

（4）根据具体要求插入对象，如插入艺术字、文本框、图片、剪贴画，绘制自选图形等，编排对象的内容和格式。

（5）设计好页面后，打印预览，观看整页文件排列方式。

（6）浏览整体效果，确定版面正确后，再将文件打印出来。

社区卫生信息宣传栏的制作效果图如图 3-43 所示。类似可制作产品宣传广告、年节贺卡等精美的文档。

图 3-43　"社区卫生信息栏"效果图

第六节　表　　格

一、任　　务

使用表格形式显示对照内容或数据，层次清晰、简明扼要，是文档常见的组成部分，如何对前面几节中所制作的一页文书纸文件，如"个人简历"文档，使用表格形式显示个人基本情况等内容，使读者清晰明了、易于阅读？

二、相关知识与技能

Word 提供了强有力的表格处理功能，其操作命令主要集中在［开始］选项卡的［段落］组和［插入］选项卡的［表格］组中。

表格常常是由行和列构成的，横向称为行，纵向称为列，由行和列组成的方格，称为单元格。在单元格中分别填写文字、数字等书面材料。

（一）建立表格

使用 Word 创建表格的方法主要有以下三种。

方法一：使用插入表格命令。选择［插入］选项卡［表格］组中的"插入表格..."命令，在"插入表格"对话框中，设置表格的行数、列数及列宽，即可出现规则表格。

方法二：比较快捷的方法是使用插入表格工具按钮。单击［表格］组中［表格］按钮，在下拉列表中沿网格拖动鼠标指针定义表格的行数、列数也可创建一个规则表格。

方法三：使用绘制表格命令或按钮。选择［插入］选项卡，在其［表格］组中选择［绘制表格］项，使用绘制表格功能，或选择［开始］选项卡，单击［段落］组中的［表格和边框］按钮下拉列表中的［绘制表格］按钮，如同用笔一样随心所欲地绘制出更复杂的表格。选定表格，在功能区会出现［表格工具］选项卡，若有错误，可用工具区的［橡皮］按钮进行修正，如在医学论文中绘制"三线表格"。

（二）表格的编辑

1. 编辑单元格　在表格中输入、编辑和格式化单元格内容与一般文件的文本编辑方式相同，只是以单元格为单位。

（1）输入单元格内容：单元格中显示输入光标后即可输入文本。下面是常用的光标定位键盘按键，以便于提高编辑数据的速度。

- 使用↑↓←→键，上下左右移动光标的位置。
- 使用［Tab］键，使光标移到下一个单元格。当光标停在右下角的单元格时，按［Tab］键会自动增加一行单元格。
- 使用［Shift+Tab］键，光标会移到上一个单元格。

（2）编辑单元格内容：当单元格的数据内容需要复制、移动、删除时，也是遵循"先选择，后操作"的原则，注意选择单元、行、列、整个表格时鼠标指针的变化。

（3）调整表格和单元格的大小：鼠标对准表格的水平线（垂直线）成"￦"状，拖动边框粗略调整单元格的大小。若需要精确设定单元格的大小，需要打开"表格属性"对话框，操作方法如下。

方法一：光标定位表格区域中，打开［表格工具］的［布局］选项卡，如图 3-44 所示，在［单元格大小］组中单击［单元格大小］组右下角的箭头，弹出"表格属性"对话框。

方法二：选定表格，右击弹出的快捷菜单中选择"表格属性"，也可弹出"表格属性"对话框；选择想要设定的"行"或"列"选项卡，在"尺寸"区选择"指定高度（宽度）"，输入高度（宽度）值即可。

链　接

单击功能区的［表格工具］，在［布局］选项卡中的"单元格大小"组中选择"自动调整"命令，出现子菜单后再选择一种调整的方式，可以设定为自动调整大小。

菜单说明如表 3-5 所示。

表 3-5　表格菜单说明

菜单名称	说明
根据内容调整表格	依据输入的文字数量，自动调整表格中的列宽
根据窗口调整表格	自动调整表格大小，使其能够显示在 Web 浏览器中
固定列宽	使用目前各列的宽度

2. 修改表格　主要指修改表格单元格、行、列的数目，主要是使用［表格工具］中［设计］和［布局］选项卡中的相应工具，如图 3-44 所示。

（1）插入单元格、行或列：光标定位要插入的位置，选择［布局］选项卡，在其［行和列］组中单击相应的按钮或单击右下角按钮会弹出插入单元格对话框，可在表格中插入一空白单元格、行、列。

图 3-44　"表格工具"布局功能区

（2）删除单元格、行或列：选择想要删除的区域，选择［布局］选项卡，在［行和列］组中单击［删除］按钮，在其下拉列表中选择相应的项即可。

（3）合并单元格：选定要合并的单元格区域，选择［布局］选项卡，在［合并］组中单击［合并单元格］按钮即可。

（4）拆分单元格：选定要拆分的单元格，选择［布局］选项卡，在［合并］组中单击［拆分单元格］按钮，会出现"拆分单元格"对话框，输入所要拆分的列数、行数后可完成拆分单元格工作。

（三）表格的格式设置

格式化表格主要通过［表格工具］功能区的［设计］和［布局］两个选项卡工具。单元格的插入、合并、删除、行列分布、单元格对齐方式及表中数据的计算等均在［布局］选项卡中进行设置，对绘制表格、表格的样式、加边框和底纹等的设计命令主要集中在［设计］选项卡中，如图 3-45 所示。

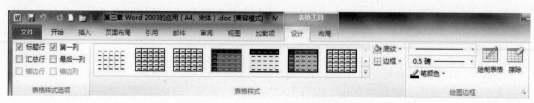

图 3-45　"表格工具"设计功能区

1.表格线型和粗细　选择需要改变线型的表格区域，选择［表格工具］的［设计］选项卡，在［表格边框］组中的"线型"列表框和"粗细"列表框中选取所需的线型和粗细，再选择［表格样式］组中的边框按钮，应用到下拉列表中对应的边框线即可。

2.对齐和分布　选择表格区域，在［表格工具］的［布局］选项卡中［对齐方式］组中有九种单元格内容对齐方式，选择所需的按钮即可。

3.边框与底纹　选定表格或单元格，单击［表格工具］的［表格样式］组中的［边框］按钮，在其下拉列表中选择"边框和底纹"，出现"边框和底纹"对话框后，选择［边框］选项卡，在设定的区选择想设定的边框格式；选择［底纹］选项卡，从填充区选择底纹的颜色，可以修改成自己喜爱的样式。

 提　示

在［底纹］选项卡的"样式"菜单中选用灰度值，建议选用 25% 以下的灰度值，这样不会影响表格上的文字显示，打印的质量较佳，而且又节省打印机的墨汁或碳粉。

4.表格样式　使用［设计］选项卡中的表格样式可以快速设置表格格式，将光标设定在表格里，从［表格样式］组中选择一种格式，单击即可。

除了套用表格内定的样式外，你可以依照个人的需求去做不同的格式设定，并将其格式设成一个新的表格样式，新增到表格样式后，可以随时套用自定义的表格样式，如设定医学论文中的"三线表格"为可套用样式。

（四）数据计算

在表格中输入数值后，可以自动排序和计算数值数据。

1.计算公式的基本概念　Word 表格中提供简易的计算公式，让用户在制作表格的过程中，凡需要计算的部分，可以直接在表格中计算出来。

（1）单元格编码：关于表格列、行坐标编排，列坐标以 A、B、C…英文字母编号，行坐标则以 1、2、3…数字编号。所以，第 A 列与第一行所组成的单元格编码为 A1，第 B 列与第 3 行所组成的单元格编码为 B3。

（2）数据范围：可以用两个单元格编码来代表某一范围的数据，例如，B2：C3 代表 B2、B3、C2、C3 四个单元格，所以计算上述四个单元格的和，可以表示为 SUM（B2：C3）。另外，下面几个英文单词也可以表示数据范围。

- Above：表示选中单元格上方所有单元格
- Left：表示选中单元格左方所有单元格
- Right：表示选中单元格右方所有单元格

（3）操作符：操作符指计算的符号，如 +、－、*、/、^、<、=、>、> =、<>等是常用的操作符。

2.利用公式或函数计算　例如，在单元格 A1、B1、C1 中输入 100、80、85，求三个单元格数值总和，将结果显示在 D1 单元格。

操作步骤如下。

光标定位于求和结果单元格 D1 中，选择［布局］选项卡［数据］组中的公式按钮 fx，出现"公式"对话框，会显示公式 =SUM（Left），单击［确定］按钮，表格 D1 单元格中会显示公式的计算结果 265。相当于在公式文本框中输入"=A1+B1+C1"。

操作技巧：如果在 D1 单元格中计算单元格 A1、B1、C1 的平均值，可将光标定在 D1

单元格中，在［布局］功能区的［数据］组中单击"公式"命令，在"公式"对话框中的粘贴函数栏下拉列表框中选择平均值函数名，在公式文本框中显示"=AVERAGE（Left）"即可。

链 接

改变数字结果的格式，单击数字格式文本框右边的向下箭头，选择所需的数字格式即可。

3.表格数据排序　排序是把数据库的数据依照由小到大（升序）或由大到小（降序）的顺序来排列。在计算机中如果数据内容是数字，计算机会直接比较其拼音字母顺序、大小；如果数据内容是中文字，如姓名、地址，通常是比较其拼音字母顺序、笔画数。表格的每一行又称为一笔记录，而用来比较大小的字段称为"关键字"，Word 可以由用户决定三个关键字来进行比对，当第一关键字相同时，则比较第二关键字，以此类推。

操作技巧： 选择［布局］选项卡［数据］组中的［排序］按钮，在"排序"对话框中选择"有标题行"，表示表格的第一行为标题行，此行不参加排序。

（五）表格处理

1.表格表头处理　制作表格表头时，在第一个单元格中常常需插入所需要的各种斜线表头，选择［设计］选项卡［表格样式］组中的［边框］按钮，在其下拉列表中选择"斜下框线"或"斜上框线"，可完成单条斜线表头的绘制。绘制多条斜线表头，要单击［插入］选项卡［插图］组中的［形状］按钮，在其下拉列表中选择直线进行绘制，调整大小到合适位置后再分别填写各个标题即可。

图 3-46　"将文字转换成表格"对话框

2.文字与表格的转换　首先将文本用段落标记、逗号、制表符及空格等其他特定字符隔开，然后选定要转换成表格的文本。单击［插入］选项卡［表格］组中的［表格］按钮，在其下拉列表中选择"文本转换为表格"命令，弹出如图 3-46 所示的对话框。

在"将文字转换成表格"对话框的"表格尺寸"选区中"列数"中的数值为 Word 自动检测出的列数。用户可以根据具体情况选择所需要的选项，在"文字分隔位置"选区中选择分隔符。设置完成后，单击［确定］按钮，即可将选定文本转换成表格。

链 接

类似地，也可将所选表格转换为文本，将表格中的数据保留下来，而删除表格边框。此时，用到的是［布局］选项卡［数据］组中的"转换为文本"命令。

考点提示：创建表格，表格的复制、移动、删除；单元格内容编辑，行、列、单元格的插入、删除；合并和拆分单元格；调整表格的行高和列宽；表格边框、对齐方式、字符等格式设定，表格数据计算等

三、实 施 方 案

利用 Word 表格功能制作表格，类似 Word 的基本编排操作，可分以下阶段实施。

（1）创建或打开一个 Word 文档；

（2）根据具体情况进行页面设置，选择纸张大小与方向、页面边距等页面结构；

（3）输入其他文档内容或表格标题；

（4）插入表格并输入单元格内容，保存文档，确定保存位置；

（5）根据具体要求编排表格及单元格内容和格式；

（6）设计好页面后，打印预览，浏览整体效果，确定版面正确后，再将文件打印出来。

个人简历的制作效果图如图 3-47 所示。类似利用 Word 制作教学工作中常用的成绩表、课程表，报纸杂志的民意调查，各类单据或费用表，病历表格等。

个人简历（护士适用）

姓名	李某	性别	女	出生年月	1986年6月	照片
籍贯	北京	民族	汉	健康状况	良好	
政治面貌	团员	爱好	音乐、舞蹈	邮政编码	100028	
联系电话	010-6627060 15205571530			邮箱地址	zyz0265 net	
教育背景	毕业院校:××医学院　2000.9-2005.7:护理系护理专业 其他培训情况:2005.5-2005.12 参加自学考试,学习临床医学					
证书奖励	●国家英语四级证书 ●普通话水平测试等级证书(二级乙等) ●全国计算机等级考试二级证书(C语言程序设计)					
曾参加的社会活动	●参与组织2005年学院6.12护士节文艺活动 ●参与组织学院第一届"生活技能"大赛 ●组织举办学院"学生公寓英语角"活动 ●为贫困家庭义务家教一年					
自我评价	本人接受过正规的护理教育,具有较好的业务水平,本人性格开朗、善良、心细、思维活跃、有同情心、具有较好团队的意识					
求职意向	护士、销售室工作人员					
备注	重要的是能力,相信贵单位会觉的我是此职位的合适人选!期盼与您面试					

图 3-47　个人简历表效果图

第七节　域与邮件合并

一、任　务

在日常的工作与生活中，常会遇到给不同的对象发放同一类型、同一内容的文档，如大量学生通知书、聚会请柬等的制作，在进行医学科研工作时需要大量邮寄已出院患者的随诊信件，如何利用 Word 提供的文档处理工具——邮件合并，解除手工填写姓名等不同内容的烦琐工作，帮助我们提高文档录入的正确性和速度，提高办公效率？

二、相关知识与技能

（一）域

域是一种特殊的代码，用于指示 Word 在文档中插入某些特定的内容或自动完成某些复杂的功能。域是 Word 的一组功能强大的命令集，它隐藏在文档的背后，一般用户在编辑文档的时候是看不见的。在文档中随时插入所需的域，以辅助文档的制作，如显示页码、日期、时间、目录等，都是利用域所产生的数据。其中，显示日期的域是 Date；显示时间的域是 Time；显示页码的域是 Page 等。

例如：插入"日期和时间"。

简单的操作方法是切换到［插入］选项卡，单击［文本］组中的［日期和时间］按钮，选择一种格式，选择"自动更新"复选框，则下次打开文件，会显示当天日期。

通过编辑域的操作方法是切换到［插入］选项卡，单击［文本］组中的［文档部件］按钮，在其下拉菜单中选择"域"，出现"域"对话框后，从"类别"列表中选择域类别"日期和时间"，然后从"域名"列表中选择域名 CreatDate，在"域属性"列表中选择一种格式即可插入日期域，如图 3-48 所示。

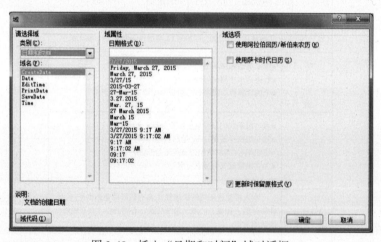

图 3-48　插入"日期和时间"域对话框

图 3-49　Word 选项"显示"选项卡

1. 显示或隐藏域代码　域通常为隐藏状态，需要改变域内容时再将它显示出来，移动鼠标到含有域的位置上右击，然后从快捷菜单中选择"切换域代码"命令来显示或隐藏域代码。

2. 编辑域　对于某些域，如 Auto Text List 域，需要显示域代码以编辑域。方法是：右击域，然后单击"编辑域"命令；或者选择后按［Shift+F9］键。

3. 打印时更新域　文档中的域若没有更新，会一直维持原来的数据内容，如果希望在打印时能自动更新，则需在［文件］选项卡中选择［选项］，出现"Word 选项"对话框，选择［显示］选项卡，如图 3-49 所示，然后在打印选项处勾选"打印前更新域"，输出文档时会自动更新域。

在 Word 中，可以用"域"插入许多有用的内容，包括页码、时间和某些特定的文字内容或图形等。利用"域"还可以完成一些复杂而非常实用的功能，如自动编写索引、目录等，帮助我们自动完成许多工作。

（二）目录

目录可以帮助使用者更快地了解文档的主要内容。目录是索引文档内容必不可少的手段，

可以先利用之前学习的样式的建立与应用，在文档中正确应用了各级标题、正文样式等后，就可以非常方便地应用 Word 自动创建目录。

1.编制目录　最简单的方法是使用内置的大纲级别格式或标题样式，将光标定位到要插入目录的位置，切换到［引用］选项卡，在［目录］组中单击［目录］按钮，在其下拉菜单中选择"插入目录"命令，打开"目录"对话框中的"目录"选项卡，如图 3-50 所示。

在"目录"选项卡中选中"显示页码"和"页码右对齐"复选框；在"制表符前导符"下拉列表框中选择连接符号；在"常规"栏中设置"目录级别"等属性，在格式下拉列表中，选择一种目录格式；在"预览"列表框中将出现此种格式的预览效果。

图 3-50　"索引和目录"对话框

链　接

Word 2010 默认的目录级别是 3 级，如果需要改变设置，在"目录级别"框中键入相应级别的数字即可生成目录。Word 就会根据上述设置在插入点处自动创建目录。

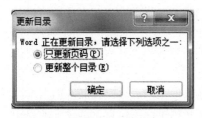

图 3-51　"更新目录"对话框

2.更新目录　在编制目录后，如果文档的内容有所改变，Word 可以很方便地对目录进行更新，单击［目录］组中的［更新目录］按钮，弹出"更新目录"对话框；如图 3-51 所示，在该对话框中选择更新类型，确认后即可；或在目录上右击鼠标，从弹出的快捷菜单中执行"更新域"命令也可对目录进行更新。

（三）邮件合并

邮件合并（Mail Merge）就是利用 Word 文档合并的功能，把数据库的每一笔数据填入到预先制好的文档中，以便把同一份文档分送给不同的对象。由于文档合并经常用于信函处理的相关事务，所以称为邮件合并。

例如，你写好了一封问候信，希望邮寄给十位朋友，只要利用邮件合并的功能，计算机就会自动产生十封问候信，这十封问候信的内容相同，但是问候的对象却不一样。

Word 提供的邮件合并是将相同内容创建为主文档，将不同的信息创建为数据列表或数据库。利用插入域，在主文件中插入数据列表中的字段名称。

信函内容是主文件；而邮寄名单是数据库，数据库由多条记录组成，而每一条记录又由

多个字段（如姓名、电话、电子邮件、家庭住址等）组成。例如，将"姓名"字段域合并到主文档中，然后检查与打印文档即可完成多个文档的输出。具体操作步骤如下。

1.建立主文件（信函内容）　新建或打开一个文档，选择［邮件］选项卡［开始邮件合并］组中的［开始邮件合并］按钮，在其子菜单中选择"邮件合并分步向导"，出现"邮件合并"任务窗格后，在"选取文件类型"区选择"信函"，然后单击"下一步：正在启动文档"，在"选择开始文档"区选择"使用当前文件"，然后编辑具体主文档内容。主文档与一般文档的编辑排版方式完全一样，也可打开"打开"对话框，另选所需文档。

2.建立数据库（邮寄名单）　准备好主文档后，单击［下一步：选取收件人］按钮，如果"使用现有列表"则单击［浏览...］按钮，可以使用已有数据表。

如果选择"键入新列表"，单击［创建...］按钮，则新建数据源，打开"新建地址列表"窗口，如图 3-52 所示。若认为输入地址信息区的字段不是所需要的资料，可以单击［自定义列...］按钮，打开"自定义地址列表"窗口，如图 3-53 所示，重新设定数据域名。

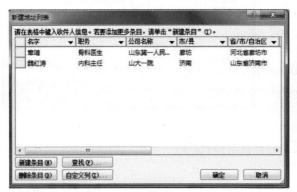

図 3-52　"新建地址列表"窗口　　　　　　図 3-53　"自定义地址列表"窗口

在"自定义地址列表"窗口，利用［添加...］按钮、［删除］按钮或［重命名...］按钮自定义你需要的字段名称即可。回到"新建地址列表"窗口后，输入通讯录的数据内容，然后单击［新建条目］按钮，新增下一条数据，输入完成后，单击［关闭］按钮。出现"保存通讯录"窗口，选择文档要"保存位置"，输入数据库的"文件名称"，单击［保存］按钮后，出现"邮件合并收件人"窗口，可以添加或删除收件人。

上述操作完成后，会自动产生一个 Access 的数据表文档，且每当打开主文件时，主文件就会自动链接数据库文档。

3.在主文档中插入合并域（数据库字段名称）　选择好收件人列表后，功能区的［编写和插入域］组中的命令激活，光标定位到文档中需要插入合并域字段的位置，选择［编写和插入域］组中的［插入合并域］按钮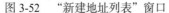，选择要合并的名称，则字段名出现在主文档中，完成合并操作。

4.检查文档　单击"预览结果"按钮 《 》，核对文档正确无误，利用［首记录］、［上一记录］、［下一记录］、［尾记录］，查看各笔数据合并至文档的结果。

5.合并或发送文档　文件查看无误后可选择［编辑单个文档］命令，出现"合并到新文档"窗口，如图 3-54 所示，便可以生成新的文档，进行保存文档或选择"发送电子邮件"命令，批量发送电子邮件，如图 3-55 所示。如果合并文件需要直接打印出来，可以选择"打印文档"命令。

图 3-54　"合并到新文档"窗口　　　　　图 3-55　"合并到电子邮件"窗口

链　接

　　利用邮件合并功能的基本操作技巧，还可以邮寄宣传资料或年节寄贺卡等，另外利用已建立的通信数据库书写信封，合并出打印信封的数据，自动打印信封。

（四）利用向导批量制作信封

　　任何 Word 文档都是以模板为基础的，模板决定文档内容和格式等的框架，是高效处理文档的重要工具。向导是模板的一种，具有格式多样化和自动性能。

　　1. 向导的使用　"向导"能提出一些问题，用户根据使用要求回答问题，系统会为用户自动创建符合要求的文档。Word 为用户提供了大量的向导，这些向导不仅具有示范和引导的作用，而且具有很大的实用价值。

　　例如，制作统一格式的信封，将邮件合并中制作的"随诊信"邮寄给每一位患者。具体操作方法如下所示。

　　（1）切换到［邮件］选项卡，在［创建］分组中单击［中文信封］按钮，出现如图 3-56 所示的"信封制作向导"对话框。

　　（2）单击［下一步］按钮，进入"信封制作向导"的样式对话框，如图 3-57 所示，在"信封样式"下拉列表中选择所需要的信封样式，如"国内信封 -B6"（176×125）。

　　（3）单击［下一步］按钮，进入"信封制作向导"的生成选项对话框，如果只制作一个信封，则选中［生成单个信封］单选钮；如果要将当前的信封作为模板，则选中［基于地址簿文件，生成批量信封］选项，然后单击［下一步］，在"使用预定义的地址簿"下拉列表中选择要使用的地址簿；如果需要打印邮政编码边框，则选中"打印邮政编码边框"复选框。

　　（4）单击［下一步］进入"信封制作向导"完成对话框。单击［完成］，生成一个"信封"文档，同时出现"邮件合并"工具栏，选择"选择收件人"下拉列表中的现有列表，使用已有的 Access 数据表"患者通讯录"，通过"信封"的选项修改信封内容、格式和送纸方式，完成信封的打印。

考点提示：域与时间域、目录，邮件合并概念、功能、操作方法，向导的使用

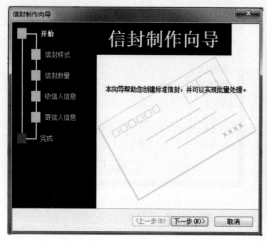

图 3-56 信封制作向导图

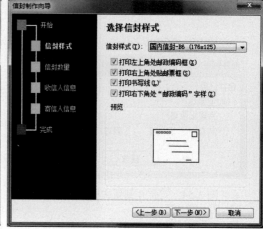

图 3-57 信封样式选择图

三、实 施 方 案

要实现批量处理各种信函，同一份文档分送给不同的对象。例如，相同类型疾病患者随诊信函的制作可分以下阶段实施。

（1）建立主文档、随诊信函，与一般文档的编辑排版方式完全相同。

（2）建立数据库即"邮寄名单"文件，是要合并到主文档中的数据。

（3）在随诊信函文档中插入"邮寄名单"文件中的字段名称：选择插入点位置，插入合并域列表中的字段名称。

（4）检查文档：单击［预览结果］组中的按钮，利用［首记录］、［上一记录］、［下一记录］、［尾记录］，核对文档正确无误。

（5）合并或打印文档：使用［完成并合并］下拉菜单中的"编辑单个文档""打印文档""发送电子邮件"进行保存文档、打印输出文档或发送电子邮件。

（6）制作并打印邮寄信封。类似可制作学期学生成绩通知单、入学通知书、年节贺卡、聚会请柬等。

本 章 小 结

中文 Word 是 Microsoft 公司推出的办公自动化软件 Office 的重要组件，它集文字编辑和排版、图形图像处理、表格制作等功能为一体，能较好地提高办公字处理效率。本章以中文 Word 2010 为版本，以医学领域中的文书资料为例，如求职简历、医学论文、卫生宣传画、病历表格与目录等，分五节介绍 Word 的主要操作与基本应用。举一反三，使学生掌握通知、报告、表格、书信、论文等日常工作中应用文档的制作，编印排列整齐、美观大方的各类文书文件与表格，以满足信息时代办公自动化工作的需要，通过该课程的学习，同学们可以对文字处理有更深刻的认识。

技能训练 3-1　Word 2010 基本操作

一、Word 文档编辑

在资料盘中建立学生"学号姓名"文件夹，并在其中建立新文档 test11.doc，输入以下内容，保存位置为学生"班级姓名"文件夹。

高血压患者（Hypertension）健康教育

正常人血压有一定程度波动。成人收缩压持续升高超过 21.3kPa（160mmHg），舒张压持续升高超过 12.7kPa（95mmHg）称高血压。一般情况下，高血压病情进展缓慢，其发生和加重与生活中许多不良因素有关。

1. 常见诱发因素

☞ 脑力劳动、长期过度紧张、情绪压抑、环境吵闹引起全身细小动脉痉挛，血压上升。

☞ 饮食不当，长期进食过咸、高脂肪、高胆固醇食品造成周围血管阻力增加，血压上升。

☞ 吸烟、饮酒、喝浓茶、喝咖啡等可诱发高血压。

2. 避免诱发因素

①生活有规律，劳逸结合，避免过劳，心胸开阔，保证充足睡眠。

②进食清淡、低脂、低胆固醇饮食。避免进食动物脂肪、动物油、蛋黄、动物内脏等高胆固醇饮食。忌浓茶、咖啡、酒，戒烟。

③多食水果、蔬菜等粗纤维饮食，保持大便通畅。平时可多食香蕉、蜂蜜水润肠通便。便秘时可遵医嘱口服麻仁丸或用开塞露塞肛。

3. 服降压药的注意事项

（1）应于坐位或卧位时服，服药后半小时内禁突然变换体位，尤其站立。

（2）应坚持长期服药。血压得到满意控制后，遵医嘱逐渐减至维持量。

4. 发现以下情况表示血压急剧上升，应及时报告您的主管护士和医生：

• 剧烈头痛、头晕、烦躁；

• 恶心、呕吐；

• 面色潮红、气促；

• 视力模糊。

操作提示：

特殊符号的输入：通过［插入］选项卡［符号］组中的［符号］按钮，选择［其他符号…］，在"字体"中选 Wingdings，单击符号如"☞"，再单击［插入］按钮。

二、文档的排版

任务 1

打开文档 test11.docx 按照下述要求设置文档格式，排版为一页纸文档，另存为"test12.docx"，保存位置为学生"班级姓名"文件夹。

要求：

1. 把第一行标题设置为黑体、加粗、加阴影、小三号字、居中对齐。把文本"常见诱发因素"与"避免诱发因素"设置为黑、粗体并加下划细线。加宽字距为 3 磅。左对齐。

2. 正文第一段首字下沉 2 行，标题与正文之间段距设置为 1 行，正文中段距设置为 0.5 行，行距为固定值 28 磅。文字为楷体小四。

3. 第一自然段"收缩压"与"舒张压"文本下加着重号；"21.3kPa（160mmHg）"与"12.7kPa（95mmHg）"文本下加双下划线，整个自然段字间距设为 3 磅。第一段中第一个"高血压"文字填充"灰 -15%"底纹。

4. 最后一个自然段分两栏，栏间距为 1 厘米，加分隔线，加红色段落边框，框线宽度为 1 磅。

5. 其余各段首行缩进 2 字符，段距设置为 0.5 行，行距为固定值 28 磅。除已设标题文字外均为楷体小四。

任务 2

打开 test12.docx，设置文档页面，页边距上 2 厘米、下 2 厘米、左 2 厘米、右 2 厘米，页眉 1.5

厘米，页脚 1 纸型为 A4。在文档中删除数字序号，并用编号 A）、B）、C）代替正文中①、②、③；用项目符号"☺"代替正文中符号"☞"。设置页眉"健康教育"，右对齐，页脚使用自动图文集中的"- 页码 -"，另存为"test13.docx"，保存位置为学生"班级姓名"文件夹。

技能训练 3-2　Word 2010 图文混排

任务 1

打开文档 test12.docx 按照第三章第四节中图 3-30 的页面布局设置文档格式，另存文档名为"test21.docx"，保存位置为学生"班级姓名"文件夹。

任务 2

1. 在学生"班级姓名"文件夹中新建 test22.docx，输入如下内容：

请求解一元二次方程 $ax^2+bx+c=0$ 的解，列出具体情况，并作解分析。

2. 在学生"班级姓名"文件夹中新建 test23.docx，在文档下面插入数学公式：

$$x = \frac{-b \pm \sqrt{b^2 - 4ac}}{2a}$$

3. 对 test22.docx 与 test23.docx 两文档内容进行合并操作：在 test22.docx 文档下面插入 test23.docx 文档后，以 test24.docx 另存到资料盘学生"班级姓名"文件夹中。

技能训练 3-3　Word 2010 表格制作

制作如表 3-9 所示表格，要求制作在横向 16K 纸张上，上下左右边距各 2.5 厘米，页眉为班级名称，保存编辑好的表格并以 test31.docx 存到资料盘"班级姓名"文件夹中。

表 3-9　课程表

课　程　　星期　时间		星期一	星期二	星期三	星期四	星期五	星期六
上午	第 1 节						
	第 2 节						
	第 3 节						
	第 4 节						
下午	第 5 节						
	第 6 节						
备注							

技能训练 3-4　Word 2010 邮件合并

任务 1

在学生"班级姓名"文件夹中建立 test41.docx 主文档信函，利用邮件合并新建"通讯录"数据表格，将数据表中的姓名及各科成绩字段值合并到主文档中，并计算出总分，保存为"学生成绩通知单 .doc"。

成绩通知单

_____同学：

这学期您的成绩如下：

学号	姓名	英语	计算机	生理	病理	总分

下学期我们将组织不及格的同学参加补考，请这些同学认真复习。

山西医科大学汾阳学院

2015 年 2 月

任务 2

使用已建好的"通讯录"数据库，打印邮寄信封或邮寄标签，设定筛选收件人名单，制作保存为"信封 .docx"，打印预览，合并输出。

练习 3　Word 2010 基础知识测评

一、单选题

1. 下列不属于 Microsoft Office 软件包的软件是_____。

   A. Word　　　　　　　B. Excel

   C. Outlook　　　　　　D. Windows

2. 在 Word 中，当前正在编辑的文档的文档名显示在_____。

   A. 菜单的右边　　　　B. 文件菜单中

   C. 状态栏　　　　　　D. 标题栏

3. Word 程序启动后就自动打开一个名为_____的文档。

   A. Noname　　　　　　B. Untitled

   C. 文件　　　　　　　D. 文档 1

4. 在 Word 中调入各种汉字输入方法的快捷键是_____。

   A. Ctrl+ 空格　　　　B. Ctrl+Shift

   C. Shift+Alt　　　　　D. Shift+End

5. 在_____视图中，Word 的标尺是不显示的。

   A. 页面　　　　　　　B. 普通

   C. Web 版式视图　　　D. 大纲

6. 如要在 Word 文档中创建表格，应使用_____功能区。

   A. 开始　　　　　　　B. 插入

   C. 页面布局　　　　　D. 引用

7. 模板文件的扩展名是_____。

   A. docx　　　　　　　B. txt

   C. dotx　　　　　　　D. rtf

8. 如果想要设定更精确的制表位位置，就必须在制表位窗口中设定，而_____在制表位窗口中无法设定。

   A. 对齐方式　　　　　B. 自定义前导符

   C. 前导符　　　　　　D. 定位停驻点位置

9. 在 Word 表格中，也可以插入运算公式来计算表格属性，_____表示单元格上方所有的单元格。

   A. Above　　　　　　B. Top

   C. Up　　　　　　　　D. Left

10. 要把插入点光标快速移到 Word 文档的头部，应按组合键_____。

    A. Ctrl+PageUp　　　B. Ctrl+ ↓

    C. Ctrl+Home　　　　D. Ctrl+End

11. 在_____视图下可以插入页眉和页脚。

    A. 普通　　　　　　　B. 大纲

    C. 页面　　　　　　　D. 阅读版式

12. 在 Word 中，_____可对光标移动前的位置到文本末的全部文本作标记。作标记后即可对已标记的文本进行整块操作。

    A. Shift+Ctrl+End　　B. Shift+Ctrl+Home

    C. Ctrl+Alt+End　　　D. Alt+Ctrl+Home

13. 在 Word 编辑时，文字下面有波浪下划线表示_____。

    A. 已修改过的文档　　B. 对输入的确认

    C. 可能是拼写错误　　D. 可能是语法错误

14. 在 Word 中，_____用于控制文档在屏幕上的显示大小。

A. 全屏显示　　　　　B. 显示比例

C. 缩放显示　　　　　D. 页面显示

15. 在 Word 中，保存一个新建的文件后，要想此文件不被他人查看，可以在保存的"选项"中设置_____。

A. 修改权限口令　　　B. 建议以只读方式打开

C. 打开权限口令　　　D. 快速保存

二、判断题

(　　) 1. Word 只能对文稿进行编辑，不能对图片进行编辑。

(　　) 2. 样式是一组已经命名的字符和段落格式的组合。

(　　) 3. 在 Word 中可以改变图片的大小、位置、颜色、亮度、对比度，并裁剪图片。

(　　) 4. 使用标尺可以控制"首行缩进"和"悬挂缩进"。

(　　) 5. 可以在"普通视图"下直接看到分栏效果。

(　　) 6. 在 Word 中，不可以在一个表格中嵌套另一个表格。

(　　) 7. 在 Word 中，给某个文档插入页码，在该文档的任何一页进行插入操作，都可以使所有页具有相应页码。

(　　) 8. 在 Word 中，单击 [格式刷] 按钮，可以复制多次文档的格式。

(　　) 9. Word 保存文档格式时，只能是Word 文件类型，不能是其他类型。

(　　) 10. 打开 Word 文档一般是指把文档的内容从磁盘调入内存并显示出来。

(　　) 11. 当前插入点在表格中最后一个单元格内时，按 [Tab] 键后会在插入点下一行增加一行。

(　　) 12. 删除一个分节符后，前后两节文字合

并为一节，原第二节的文字编排格式与原第一节的文字编排格式一致。

(　　) 13. 要在文档当前段落中换行但不形成一个段落，新行的格式与当前段落格式相同，应按 [Alt+Enter] 键。

(　　) 14. "自动保存"功能可以每隔一定时间保存一次文档，自动保存以后可用于断电恢复，但不能代替正常的存盘。

(　　) 15. 在 Word 中，项目符号和编号的添加是以行为单位的。

三、填空题

1. Word 文档的扩展名是_____。

2. Word 窗口由_____、_____、_____、文档编辑区域和_____等部分组成。

3. Word 文本编辑操作中，文本输入的方式有_____、_____两种，可以双击状态条上的_____域进行这两种方式的切换。

4. 在 Word 中，视图方式包括_____、阅读版式视图、_____、大纲视图和_____。

5. 文档窗口中的_____的作用是被用来指出当前输入或编辑的位置。

6. 直接按照用户设置的页面大小进行显示，显示效果与打印效果完全一致的视图方式是_____。

7. Word 具有分栏功能，各栏的宽度_____相同。

8. 在 Word 中，分节符可以由用户手工插入，也可以在做分栏操作时由系统自动插入，分节符的标记只有在_____视图模式下才能看到。

9. 段落通常是指以输入_____结束的一段文字或图文。在"段落"对话框的"特殊格式"列表中有三种格式可以确定首行的格式，它们分别是无、_____、_____。

10. 在 Word 对表格进行统计时，求和函数是_____。

第四章 Excel 2010 的应用

学习目标

1. 了解 Excel 的主要功能和特点
2. 理解 Excel 工作环境及工作界面
3. 掌握表格建立及数据的输入与编辑
4. 掌握工作表的格式化与打印
5. 掌握数据的基本计算及统计分析

Excel 2010 的概述

前面我们学习了在 Word 中制作各种较为复杂的表格样式，并能做一些简单的运算。然而在运算对象增多后，即便是算法相同的运算，都较为烦琐，而在 Excel 中将更为轻松。Excel 电子表格是 Office 系列办公软件之一，能够实现对日常生活、工作中的表格的数据处理。它通过友好的人机界面和方便易学的智能化操作方式，使用户轻松拥有实用、美观、个性十足的实时表格，是工作、生活中的得力助手。

电子表格不仅具有数据记录及超强运算功能，数据及时更新，而且还提供了图表、财会计算、概率与统计分析、求解规划方程、数据管理等工具和函数，可以满足各种用户的需求。

Excel 2010 主要具有以下三大功能。

（1）电子表格中的数据处理。在电子表格中允许输入多种类型的数据，可以对数据进行编辑、格式化，利用公式和函数对数据进行复杂的数学分析及报表统计。

（2）制作图表。可以将表格中的数据以图形方式显示。Excel 2010 提供了丰富的图表类型，供用户选择使用，以便直观地分析和观察数据的变化及变化趋势。

（3）数据库管理方式。Excel 2010 能够以数据库管理方式管理表格数据，对表格中的数据进行排序、检索、筛选、汇总，并可以与其他数据库软件交换数据，如 FoxPro、Access、SQLServer 等。

第一节 Excel 2010 工作簿的创建

一、任 务

有一个体小超市店主，拥有一台电脑和打印机，电脑装有 Windows 7 操作系统及办公软件 Office 2010。他想用电脑帮他经营管理，并记载每天的经营账目，计算每天各类商品销售毛利润（销售价减去进价）。他不知道现有条件能否实现他的这个愿望。

二、相关知识与技能

我们可以用 Office 2010 套装软件中的 Excel 2010 来帮助他实现这个梦想。

（一）启动 Excel 2010

（1）与启动 Word 2010 相似，在 Windows 环境中，单击［开始］按钮→选［所有程序］→选［Microsoft Office］→选［Microsoft Excel 2010］，启动 Excel 2010。

（2）若桌面上有 Excel 2010 的快捷方式，则双击 Excel 2010 的快捷方式启动。

Excel 2010 启动后自动创建了一个空工作簿，文件名为"工作簿 1.xlsx"。

当然也可以用［文件］选项中的"新建"命令选本机模板创建具有一定格式的新工作簿。例如，选"血压跟踪报告"模板就可创建相应工作簿。

（二）工作界面认识

1. 启动 Excel 2010 后的工作界面　启动 Excel 2010 后的工作界面如图 4-1 所示。

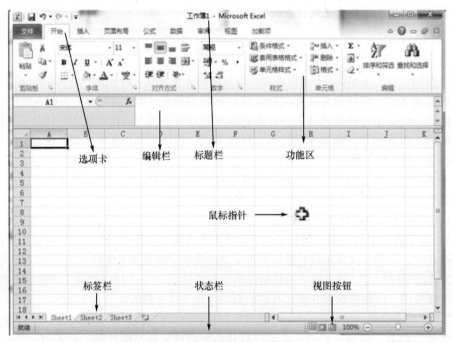

图 4-1　Excel 2010 工作界面

从图 4-1 中可以看出，Excel 2010 的工作界面是一个标准的 Windows 环境下的软件，其中包括标题栏、菜单栏（选项卡）、功能区、工具栏（快速访问工具栏）、滚动条和滚动条按钮、工作区、编辑栏、标签栏、状态栏、控制边框与控制菜单和控制按钮等，与 Word 2010 界面极为相似。

2. 功能区　单击某一选项卡，调出相应功能区。功能区中存放有许多常用的命令按钮和菜单命令，按功能分成若干组。利用功能区，操作更方便。

Excel 2010 工作界面与以前的旧版本相比，界面更简洁，并不将所有工具放入功能区，也不会显示全部选项，若选中某特殊对象，就会出现相应的工具选项。如选中图表，就会出现［图表工具 / 设计 / 布局 / 格式］选项卡。像这种根据选中某对象而出现的选项卡，我们称为智能选项卡，它能满足一般用户的需求。若有特殊需求，还可以自定义功能区。

功能区实质上是旧版本中的菜单和工具栏的有机结合体。

3. 快速访问工具栏的自定义　工欲善其事，必先利其器。Excel 2010 与 Word 2010 一样，提供了快速访问工具栏。用户可以将自己常用的命令放入其中，形成一组图标按钮，每个按钮代表一个命令，快速访问工具栏放置一些常用操作命令与常用格式命令。在 Excel 2010 中，用户可根据自己的需要添加或减少快速访问工具栏中的命令工具按钮。

利用快速访问工具栏可免除在各功能区之间切换，操作更快捷。自定义快捷访问工具栏的方法与 Word 相似。

（1）利用［文件］选项卡中的"选项"命令添加自选命令。

（2）将功能区中的命令添加到快速访问工具栏中。

操作技巧：在操作之前，应先准备好常用工具，把它放到操作界面上，即放入到快速访问工具栏中；也可以将自己常用而在默认的功能区又没有的命令添加到相应功能区中，巧用快捷菜单和浮动工具栏；对不太明白的命令，鼠标在此命令稍停留片刻，将出现提示栏获得帮助。

4. 编辑栏和名称框 在工作表外左上方有一组工具，它们有着紧密联系，相互影响。它们是由名称框、按钮工具和编辑栏组成的。

名称框显示活动单元格的地址。

编辑栏可用于编辑工作簿中当前活动单元格存储的数据。

编辑栏是随着操作发生变化的，它有两种状态，单击选中一个单元格即处于输入状态，输入的数据同时在活动单元格和编辑栏中显示出来。

这组工具中各对象的功能如下。

（1）名称框下拉列表框：用以显示当前活动单元格的单元引用或单元格区域名称。

（2）取消按钮 ✖：只有在开始输入和编辑数据时才出现。用鼠标单击此按钮，将取消数据的输入或编辑工作。

（3）输入按钮 ✔：只有在开始输入和编辑数据时才出现。用鼠标单击此按钮，可结束数据的输入或编辑工作，并将数据保存在当前活动单元格中。

（4）插入函数按钮 ƒ：用鼠标单击此按钮，将引导用户输入一个函数。具体使用方法将在后面的章节中介绍。

（5）编辑栏：插入函数按钮后面的文本框就是编辑栏，在编辑栏中可以输入或编辑数据，数据同时显示在当前活动单元格中。编辑栏中最多可以输入 32 767 个字符，平时我们说它可以输入 32 000 个字符。

5. 工作区 工作区就是一个工作簿窗口。工作区包括工作簿名、行号、列号、滚动条、工作表标签、工作表标签滚动按钮、窗口水平分隔线和窗口垂直分隔线等。下面介绍几个在 Excel 中与其他 Office 软件不同的地方。

（1）单元格：工作簿中由行和列交汇处所构成的"长方形"方格称为单元格，单元格是 Excel 2010 的基本存储单元，可以存储各种数据、公式、图像和声音等。

（2）活动单元格：在活动单元格中可以直接输入或编辑文字或数字，将鼠标光标移到一个单元格，单击鼠标左键，此单元格就成为活动单元格。

（3）填充柄 ➕：在活动单元格的右下角，拖曳填充柄可快速填充单元格数据或复制公式。

（4）工作表标签：显示工作表的名称。单击某一工作表标签可以完成工作表之间的切换，使之成为活动工作表。

（5）活动工作表标签：正在编辑的工作表的名称。

（6）工作表标签滚动按钮：工作表栏目太多时，单击此按钮，可以左右滚动显示工作表标签。

（7）工作表标签分隔线：移动后可以增加或减少工作表标签在屏幕上的显示数目。

（8）水平分隔线 $\equiv$ ：移动此分隔线可以把工作簿窗口从水平方向活动单元格处划分为两个窗口。

（9）垂直分隔线 $\rangle|$ ：移动此分隔线可以把工作簿窗口从垂直方向活动单元格处划分为两个窗口。

6. 状态栏　状态栏的功能是显示当前工作状态，或提示进行适当的操作。状态栏分为两个部分，前一部分显示工作状态（例如，"就绪"表示可以进行各种操作，即中文 Excel 2010 程序已经准备就绪），后一部分显示设置状态（例如，"选中数据单元区域 B1：B2，显示平均值：28.5 计数：2 求和：57"表示若对选定的单元格进行求平均值为 28.5，选中 2 个单元格，求和运算，其和为 57）。

链　接

状态栏的显示信息，是用户即时看见的结果信息，并不打印出来。除了能显示求和信息外，还可右击状态栏中"空白处"调出快捷菜单，选择添加计算方式显示相关信息。利用状态栏中的视图按钮改变工作界面显示方式。

7. 工作簿、工作表及单元格　一个 Excel 文档称为一个工作簿，在调出"保存"对话框保存时，其保存类型选择"Microsoft Office Excel 工作簿"，而在"资源管理"等位置显示文件的信息时，则显示为"Microsoft Excel 工作表"，工作簿文档的扩展名为 .xlsx。

1）工作簿

一个工作簿默认有 3 张工作表，最少有 1 张工作表，最多增至 255 张工作表；工作簿默认名工作簿 1.xlsx。

2）工作表

1 张工作表由 $2^{20}=1\,048\,576$ 行与 $2^{14}=16\,384$ 列单元格所构成。每张工作表都有一个标签名（表名），如工作表 Sheet1，双击标签名可更改表名；所有数据都保存在工作表中。1 张工作表中最多有 $1\,717\,9869\,184$（$2^{20} \times 2^{14}$）个单元格。

3）单元格

在 Excel 2010 中 1 张工作表中最多有 16 384 列（用大写英文字母表示为 A，B，…，Z，AA，AB，…，AZ，…，XFD[①]）、1 048 576 行（用阿拉伯数字 1 ~ 1 048 576 表示）。

在 Excel 2010 中，单元格是按照单元格所在的行和列的位置来命名的，如 B17 表示列号是 B，行号是 17。B17 单元格还可以用 R17C2 表示。

考点提示：工作簿、工作表、单元格相关知识

（三）单元格的选定方法

在 Word 2010 中，主要是文字处理，工作区就像一张电子纸，用户在电子纸上写文稿。而在 Excel 2010 中，用户主要是在电子表格中填写数据，所有数据及运算公式都存放在单元格中。要在单元格中输入数据，必须要选中单元格，使其成为活动单元格，只有活动单元格才能接收数据，其他单元格可以存储数据。根据不同的需要，有时要选择独立的单元格，有时则需要选择一个单元格区域。

单元格区域：由多个单元格或 1 个单元格组成。

如果要表示一个单元格矩形区域，可以用该单元格区域左上角和右下角单元格来表示，

---

① 　$26+26 \times 26+23 \times 26 \times 26+5 \times 26+4=16\,384$。

中间用冒号（∶）来分隔。例如，G4∶G12 表示从 G 列 4 行到 G 列 12 行的 9 个单元格的单元格区域；A15∶F15 表示从 A 列 15 行到 F 列 15 行的 6 个单元格的单元格区域；B6∶E13 表示从以 B 列 6 行到 E 列 13 行为对角线的矩形单元格区域，含 32 个单元格；B∶B 表示 B 列，3∶3 表示第 3 行。

选择独立的单元格有多种不同的方法，下面介绍几种选定单元格的方法。

1. 使用鼠标选择单元格

（1）单击单元格：将鼠标指针指向某个单元格，单击鼠标左键就可选定这个单元格，同时使它成为活动单元格，这时的单元格被一个粗框包围。当选定活动单元格后，行号上的数字和列号上的字母都会突出显示。

（2）使用滚动条：由于一个 Excel 2010 工作表由 1 048 576 行 ×16 384 列组成，屏幕上显示的只是其中的一部分，如果要选定的单元格不在屏幕上，则要根据当前屏幕所显示的位置使用滚动条来移动表格。Excel 2010 中有垂直滚动条和水平滚动条，使用垂直滚动条的箭头按钮和水平滚动条的箭头按钮来改变表格的显示位置，找到编辑单元格，单击此单元格选定。

2. 名称框选定　在名称框中输入要选定的单元格或单元格区域的名称，按［Enter］键，就可以完成单元格的选定。

3. 选定整行或整列

（1）选定整行：在工作表上单击该行的行号就可以选定该行。例如，要选择第 4 行，只需在第 4 行的行号上单击鼠标左键即可。

（2）选定整列：在工作表上单击该列的列号就可以选定整列。例如，要选择第 C 列，在第 C 列的列号上单击鼠标左键即可。

4. 选定整张工作表　在每一张工作表的左上角都有一个"选定整张工作表"按钮，只需将该按钮按下即可选定整张工作表。利用该功能可以对整张工作表进行修改，如改变整张工作表的字符格式或者字体的大小等。

5. 选定连续的单元格区域　同时选定多个单元格，称为选定单元格区域，下面介绍选择单元格区域的两种方法。

（1）鼠标拖动：选中起始单元格，鼠标呈白色十字架状，拖动鼠标到结束单元格。

（2）选中起始单元格，鼠标移到结束单元格 Shift+ 单击（适用于单元格较多的情形）。

6. 选定不连续多块的单元格区域　鼠标呈白色十字架状时，按 Ctrl+ 拖动选中连续区域，移到别处再按 Ctrl+ 拖动同时选中另一块连续区域。

（四）常用数据的输入

数据类型有文本、数值、货币、会计专用、日期、时间、百分比、分数、科学记数、特殊、自定义等。

在 Excel 2010 中，输入数据时，可以不考虑数据类型，你输入什么数据，系统就按此智能地匹配相应的数据类型。

1. 数字输入　选定单元格，输入数字，按［Enter］键或［Tab］键结束；默认情况下，数字右对齐。数字类型的数据，能作为数学运算的对象。

2. 字符输入　在 Excel 2010 中，输入文本的方法和输入数字的方法相似。输入字符文本的规范：一个单元格中可以有 32 767 个字符，在单元格中只能显示 1024 个字符，在编辑栏中可以显示全部 32 767 个字符。超出常规字符数时，在编辑栏中编辑栏输入，输入完成后单击 ✔ 按钮。

输入由数字组成的字符串：对于全部由数字组成的字符串，如邮政编码、电话号码、产品代号等这类字符串的输入，为了避免被 Excel 2010 认为是数字型数据，要在这些输入项前添加英文单引号（'）。例如，要在 C3 单元格中输入邮政编码 100022，则应输入"'100022"。

操作技巧：输入数字字符型前，应在英文半角状态下输单引号，否则不正确。输入字符型数据时，当单元格默认宽度不够时，若又不想改变宽度，可按［Alt+Enter］键强制换行。

默认情况下，文本沿单元格左对齐。在单元格中输入的数据通常是指字符或者是任何数字和字符的组合。任何输入到单元格内的字符集，只要不被系统解释成数字、公式、日期、时间和逻辑值，则 Excel 2010 一律将其视为文字。

3. 日期输入　在 Excel 2010 中，当在单元格中输入可识别的日期和时间数据时，单元格的格式就会自动从"通用"格式转换为相应的"日期"格式或者"时间"格式，而不需要去设定该单元格为日期格式或者时间格式。在 Excel 2010 中对日期的输入有一定的格式要求。

输入日期时，可以先输入年份数字，然后输入"/"或"-"进行分隔，再输入数字 1～12 作为月份（或输入月份的英文单词），然后输入"/"或"-"进行分隔，最后输入数字 1～31 作为日。

如果省略年份，则以系统当前的年份作为默认值。例如，输入"1/2"，结果显示为当年的 1 月 2 日。

输入了以上格式的日期后，日期在单元格中右对齐。

4. 时间输入　时间可以采用 12 小时制式和 24 小时制式进行表示，小时与分钟或秒之间用冒号进行分隔。Excel 2010 能识别的时间格式：若按 12 小时制输入时间，Excel 2010 一般把插入的时间当作上午时间，例如，输入"5：32：25"会被视为"5：32：25 AM"，如果要特别表示上午或下午，只需在时间后留 1 空格，并输入"AM"或"PM"（或者输入"A"或"P"）。

操作技巧：按［Ctrl+；］键，在活动单元格中输入当前日期，或输入 =now（），在活动单元格中输入当前日期与当前时间，改变显示格式去掉时间；按［Ctrl+Shift+；］键，在活动单元格中输入当前时间。

5. 分数输入　输入分数，必须先整数，再输入空格，最后输入分数才正确。如想输入分数 1/2，应输入 0 1/2 后回车。也可以先将单元格格式设置为分数，再直接输入 1/2[①]。

6. 百分比输入　有两种方式输入百分比。

1）带小数位的百分比输入

利用单元格格式对话框输入方式。

其操作步骤如下。

（1）选择要设置格式的单元格区域；

（2）单击［开始］选项卡→选［数字］组中的单元格格式命令，调出"单元格格式"对话框，再单击"数字"选项卡；

（3）在"分类"列表中，单击"百分比"选项，确定好小数位数；

（4）单击［确定］按钮完成设置；

（5）在设置好的单元格区域中输入百分值数据后自动添加"%"。

2）不带小数点的百分比

利用［开始］功能区中的"%"或快速访问工具栏中的"%"命令按钮。

其操作步骤如下。

（1）在指定的单元格区域中输入带小数点的数；

（2）选中数据区；

（3）单击［开始］功能区的［数字］组中的"%"或快速访问工具栏中 % 按钮（若没

---

① 输入数字、日期等非字符类型时，若单元格宽度不够时会出现"＃＃＃＃"。

有％按钮，可先将功能区中［数字］组中的％添加到快速访问工具栏中），将数据变为百分比类型①。

7. 货币数据输入　与百分比类型数据输入方法类似，在这里不再详述了。

8. 批注输入　某些数据需要说明，但又不想占版面，当鼠标指向它时才显示出说明内容，这就需要插入批注。

操作步骤如下。

（1）选中数据单元格；

（2）单击［审阅］选项卡→功能区中选［批注］组下选编辑批注命令；

（3）输入说明内容。

考点提示：各种数据的输入，特别是文本型、数字型、百分比类型及日期型

（五）快速输入数据

1. 在多个单元格输入相同内容　在工作表中有时一些单元格中的内容是相同的，同时在这些单元格中输入数据可以提高输入的效率。下面以在商品销售清单中录入商品类型为例介绍其操作步骤。

（1）选定要输入相同内容的单元格区域；

（2）在活动单元格中输入内容；

（3）输完数据后，按［Ctrl＋Enter］组合键，则多个单元格中输入了相同的内容，结果如图 4-2 所示。

商品销售清单					
商品名	类型	销售价(元)	销售量	销售金额	商品名	类型
宁檬水		3.75	2	7.5	宁檬水	饮料
蓝天牙膏		4.5	1	4.5	蓝天牙膏	
食盐		1.88	8	15.04	食盐	
蓝月亮洗涤剂		50	2	100	蓝月亮洗涤剂	
碧浪洗衣粉		15	4	60	碧浪洗衣粉	
金龙鱼菜籽油		75	2	150	金龙鱼菜籽油	
泰国香米		3.75	10	37.5	泰国香米	
东北大米			3	30	东北大米	
心相印卫生纸		28.75	1	28.75	心相印卫生纸	
蓝天牙膏		4.5	2	9	蓝天牙膏	
食盐		1.88	3	5.64	食盐	
蓝月亮洗涤剂		50	5	250	蓝月亮洗涤剂	
泰国香米		3.75	5	18.75	泰国香米	
宁檬水		3.75	11	41.25	宁檬水	饮料
汽水		2.5	5	12.5	汽水	饮料
蓝月亮洗涤剂		50	2	100	蓝月亮洗涤剂	

图 4-2　在多个单元格中输入相同数据

2. 用填充功能在相邻单元格区域中输入相同内容

（1）在一列（行）中输入相关内容（可以不相同）；

（2）选中含初始内容的列（行）及相邻的多列（行）单元格区域；

（3）向右按 [Ctrl+R] 组合键（向下按 [Ctrl+D] 组合键）填充可形成多列（行）相同内容。

3. 利用填充柄在同一行（或列）中输入数据　填充柄：活动单元格右下角的小黑点，当鼠标指向它时变为黑色十字架。

1）等差序列的输入

使用鼠标填充项目序号：很多表格中都有项目序号，输入这些序号的方法如下。

---

① 输入百分比数据时，可先将单元格区域设置成百分比格式，再输入数据；也可先按普通数字输入，再设置成百分比格式。

（1）选定一个单元格，输入序列填充的第一个数据。

（2）将光标指向单元格填充柄，当指针变成黑色十字光标后，沿着填充的方向（行或列）拖动填充柄。

（3）拖到结束位置松开鼠标时，数据便填入拖动过的单元格区域中，同时在填充柄的右下方出现"自动填充选项"按钮。单击，选"以序列方式填充"，如图4-3所示。

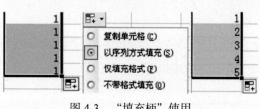

图4-3　"填充柄"使用

操作技巧： 在一个单元格中输入数据，选为活动单元格，鼠标指向填充柄，Ctrl+ 向上（左）拖动为等差递减；Ctrl+ 向下（右）等差递增；如果单元格中输入带数字的字符，直接向下（右）拖动填充柄，普通字符不变，数字等差递增；Ctrl+ 向下（右）拖动填充柄，是完全复制单元格内容，数字不变。

若要输入指定公差的一组等差数列，可先在相邻两个单元格输入前两个数，选中这两个单元格，将光标指向单元格的填充柄往下（或往右）拖动鼠标完成。

2）与等差相似的日期序列和星期序列的输入

在起始单元格中输入初值，如在A1单元格中输入"星期一"；将光标指向单元格填充柄，当指针变成黑色十字光标后，沿着填充的方向（行或列）拖动填充柄到G1释放鼠标，就在A1：G1单元格区域中输入了"星期一"到"星期日"的数据。

4. 使用菜单命令输入序列　如果要求输入的序列不是等差，这时就要用菜单命令进行填充。进行快速填充的数据一定是有一定规律的，这样 Excel 可以根据规律计算出所要填充的数据，而不用人工进行输入。

1）在 Excel 2010 中可以建立下列几种类型的序列

（1）时间序列：时间序列可以包括指定的日期、星期或月增量，或者诸如工作日、月的名字或季度的重复序列。

（2）等差序列：当建立一个等差序列时，Excel 2010将用一个常量值步长来增加或减少数值。

（3）等比序列：当建立一个等比序列时，Excel 2010 将以一个常量值因子与数值相乘。

（4）中国的传统习惯：Excel 2010中文版根据中国的传统习惯，预先设有星期一、星期二、星期三、星期四、星期五、星期六、星期日，一月、二月……十二月，第一季、第二季、第三季、第四季，子、丑、寅、卯……，甲、乙、丙、丁……。

2）使用［填充］菜单命令填充序列的操作要点

（1）在一个单元格中输入序列的初值。

（2）是否知道终值？若有，则可以只选初值单元格，在填充中利用步长和终值，确定填充方向（列或行）；若未知，但知道填充单元格区域，则选中含初值的整个填充单元格区域，可以利用步长填充序列。

（3）若知道序列的前两个值或初值与终值及填充单元格区域，可利用预测趋势填充。

（4）单击［开始］选项卡→在功能区中［编辑］组选［填充］下拉按钮 →菜单中选"序列 ..."命令，调出"序列"对话框。

（5）在对话框的"序列产生在"栏中指定数据序列是按"行"还是按"列"填充。

（6）在"类型"栏中选择需要的序列类型，然后单击［确定］按钮[①]。

考点提示：填充及填充柄的使用

_____

① 预测趋势只能用于等差序列和等比序列情形；自动填充只能用于等差序列或等差日期型序列。

3）实例 1

填充等差序列的初值为 2，终值为 16，填充单元格区域为 A1：A6，如图 4-4 左图所示。填充步骤如下。

（1）在单元格 A1 中输入 2；

（2）在单元格 A6 中输入 16；

（3）选中 A1：A6 单元格区域；

（4）单击［开始］选项卡→在［编辑］选项组中选［填充］下拉按钮 ▼→选"序列 ..."命令，调出"序列"对话框；

（5）选"等差"类型及"预测趋势"，单击［确定］按钮得图 4-4 右图所示结果。

操作技巧： 快速输入有初值及公比的等比序列，选中初值单元格，鼠标指向单元格右下角，右拖动鼠标到终止单元格释放鼠标，在快捷菜单中选"序列 ..."命令，弹出"序列"对话框，设置完成等比序列输入。

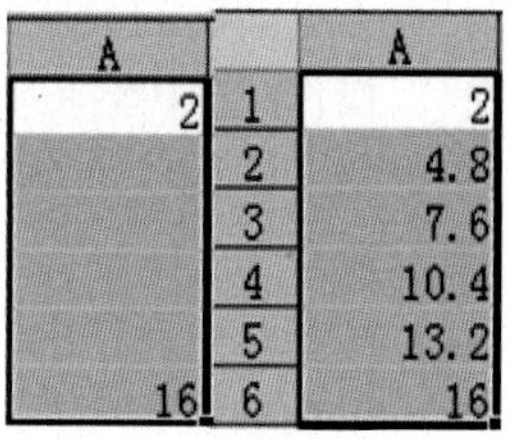

图 4-4　初始状态与填充结果

链　接

用"下拉表方式"填数据：选中单元格，在［数据］选项卡的功能区［数据工具］组中选［数据有效性］命令，在调出的对话框中"允许"选"序列"，"来源"中输入单词序列，用逗号分隔，如"教授，副教授，讲师，助教"等，确定完成设置，在所选单元格旁出现黑色三角形，可选填充单词。利用填充柄复制到相邻区域中，此区域中的单元格均可选择输入。

5. 向多张工作表中同时输入相同数据　在一个工作簿中有多张工作表，每次单击一张工作表名就可以将其选中，所有的操作都是对这张工作表进行的，所以一般情况下输入的所有数据都只能进入到一张工作表。当需要在多张工作表中相同位置输入相同的数据时，可按以下步骤操作。

（1）按住［Ctrl］键，单击要输入相同数据的工作表名，选中所有要输入相同数据的工作表名。若要选中多张相邻工作表，可分别用"Shift+ 单击"开始和结束的工作表名。

（2）选中需要输入相同数据的单元格，输完数据后回车。

（六）数据编辑

每一张工作表在输入数据的过程中和输入数据以后都免不了对数据进行修改、删除、移动和复制等编辑工作，下面介绍如何对数据进行编辑。

1. 查找与替换　当一张工作表数据较多时，要查找某一个内容或要替换某些内容时，可以使用 Excel 2010［开始］选项卡的功能区中［编辑］组提供的查找与替换功能。

查找与替换是编辑处理过程中经常要执行的操作，在 Excel 2010 中除了可查找和替换具有一定格式的各种数据外，还可查找和替换公式及批注等。

执行［查找］、［替换］的操作与 Word 中的操作相似，在这里不再细说。

查找和替换的设置：如果不进行任何设置，Excel 默认在当前工作表中按行进行查找和替换。如果要改变设置，可单击"查找和替换"对话框中的"选项"按钮，这时的"查找和替换"对话框如图 4-5 所示。

（1）在"范围"下拉列表框中有"工作表"和"工作簿"两个选项。

（2）在"搜索"下拉列表框中有"按行"

图 4-5　查找与替换对话框

和"按列"两个选项。

（3）在"查找范围"下拉列表框中有"公式""值"和"批注"三个选项。

对话框中其他几个复选框的含义和使用方法与 Word 中的相同。

2. 冻结窗格　冻结窗格的目的就是查看表中数据时前后上下都能看见。

有时数据项目较多，看见前面的数据，就看不见后面的数据；用滚动条看见后面的数据又看不见前面的数据，冻结窗格便于找到相关单元格数据。

操作：选中要永远出现在屏幕上数据项的后一列（行），在［视图］选项卡的功能区中选［冻结窗格］中的"冻结拆分窗格"命令，这样用滚动条查看左右或上下数据时，冻结窗格的数据总能看见。

3. 修改单元格中的数据　要修改单元格中的数据有三种方法：一种方法是选中该单元格，就可以在数据编辑栏中修改其中的数据；第二种方法是双击该单元格，然后直接在单元格中进行修改；第三种方法是按 F2 键修改。修改完毕后，按［Enter］键完成修改。要取消修改，按 Esc 键或单击公式栏中的［取消］按钮。

4. 清除单元格中的数据　清除某个单元格或某个单元格区域内的数据，首先要选中它们，然后用下面的方法清除数据。

（1）按［Delete］键。

（2）单击［开始］选项卡→功能区的［编辑］组中选［清除］→选［清除内容］菜单命令。

（3）右击，在调出的快捷菜单中单击［清除内容］菜单命令。

用上面的方法只能删除数据，原来单元格所具有的格式并不发生变化。例如，在 A5 单元格中输入"4-8"，确认输入后，Excel 2010 自动将数据设置成日期格式，显示为"4 月 8 日"，在编辑栏中看到的数据是"2015/4/8"。将 A5 单元格中的数据用［Delete］键删除后，再输入数字"5"，则原有的日期格式没有发生变化，所以会显示为"1 月 5 日"。

如果要连同单元格的格式一起清除，则要单击［开始］选项卡→在［编辑］中选［清除］→选［全部清除］命令。

5. 移动和复制数据　在 Excel 2010 中可以将单元格从一个位置移动到同一张工作表上的其他地方，也可以移动到另一张工作表或者另一个应用程序中。移动和复制数据有两种方法：使用鼠标拖动和使用"剪贴板"。

1）使用鼠标拖动移动数据的操作步骤

（1）选定要移动数据的单元格，如 A1 单元格，移动鼠标指针到边框上。

（2）当鼠标指针变为箭头形状时，按下鼠标左键不放并拖动到适当的位置，如拖动到 C3 单元格中。若 C3 单元格中已有数据，将弹出"是否替换目标单元格"对话框，单击［确定］移动，否则取消移动操作。

（3）松开鼠标左键，此时 A1 单元格中的数据移动到 C3 单元格中。

类似地，当鼠标指针变为箭头形状时，同时按下［Ctrl］键和拖动鼠标，到达目标位置后松开鼠标左键，再松开［Ctrl］键，则选定的内容被复制到目标位置。

2）使用剪贴板移动和复制数据

与 Word 中相同，选中数据源单元格按 Ctrl+X（或 C）组合键，选中目标单元格按［Ctrl+V］组合键完成移动或复制数据。Excel 剪贴板最多存放 24 个复制对象。

考点提示：数据的查找与替换、修改、移动、复制、清除

3）有选择地复制单元格数据

在 Excel 2010 中除了能够复制选定的单元格外，还能够用"选择性粘贴"命令，有选择地复制单元格的内容。使用"选择性粘贴"命令的操作步骤如下。

（1）选定要复制单元格数据的单元格区域，单击［开始］功能区中的［复制］按钮。

（2）选定粘贴单元格区域。

（3）单击［开始］选项卡→在功能区的［剪贴板］组中［粘贴］下拉菜单中选"选择性粘贴"命令，调出"选择性粘贴"对话框，如图 4-6 所示。

（4）在"粘贴"栏中选择所要的粘贴方式：①在这个对话框中的"粘贴"栏中，可以设置粘贴内容是全部还是只粘贴公式、数值、格式等，用户可以选择不同的选项观察粘贴的效果；②在"运算"栏中如果选择了"加""减""乘""除"几个单选钮中的一个，则复制的单元格中的公式或数值将会与粘贴单元格中的数值进行相应

图 4-6　"选择性粘贴"对话框

的运算；③若选中"转置"复选框，则可完成对行、列数据的位置转换。例如，可以把一行数据转换成工作表的一列数据。当粘贴数据改变其位置时，复制单元格区域顶端行的数据出现在粘贴单元格区域左列处；左列数据则出现在粘贴单元格区域的顶端行上。注意粘贴位置不能重叠。

（5）设置各选项后，单击［确定］按钮。

需要注意的是，"选择性粘贴"命令只能用于"复制"命令。定义的数值、格式、公式或附注粘贴到当前选定单元格区域的单元格中。剪切不能用"选择性粘贴"命令。

在选择性粘贴时，粘贴单元格区域可以是一个单元格、单元格区域或不相邻的选定单元格区域。若粘贴单元格区域选为一个单元格，则"选择性粘贴"将此单元格用作粘贴单元格区域的左上角，并将复制单元格区域其余部分粘贴到此单元格下方和右方。若粘贴单元格区域是一个单元格区域或不相邻的选定单元格区域，则它必须能包含与复制单元格区域有相同尺寸和形状的一个或多个长方形。

4）实例 2

由于物价上涨，超市对原有商品价格调高 1.2%。操作步骤如下。

（1）打开物价电子文档"物价表 .xlsx"，如图 4-7 所示；

（2）在商品清单旁空白单元格 E3 中输入（1+0.012 = 1.012）；

（3）选中此单元格 E3，按［Ctrl+C］键，放入剪贴板；

（4）选中修改单元格区域，如图 4-7 所示；

（5）单击［开始］选项卡→在功能区的［剪贴板］组中［粘贴］下拉菜单中选"选择性粘贴"命令，调出"选择性粘贴"对话框；

（6）在"运算"选项中选"乘"，单击［确定］后，得如图 4-8 所示结果。

操作技巧：利用"选择性粘贴"对话框中的"乘"运算，乘数为"1"，可将字符型数

商品名	类型	销售价(元)		
商品销售清单				
宁檬水		3.75		1.012
蓝天牙膏		4.5		
食盐		1.88		
蓝月亮洗涤剂		50		
碧浪洗衣粉		15		
金龙鱼菜籽油		75		
泰国香米		3.75		
东北大米		3		
心相印卫生纸		28.75		
蓝天牙膏		4.5		
食盐		1.88		
蓝月亮洗涤剂		50		
泰国香米		3.75		
宁檬水		3.75		
汽水		2.5		
蓝月亮洗涤剂		50		

图 4-7　单元格区域

商品名	类型	销售价(元)
商品销售清单		
宁檬水		3.795
蓝天牙膏		4.554
食盐		1.90256
蓝月亮洗涤剂		50.6
碧浪洗衣粉		15.18
金龙鱼菜籽油		75.9
泰国香米		3.795
东北大米		3.036
心相印卫生纸		29.095
蓝天牙膏		4.554
食盐		1.90256
蓝月亮洗涤剂		50.6
泰国香米		3.795
宁檬水		3.795
汽水		2.53
蓝月亮洗涤剂		50.6

图 4-8　修改结果

据转换成数值型数据。

5）在不同工作表间移动和复制数据

（1）用切换工作表的方法，操作步骤如下。

A. 在其中的一张工作表中选中操作数据区，移入或复制到剪贴板；

B. 单击工作表名，切换到目标工作表，用"粘贴"命令或快捷键完成移动或复制。

（2）用"新建窗口"命令的方法，操作步骤如下。

A. 单击［视图］选项卡→在功能区的［窗口］组中选"新建窗口"命令；

B. 单击［窗口］组中选［重排窗口］命令，调出"重排窗口"对话框；

C. 在"重排窗口"对话框中选"垂直并排"；

D. 在两个窗口中分别单击不同的工作表标签名，显示不同的工作表；

E. 选中数据区，拖动或 Ctrl+ 拖动鼠标完成移动或复制数据。

（七）工作表编辑

1. 插入单元格　在已经制作好的工作表中如果需要在某一单元格的位置增加一个数据，就需要在工作表中插入单元格。插入单元格的操作步骤如下。

（1）在要插入的单元格位置单击单元格，使其成为活动单元格，如 D7 单元格；

（2）单击［开始］选项卡→在功能区的单元格中选［插入］的"插入单元格"菜单命令，调出"插入"对话框；

（3）在"插入"栏中选择所需要的选项，如选中"活动单元格下移"单选钮；

（4）单击［确定］按钮，就会看到单元格 D7 中的内容向下移动到 D8 单元格。

2. 删除单元格　删除单元格的操作和插入单元格的操作类似。在工作表中，如果要将刚插入的一个单元格 D7 删除，可采用下面的方法。

（1）单击要删除的单元格，使其成为活动单元格，如选定单元格 D7；

（2）单击［开始］选项卡→在功能区的单元格中选［删除］的"删除单元格"菜单命令，调出"删除"对话框；

（3）在对话框的"删除"栏中选择所需要的选项，如选中［右侧单元格左移］单选钮；

（4）单击［确定］按钮，就会看到［E7］单元格的内容向左移动到［D7］单元格。

在"删除"对话框中还有 4 个选项，用户可分别选择不同的选项，观察删除单元格以后的效果。

3. 插入行和列　对于一个已经输入完数据的表格，如果需要增加行或列数据，就需要插入行或列，在表中插入列的操作步骤如下。

（1）选择插入行位置（若要插入 n 列，就选中 n 列）；

（2）单击［开始］选项卡→在功能区的单元格中选［插入］的"插入工作表行"或"插入工作表列"菜单命令，调出"插入"对话框。

在进行插入行操作时，是在当前行的上面插入行，当前行向下移。

若是插入列，这时会看到在所选列前插入了新的列。

4. 删除行和列　删除行和删除列的操作方法一样，其具体步骤如下。

（1）选定要删除的行或列的编号；

（2）单击［开始］选项卡→在功能区的单元格功能组中选［删除］的"删除工作表行"或"删除工作表列"菜单命令，调出"删除"对话框，则选定的行或列被删除。

请注意，当插入行和列时，后面的行和列会自动向下或向右移动；删除行和列时，后面的行和列会自动向上或向左移动。

考点提示：插入行和列

（八）工作表的格式化

1. 数据格式　在工作表中数字、日期和时间都以纯数字的形式储存，而在单元格中所看到的这些数字具有一定的显示格式。

默认情况下，在键入数值时，Excel 2010 会查看该数值，并将该单元格适当地格式化。例如，当键入 \$2000 时，Excel 2010 会将该单元格格式化成 \$2,000；当键入 1/3 时，Excel 2010 会显示 1 月 3 日；当键入 25% 时，Excel 2010 会认为是 0.25，并显示 25%。

Excel 2010 认为适当的格式，不一定是正确的格式。

例如，在单元格中键入日期后，若再输入数字，Excel 2010 会将数字以日期表示。

1）使用对话框设置数据格式

其操作步骤如下。

（1）选定设置数据格式的单元格或一个单元格区域。

（2）单击［开始］选项卡→在功能区的［数字］组中右下角对话框或［单元格］组中选"格式"的"设置单元格格式"菜单命令，调出"设置单元格格式"对话框，如图 4-9 所示。

图 4-9　"设置单元格格式"对话框

（3）单击"数字"标签。

（4）选择所需"数字"类型设置格式。

（5）单击［确定］按钮完成。

2）使用［开始］功能区中的命令按钮设置数据格式

在［开始］功能区的［数字］组中的［常规］、［货币样式］、［百分比样式］、［千位分隔样式］、［增加小数位数］和［减少小数位数］命令按钮间选择设置。

2. 标题的合并居中　一般情况下，对于表格的标题都是采用居中的方式，在 Excel 2010 中，"居中"命令是指数据在一个单元格中的位置，而标题通常要跨过多个单元格，所以要用"合并及居中"命令。使标题"合并及居中"有两种方法：使用对话框和使用命令按钮。

1）使用对话框将标题合并居中

操作步骤如下。

（1）按照实际表格的最大宽度选定要跨列合并居中的含标题单元格；

（2）单击［开始］选项卡→在功能区的［对齐方式］组中选"设置单元格式—对齐方式" 对齐方式 　 菜单命令，调出"单元格格式"对话框；

（3）在"水平对齐"下拉列表框中选择"居中"选项；

（4）选中"合并单元格"复选框；

（5）单击［确定］按钮，就会看到表格的标题已经合并居中了。

2）使用命令按钮 合并后居中

单击［开始］功能区中［对齐方式］组中或快速访问工具栏中的［合并及居中］按钮 （若有时），可以达到同样的效果，且更简便。

考点提示：合并及居中

3. 设置数据的对齐方式　在 Excel 2010 中，对于单元格中数据的对齐方式，除了提供基本的水平对齐方式和垂直对齐方式外，还提供了任意角度的对齐方式。

设置对齐方式的方法有两种：使用对话框、命令按钮。

使用对话框可设置更多的对齐方式。

使用功能区中命令按钮，可设置常规的对齐方式。

1）水平对齐

水平对齐方式有八种，分别是：常规、靠左（缩近）、居中、靠右（缩近）、填充、两端对齐、跨列居中、分散对齐（缩近）。

使用功能区的"对齐方式"组中常用对齐按钮或快速访问工具栏设置时先选定单元格区域，然后在［开始］功能区中或快速访问工具栏中（事前将对齐命令按钮添加到其中）单击相应的对齐按钮，如"左对齐"按钮、"居中"按钮或"右对齐"按钮。

对话框设置水平对齐方式的操作步骤如下。

（1）选定单元格区域；

（2）单击［开始］选项卡→在功能区的［对齐方式］组中选 对齐方式 　 "设置单元格式—对齐方式"菜单命令，调出"设置单元格格式"对话框，如图 4-10 所示；

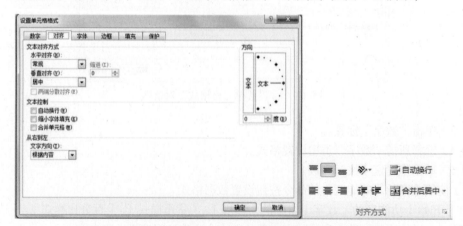

图 4-10　"设置单元格格式对齐"对话框和开始功能区命令按钮

（3）在"水平对齐"下拉列表框中选择需要的对齐方式；

（4）单击［确定］按钮完成数据的水平对齐设置。

2）垂直对齐

垂直对齐方式有五种，分别是：靠上、居中、靠下、两端对齐、分散对齐。设置垂直对齐的操作步骤与水平对齐设置相似。

3）文字的旋转

在 Excel 2010 中，可以对单元格中的内容进行任意角度的旋转，其操作步骤如下。

（1）选定要旋转的文字所在的单元格或单元格区域；

（2）单击［开始］选项卡→在功能区的［对齐方式］组中选［设置单元格式—对齐方式］

对齐方式　　□ 菜单命令，调出"单元格格式"对话框；

（3）在"方向"框中拖动红色的按钮到达目标角度。如果要精确设定可以在"方向"数值选择框中输入或选择文字旋转的度数；

（4）单击［确定］按钮，即可完成旋转的设置。

考点提示：数据对齐方式

4. 文字的自动换行　一般情况下，在一个单元格中输入文字时，无论输入的数量多少，均是按一行排列的。如果相邻的单元格内有数据，那么在前一个单元格内输入较多内容时，其中的部分显示内容将临时覆盖后一个单元格里的内容。如果在一行中允许自动换行显示内容，就可以解决这个问题。

Excel 2010 允许设置自动换行，自动换行可以在不改变单元格的列宽的情况下换行显示或打印出单元格中的所有文字内容。

其操作步骤如下。

（1）选定要进行自动换行的单元格或单元格区域，设置好宽度；

（2）单击［开始］选项卡→在功能区的［对齐方式］组中单击［自动换行］命令按钮；

（3）输入文字时，超过单元格宽度就会自动换行；

当然，在"对齐方式"对话框中也可以设置自动换行。

操作技巧：有时用户所输入的数据放在同一个单元格内，为了使上下两行能够对齐，Excel 2010 允许执行"强迫换行"，其方法是先双击要换行的单元格，将鼠标指针移至需要换行的位置，然后按［Alt+Enter］组合键。

5. 改变行高和列宽　在 Excel 2010 中，默认的单元格宽度是"8.38"字符宽。如果输入的文字超过了默认的宽度，则单元格中的内容就会溢出到右边的单元格内，打印时单元格的内容打印不完整。或者单元格的宽度太小，无法以规定的格式将数字显示出来时，单元格会用"#"号填满，此时只要将单元格的宽度加宽，就可使数字显示出来。

改变选定单元格区域的行高和列宽有两种方法：使用菜单命令和使用鼠标。

1）使用菜单命令改变行高和列宽

使用菜单命令改变行高和列宽的操作步骤如下。

（1）选定要改变行高（列宽）的单元格区域；

（2）单击［开始］选项卡→在功能区的［单元格］组中选［格式］菜单中的"行高"或"列宽"命令，调出"行高"或"列宽"对话框，在"行高（列宽）"文本框中输入需要的数值。

2）使用鼠标改变行高和列宽

使用鼠标改变行高和列宽有两种方法。

（1）鼠标指向要改变的列号或行号边界线，光标变成 ✛ 或 ✛ 时，拖动鼠标改变列宽或行高。

（2）鼠标指向要改变的列边界线，光标变成 ✛ 或 ✛ 时，双击鼠标改变列宽或行高，是最合适的列宽或行高。

考点提示：自动换行、行高和列宽

6. 使用"格式刷"和自动套用格式

1）使用"格式刷"

复制一个单元格或单元格区域的格式是经常使用的操作之一。例如，我们已经建立并设置了一张工作表，如果在其他工作表中的单元格也要使用相同的格式，就可以使用复制格式操作，其操作步骤如下。

（1）选定含有要复制格式的单元格或单元格区域；

（2）单击［开始］选项卡的功能区中［剪贴板］组或快速访问工具栏中的"格式刷"按钮；

（3）选定要设置新格式的单元格或单元格区域，即完成了格式的复制。

2）套用表格格式

Excel 2010 内带有一些很精美的表格格式，可将用户制作的报表格式化，这就是表格的自动套用。使用自动套用格式的步骤如下。

（1）选定要格式化的单元格区域；

（2）单击［开始］选项卡→在功能区的［样式］组中选［套用表格格式］菜单命令，调出"单元格格式"对话框；

（3）选择"表格样式"，单击［确定］按钮，则选定的单元格区域以选定的格式对表格进行格式化。

套用表格格式如想消除，可选中要清除的表格区域，先清除表格中的所有单元格格式，再用［表格工具］中的［设计］功能区的［工具］组中"转换为区域"命令，将其转换为普通区域。

☑ 标题行	☑ 第一列
☑ 汇总行	☑ 最后一列
☑ 镶边行	☑ 镶边列

表格样式选项

图 4-11　"表格样式选项"图

套用表格格式时，［表格工具］中的［设计］功能区的"表格样式选项"如图 4-11 所示。格式化的项目包含标题行、第一列、汇总行、最后一列、镶边行、镶边列共 6 个选项。每一项的功能，用户可用鼠标指向该项停留片刻，就会出现提示信息，在使用中可以根据实际情况选用其中的某些项目，而没有必要每一项都进行格式化。

7. 条件格式　根据条件确定显示格式，规则有：突出显示单元格规则（根据规则确定单元格填充颜色）、项目选取规则（确定单元格填充色）、数据条（根据数据大小确定填充色条长短）、色阶（根据数据大小填充不同颜色）及图标集等。

除此之外，也可以自行定义新规则，清除规则及管理规则。

例如，将学生成绩表中总评成绩栏的数据按：< 60 用红色字符显示，≥ 60 且 ≤ 70 用深绿色字符显示，≥ 90 且 ≤ 100 用紫色字符显示，并加上不同的图标。操作步骤如下。

（1）打开"成绩单总评 .xlsx（xls）"工作簿。

（2）选中总评成绩：i3：i30。

（3）单击［开始］选项卡→在功能区的［样式］组中选［条件格式］菜单，选"突出显示单元格规则"，如图 4-12 所示。

（4）在子菜单中多次选条件命令，单击

图 4-12　"条件格式"对话框

[确定]按钮完成格式设置。

（5）单击［开始］选项卡→在功能区的［样式］组中选［条件格式］菜单，选"图标集"子菜单中的"方向"添加箭头标识，效果如图4-13所示。

	A	B	C	D	E	F	G	H		I
1			某医药高等专科学校计算机成绩报告单							
2	序	班级	学号	姓名	性别	平时	半期	期末		总评
3	1	10级高职护理1班	2010004002	吕娅玲	女	62	70	75	↗	72.7
4	2	10级高职护理1班	2010004003	刘盼	女	73	76	76	⬆	75.7
5	3	10级高职护理1班	2010004004	陶茜	女	78	68	82	⬆	78.8
6	4	10级高职护理1班	2010004005	雷莉	女	87	81	90	⬆	87.9
7	5	10级高职护理1班	2010004006	李红	女	73	68	84	⬆	79.7
8	6	10级高职护理1班	2010004007	邓义红	女	73	75	82	⬆	79.7
9	7	10级高职护理1班	2010004008	龙娟	女	47	60	70	↗	65.7
10	8	10级高职护理1班	2010004009	黄露	女	27	54	30	⬇	34.5
11	9	10级高职护理1班	2010004010	曹瀚文	男	78	67	82	↗	78.6
12	10	10级高职护理1班	2010004011	胡登丽	女	69	73	74	↗	73.3
13	11	10级高职护理1班	2010004012	罗燕	女	42	50	65	↘	59.7
14	12	10级高职护理1班	2010004013	罗华	女	67	65	75	↘	72.2
15	13	10级高职护理1班	2010004014	宾雪	女	62	78	70	↘	70.8
16	14	10级高职护理1班	2010004015	何计韬	女	22	50	40	⬇	40.2
17	15	10级高职护理1班	2010004016	王芳	女	16	45	35	⬇	35.1
18	16	10级高职护理1班	2010004017	祝凡	女	80	89	90	⬆	88.8
19	17	10级高职护理1班	2010004018	罗宁	女	40	63	65	↘	62.1
20	18	10级高职护理1班	2010004019	罗凤	女	56	67	75	↘	71.5
21	19	10级高职护理1班	2010004020	向樱	女	47	56	74	↗	67.7
22	20	10级高职护理1班	2010004021	薛靖	女	84	86	95	⬆	92.1
23	21	10级高职护理1班	2010004022	汪友美	女	16	30	25	⬇	25.1
24	22	10级高职护理1班	2010004023	廖咏梅	女	87	68	97	⬆	90.2
25	23	10级高职护理1班	2010004024	姜巧	女	69	81	78	⬆	77.7
26	24	10级高职护理1班	2010004025	薛德莲	女	76	63	85	⬆	79.7
27	25	10级高职护理1班	2010004026	陈城	女	36	46	60	↘	54.8
28	26	10级高职护理1班	2010004027	辛雪	女	56	63	78	↗	72.8
29	27	10级高职护理1班	2010004028	颜雪娇	女	84	78	94	⬆	89.8
30	28	10级高职护理1班	2010004029	罗影	女	42	65	75	↗	69.7

图4-13　"条件格式"效果

8.设置单元格的边框　给表格加上边框线，以便打印输出时有表格线，可进行下面的设置。

1）使用菜单命令为表格加上边框线

使用菜单命令为表格加上边框线的操作步骤如下。

（1）选定要加上框线的单元格区域；

（2）单击［开始］选项卡→在功能区的［单元格］组中选［格式］的"设置单元格格式…"菜单命令，调出"设置单元格格式"对话框，单击"边框"选项，如图4-14所示；

（3）在"线条"样式中指定外边框的线型；

（4）在"颜色"下拉列表框中指定外边框的颜色；

（5）单击［外边框］按钮；

（6）在"线条"样式中指定表格线的线型；

（7）在"颜色"列表框中指定表格线的颜色；

（8）单击［内部］按钮；

（9）单击［确定］按钮，为表格加上外边框线和表格线。

2）使用功能区或快速访问工具栏中边框按钮为表格加上边框线

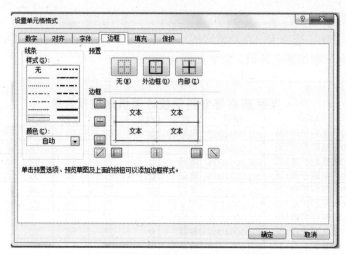

图 4-14　"单元格格式边框"对话框

使用功能区或快速访问工具栏中边框按钮为表格加上边框线的操作步骤如下。

（1）边框线列表框选定要加上边框线的单元格区域；

（2）在［开始］选项卡的功能区中［字体］组中或快速访问工具栏中单击［边框］按钮右边的向下按钮，出现一个边框线列表框；

（3）在需要的边框线上单击，就可以看到选定的单元格采用了指定的边框线。

考点提示：单元格的边框

9. 设置单元格颜色和图案　默认情况下，单元格既无颜色也无图案，用户可以根据需要为单元格设置不同的颜色和底纹。

1）用功能区或快速访问工具栏填充颜色

利用［开始］功能区或快速访问工具栏［填充颜色］按钮可改变所选定的单元格区域的颜色，其操作步骤如下。

（1）选定要改变颜色的单元格或单元格区域；

（2）单击［开始］功能区的［字体］组或快速访问工具栏的［填充颜色］按钮右边的向下按钮，调出"填充颜色"色板。

2）用单元格格式对话框填充单元格颜色和图案

其操作步骤如下。

（1）选定要改变颜色的单元格区域。

（2）单击［开始］选项卡→在功能区的［单元格］组中选［格式］的"设置单元格格式 ..."菜单命令，调出"设置单元格格式"对话框，选择"填充"选项。

（3）在该对话框"背景色"色板中选择所需要的颜色，在"图案颜色"下拉列表框中选图案颜色→在"图案样式"下拉列表框中选图案。选"填充效果 ..."可用双色渐变填充。

（4）单击［确定］命令按钮完成单元格的颜色和图案填充。

如果要取消已经填充的颜色，可单击"无颜色"按钮，就可以恢复无填充色状态。

考点提示：单元格的颜色及图案填充

（九）工作表的基本操作

1. 在工作表间切换　在一个工作簿打开时，默认状态下打开的是第一张工作表"Sheet1"，当前工作表为白底，如果要使用其他工作表，就要进行工作表的切换。单击工作表标签可以在工作表间切换。

切换工作表的方法很简单，只要将鼠标移到要设置为当前工作表的名称上，单击鼠标左键，即可完成切换工作。

当一个工作簿中的工作表比较多时，可将鼠标指针指向工作表分隔条，当光标变为↔形状时，拖动鼠标即可改变分隔条的位置，以便显示更多的工作表标签。

2. 改变工作表的默认个数　如果要在每次创建一个新的工作簿时都有 6 张工作表（Excel 2010 默认有 3 张工作表），可用下面的方法进行操作。

（1）单击［文件］选项卡→选［选项］命令，调出"Excel 选项"对话框，单击"常规"选项，弹出 Excel 选项对话框；

（2）在"新建工作簿时"栏中"包含的工作表数"文本框中输入 6，本例中设置工作表数为"6"，工作表数最小为 1，最大为 255；

（3）单击［确定］按钮即可。

进行了修改以后，这时如果再建立新的工作簿，则新工作簿中的工作表个数就是 6 个。

3. 为工作表命名　在 Excel 2010 中，建立了一个新的工作簿后，所有的工作表都以"Sheet1，Sheet2…"来命名，改变工作表名称的操作步骤如下。

（1）用鼠标左键双击要重新命名的工作表标签，或右击工作表标签，或选定要重新命名的工作表标签，再单击［开始］功能卡→功能区中选［单元格］菜单→选"重命名工作表"命令。

（2）这时此工作表标签反白显示。在反白显示的工作表标签中输入新的名字。

（3）按［Enter］键，新的名字出现在工作表标签中，代替了旧的名字。

4. 插入工作表　当工作簿默认的 3 张工作表不够用时，可插入新工作表，操作步骤如下。

（1）单击工作表名，确定新工作表的插入位置；

（2）右击工作表名，在快捷菜单中选［插入］再选"工作表"，确定插入一张新工作表。也可以单击工作表标签栏中的插入按钮　（Shift+F11）在活动工作表前插入一张工作表，或单击［开始］选项卡→在功能区［单元格］组中选［插入］菜单中的"插入工作表"命令。

操作技巧：插入一张工作表后，若紧接着按一次［Alt+Enter］（或［F4］）键可再插入一张工作表。按住不放直到放开，可插入多张工作表。

5. 删除工作表

（1）单击工作表名选中要删除的工作表；

（2）右击工作表名，在快捷菜单中选［删除］或单击［开始］选项卡→在功能区［单元格］组中选［删除］菜单中的"删除工作表"命令，或按［F4］键删除选中工作表[①]。

6. 移动和复制工作表

1）在同一个工作簿中移动和复制工作表

（1）移动工作表。在工作簿中调整工作表的次序，其操作步骤如下。

A. 选定要移动的工作表标签；

B. 沿着标签行拖曳选定的工作表到达新的位置；

C. 松开鼠标左键即可将工作表移动到新的位置[②]。

（2）复制工作表。如果在拖曳工作表名时按下［Ctrl］键，则会复制工作表，该工作表的名字以"源工作表的名字"加"（2）"命名。使用该方法相当于插入一个含有数据的新表。

2）将工作表移动或复制到另外一个工作簿

---

① 插入工作表或删除工作表后，不能通过撤销来恢复原样。

② 在拖曳过程中的鼠标指针为　形状，并且屏幕上出现了一个黑色三角形，用来指示工作表将要插入的位置。

将工作表移动到另外一个工作簿的操作步骤如下。

（1）打开源工作簿和目标工作簿，在源工作簿中选定要移动的工作表标签。

（2）右击"工作表标签名"，调出快速菜单→选"移动或复制…"命令，或单击［开始］功能区的［单元格］组中的［格式］菜单命令，在下拉菜单中选"移动或复制工作表"命令，调出"移动或复制工作表"对话框。

（3）在"工作簿"列表框中选择将选定工作表移至的目标工作簿。在"下列选定工作表之前"列表中选择将选定工作表移至那张工作表之前，不选"建立副本"为移动工作表，选了"建立副本"为复制工作表。

（4）单击［确定］按钮。

如果在移至的目标工作簿中含有相同的工作表名，则移动过去的工作表的名字会自动改变。此方法也可用于同一个工作簿中的移动或复制工作表。

> 考点提示：工作表的命名、移动、复制和插入

（十）工作簿的保存与退出

上面所做的一切操作，如数据的输入及格式化等，在未保存之前，都保存在内存之中，停电或关机后，就会消失，所以在结束工作之前必须要保存工作簿。

保存工作簿的步骤如下。

1. 单击"快速访问工具栏"中［保存］🔲 按钮或单击［文件］选项卡→选"保存"命令，若是第一次保存，则将调出"另存为"对话框，如图 4-15 所示①。

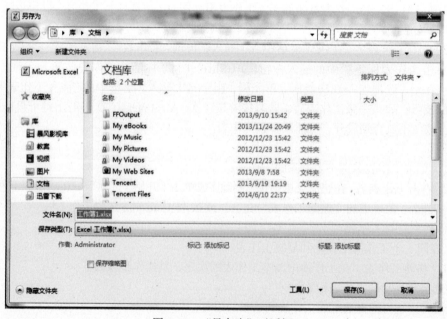

图 4-15　"另存为"对话框

2. 工作簿文件命名　默认文件名为"工作簿 1.xlsx"，在"文件名"文本框中输入文件名，在"保存类型"下拉列表框中选择保存的类型［若想保存的工作簿能在低版本 Excel 中打开，请选类型为"Excel 97-2003 工作簿（*.xls）"］，在"保存位置"处，下拉列表框中选择外存

---

① 若要保存修改后的工作簿，单击工具栏中的［保存］按钮，不会弹出"另存为"对话框；若要将编辑过的文件保存为另一文件，则应在［文件］选项卡中选"另存为"命令，重新命名或更改文件类型。

储器上的文件夹，单击［保存］按钮完成。

3. 关闭工作簿　当工作簿保存好后，就可用［文件］选项卡中的［关闭］命令将其关闭，以便创建新的工作簿文件。

4. 退出 Excel 2010　与退出 Word 2010 操作一样：按［Alt+F4］组合键或单击［文件］选项卡→选［退出］命令或单击窗口右上角［关闭］按钮，将 Excel 2010 程序退出内存[①]。

（十一）Excel 2010 工作簿的打开

对已经保存在外存的 Excel 工作表（工作簿），若要对它进行编辑修改，必须先打开。

（1）启动 Excel 应用程序：用自定义的"快速访问工具栏"中［打开］按钮 ⬚ 或［文件］选项卡中的"打开"命令，在调出的对话框中"查找范围"下拉表框中找到存放文件的文件夹，双击文件名打开其文件。

（2）在"资源管理器"中找到要打开的电子文档文件，双击文件名启动 Excel 随之打开工作表。

考点提示：电子表格的保存、退出及打开

操作技巧：若要在同一工作簿中实现两张不同工作表出现在窗口中，单击［视图］选项卡→在功能区的［窗口］组中选［新建窗口］→再选［全部重排］中排列方式→选在不同窗口中单击表标签名切换显示工作表就能实现。

📚 链　接

若要打开多个 Excel 工作表，可以同时选中多个文件，单击［打开］按钮。若要使打开的文件在 Excel 中同时出现在屏幕窗口中，在［视图］功能区的［窗口］组中选［全部重排］就能实现。

三、实 施 方 案

要实现小小超市店主的愿望，可分以下阶段实施。

第一，创建一个 Excel 工作簿，按实际需要设计 3 个数据表，将 3 张工作表名分别重命名为"价格表""营业员操作表""毛利润结算表"；

第二，设计好"价格表""营业员操作表"及"毛利润结算表"项目结构；

第三，输入经营商品的价格数据，保存工作簿，文件名取为"超市经营表 .xlsx"，确定保存位置；

第四，设计好"营业员操作表""毛利润结算表"中的算法和策略；

第五，设计数据透视图，动态获取经营分析信息；

第六，具有为每位顾客打印购物清单功能。

现在可以完成第一、第二、第三阶段的任务。

操作步骤如下。

（1）启动 Excel 2010 创建"工作簿 1.xlsx"；

（2）双击标签栏中的"Sheet1"，将其改名为"价格表"，同样的，分别将"Sheet2""Sheet3"改名为"营业员操作表""毛利润结算表"；

（3）将"价格表"变为当前工作表；

（4）在单元格 A1 中输入大标题"彩虹小小超市价格表"；

（5）在 A2：B2 中输入当前日期，D2：E2 中输入当前时间；

---

① 若在执行［关闭］或［退出］命令时，修改后的文件还没存盘时，会弹出"是否保存"工作簿的对话框，可保存。

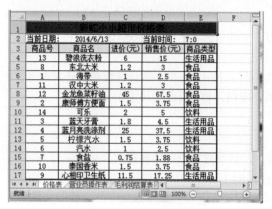

图 4-16 "价格表"结构与数据

注：数据是虚构的，与实际价格无关，特此声明

（6）在 A3：E3 中分别输入数据清单的项目名称［商品号、商品名、进价（元）、销售价（元）、商品类型］；

（7）按表格内容输入数据；

（8）合并居中 A1：E1 单元格区域，字号 16，宋体加粗，单元格区域底色为梅红；

（9）清单的项目名称单元格区域底色为黄色；

（10）表格清单所有单元格居中对齐，外框为蓝色粗框，内框为黑色单实线，如图 4-16 所示；

（11）将"营业员操作表"的项目结构设计成如图 4-17 所示；

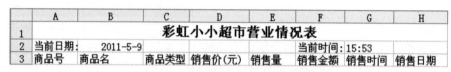

图 4-17 "营业员操作表"的项目结构

（12）将"毛利润结算表"的项目结构设计成如图 4-18 所示；

图 4-18 "毛利润结算表"的项目结构

（13）单击工具栏中的［保存］按钮 ，文件名取为"超市经营表.xlsx"保存到外存。

第二节 Excel 2010 数据的统计与分析

一、任 务

完成"营业员操作表""毛利润结算表"工作表数据输入的设计，尽量让营业员少输数据，如只输入商品号和销售量，就能得到"商品名""商品类型""销售价"及计算出"销售金额"等相关数据；在"毛利润结算表"中计算出毛利润；从"毛利润结算表"中动态分析出不同日期各类商品销售毛利润（图 4-19）。怎样才能实现这些要求呢？

图 4-19 目标样本

二、相关知识与技能

Excel 具有非常强大的计算功能，有丰富的内部函数可供调用，计算相当灵活而又十分简单。若对多条相邻记录数据实施同样的计算时，可只对一条记录用公式计算，再用填充柄复制公式计算出其他对象记录的结果。使用 Excel 提供的数据清单排序、筛选、分类汇总、合并计算、模拟分析、数据透视、数据图表等工具，可迅速分析数据。数据处理是它的重要特色之一。

（一）计算公式

数学中的公式是将两个表达式之间用"="连接的式子。表达式是将运算对象用运算符连接的式子。

1. 运算符

（1）算术运算符：用于完成一些基本的数学运算，包括 +（加）、-（减）、*（乘）、/（除）、%（百分比）和 ^（乘方）。

（2）比较运算符：按照系统内部的设置比较两个数值，并返回逻辑值"TRUE"或"FALSE"。比较运算符包括 =（等于）、>（大于）、<（小于）、>=（大于等于）、<=（小于等于）和 <>（不等于）。

（3）文本运算符：文本运算符只有一个，就是"&"，也叫做"连字符"。它将两个或多个文本链接为一个文本。

2. 运算对象　公式中的运算对象包括常数、单元地址、函数。

3. 运算顺序　如果公式中同时用到多个运算符，Excel 将按表 4-1 所示的从上到下顺序进行运算。如果公式中包含相同优先级的运算符，如公式中同时包含乘法和除法运算符，则 Excel 将从左到右进行计算。

4. 输入公式　在 Excel 中是将计算公式放入单元格中，公式所在单元格地址相当于数学公式中"="左边的表达式，不用输；当单元格中的数据以等号"="开头时，Excel 认为后面的数据是要开始进行计算的，所以所有的公式都是以等号开头。当直接插入函数时会自动添加"="。

表 4-1　运算符及说明

运算符	说明
：（冒号）	单元格区域中的连接符
（单个空格）	两单元格区域交叉引用符
，（逗号）	选择引用运算符
-	负号（如 -1）
%	百分比
^	乘幂
* 和 /	乘和除
+ 和 -	加和减
&	连接两个文本字符串（连接）
=、<、>、<=、>=、<>	比较运算符

注：要改变运算顺序用圆括弧（ ）。

（二）公式中单元格或单元格区域的引用

在输入公式计算时，常常引用函数，在函数参数中大量引用了单元格区域。

单元格区域也有相对区域和绝对区域之分。相对区域的起始单元地址与结束地址均用相对地址表示，如 A1: C3。绝对区域的起始单元地址与结束地址均用绝对地址表示，如 $A$1: $C$3。

名称引用：如果引用单元格区域较为复杂（由多块单元格区域组成），可以先把引用范围选中，然后在名称框处命名（中文名或英文名），以后要引用这块复杂的单元格区域时，可以直接输入区域名称来引用这块区域。名称引用是绝对引用。

单元格或单元格区域的引用有相对引用、绝对引用和混合引用之分。

1. 单元格的相对引用　Excel 提供的相对引用功能，可减少烦琐的公式输入工作。

在公式中引用单元格地址时可以用鼠标直接单击单元格，不必手工输入地址。例如，单击第三列第四行单元格，就在公式中输入了"C4"，这种格式在 Excel 中被称为相对引用。C4 为相对地址。

下面来看一下相对引用在复制公式时的特点[①]。现在 D1 中的公式是"=A1+B1+C1"，将 D1 中的公式复制到单元格 D2 中，则公式变成"=A2+B2+C2"，复制到 F5 单元格时，公式变成"=C5+D5+E5"，可以看到在复制的过程中公式中单元格的地址自动发生了变化。

在公式中引用了相对地址，就是相对引用，在复制这个公式时，在不同单元格处粘贴，公式中相对地址将会相应自动变化，计算结果也就不同了。

操作技巧： 利用相对引用的特点，可减少烦琐的公式输入工作。当在一个数据表中，有多条记录，对每条记录要做相同的统计运算时，只需对第一条记录作运算，然后选中公式单元格，鼠标指向填充柄，拖动鼠标到最后一条记录或双击填充柄（无空记录）完成。若复制目标单元格不相邻，利用复制与粘贴完成公式复制。

例如，按学生平时成绩占 10%，半期成绩占 20%，期末成绩占 70%，计算总评成绩。只需在第一个同学的总评单元格 I3 处输入公式"= F3*0.1+G3*0.2+H3*0.7"回车，计算出总评成绩，然后选中 I3，拖曳填充柄到最后一位学生的总评单元格 I30 处，就能计算出所有学生的总评成绩，结果如图 4-20 所示。

I3		▼	fx	=F3*0.1+G3*0.2+0.7*H3				
	A	B	C	D	E	F	G	H	I
1	某医药高等专科学校计算机成绩报告单								
2	序	班级	学号	姓名	性别	平时	半期	期末	总评
3	1	10级高职护理1班	2010004002	吕娅玲	女	62	70	75	72.7
4	2	10级高职护理1班	2010004003	刘盼	女	73	76	76	75.7
5	3	10级高职护理1班	2010004004	陶茜	女	78	68	82	78.8
6	4	10级高职护理1班	2010004005	雷莉	女	87	81	90	87.9
7	5	10级高职护理1班	2010004006	李红	女	73	68	84	79.7
8	6	10级高职护理1班	2010004007	邓义红	女	73	75	82	79.7
9	7	10级高职护理1班	2010004008	龙娟	女	47	60	70	65.7
10	8	10级高职护理1班	2010004009	黄露	女	27	54	30	34.5
11	9	10级高职护理1班	2010004010	曹瀚文	男	78	67	82	78.6
12	10	10级高职护理1班	2010004011	胡登丽	女	69	73	74	73.3
13	11	10级高职护理1班	2010004012	罗燕	女	42	50	65	59.7
14	12	10级高职护理1班	2010004013	罗华	女	67	65	75	72.2
15	13	10级高职护理1班	2010004014	宾雪	女	62	78	70	70.8
16	14	10级高职护理1班	2010004015	何计韬	女	22	50	40	40.2
17	15	10级高职护理1班	2010004016	王芳	女	16	45	35	35.1
18	16	10级高职护理1班	2010004017	祝凡	女	80	89	90	88.8
19	17	10级高职护理1班	2010004018	罗宁	女	40	63	65	62.1
20	18	10级高职护理1班	2010004019	罗凤	女	56	67	75	71.5
21	19	10级高职护理1班	2010004020	向樱	女	47	56	74	67.7
22	20	10级高职护理1班	2010004021	薛靖	女	84	86	95	92.1
23	21	10级高职护理1班	2010004022	汪友美	女	16	30	25	25.1
24	22	10级高职护理1班	2010004023	廖咏梅	女	87	68	97	90.2
25	23	10级高职护理1班	2010004024	姜巧	女	69	81	78	77.7
26	24	10级高职护理1班	2010004025	薛德莲	女	76	63	85	79.7
27	25	10级高职护理1班	2010004026	陈城	女	36	46	60	54.8
28	26	10级高职护理1班	2010004027	辛雪	女	56	63	78	72.8
29	27	10级高职护理1班	2010004028	颜雪娇	女	84	78	94	89.8
30	28	10级高职护理1班	2010004029	罗影	女	42	65	75	69.7

图 4-20　"总评"计算结果

① 复制单元格时，遇到单元格中内容是输入的原始数据，则原样复制，若是公式，则复制的是算法而不是结果。

2. 单元格的绝对引用　在单元格的引用过程中，有时不希望相对引用，而是希望公式复制到别的单元格时，公式中的单元格地址不随活动单元格发生变化而改变，这时就要用到绝对引用。在 Excel 中的行号和列号前加"$"表示绝对引用。这样的地址称为绝对地址。

例如，在 B1 单元格中输入公式"=$A$1+$A$2"，当把 B1 中的公式复制到 B2 中时，公式并没有发生变化，将其复制到 D3 单元格时，也没有发生变化。

3. 单元格的混合引用　混合引用是指在公式中用到单元格地址时，参数中采用行相对而列绝对引用，如 $A2；或正好相反，采用列相对而行绝对引用，如 A$2。

当含有混合地址的公式被复制到别的地方引起行、列地址变化时，公式中引用单元格的相对地址部分将随公式放入位置改变而发生变化，绝对地址部分则不随公式位置改变而发生变化。

例如，将 C1 单元格中公式"=A$1+$B1"复制到 C3 单元格中，即 C1 到 C3，行变列未变，所以公式变为"=A$1+$B3"。将其复制到 D2 单元格中，即 C1 到 D2，行、列都变，所以公式变为"=B$1+$B2"，如图 4-21 所示。

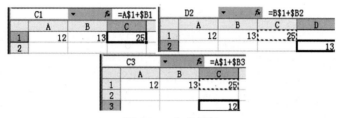

图 4-21　公式复制

操作技巧： 在引用单元格地址时，Excel 默认为单元格相对地址，要在相对引用、绝对引用、混合引用之间切换，在编辑栏中将光标置于要改变的单元格地址处重复按 [F4] 键切换。

考点提示：相对引用与绝对引用

4. 单元格引用的综合应用　计算某企业员工各年龄段"人数"与"总计"所占比例，公式为"= 人数 / 总计"，用百分比显示，数据如图 4-22 左图所示。

计算步骤如下。

（1）在 C3 单元格中输入公式"=B3/$B$7"，按 [Enter] 键；

（2）单击 C3 使其成为活动单元格，鼠标指向 C3 单元格右下角填充柄变形为"✚"时，拖动鼠标到 C6 得到各年龄段人数所占比例；

（3）选中 C3：C6，在 [开始] 选项卡的功能区 [数字] 组中选"%"按钮，或在自定义的快速访问工具栏中单击"%"按钮，结果如图 4-22 右图所示。

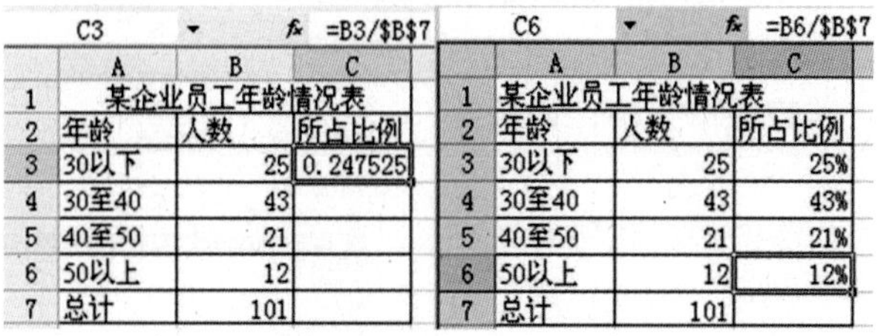

图 4-22　职工年龄比例

单元格引用原则：在复制公式时，希望公式中引用的单元格区域随公式复制的位置不同而发生改变时，请用相对引用；当希望引用的单元格区域随公式复制的位置不同而不发生改变时，请用绝对引用；当希望引用的单元格地址随公式复制的位置不同，而部分改变而另一部分不发生改变时，请用混合引用。

5. 三维引用　Excel 2010 的所有工作都是围绕工作簿展开的。例如，"超市经营表 .xlsx"的数据就是分别放在 3 张工作表中，营业员输入顾客所购商品时，计算顾客所应付金额，要引用另一工作表"价格表"中价格数据，这也就引出了三维引用这一新概念。

所谓三维引用，是指在一个工作簿中从不同的工作表引用单元格。三维引用的一般格式为："工作表名！单元格地址"，工作表名后的"！"是系统自动加上的。例如，在"Sheet2"工作表的单元格"B2"中输入公式"=Sheet1！A1+A2"，则表明要引用工作表"Sheet1"中的单元格"A1"和工作表"Sheet2"中的单元格"A2"相加，结果放到工作表"Sheet2"中的"B2"单元格。

利用三维地址引用，可一次性将一个工作簿中指定的多工作表的特定单元格进行汇总。

考点提示：三维引用

（三）函数的应用

1. 引用函数　函数是预先编写的公式，可以对一个或多个参数执行运算，并返回一个值。函数可以简化和缩短工作表中的公式，尤其在用公式执行很长或复杂的计算时。对于一些烦琐的公式，如经常用到的连续求和公式及日常生活中用到的求平均值、最大值、最小值等，Excel 2010 已将它们转换成了函数，使公式的输入量减到最少，从而降低了输入的错误概率。虽然不是所有的算法公式都能在 Excel 2010 中找到，还需用户自定义算法公式，但 Excel 2010 还是为我们提供了大量丰富而实用的函数，就像百宝箱一样。

在一个公式中，可以单独引用一个函数，也可以引用多个函数，当然也可以不引用函数。

1）直接输入函数引用

直接输入函数的方法同在单元格中输入一个公式的方法一样，在"="后直接输入函数名和引用参数。下面以在单元格 C3 中输入一个函数"=SUM（B2：B6）"为例，介绍其操作步骤。

（1）选定要输入函数的单元格，如 C3 单元格；

（2）在编辑栏中输入一个等号"="；

（3）输入函数本身，如"SUM（B2：B6）"；

（4）按［Enter］键或者单击编辑栏上的［确认］按钮，完成从 B2 到 B6 的 5 个单元格的求和。SUM（B2：B6）=B2+B3+B4+B5+B6。

直接输入函数，适用于一些参数较少的函数，或者一些简单的函数。对于参数较多或者比较复杂的函数，建议使用插入函数来输入。

2）使用插入函数引用

在空单元格中直接插入函数时，系统会自动添加"="。使用插入函数的操作步骤如下。

（1）选定要输入函数的单元格，如选定单元格 G4；

（2）单击［公式］选项卡→在功能区的［函数库］组中选"插入函数"命令，或单击编辑栏中的［插入函数］**fx**按钮，调出"插入函数"对话框；

（3）从"或选择类别"下拉列表框中选择要输入的函数分类，如"常用函数"；

（4）从"选择函数"列表中选择所需要的函数，如选择求和函数"SUM"，如图 4-23 所示；

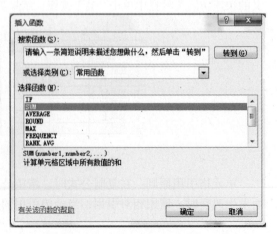

图 4-23　"插入函数"对话框

（5）单击［确定］按钮，系统显示对话框，如图 4-24 所示，要求输入相关参数[①]。

操作技巧：在 Excel 中，输入公式或函数的参数时，并不是非要手工输入单元格地址或区域，只要将光标定在相应参数位置，单击目标单元格就输入了单元格相对地址参数或拖动鼠标选定区域就输入了相对单元格区域参数。若目标单元格或区域被函数参数对话框所掩盖，可单击参数栏右侧的［收折］按钮，红色箭头可折叠函数参数对话框。

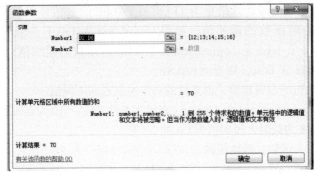

图 4-24　"函数参数"对话框

2. 常用函数及引用的格式

我们使用最多的是下面的几个函数，它们的基本语法如下所述。

（1）SUM（ ）函数：求和函数。

语法：SUM（Numberl，Number2，…，Number$n$）

其中 Numberl，Number2，…，Number$n$ 为 $1 \sim n$ 个需要求和的参数。

功能：返回所有参数数值的和。

例如，可以用来计算学生的总成绩等。

（2）AVERAGE（ ）函数：平均值函数。

语法：AVERAGE（Numberl，Number2，…，Number$n$）

其中 Numberl，Number2，…，Number$n$ 为 $1 \sim n$ 个需要求平均值的参数。

功能：返回所有参数数值的平均值。

例如，可以用来计算一个学习班的平均成绩等。

（3）MAX（ ）函数：最大值函数。

语法：MAX（Numberl，Number2，…，Number$n$）

其中 Numberl，Number2，…，Number$n$ 为 $1 \sim n$ 个需要求最大值的参数。

功能：返回参数中所有数值的最大值。

例如，可以用来计算一个学习班的最高分等。

（4）MIN（ ）函数：最小值函数。

语法：MIN（Numberl，Number2，…，Number$n$）

其中 Numberl，Number2，…，Number$n$ 为 $1 \sim n$ 个需要求最小值的参数。

功能：返回参数中所有数值的最小值。

例如，可以用来计算一个学习班的最低分等。

（5）ROUND（ ）函数：四舍五入函数。

ROUND（Number，Num_digits）

Number　需要进行四舍五入的数字。

Num_digits　指定的位数，按此位数进行四舍五入。

---

① 函数参数个数最多不超过 30，参数可以是单元格地址、单元格区域、数字常量、文本常量及函数等。

功能：如果 Num_digits 大于 0，则四舍五入到指定的小数位；如果 Num_digits 等于 0，则四舍五入到最接近的整数；如果 Num_digits 小于 0，则在小数点左侧进行四舍五入。

例如，=ROUND（125.457，2），结果为 125.46；=ROUND（125.457，-1），结果为 130。

（6）IF（）：判断函数。

语法：IF（Logical_est，Value_if_true，Value_if_false）

其中 Logical_test 是任何计算结果为 TRUE 或 FALSE 的数值或表达式；Value_if_true 是 Logical_test 为 TRUE 时函数的返回值，如果 logical_test 为 TRUE 并且省略 Value_if_true，则返回 TRUE；Value_if_false 是 Logical_test 为 FALSE 时函数的返回值，如果 logical_test 为 FALSE 并且省略 Value_if_false，则返回 FALSE。

功能：指定要执行的逻辑检验，由条件的真假决定返回不同值。

例如，= IF（C4 > =10，C4*1.5，C4*2.5）表示当条件 C4 > =10 为真时，返回值为 C4 的 1.5 倍，当条件 C4 > =10 为假时，返回值为 C4 的 2.5 倍。

（7）COUNT（）函数：计数函数。

语法：COUNT（Numberl，Number2，…，Number$n$）

其中 Numberl，Number2，…，Number$n$ 为 $1 \sim n$ 个参数，但只对数值类型的数据进行统计。

功能：返回参数中的数值参数和包含数值参数的个数。

例如，可以用来统计一个学习班的人数等，如用公式"=COUNT（H3：H30）"计算单元格区域 H3：H30 内数字单元格个数。

（8）COUNTIF（）：条件计数函数。

语法：COUNTIF（Range，Criteria）

其中 Range 为需要计算其中满足条件的单元格数目的单元格区域；Criteria 确定将被计算在内的那些单元格的条件，其形式可以为数字、表达式或文本。

功能：计算满足给定条件的区间内的非空单元格个数。

例如，可以用来统计一个学习班的某学科的成绩及格人数等。

（9）SUMIF（）函数：条件求和函数。

语法：SUMIF（Range，Criteria，Sum_range）

其中 Range 是用于条件判断的单元格区域；Criteria 为单元格区域求和的条件；Sum_range 是需要求和的实际单元格。条件单元格区域与计算单元格区域可以不是同一单元格区域，但两单元格区域大小应相同。

功能：按给定条件的若干单元格求和。

例如，营业员要统计一天营业中"食品"类商品销售金额是多少，他可在一个空单元格中输入公式"=SUMIF（C4：C12，"食品"，F4：F12）"，所得结果如图 4-25 所示。

H13	▼	f_x	=SUMIF(C4:C12,"食品",F4:F12)				
	A	B	C	D	E	F	G	H
1	彩虹小小超市营业情况表							
2	当前日期：	2011-5-1				当前时间：16:3		
3	商品号	商品名	商品类型	销售价(元)	销售量	销售金额	销售时间	销售日期
4	5	宁檬汽水	饮料	3.75	2	7.5	10:48	2011-4-9
5	3	蓝天牙膏	生活用品	4.5	1	4.5	10:51	2011-4-9
6	7	食盐	食品	1.88	8	15.04	21:35	2011-4-9
7	4	蓝月亮洗涤剂	生活用品	37.5	2	75	21:45	2011-4-9
8	1	海带	食品	2.5	4	10	21:45	2011-4-9
9	12	金龙鱼菜籽油	食品	67.5	2	135	21:46	2011-4-9
10	10	泰国香米	食品	3.75	10	37.5	21:46	2011-4-9
11	8	东北大米	食品	3	10	30	21:47	2011-4-9
12	9	心相印卫生纸	生活用品	17.25	1	17.25	21:47	2011-4-9
13								227.54

图 4-25　条件求和结果

操作技巧： 若引用参数是相邻的单元格地址，可使用单元格区域引用来减少输入量。在函数参数中也可以输入表达式或函数，在函数参数中输入函数时，即所谓的函数嵌套。

例如，计算一个学生的平均成绩时，C2：F2 单元格区域中存放着一个学生的各科成绩。四舍五入保留一位小数，可在单元格中输入公式 "=ROUND（AVERAGE（C2：F2），1）"。

考点提示：常用函数 SUM（ ）、AVERAGE（ ）、COUNT（ ）、IF（ ）、ROUND（ ）、MAX（ ）、MIN（ ）的使用

3. 实用函数应用

1）根据学生的总成绩输入他（她）的名次（要求不改变原有顺序）

可以用函数 RANK.EQ（Number，Ref，Order）：在条件范围内，对象数字所处大小排位。

例如，在 G2：G28 单元格区域中存放 27 位学生的总成绩，在 H2：H28 中输入相应的名次，如图 4-26 左图所示。操作步骤如下。

（1）在 H2 中输入：= RANK.EQ（G2，$G$2：$G$28，0），表示 G2 在 $G$2：$G$28 中的名次，0 表示降序；

（2）选中 H2，双击填充柄得到 G2：G28 中每一个数在本组数中的大小位，并放在 H2：H26 中，得到每一位学生的名次，如图 4-26 右图所示。

	A	B	C	D	E	F	G	H
1	班级	姓名	计算机	数学	英语	语文	总分	名次
2	10大专康复1班	胡文	92	93	86	79	350	
3	10大专康复1班	何金娟	92	93	86		364	
4	10大专康复1班	王云峰	91	92	93	86	362	
5	10大专康复1班	李丹	90	75	86	92	343	
6	10大专康复1班	池泽松	88	75	91	72	326	
7	10大专康复1班	陈超琼	87	91	93	75	346	
8	10大专康复1班	阳维	85	65	80	84	314	
9	10大专康复1班	王世锋	84	69	87	91	331	
10	10大专康复1班	尹妍妮	84	56	92	86	318	
11	10大专康复1班	邓小凤	83	78	69	81	311	
12	10大专康复1班	刘霞	83	76	92	80	331	
13	10大专康复1班	韦力	81	79	64	89	313	
14	10大专康复1班	唐勤	81	75	90	86	332	
15	10大专康复1班	刘华庆	78	89	69	80	316	
16	10大专康复1班	赵本维	77	91	83	76	327	
17	10大专康复1班	何宇	76	53	69	78	276	
18	10大专康复1班	高梅	75	86	54	95	310	
19	10大专康复1班	龙维	74	61	51	76	262	
20	10大专康复1班	张敏	74	64	81	83	302	
21	10大专康复1班	袁孟娟	73	84	83	72	312	
22	10大专康复1班	荣传凤	63	57	78	85	283	
23	10大专康复1班	罗晓莉	61	75	62	80	278	
24	10大专康复1班	陈冷伶	60	72	80	82	294	
25	10大专康复1班	刘虹杉	58	62	73	61	254	
26	10大专康复1班	滕凤	56	57	63	57	254	
27	10大专康复1班	罗佳佳	55	67	50	61	233	
28	10大专康复1班	周翠霞	45	51		90	235	

	A	B	C	D	E	F	G	H
1	班级	姓名	计算机	数学	英语	语文	总分	名次
2	10大专康复1班	胡文	92	93	86	79	350	3
3	10大专康复1班	何金娟	92	93	86		364	1
4	10大专康复1班	王云峰	91	92	93	86	362	2
5	10大专康复1班	李丹	90	75	86	92	343	5
6	10大专康复1班	池泽松	88	75	91	72	326	8
7	10大专康复1班	陈超琼	87	91	93	75	346	4
8	10大专康复1班	阳维	85	65	80	84	314	13
9	10大专康复1班	王世锋	84	69	87	91	331	7
10	10大专康复1班	尹妍妮	84	56	92	86	318	11
11	10大专康复1班	邓小凤	83	78	69	81	311	16
12	10大专康复1班	刘霞	83	76	92	80	331	7
13	10大专康复1班	韦力	81	79	64	89	313	15
14	10大专康复1班	唐勤	81	75	90	86	332	6
15	10大专康复1班	刘华庆	78	89	69	80	316	12
16	10大专康复1班	赵本维	77	91	83	76	327	9
17	10大专康复1班	何宇	76	53	69	78	276	22
18	10大专康复1班	高梅	75	86	54	95	310	17
19	10大专康复1班	龙维	74	61	51	76	262	23
20	10大专康复1班	张敏	74	64	81	83	302	18
21	10大专康复1班	袁孟娟	73	84	83	72	312	15
22	10大专康复1班	荣传凤	63	57	78	85	283	20
23	10大专康复1班	罗晓莉	61	75	62	80	278	21
24	10大专康复1班	陈冷伶	60	72	80	82	294	19
25	10大专康复1班	刘虹杉	58	62	73	61	254	24
26	10大专康复1班	滕凤	56	57	63	57	254	24
27	10大专康复1班	罗佳佳	55	67	50	61	233	27
28	10大专康复1班	周翠霞	45	51	49	90	235	26

图 4-26　用 "函数 RANK" 排名

2）学生成绩分数段人数统计

分五段（60 分以下，60～70 分，70～80 分，80～90 分，90～100 分）统计各段人数。可以用频率分布函数 FREQUENCY（Data_array，Bins_array）来实现。例如，学生计算机、数学、英语及语文成绩分别存在 C、D、E、F 列中，分数段在 H2：H6 区域中。操作步骤如下。

（1）选中存放计算机分段人数区域 I2：I6；

（2）插入函数 FREQUENCY（ ），输入第一个参数计算机的数据源区域 C2：C28，再输入第二个参数分段点区域 H2：H6 后，单击 [确定] 按钮；

（3）单击编辑栏中的公式 "=FREQUENCY（C2：C28，H2：H6）"，将 H2：H6 区域改为绝对区域 $H$2：$H$6，为统计其他科目分数段的人数时所用；

（4）光标在编辑栏中，按 Ctrl+Shift+Enter 后出现：{=FREQUENCY（C2：C28，$H$2：$H$6）}

数组公式，完成计算机科目分数段的人数统计；

（5）选中单元格区域 I2：I6，拖曳填充柄到 L6，完成其他科目分数段的人数统计，结果如图 4-27 所示。

	A	B	C	D	E	F	G	H	I	J	K	L
							fx	{=FREQUENCY(C2:C28,$H$2:$H$6)}				
1	班级	姓名	计算机	数学	英语	语文		分数段	计算机	数学	英语	语文
2	10大专康复1班	胡文	92	93	86	79		59	4	4	4	1
3	10大专康复1班	何金娟	92	93	93	86		69	3	6	6	2
4	10大专康复1班	王云峰	91	92	93	86		79	7	9	2	7
5	10大专康复1班	李丹	90	75	86	92		89	9	3	8	13
6	10大专康复1班	池泽松	88	75	91	72		100	4	5	7	4
7	10大专康复1班	陈超琼	87	91	93	75						
8	10大专康复1班	阳维	85	65	80	84						
9	10大专康复1班	王世锋	84	69	87	91						
10	10大专康复1班	尹妍妮	84	56	92	86						
11	10大专康复1班	邓小凤	83	78	69	81						
12	10大专康复1班	刘霞	83	76	92	80						
13	10大专康复1班	韦力	81	79	64	89						
14	10大专康复1班	唐勤	81	75	90	86						
15	10大专康复1班	刘华庆	78	89	69	80						
16	10大专康复1班	赵本维	77	91	83	76						
17	10大专康复1班	何宇	76	53	69	84						
18	10大专康复1班	高梅	75	86	54	95						
19	10大专康复1班	龙维	74	61	51	76						
20	10大专康复1班	张敏	74	64	81	83						
21	10大专康复1班	袁孟娟	73	84	83	72						
22	10大专康复1班	索传风	63	57	78	85						
23	10大专康复1班	罗晓莉	61	75	62	80						
24	10大专康复1班	陈泠怜	60	72	80	82						
25	10大专康复1班	刘虹杉	58	62	73	61						
26	10大专康复1班	滕凤	56	78	63	57						

图 4-27　用 FREQUENCY（ ）函数分段

（四）自动计算

1. 自动求和　利用常用工具栏中的［自动求和］按钮，可以对工作表中所设定的单元格自动求和。［自动求和］按钮实际上代表了工作表函数中的 SUM（ ）函数，利用该函数可以将一个累加公式转换为一个简洁的公式。

事实上，在 Excel 2010 中自动求和的实用功能已被扩充为包含了大部分常用函数的下拉列表框。例如，单击列表框中的"平均值"可以计算选定单元格区域的平均值，或者连接到"函数向导"以获取其他选项，有关这部分的内容将在自动计算中进行介绍。

1）对行或列相邻单元格的求和

对行或列相邻单元格的数据求和的操作非常简便，其操作步骤如下。

（1）选定要求和的行或者列中的数据单元格区；

（2）单击［自动求和］按钮即可，结果放在相邻的列或行中。

例如，对单元格"D4：F4"求和，并将结果放到单元格 G4 中，其操作步骤如下。

（1）选定单元格"D4：F4"；

（2）单击［自动求和］按钮，就可以得到结果。

2）一次输入多个求和公式（单元格区域求和）

在 Excel 2010 中，还能够利用［自动求和］按钮一次输入多个求和公式。

若数据区为"A2：D4"，其操作步骤如下。

（1）只选定数据矩形单元格区域"A2：D4"单元格区域，如图 4-28 所示；

（2）单击［公式］选项卡的［函数库］组中［自动求和］按钮 Σ ▾，对每列求和，结果存放在 A5：D5，如图 4-29 所示。

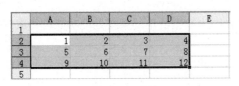

图 4-28 统计数据区   图 4-29 列求和

若想对各行求和，包含数据多选一列，如图 4-30 所示，则自动求和是对每行求和，结果存放在单元格区域 E2：E4，如图 4-31 所示。

图 4-30 统计数据区   图 4-31 行求和

注：自动求和的操作与一般引用函数操作有些不同：一般引用函数输入单一公式时，要先选中存入公式的单元格，再确定计算数据源；而自动求和是先选定计算数据区，根据所选区域决定是按列向求和还是按横向求和。

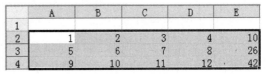

考点提示：自动求和

2. 自动计算　有时用户可能会要求快速得出某些数值运算结果，如某个范围内的最大值、最小值、平均值和计数等，如果使用公式就显得比较烦琐，这时，可以使用 Excel 2010 中［自动求和］按钮组中的自动计算功能。

例如，计算所选单元格区域中数据的平均值，其操作步骤如下。

（1）选定要计算的数据单元格区域；

（2）单击［公式］选项卡的［函数库］组中［自动求和］按钮 Σ ▾ 的下拉箭头，如图4-32所示；

（3）这时系统会调出一个下拉列表框，在列表中单击"平均值"命令，则会自动在下一个单元格填充平均值公式并求出值，用鼠标拖曳选择数据单元格区域，就可以完成平均分的计算。

（五）数据清单

Excel 对数据进行筛选等操作的依据是数据清单，所谓数据清单是包含列标题的一组连续数据行的工作表。从定义可以看出，数据清单是一种有特殊要求的表格，它必须要由两部分构成，即表结构和纯数据。

在 Excel 2010 中对数据清单执行查询、排序和汇总等操作时，自动将数据清单视为数据库，数据清单中的列是数据库中的字段，数据清单中的列标题是数据库中的字段名称，数据清单中的每一行对应数据库中的一个记录。Excel 2010 中数据清单是对外开放的，它可以与许多数据库系统相互交换数据。

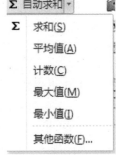

图 4-32 "自动求和"
下拉列表框

表结构是数据清单中的第一行列标题，Excel 将利用这些标题名进行数据的查找、排序和筛选等。纯数据部分则是 Excel 实施管理功能的对象，不允许有非法数据出现。因此，在 Excel 创建数据清单要遵守一定的规则。

（1）在同一个数据清单中列标题必须是唯一的。

（2）列标题与纯数据之间不能用分隔线或空行分开。如果要将数据在外观上分开，可以使用单元格边框线。

（3）同一列数据的类型、格式等应相同。

（4）在一张工作表上避免建立多个数据清单。因为数据清单的某些处理功能，每次只能在一个数据清单中使用。

（5）尽量避免将关键数据放到数据清单的左右两侧。因为这些数据在进行筛选时可能会被隐藏。

（6）在纯数据区不允许出现空行。

（7）在工作表的数据清单与其他数据之间至少留出一空白行或一空白列。

考点提示：数据清单、字段、记录概念

（六）数据排序

排序是根据一定的规则，将数据清单重新排列的过程。可按列排序，也可以按行排序；按列排序是对数据记录排序，按行排序是对字段排序。

1. Excel 的默认顺序　　Excel 是根据排序关键字所在列数据的值来进行排序，而不是根据其格式来排序。在升序排序中，它默认的排序顺序如下所述。

（1）数值：数字是从最小负数到最大正数。日期和时间则是根据它们所对应的序数值排序。

（2）文字：文字和包括数字的文字排序次序如下。

数字顺序（空格）！"＃$%&´（）*＋，-．／：；＜＝＞？@"＼"^—'｛→选｝～大写字母顺序 小写字母顺序。

（3）逻辑值：逻辑值 FALSE 在 TRUE 之前。

（4）错误值：Error Values 所有的错误值都是相等的。

（5）空格：Blanks 总是排在最后。

降序排序中，除了总是排在最后的空白单元格之外，Excel 将顺序反过来。

2. 排序原则　　当对数据排序时，Excel 2010 会遵循以下的原则。

（1）如果按某一列排序，那么在该列上有完全相同项的行将保持它们的原始次序。

（2）一般隐藏行不会被移动。

（3）如果按一列以上进行排序，关键列中有完全相同项的行会根据用户指定的第二列进行排序。第二列中有完全相同项的行会根据用户指定的第三列进行排序。

3. 简单排序　　在［开始］功能区中或在添加了"升序排列和降序排列"的自定义快速访问工具栏中提供了两个排序按钮：升序排序 ↑（从小到大排序）和降序排序 ↓（从大到小排序）。

具体步骤如下。

（1）在数据清单中单击某一字段名。

（2）根据需要，可以单击［开始］选项卡→功能区［编辑］组→"排序和筛选"菜单中的"升序排序"或"降序排序"命令。或在自定义快速访问工具栏中单击［升序排序］↑或［降序排序］↓按钮。

4. 多条件排序　　利用［开始］功能区或快速访问工具栏中的排序按钮，仅能对一列数据进行简单的排序；如果要对几项内容进行排序，就需要利用［数据］功能区的［排序和筛选］组中"排序"命令来进行排序。例如，对学生成绩表中的"总评"列为主降序排序，当总评成绩相同时，按"期末"列升序排列，当"总评"成绩、"期末"成绩相同时，按"半期"成绩升序排列。操作步骤如下。

（1）在数据清单中单击任意单元格，或选中整个清单；

（2）单击［数据］选项卡功能区的［排序和筛选］组中"排序"命令，调出"排序"对话框；

（3）"主要关键字"选"总评"列标题，降序；

（4）单击［添加条件］按钮，在"次要关键字"选"期末"列标题，升序；

（5）继续单击［添加条件］按钮，在"次要关键字"选"半期"列标题，升序，如图4-33所示；

（6）单击［选项］，调出"排序选项"对话框，如图4-34所示，可选排序方向和排序方法，单击［确定］按钮；

　　图4-33　多条件排序设置　　　　　　图4-34　"排序选项"对话框

（7）单击［确定］按钮，结果如图4-35所示[①]。

5.排序数据顺序的恢复　数据清单内的数据，在经过多次排序后，它的顺序变化比较大，如果要让数据回到原来的排列次序，可以用下面的方法解决这个问题。

在创建数据清单时，加上一个序号字段，并输入连续的记录编号，如"学号"字段，在需要恢复原来排列顺序时，单击选中这一列中的任一单元格，单击［开始］功能区中的"升序"命令，就可使数据排列的次序恢复原状。

6.自定义排序顺序　自定义排序顺序就是按自己需要的顺序排序。可以先将需要的数据序列事前添加到 Excel 序列中，利用"自定义序列"作为排序依据，操作步骤如下。

（1）选择数据清单中的任一单元格，或选中整个清单；

（2）单击［数据］选项卡功能区的［排序和筛选］中"排序" $\frac{A}{Z}\frac{Z}{A}$ 命令，调出"排序"对话框；

（3）主要关键字选要排序的字段名；

（4）单击"次序"下拉列表框，选"自定义序列"命令；

（5）在弹出的对话框中，选择自定义的数据序列作为排序依据；

（6）单击［确定］按钮返回到"排序"对话框中，再次单击［确定］按钮则按指定的排序方式进行排序。

考点提示：数据清单排序

（七）筛选

筛选的功能就是在数据清单中只显示出符合设定条件的某一记录或符合条件的一组记录，而隐藏其他记录，打印输出时只打印筛选结果记录。在 Excel 中提供了"自动筛选"和"高级筛选"命令来进行筛选。

为了能更清楚地看到筛选的结果，系统将不满足条件的数据暂时隐藏起来，当清除筛选条件后，这些数据又重新出现。

1.自动筛选

1）操作步骤

（1）首先打开要进行筛选的数据清单，然后在数据清单中选中一个单元格，这样做的目

[①]选"有标题行"表示"标题行"不参与排序，否则"标题行"将参与排序。若在含有合并单元格的数据表中排序时，排序数据区域不应含有合并单元格行。

	A	B	C	D	E	F	G	H	I
1			某医药高等专科学校计算机成绩报告单						
2	序	班级	学号	姓名	性别	平时	半期	期末	总评
3	20	10级高职护理1班	2010004021	薛靖	女	84	86	95	92.1
4	22	10级高职护理1班	2010004023	廖咏梅	女	87	68	97	90.2
5	27	10级高职护理1班	2010004028	颜雪娇	女	84	78	94	89.8
6	4	10级高职护理1班	2010004005	雷莉	女	87	81	90	87.9
7	16	10级高职护理1班	2010004017	祝凡	女	79	85	90	87.9
8	6	10级高职护理1班	2010004007	邓义红	女	73	75	82	79.7
9	5	10级高职护理1班	2010004006	李红	女	73	68	84	79.7
10	24	10级高职护理1班	2010004025	薛德莲	女	76	63	85	79.7
11	3	10级高职护理1班	2010004004	陶茜	女	78	68	82	78.8
12	9	10级高职护理1班	2010004010	曹瀚文	男	78	67	82	78.6
13	23	10级高职护理1班	2010004024	姜巧	女	69	81	78	77.7
14	2	10级高职护理1班	2010004003	刘盼	女	73	76	76	75.7
15	10	10级高职护理1班	2010004011	胡登丽	女	69	73	74	73.3
16	1	10级高职护理1班	2010004002	吕娅玲	女	62	70	75	72.7
17	26	10级高职护理1班	2010004027	辛雪	女	55	63	78	72.7
18	12	10级高职护理1班	2010004013	罗华	女	67	65	75	72.2
19	18	10级高职护理1班	2010004019	罗凤	女	56	67	75	71.5
20	13	10级高职护理1班	2010004014	宾雪	女	62	78	70	70.8
21	28	10级高职护理1班	2010004029	罗影	女	42	65	75	69.7
22	19	10级高职护理1班	2010004020	向樱	女	47	56	74	67.7
23	7	10级高职护理1班	2010004008	龙娟	女	47	60	70	65.7
24	17	10级高职护理1班	2010004018	罗宁	女	40	63	65	62.1
25	11	10级高职护理1班	2010004012	罗燕	女	42	50	65	59.7
26	25	10级高职护理1班	2010004026	陈城	女	36	46	60	54.8
27	14	10级高职护理1班	2010004015	何计韬	女	22	50	40	40.2
28	15	10级高职护理1班	2010004016	王芳	女	16	45	35	35.1
29	8	10级高职护理1班	2010004009	黄露	女	27	54	30	34.5
30	21	10级高职护理1班	2010004022	汪友美	女	16	30	25	25.1

图 4-35　多条件排序结果

的是表示选中整个数据清单。若数据清单上方有另外的数据，可选中数据清单区域。

（2）单击［数据］选项卡的功能区［排序和筛选］组中的 "筛选"命令，完成 "自动筛选"，在列标题的右侧将会出现自动筛选箭头。

（3）单击字段名右边的下拉列表按钮，去掉全选前的 "√"，单击选中要显示的数据项。例如，单击 "商品类型"右边，出现一个下拉列表，去掉全选前的 "√"，单击要显示的项，如单击 "食品"，就可以将食品类的单位筛选出来。所筛选的这一列的下拉列表按钮箭头的颜色发生变化，以标记是哪一列进行了筛选，结果如图4-36所示。

2）自动筛选前（或后）10个

在自动筛选的下拉列表框中有一项是 "10个最大值"，利用这个选项，可以自动筛选出列为数字的前（或后）10个，操作方法如下。

（1）按照上面的方法进行自动筛选，使自动筛选的下拉箭头出现在列标题的右侧，单击此箭头，出现下拉列表框。选 "数字筛选"命令，在子菜单中选 "10个最大的值 ..."命令，弹出对话框，在对话框中选 "最大"或 "最小"；

（2）单击［确定］按钮，完成筛选。

3）多个条件的筛选

有两种情况筛选。

（1）多个字段筛选。从多个字段筛选处的下拉列表框中去掉全选前的 "√"后选择了条件，这些被选中的条件具有 "与"的关系。

	A	B	C	D	E
1		彩虹小小超市			
2	当前日期：	2011-5-7	当前时间:8:20		
3	商品号	商品名	进价(元)	销售价(元)	商品类型
5	8	东北大米	1.2	3	食品
6	1	海带	1	2.5	食品
7	11	汉中大米	1.2	3	食品
8	12	金龙鱼菜籽油	45	67.5	食品
9	2	康师博方便面	1.5	3.75	食品
15	7	食盐	0.75	1.88	食品
16	10	泰国香米	1.5	3.75	食品

图 4-36　 "自动筛选"结果

（2）同一列有多条件筛选。如果对同一列有多条件筛选，可先去掉全选前的"√"，再在需要显示数据项前单击添加"√"，单击［确定］按钮，完成多条件筛选。

若所提供的筛选条件不满意，则可单击"自定义"选项，调出"自定义自动筛选方式"对话框，从中选择所需要的条件，如图4-37所示。单击［确定］按钮，就可以完成条件的设置，同时完成筛选。

4）移去筛选

对于不再需要的筛选数据，可以将其移去，其操作步骤如下。

单击设定筛选条件的列旁边的下拉列表按钮，从下拉列表中单击"全部"选项，或在［数据］功能区的［排序和筛选］组中单击"清除"，即可移去列的筛选。

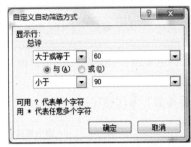

5）取消自动筛选

单击［数据］选项卡功能区［排序和筛选］组中"筛选"命令，取消自动筛选。

2.高级筛选　自动筛选已经能满足一般的需求，但是它还有些不足，如果要进行一些特殊要求的筛选就要用到"高级筛选"。

图4-37　"自定义自动筛选方式"对话框

在"自动筛选"中，筛选的条件采用列表的方式放在列标题栏上，而"高级筛选"的条件是要在工作表中写出来的。建立这个条件的要求包括：在条件单元格区域中首行所包含的字段名与数据清单上的字段名相同，在条件单元格区域内不必包含数据清单中所有的字段名，在条件单元格区域的字段名下必须至少有一行输入查找的要满足的条件，如图4-38所示。

	A	B	C	D	E	F
1			彩虹小小超市营业情况表			
2	当前日期：2011-5-7				当前时间：9:1	
3	商品号	商品名	商品类型	销售价(元)	销售量	销售金额
4	5	柠檬汽水	饮料	3.75	2	7.5
5	3	蓝天牙膏	生活用品	4.5	1	4.5
6	7	食盐	食品	1.88	8	15.04
7	4	月亮洗涤	生活用品	37.5	2	75
8	1	海带	食品	2.5	4	10
9	12	龙鱼菜籽	食品	67.5	2	135
10	10	泰国香米	食品	3.75	10	37.5
11	8	东北大米	食品	3	10	30
12	9	相印卫生	生活用品	17.25	1	17.25
13	3	蓝天牙膏	生活用品	4.5	2	9
14	7	食盐	食品	1.88	3	5.64
15	4	月亮洗涤	生活用品	37.5	5	187.5
16	10	泰国香米	食品	3.75	5	18.75
17	5	柠檬汽水	饮料	3.75	11	41.25
18	6	汽水	饮料	2.5	5	12.5
19	4	月亮洗涤	生活用品	37.5	2	75
20						
21	商品号	商品名	商品类型	销售价(元)	销售量	销售金额
22			食品	>=3		
23			饮料			

图4-38　"高级筛选"条件

单击［数据］选项卡→在功能区［排序和筛选］组中"高级"命令，调出"高级筛选"对话框。执行高级筛选时，准备进行筛选的数据单元格区域称为"列表单元格区域"；筛选的条件写在一个单元格区域，称为"条件单元格区域"；筛选的结果放的单元格区域称为"复制到"，如图4-39所示。

图 4-39　"高级筛选"对话框

同一行的条件为与运算，不在同一行的条件为或运算。

单击［确定］按钮，高级筛选结果如图 4-40 所示。

考点提示：自动筛选、高级筛选

（八）分类汇总

一般建立工作表是为了将其作为信息提供给他人。报表是用户最常用的形式，通过概括与摘录的方法可以得到清楚与有条理的报告。借助 Excel 提供的数据"分类汇总"功能可以完成这些操作。

1. 建立分类汇总的方法

（1）将数据清单按要进行分类汇总的列排序，如对"分类汇总.xlsx（xls）"工作簿中 Sheet1 工作表的"商品类型"字段排序；

25	商品号	商品名	商品类型	销售价(元)	销售量	销售金额
26	5	柠檬汽水	饮料	3.75	2	7.5
27	12	龙鱼菜籽	食品	67.5	2	135
28	10	泰国香米	食品	3.75	10	37.5
29	8	东北大米	食品	3	10	30
30	10	泰国香米	食品	3.75	5	18.75
31	5	柠檬汽水	饮料	3.75	11	41.25
32	6	汽水	饮料	2.5	5	12.5

图 4-40　"高级筛选"结果

（2）单击数据清单中的某一数据或选中数据清单区域，如选 A3：F19 区域；

（3）单击［数据］选项卡→在功能区的［分级显示］组中选"分类汇总"命令，调出"分类汇总"对话框，在"分类字段"下拉列表框中选择某一分类的关键字段（排序字段"商品类型"）；

（4）在"汇总方式"下拉列表框中选择汇总方式，如求和；

（5）在"选定汇总项"列表中选择汇总项，可指定对其中哪些字段进行汇总；

（6）可根据标出的功能选用对话框底部的三个可选项，如图 4-41 所示；

（7）设定后单击［确定］按钮，分类汇总的结果如图 4-42 所示。

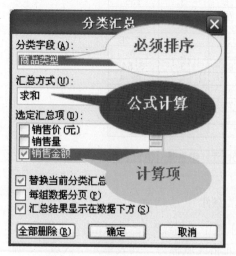

图 4-41　"分类汇总"对话框

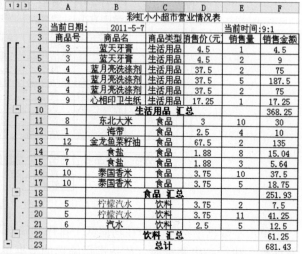

图 4-42　"分类汇总"结果

如果分类汇总中还选了"每组数据分页",汇总结果可分组分页打印。

2.分类汇总的嵌套 有时要对多项指标汇总,例如,在对"商品类型"进行汇总后,还可以对"商品名"进行汇总。操作步骤如下。

（1）单击［数据］选项卡→在［分级显示］组中选［分类汇总］命令,调出"分类汇总"对话框;

（2）汇总方式选"求和",在"选定汇总项"列表中选择"销售金额"复选框,"分类字段"选"商品名",取消选取"替换当前分类汇总"复选框,如图4-43所示;

（3）单击［确定］按钮,得到有商品类型分类汇总销售金额,又有各种商品分类汇总销售金额,结果如图4-44所示。

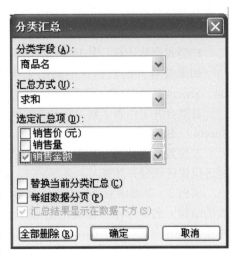

图4-43 "分类汇总嵌套"对话框

1 2 3 4		A	B	C	D	E	F
	1			彩虹小小超市营业情况表			
	2	当前日期:	2011-5-7			当前时间:9:1	
	3	商品号	商品名	商品类型	销售价(元)	销售量	销售金额
	4	3	蓝天牙膏	生活用品	4.5	1	4.5
	5	3	蓝天牙膏	生活用品	4.5	2	9
	6		蓝天牙膏 汇总				13.5
	7	4	蓝月亮洗涤剂	生活用品	37.5	2	75
	8	4	蓝月亮洗涤剂	生活用品	37.5	5	187.5
	9	4	蓝月亮洗涤剂	生活用品	37.5	2	75
	10		蓝月亮洗涤剂 汇总				337.5
	11	9	心相印卫生纸	生活用品	17.25	1	17.25
	12		心相印卫生纸 汇总				17.25
	13			生活用品 汇总			368.25
	14	8	东北大米	食品	3	10	30
	15		东北大米 汇总				30
	16	1	海带	食品	2.5	4	10
	17		海带 汇总				10
	18	12	金龙鱼菜籽油	食品	67.5	2	135
	19		金龙鱼菜籽油 汇总				135
	20	7	食盐	食品	1.88	8	15.04
	21	7	食盐	食品	1.88	3	5.64
	22		食盐 汇总				20.68
	23	10	泰国香米	食品	3.75	10	37.5
	24	10	泰国香米	食品	3.75	5	18.75
	25		泰国香米 汇总				56.25
	26			食品 汇总			251.93
	27	5	柠檬汽水	饮料	3.75	2	7.5
	28	5	柠檬汽水	饮料	3.75	11	41.25
	29		柠檬汽水 汇总				48.75
	30	6	汽水	饮料	2.5	5	12.5
	31		汽水 汇总				12.5
	32			饮料 汇总			61.25
	33			总计			681.43

图4-44 "分类汇总嵌套"结果

考点提示：分类汇总

3.删除分类汇总 对已经进行分类汇总的工作表,单击［数据］选项卡→在［分级显示］组中选［分类汇总］命令,调出"分类汇总"对话框,选择［全部删除］按钮,就可以将当前的全部分类汇总删除。

（九）合并计算

合并计算主要用于计算的数据分布在不同的工作表或不同的工作簿中。Excel 提供几种方式来合并计算数据。但最灵活的方法是创建公式，该公式引用的是将进行合并的数据区域中的每个单元格。引用了多张工作表上的单元格的公式被称为三维公式。

1. 公式合并计算　对于所有类型或排列的数据计算，推荐使用公式中的三维引用。

如果要合并的数据在不同的工作表的不同单元格中，请输入形如"=SUM（Sheet3！B4，Sheet4！ A7，Sheet5！ C5）"的公式。

若要合并工作表 2 到工作表 4 的单元格 B3 中的数据，也可以键入公式"=SUM（Sheet2：Sheet4！ B3）"。

2. 位置合并计算　如果所有不同工作表源区域中的数据按同样的顺序和位置排列，则可通过位置进行合并计算。

实例 3　某教研室要把本室各教师的教学班期末成绩汇总在一张总表中上报，教学班成绩表的结构、名单顺序与总表完全相同，任课教师只填写自己执教的教学班学生成绩。汇总操作步骤如下。

（1）打开含有总表及各班成绩的工作簿，将各班成绩工作表复制到含有总表的工作簿其他不同工作表中。

（2）在［视图］选项卡的功能区［窗口］组中根据实际工作表数多次选"新建窗口"命令，新建多个窗口，再垂直排列窗口。

（3）在"总表"中选中要放入成绩的第一个单元格，如图 4-45 所示。

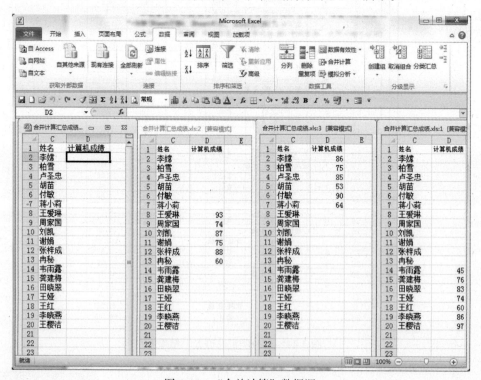

图 4-45　"合并计算"数据源

（4）单击［数据］选项卡→在功能区［数据工具］组中选"合并计算"命令，调出对话框。

（5）在"合并计算"对话框中，在"函数"选项中选"求和"，在"引用位置"选项中分别选在不同表中要添加的教学班成绩数据区，单击［添加］，对每个区域重复这一步骤，选择如图 4-46 所示。如果要在数据源区域的数据更改的任何时候都会自动更新合并表，并且确认以后在合并中不需要包括不同的或附加的区域，请选中"创建指向源数据的链接"复选框。

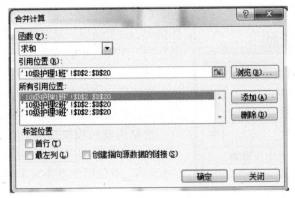

图 4-46　"合并计算"对话框设置

（6）单击［确定］按钮，完成成绩汇总，结果如图 4-47 所示。

（十）模拟分析

模拟分析是为工作表中的公式尝试各种值。在单元格中更改值以查看这些更改将如何影响工作表中公式结果的过程。

Excel 2010 附带了三种模拟分析工具：方案、数据表和单变量求解。

方案和数据表可获取一组输入值并确定可能的结果。数据表仅可以处理一个或两个变量，但可以接受这些变量的众多不同的值。一个方案可具有多个变量，但它最多只能容纳 32 个值。

单变量求解与方案和数据表的工作方式不同，它获取结果并确定生成该结果的可能的输入值，即逆向求解。

	A	B	C	D
1	班级	学号	姓名	计算机成绩
2	10级护理1班	18240120	李嫦	86
3	10级护理1班	18250101	柏雪	75
4	10级护理1班	18250102	卢圣忠	85
5	10级护理1班	18240105	胡苗	53
6	10级护理1班	18240106	付敏	90
7	10级护理1班	18240107	蒋小莉	64
8	10级护理2班	18240108	王爱琳	93
9	10级护理2班	18240109	周家国	74
10	10级护理2班	18240110	刘凯	87
11	10级护理2班	18240111	谢娟	75
12	10级护理2班	18240112	张梓成	88
13	10级护理2班	18240113	冉秘	60
14	10级护理3班	18240114	韦雨露	45
15	10级护理3班	18240115	龚建梅	76
16	10级护理3班	18240116	田晓翠	83
17	10级护理3班	18240117	王娅	74
18	10级护理3班	18240118	王红	60
19	10级护理3班	18240119	李晓燕	86
20	10级护理3班	18240104	王樱洁	97

▎◀ ▶ ▎\ 总表 /10级护理1班 /10级护理2班 /10级护理3班

图 4-47　"合并计算"结果

1. 单变量求解　如果知道需要的结果，可使用"单变量求解"查找合适的输入。

数学问题：已知函数值，求自变量的值，假如儿童身高（厘米）与年龄的计算公式为 $y=5x+75$，y 为身高，x 为年龄，当 $y=120$（厘米）时，$x=?$

可用模拟分析的单变量求解。操作如下。

（1）启动 Excel 2010，在工作簿 1 的工作表 Sheet1 的 B2 中输入公式"=5*A2+75"；

（2）选中 B2 单元格；

（3）单击［数据］功能区的［数据工具］组中"模拟分析"菜单，在下拉菜单中选"单变量求解"命令；

（4）在"单变量求解"对话框的"目标值"文本框中输入 120；

（5）单击"单变量求解"对话框的"可变单元格"文本框，将光标定位在文本框中，再单击可变单元格 A2；

（6）单击"单变量求解"对话框的"目标单元格"文本框，将光标定位在文本框中，再单击目标单元格 B2；

（7）单击［确定］按钮，得到 A2=9（即 $x=9$），如图 4-48 所示。

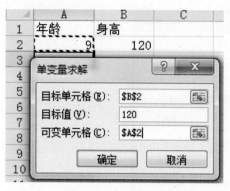

图 4-48　$y=120$，$x=9$

2. 方案管理器　假设您具有三个预算方案：最坏情况、一般情况、最好情况。您可以使用方案管理器在同一工作表中创建这三个方案，然后在各方案间切换。对于每个方案，您可以指定更改单元格及用于该方案的值。当您在各方案之间切换时，结果单元格会发生变化以反映变化的不同单元格值。

贷款问题：假如目前银行贷款年利率（p）：5年以上，$p=6.15\%$；2～5年内，$p=6.00\%$；1年内，$p=5.56\%$。有位药学专业大学毕业生想自谋职业开一个便民小药店，准备向银行贷款 10 万元，他想了解分别贷款 30 年、5 年、1 年的每月还贷金额是多少，以便根据自己实际经济情况来确定贷款年限。

利用方案管理器操作如下。

（1）根据题目要求在 Excel 2010 中建数据表，如图 4-49 所示：

（2）在 B6 中输入公式：=PMT（B3/12，B4，-B5）；

（3）选中 B6→单击［数据］选项→单击功能区的［数据工具］组中的模拟分析→方案管理器→单击［添加（A）...］按钮→在"编辑方案"对话框中，"方案名"文本框中输入"贷款 30 年"，"可变单元格"文本框中引入 B3：B4→［确定］，如图 4-50 所示→在"方案变量值"对话框中输入每个可变单元格（年利率 B3，贷款月数 B4）的值，如图 4-51 所示→单击［确定］；

抵押贷款分析			
首付	无	年利率p	说明
利率	6.15%	6.15%	5年以上
期限（月）	360	6.00%	2-5年
贷款金额	¥ 100,000	5.56%	1年
月还款金额			

图 4-49　"月还款金额"源数据

（4）单击［添加（A）...］按钮，同样可建立贷款 5 年、1 年的方案，切换方案，如到"贷款 5 年"方案→单击［显示］按钮或双击方案名，显示方案结果，如图 4-52 所示。

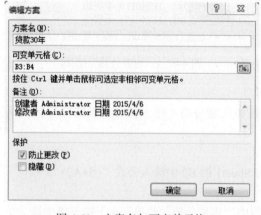

图 4-50　方案名与可变单元格

图 4-51　可变单元格的值

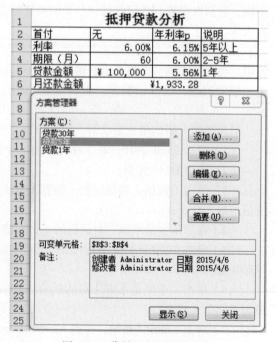

图 4-52　贷款 5 年月还款金额

3.模拟运算表　通过模拟运算表，可同时查看多个不同可能输入的结果。

贷款问题：如考虑银行利率和贷款年限的两变化因数，分析月还款金额变化情况。

利用模拟运算表操作如下。

1）按题目要求在 Excel 2010 中建数据表如图 4-53 所示；

（2）在 C2 中插入公式：=PMT（B3/12，B4，-B5）；

（3）选中 C2：E5 含公式→单击［数据］功能区的［数据工具］组中的［模拟分析］菜单→选"模拟运算表…"命令→在"模拟运算表"

	A	B	C	D	E
1			抵押贷款分析		
2	首付	无	¥609.23	240	360
3	利率	6.15%	6.15%		
4	期限（月）	360	6.00%		
5	贷款金额	¥ 100,000	5.56%		

图 4-53　"月还款金额变化情况"源数据

注：其列 C3：C5 是要改变的年利率（按列），行 D2：E2 是要改变的贷款期限（按行）

对话框中，引用行的单元格文本框中输入 B4，引用列的单元格文本框中输入 B3，如图 4-54 所示；

（4）单击［确定］按钮，完成月还款金额变化情况分析表，如图 4-55 所示。

图 4-54　模拟运算表行、列可变单元格

	A	B	C	D	E
1			抵押贷款分析		
2	首付	无	¥609.23	240	360
3	利率	6.15%	6.15%	725.1115	609.2282
4	期限（月）	360	6.00%	716.4311	599.5505
5	贷款金额	¥ 100,000	5.56%	691.2805	571.5592

图 4-55　月还款金额变化情况分析表

（十一）数据透视表

数据透视表是一种对大量数据快速汇总和建立交叉列表的交互式表格，它提供了操纵数据的强大功能。它能从一个数据清单的特定字段中概括出信息，可以对数据进行重新组织，根据有关字段去分析数据库的数值并显示最终分析结果。

数据透视表是交互式报表，可快速合并和比较大量数据。读者可旋转其行和列以看到数据源的不同汇总，而且可显示感兴趣区域的明细数据。

数据透视表可实现按多个字段分类汇总。

数据透视表中的数据，可以从 Excel 数据清单、外部数据库、多张 Excel 工作表或其他数据透视表中获得。

1.数据透视表的组成部分

（1）报表筛选项：用于筛选整个数据透视报表显示，是数据透视表中指定为"页方向"的源数据清单或表单中的字段。

（2）行标签：是在数据透视表中指定为行方向的源数据清单或表单中的字段。

（3）列标签：是在数据透视表中指定为列方向的源数据清单或表单中的字段。

（4）数值：字段的子分类或成员，即相同的数值为一类，项代表数据源中同一字段右列中数值的单独条目，因而数据项中不会出现相同的数值。数据项以行标题或列标题的形式出现或在页字段的下拉列表框中。

（5）活动字段：活动字段提供要汇总的数据值。通常，活动字段包含数字，可用 SUM 汇总函数合并这些数据。但活动字段也可包含文本，此时数据透视表使用 COUNT 汇总函数。

如果报表有多个活动字段，则报表中出现多个活动字段的运算值，单击报表中的数值以访问所有活动字段。

（6）汇总函数：用来对数据字段中的值进行合并的计算类型。数据透视表通常为包含数字的数据字段使用 SUM，而为包含文本的数据字段使用 COUNT。可选择其他汇总函数，如

AVERAGE、MIN、MAX 和 PRODUCT 等。

2. 数据透视表的创建过程　工作簿"超市经营表 .xlsx"中有一"毛利润结算"工作表，由它产生每天经营的各类商品的毛利润数据透视表。操作步骤如下。

（1）打开工作簿"超市经营表 .xlsx"，选"毛利润结算"工作表为当前工作表；

（2）选中数据清单 A3：I27；

（3）单击［插入］选项卡→在功能区［表格］组中选"数据透视表"命令，调出对话框如图 4-56 所示；

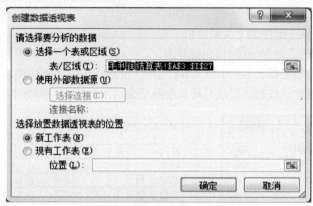

图 4-56　"数据透视表"向导 1 对话框

（4）保持默认状态，单击［确定］按钮，调出对话框，确定报表字段；

（5）将"销售日期"字段拖到"报表筛选"下方，决定显示内容；

（6）将"商品名"字段拖到"行标签"下方，决定行显示内容；

（7）将"商品类型"字段拖到"列标签"下方，决定列显示内容；

（8）将"毛利润"数据字段拖到"数值"下方，决定计算数据对象，完成数据透视表设计，数据透视表如图 4-57 所示。

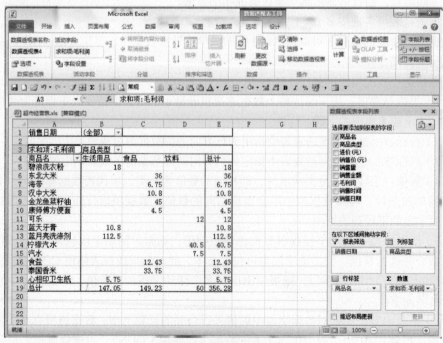

图 4-57　数据透视效果

考点提示：数据透视表的建立

3. 数据透视表中的交互式操作　单击透视表的数据区，出现［数据透视表工具］选项卡。

（1）在数据透视表中，如果想得到某一天各类商品的毛利润情况，可以单击"销售日期（全部）"旁的下黑三角，在下拉列表框中选日期实现。

（2）若想得到某天各类商品的销售金额汇总情况，可将"选择要添加到报表的字段"中的"销售金额"拖到数据区中。结果如图 4-58 所示。

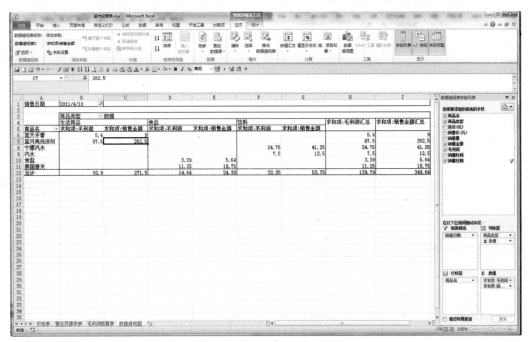

图 4-58　多数据项数据透视效果

（3）若想得到某种商品的销售金额和毛利润汇总情况，可在行"商品名"旁单击黑三角，在下拉列表框中去掉其他商品名。

（4）若想改变某一"活动字段"的汇总方式，在数据透视表中选中要改变的活动字段，单击［数据透视表工具］→［选项］，调出对应功能区。在功能区的［活动字段］组中选"字段设置"命令，在调出的对话框中选择"值汇总方式"标签中"选择用于汇总所选字段数据的计算类型"计算方式。

（5）若想行与列交换位置汇总，只需拖动行与列上的字段交换位置。

（6）若想看某项汇总数据的明细，只需选中汇总数据，然后双击就产生一张明细数据新工作表。

（7）若数据源区的数据有所改变时，可在数据透视图选中数据汇总区的数据，单击［数据透视表工具］功能区的［数据］组中［刷新］命令按钮。但扩大数据源区不能马上更新，要先"更改数据源"更新。

当我们在 Excel 中使用大型的数据源创建数据透视表时，每次在数据透视表中添加新的字段，默认 Excel 会及时更新数据透视表。由于数据量较大，可能会使操作变得非常缓慢。

在 Excel 2010 中，可以使用"推迟布局更新"选项来手工更新数据透视表，方法是：在"数据透视表字段列表"对话框中，勾选"推迟布局更新"选项，此时"更新"按钮变成可用状态。当把需要调整的字段全部调整完毕后，单击［更新］按钮更新数据透视表。

（十二）数据透视图

建立数据透视图与创建数据透视表操作方法基本相同。数据透视图在数据透视表中多了图表图形，当报表筛选项目发生改变后，图表也将作相应变化。

可以先创建数据透视表，在此基础上创建数据透视图。当然也可以直接创建数据透视图。

如果已经创建了数据透视表，再想添加数据透视图，可按如下操作步骤完成。

（1）单击数据透视表区选中透视表；

（2）再单击［数据透视表工具］选项卡；

（3）在［数据透视表工具］功能区的［工具］组中单击"数据透视图"；

（4）在"插入图表"对话框中选图表类型，这样完成在数据透视图中添加数据透视图，如图4-59所示。

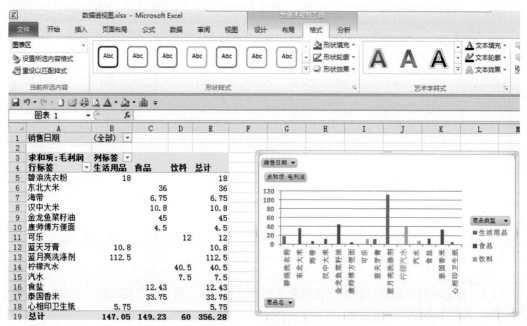

图4-59　数据透视图

（十三）数据透视表的切片器

除了在建立数据透视表中选中筛选字段来透视显示数据，以便分析某项数据指标的变化所引发的其他数据的改变，还可以用数据透视表工具所提供的切片器来筛选数据，数据清单中的每一个字段都可以作为筛选依据。使用切片器可以更快速、更轻松地实现筛选数据透视表和多维数据集功能。

利用切片器筛选操作如下。

（1）单击选中数据透视表任一数据，出现［数据透视表工具］。

（2）单击［数据透视表工具］选项卡。

（3）在［选项］功能区的［排序和筛选］中单击［插入切片器］命令按钮，出现"插入切片器"选择框。

（4）在"插入切片器"选择框中选择筛选字段，如"销售日期""商品名"等。单击［确定］按钮，调整位置，如图4-60所示。

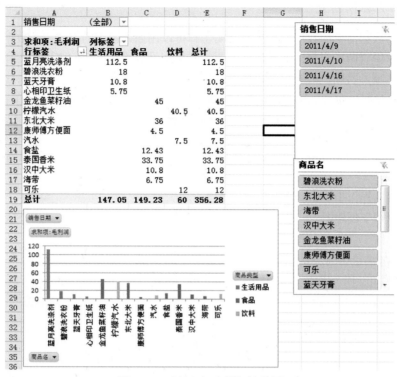

图 4-60　"插入切片器"效果图

（5）在"商品名"切片上选中若干销售日期，透视表及透视图就显示出这些日期销售的商品的相关信息数据及图表，如图 4-61 所示。

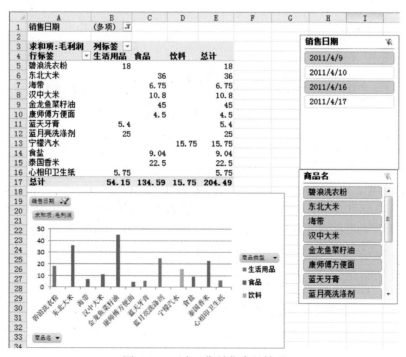

图 4-61　两个日期销售商品情况

（十四）数据图表

为了使对数据清单的数据分析更直观明了，可以用插入图表的方式表示数据变化规律。在 Excel 2010 中有两类图表，如果建立的图表和数据是放置在一起的，这样图和表的结合就比较紧密、清晰、明确，更便于对数据的分析和预测，称为内嵌图表。如果要建立的工作表不和数据放在一起，而是单独占用一张工作表，称为图表工作表，也叫独立工作表。

1. 创建数据图表　在 Excel 2010 中可以使用多种方法建立图表，下面介绍其中的几种。

1）用"图表"对话框建立图表

自定义快速访问工具栏，在 Excel 选项"常用命令"中选 "图表"命令添加到快速访问工具栏中。

建立图表的操作步骤如下所示。

（1）选择用于创建图表的数据，如选中工作簿"职工工资及资金.xlsx"中的"Sheet1"表的"姓名""基本工资""活动工资""岗位津贴"和"奖金"数据单元格区域；

（2）单击快速访问工具栏中的［图表］按钮，或［插入］功能区的［图表］组右下角按钮，调出"插入图表"对话框，如图 4-62 所示；

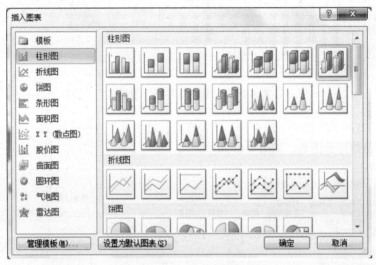

图 4-62　　"插入图表"对话框

（3）单击模板中图形类型选图表类型，如选"柱形图"类型；

（4）在所选类型图组中选定图表格式，如"柱形图"中选"三维柱形图"，就创建一个嵌入式图表，结果如图 4-63 所示。

2）用［插入］选项卡的功能区［图表］组中的各类图表按钮完成数据图表设计

实例 4　将"师资比例.xlsx"中的工作表中"职称"和"所占百分比"的数据用图表中"饼形图"表示，嵌入在工作表中，标题为"师资职称百分比"，有图例，数据标志为"百分比"。

操作步骤如下。

（1）打开"师资比例.xlsx"，选中数据源 A2：A6 和 C2：C6；

（2）单击［插入］选项卡→［图表］组→单击"饼图"，或［图表］组的右下角［创建图表］按钮，在弹出的对话框中选"饼图"；

（3）选中图表图形，出现［图表工具］选项卡，在［图表工具］→［布局］功能区的［标签］组中"图表标题"中输入"师资职称百分比"，"图例"中设置图例位置；

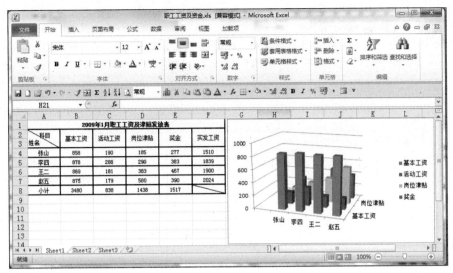

图 4-63 "三维柱形图"图表效果

（4）在"数据标签"中选"其他数据标签选项…"命令，再选"百分比"；

（5）将图表作为嵌入式插入到"Sheet1"工作表中，单击［完成］按钮，结果如图 4-64 所示（数字可在图形内，也可以设置在图形之外）。

图 4-64 某学校师资职称百分比饼图效果

选择图表类型时要根据实际情况选择合适图形。一般反映数据大小时可选"柱形图"，表示所占比例时可选"饼形图"，表示函数关系时可选"折线图"中的"平滑散点图"，如 $y = 1 + 2\sin(x)$ 的图象，如图 4-65 所示。

2.迷你图表 Excel 2010 增加的新功能，它可以将一组数据的图表放入一个单元格中，既简单又明了。

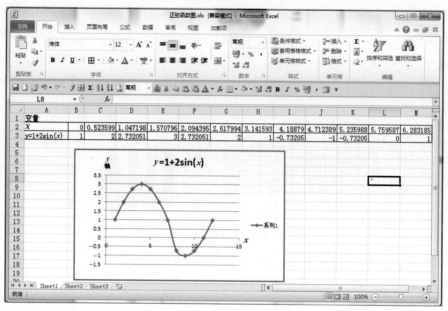

图 4-65　正弦函数图像折线图效果

例如，要了解近 5 年某学校教师队伍职称结构变化情况，数据表格如图 4-66 所示。

	A	B	C	D	E	F	G
1	近5年某学校教师队伍职称结构						
2	年份	教授	副教授	讲师	助教	总人数	职称分布图表
3	2011年	45	220	301	202	768	
4	2012年	15	269	264	226	774	
5	2013年	50	290	311	317	968	
6	2014年	71	279	382	212	944	
7	2015年	117	312	478	251	1158	
8	年份变化图表						

图 4-66　教师队伍职称结构数据表格

通常用折线图表示职称年份变化情况。由于数据较多，多折线重叠在一起，不容易观察清楚。而用迷你折线图表示，能一目了然。在单元格中插入迷你图表操作如下。

（1）单击 B8 选中，在［插入］功能区的［迷你图］组中单击"折线图"；

（2）在弹出的"创建迷你图"对话框中，确定数据范围"B3：B7"，单击［确定］按钮，在 B8 中插入迷你折线图；

（3）选中 B8，水平拖动填充柄到 F8，完成 C8：E8 迷你折线图插入。

类似方法完成在 G3：G7 中插入迷你柱形图，并选一种样式，将所有柱形迷你图选中→单击"迷你图工具"中的［设计］选项卡→单击功能区的［样式］组中的"标记颜色"→标记最高点为红色，效果如图 4-67 所示。

3. 修改图表　图表做好后，对图表的类型、数据源、图表选项等都可以随时修改添加。

智能［图表工具］（选中图表后"图表工具"才会出现）有三个选项卡：［设计］、［布局］、［格式］。

［设计］功能区：［类型］组（改变图表类型、改变数据源）、［数据］（切换行／列、选择数据）、［图表布局］组（［快速布局］按钮）、［图表样式］组（图表颜色）、［位置］组（移动图表到工作簿的其他工作表或标签）。

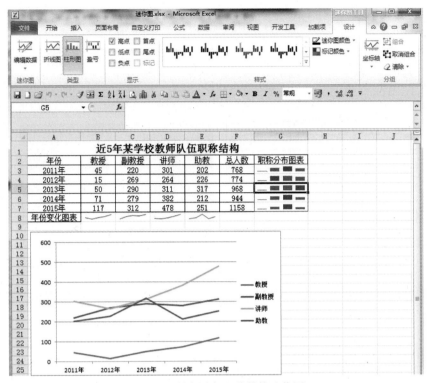

图 4-67 教师队伍职称结构迷你图

［布局］功能区：［插入］组（在图表图形区插入图片、形状、文本框）、［标签］组（在图表区中添加图表标题、坐标轴标题、图例设置、数字标签、模拟运算表）、［坐标轴］组（坐标轴、网格线设置）、［背景］组（图表背景墙、图表基底、三维旋转）、［分析］组等。

［格式］功能区：［形状样式］组（形状填充、形状轮廓、形状效果设置）、［艺术字样式］组（对文本填充、文本轮廓、文本效果设置）、［排列］组（选择窗格、对齐等设置）、［大小］组等。

1）添加图表中的数据

添加图表数据，操作步骤如下。

（1）先在工作表内输入要添加的数据；

（2）单击图表区，使其处于选定状态；

（3）单击［图表工具］→［设计］功能区［数据］组中"选择数据"→在弹出的对话框中选［添加］命令，调出"添加数据"对话框；

（4）在"系列名称框"文本框中输入"列标题"，或单击［折叠对话框］按钮选择列标题单元格区域，在"系列值"文本框中选择输入数值区域，如图 4-68 所示；

（5）单击［确定］按钮，再单击［确定］按钮。

上述操作完成后，数据就被添加到图表中了，如图 4-69 所示。

操作技巧：单击图表区后，数据区中出现选定框柄，鼠标指向选定框柄，按住鼠标左键拖动扩大选定框柄增加图表。

2）删除图表中的多余数据图

对于不必要在图表中出现的数据，可以从图表中将其删除而不改变工作表中的数据。有两种方法可以实现。

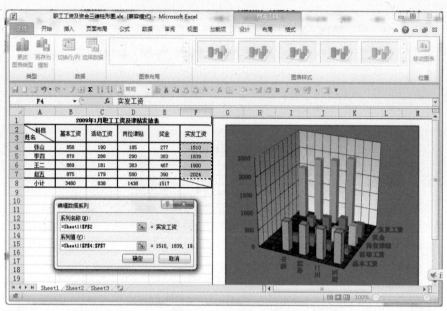

图 4-68　图表中添加数据源

（1）在数据区使用"选定柄"。

A. 选中图表区，在图表区中单击要删除的序列选中，如"实发工资"，如图 4-70 所示；

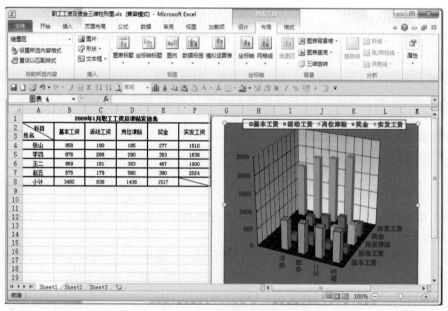

图 4-69　添加数据源后的图表

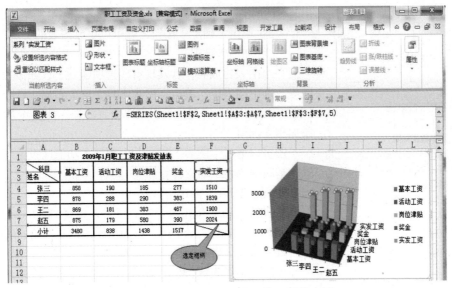

图 4-70　图表中选"实发工资"删除序列

B. 在数据区中向上拖动选定柄，将数据区中的图表数据区移走即可；

C. 若有"图例"，"图例"中相关信息也自动清除。

（2）在图表图形中删除。

操作步骤如下。

A. 单击图表，使其处于选中状态；

B. 在图表图形中选定要删除的序列；

C. 右击选中序列，在快捷菜单中选"删除"命令或单击［图表工具］→［设计］功能区的［数据］组中"选择数据"→在弹出的对话框中选"删除"命令，这时图表中选定的序列已被删除。

操作技巧： 在图表图形中选定要删除的序列，按［Delete］键删除多余数据图。

3）移动、调整图表

在工作表中创建了图表后，可以重新调整图表的位置和大小，在移动和改变图表大小之前要用鼠标单击图表，使其呈选中状态，即图的周围出现有八个句柄的边框，这时名称栏中的名称是"图表 1"。

（1）命名图表：选中要命名的图表后，单击"名称"栏，输入新的名字，单击［Enter］键，就可以完成图表的命名。

（2）移动图表：选中要移动的图表以后，将鼠标指针放在图表区空白的任意一个位置上，然后用鼠标拖曳到新的位置。

（3）改变图表的大小：选中要改变大小的图表以后，将鼠标移到图表的句柄上，拖曳鼠标，就可以改变图表的大小。

4）复制图表

复制图表与复制单元格中数据的方法相同。

5）改变图表类型

若对已建立的图表类型不满意时，用户可以重新选择。简单的方法是选中图表区。调出［图表工具］选项卡，单击［图表工具］→［设计］切换功能区，在功能区中选中［类型］组中的"改变图表类型"命令按钮，从中选择所需要的图表类型，就可以完成图表类型的更改。其操作步骤如下。

（1）单击图表单元格区域，选定图表；

（2）单击［图表工具］→［设计］功能区中［类型］组的"改变图表类型"命令按钮→在弹

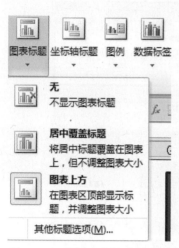

图 4-71　"图表标题"菜单命令

出的对话框中选"图表类型";

（3）单击［确定］按钮，就可以更改图表的类型。

6）添加图表选项

一个图表建成后，若发现有些选项遗漏了，如添加图表标题等。选中图表区，单击［图表工具］→［布局］选项卡→在［标签］组中选相应选项调出菜单设置添加，如图 4-71 所示，添加相应选项。

还可以通过［图表工具］→［布局］功能区设置图表的背景、基底颜色和三维旋转等。

7）设置图表区格式

图表区指用来存放图表的矩形单元格区域。Excel 允许修改整个图表区中的文字字体、设置填充图案及对象的属性。

改变图表区格式的操作步骤如下。

（1）双击图表区，调出"设置图表区格式"对话框，单击"图案"选项卡。

在"边框"栏设置边框的颜色和样式；在"单元格区域"栏设置填充的颜色，单击［填充效果］按钮可以调出"填充效果"对话框，其使用方法与设置绘图区填充效果相同。

（2）选中图表区后，在［图表工具］→［格式］选项卡功能区中选［形状样式］组可改变图表区外观，选［艺术样式］组可改变文本样式，根据需要设置字体格式。

（3）单击［确定］按钮，完成图表单元格区域的格式设置。

考点提示：.图表的建立、编辑和修改及修饰

操作技巧：修改图表，添加选项，都可先选中图表区，右击鼠标，在快捷菜单中选择相关命令来完成。

三、实施方案

（一）完成"营业员操作表"的操作设计

如果按常规录入数据，营业员势必输入信息量较大，容易出错，顾客较多时，时间也不允许。我们必须为营业员实际操作着想，改进数据的录入方式，使其只需输入商品号、销售量、日期和时间，就能带出相关信息，并能计算出销售金额。设计步骤如下。

（1）打开"超市经营表.xlsx"工作簿，单击"价格表"变为当前操作表；

（2）单击"商品名"，在快速访问工具栏中或［数据］选项功能区中单击［升序］按钮 ；

（3）单击"营业员操作表"变为当前操作表；

（4）在"商品名"列 B4 中输入公式"=VLOOKUP（A4，价格表！$A：$B，2，FALSE）"；

（5）在"商品类型"列 C4 中输入公式"=VLOOKUP（A4，价格表！$A：$E，5，FALSE）"；

（6）在"销售价（元）"列 D4 中输入公式"=LOOKUP（B4，价格表！$B：$B，价格表！$D：$D）"；

（7）在"销售金额"列 F4 中输入公式"=D4*E4"；

（8）单击［开始］选项功能区的［编辑］组中的"查找与选择"命令→在菜单中选"转到..."命令，调出"定位"对话框，输入 B4：F65536，单击［确定］按钮，选中 B4：F65536 单元格区域；

（9）按［Ctrl+D］组合键，向下填充完成复制公式，如图 4-72 所示；

B4 =VLOOKUP(A4,价格表!$A:$B,2,FALSE)

	A	B	C	D	E	F	G	H
1	彩虹小小超市营业情况表							
2	当前日期:	2011-5-16				当前时间:	16:41	
3	商品号	商品名	商品类型	销售价(元)	销售量	销售金额	销售时间	销售日期
4		#N/A	#N/A	#N/A		#N/A		
5		#N/A	#N/A	#N/A		#N/A		
6		#N/A	#N/A	#N/A		#N/A		
7		#N/A	#N/A	#N/A		#N/A		
8		#N/A	#N/A	#N/A		#N/A		
9		#N/A	#N/A	#N/A		#N/A		
10		#N/A	#N/A	#N/A		#N/A		
11		#N/A	#N/A	#N/A		#N/A		
12		#N/A	#N/A	#N/A		#N/A		
13		#N/A	#N/A	#N/A		#N/A		
14		#N/A	#N/A	#N/A		#N/A		
15		#N/A	#N/A	#N/A		#N/A		
16		#N/A	#N/A	#N/A		#N/A		
17		#N/A	#N/A	#N/A		#N/A		

图 4-72 “营业员操作表”设计效果

（10）单击［文件］选项卡，选“另存为”命令，取名保存设计好的工作簿。

其余数据由操作员临时输入，数据输入后对应信息会自动出现。要想得到一个顾客的总金额，可选中顾客所购买的所有销售金额，右击状态栏，在快捷菜单中选“求和”选项，在状态栏中就会显示出顾客的总金额。

（二）完成“毛利润结算表”的数据统计

将营业员已输入的数据作为依据完成店主所想要的统计数据，操作步骤如下。

（1）分别将“营业员操作表”中商品名、商品类型、销售价（元）、销售量、销售金额、销售时间及销售日期用“选择性粘贴”命令中的“数值和格式”选项，复制到“毛利润结算表”中的对应位置；

（2）在“进价”列 C4 单元格中，输入公式“=LOOKUP（A4，价格表！$B：$B，价格表！$C：$C）”，双击 C4 填充柄得到所有商品进价；

（3）在“毛利润”列 G4 单元格中输入公式“=（D4-C4）*E4”，双击 C4 填充柄得到所有商品的毛利润；

（4）要想得到当日以前各类商品的毛利润，用前面所学的数据透视功能即可实现。

第三节 Excel 2010 的电子表格打印

在 Excel 2010 中，完成了数据编辑、数据工作表格式设计及数据统计与分析等工作，但最终还需要按一定要求形成报表打印出需要的数据和分析结果。

一、任　　务

营业员怎样打印出一位顾客所购商品的清单？

二、相关知识与技能

（一）页面设置

在前面所介绍工作表的设置过程中，并没有涉及用多大的纸张、打印时页边距是多少等问题，这些问题都是在页面设置中进行的。

1.页面设置　页面设置可在［页面设置］选项卡功能区中快速完成常规设置，如未设置数据表格边框，但又要在打印时带表格线，可在［页面设计］选项卡功能区的［工作表选项］组选"网格线"中的"打印"选项；［页面设置］选项卡功能区中主要有：［页面设置］（页边距、纸张方向、纸张大小、打印区域、分隔符、背景、打印标题）、［调整为合适大小］（宽度、高度、缩放比例）、［工作表选项］（网格线、标题）。也可以在［文件］选项卡的功能区中选"打印"控制命令或按快捷键［Ctrl+P］，在弹出的对话框中集中设置完成。下面以"打印"命令为例讲述。

（1）单击［文件］选项卡→选"打印"命令→选"页面设置"命令，调出"页面设置"对话框。单击"页面"选项卡，如图4-73所示。

图4-73　"页面"页面设置对话框

（2）在"方向"栏中，选中［纵向］或［横向］单选钮，设置打印方向。

（3）在"缩放"栏中，可指定工作表的缩放比例。

选中［缩放比例］单选钮，可在"缩放比例"数字选择框中指定工作表的缩放比例。工作表可被缩小到正常尺寸的10%，也可被放大到400%，默认的比例是100%。

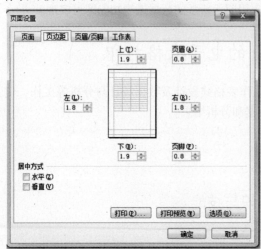

图4-74　"页边距"页面设置对话框

选中［调整为］单选钮，则工作表的缩放以页为单位。

（4）在"纸张大小"下拉列表框中，选择所需的纸张大小。

（5）在"打印质量"下拉列表框中，指定工作表的打印质量。

（6）在"起始页码"文本框中，键入所需的工作表起始页的页码。如果要使Excel 2010自动给工作表添加页码，请在"起始页码"框中键入"自动"。

（7）单击［确定］按钮，完成页面的设置。

2.设置页边距

（1）在"页面设置"对话框，单击"页边距"选项卡，如图4-74所示。

（2）根据需要设置上、下、左、右页边距。

（3）单击［确定］按钮完成设置页边距。

3.设置页眉和页脚 在"页面设置"对话框中
选择"页眉/页脚"选项卡，如图 4-75 所示，可以
设置页眉和页脚。所谓页眉是打印文件时，在每一
页的最上边打印的主题。在"页眉"列表框中选定
需要的页眉，则"页眉"列表框上面的预览单元格
区域显示打印时的页眉外观。

所谓页脚是打印在页面下部的内容，如页码等。
在"页脚"列表框中选择需要的页脚，则"页脚"列
表框下面的预览单元格区域显示打印时的页脚外观。

除了使用 Excel 所提供的页眉 / 页脚格式外，还
可以自定义页眉 / 页脚，操作步骤如下。

图 4-75 "页眉 / 页脚"页面设置对话框

（1）在"页眉 / 页脚"对话框中，单击［自定义页眉］按钮，调出相应对话框，如图 4-76
所示。

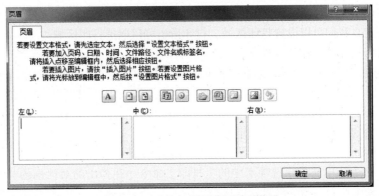

图 4-76 "自定义页眉"页面设置

（2）这时屏幕上出现一个"页眉"对话框。该对话框中 3 个文本输入框的含义如下。

左：在该文本框中输入的页眉内容将出现在工作表的左上角。

中：在该文本框中输入的页眉内容将出现在工作表的上方中间。

右：在该文本框中输入的页眉内容将出现在工作表的右上角。

（3）若要加入页码、日期、时间、文件名或工作表标签名，将光标移至需要的输入框，
单击相应的按钮即可。

（4）选定输入框内页眉内容，单击［字体］按钮，可设置页眉的字体格式。

（5）单击［确定］按钮，则在"页眉 / 页脚"选项卡中显示刚才定义的页眉。

单击"自定义页脚"按钮，可以自定义页脚，其方法与自定义页眉相同。

4.设置工作表的打印格式 单击"页面设置"对话框中的"工作表"选项卡，如图 4-77
所示，在该对话框中可以设置工作表的打印格式。

1）设置打印单元格区域

Excel 2010 允许打印工作表的某一部分单元格区域，单击"打印区域"右边的［折叠］按
钮，可以选择打印的单元格区域。

2）设置打印标题

当打印一张较长的工作表时，常常需要在每一页上打印行或列标题。Excel 2010 允许指

图 4-77　"工作表"页面设置

定行标题、列标题或二者兼有。

（1）单击"顶端标题行"右边的［折叠］按钮，指定打印在每页上端的行标题；

（2）单击"左端标题列"右边的［折叠］按钮，指定打印在每页左端的列标题。

各项设置完毕后，单击［确定］按钮生效，可用打印预览看到打印效果。

考点提示：页面设置

操作技巧：页面设置时，希望在每一页都出现的内容，如大标题、日期等，可以把它放在页眉/页脚中；当表格数据太多，多页才能输出，需要标题在多页出现时，设置列或行标题；当打印范围固定时，可设置打印区域。

（二）打印区域设置

Excel 2010 在打印时，默认打印活动工作表。有时我们只想打印活动工作表中某一部分内容，但又不固定，我们可以设置打印区域，打印后也可以取消打印区域。

1. 设置打印区域　操作步骤如下。

（1）选中要打印的数据区，如在"营业员操作表"中选一顾客所购商品清单及金额。

（2）单击［页面设置］选项卡功能区的［页面设置］组中［打印区域］的"设置打印区域"命令或［文件］选项卡中的"打印"命令→在弹出的对话框的"设置"下拉子菜单中选"打印选定区域"命令，打印时只打印选定区。

2. 取消打印区域　单击［页面设置］选项卡功能区的［页面设置］组中［打印区域］的"取消打印区域"命令或［文件］选项卡中的［打印］命令→在弹出的对话框的"设置"下拉子菜单中选"活动工作表"命令恢复默认状态[①]。

（三）打印预览和打印工作表

1. 打印预览　在 Excel 2010 中采用了所见即所得的技术，一个文档在打印输出之前，通过打印预览命令可在屏幕上观察文档的打印效果，在打印预览的状态下还可以依据所显示的情况进行相应参数的调整。

在自定义的快速访问工具栏中单击［打印预览］按钮或单击［文件］选项卡→选"打印"命令，调出"打印预览"窗口。在该窗口的右下角有两个命令按钮，通过这些命令按钮，可以用不同的方式查看版面效果或调整版面的编排，若单击［显示边距］按钮，结果如图 4-78 所示。在"状态栏"上显示了当前的页号和选定工作表的总页数。

在打印预览时还可以直接进行页边距的调整，其操作步骤如下。

（1）在打印预览状态下，单击［显示边距］按钮后，出现一些浅色的线条，这些线条代表所设定的上、下、左、右边界和页眉、页脚的位置。

（2）利用鼠标移动这些线条，可调整线条所代表的位置，以达到最佳的排版效果。

2. 分页预览　单击［视图］选项卡→在功能区的［工作簿视图］组中选"分页预览"命令，会切换到分页预览视图模式，蓝色外框包围的部分就是系统根据工作表中的内容自动产生的分页符。可以调整分页符的位置。

---

① 设置了打印区域后，无论你用快速访问工具栏中的［打印］按钮，还是用打印快捷键［Ctrl+P］，都只能打印打印区域中的数据。

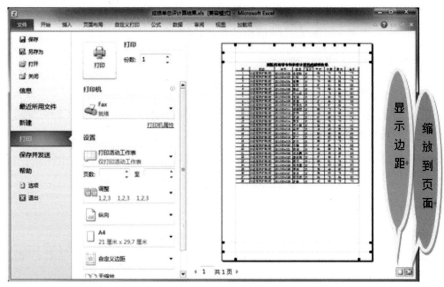

图 4-78　"打印预览"中的显示边距界面

如果要回到正常的视图下，可以单击［工作簿视图］组中的"普通"命令。

考点提示：打印预览

3. 打印工作表　经过前面的设置，现在可以打印已设置好的工作表了。

1）普通打印

可将在 Excel 选项的"常用命令"中的"快速打印"命令添加到快速访问工具栏。单击快速访问工具栏中的［打印］按钮，Excel 按默认方式打印，只打印选定的工作表中有数据的区域，与选定区域无关；若设置了打印区域，就只能打印打印区域。

2）特殊打印

单击［文件］选项卡→在功能区中选"打印"命令或按快捷键［Ctrl+P］，调出"打印内容"对话框，如图 4-79 所示。可以看出该对话框与 Word 中的"打印"对话框有许多相同的地方。例如，在"打印机"栏中，可对打印机进行设置，打印范围栏中可以设置打印哪几页，"份数"栏可以设置打印文件的份数等，而"打印内容"栏则与 Word 有所区别，下面对其进行介绍。

（1）选定单元格区域：选择此项可以打印工作表选定单元格区域中的内容。

（2）选定工作表：选择此项可以打印当前工作表中的

图 4-79　"打印内容"对话框

所有数据，即使工作表中定义了单元格区域，也不会考虑；如果希望打印多张工作表，需先把它们设置为一个工作组，然后选择此项。默认情况下，Excel 2010 打印活动工作表。

（3）整个工作簿：选择此项可以打印整个工作簿，而不只是当前工作表。

以上设置完成后，单击［确定］按钮，打印机开始打印。

三、实 施 方 案

营业员打印出一个顾客所购商品的清单的操作方案。

（一）设置打印区域

（1）打开"超市经营表 .xls"工作簿，在"营业员操作"中自定义页眉：左栏输入"商品名 商品类型 单价 数量 金额"，右栏插入"&［日期］（当前日期）&［时间］（购买时间）"。

（2）选中一位顾客购物清单，设为打印区域。

（3）单击快速访问工具栏中"打印"按钮 🖶 开始打印。

（4）取消打印区域。

（二）打印时选"选定区域"

（1）设置页眉内容与上相同，选中一位顾客购物清单。

（2）按快捷键［Ctrl+P］调出"打印内容"对话框，选"选定区域"，单击［确定］按钮。打印结果如图 4-80 所示。

商品名	商品类型	价格	数量	金额	2011-5-18	15:32
蓝月亮洗涤剂	生活用品	37.5	2	75		
海带	食品	2.5	4	10		
金龙鱼菜籽油	食品	67.5	2	135		
泰国香米	食品	3.75	10	37.5		
东北大米	食品	3	10	30		

图 4-80　顾客购物清单

第四节　Excel 2010 的数据保护

信息的保护很多情况归结为对数据的保护，数据的安全十分重要，大家一定要非常重视。除了对重要数据文件要经常性地备份外，还要防止信息的泄密。

一、任　务

经过多日的辛劳，总算完成了数据的录入、数据的统计，得到了有用的数据分析结果。为了保护自己劳动成果和数据不被非法篡改，可采用哪些措施？

二、相关知识与技能

保护工作簿能有效防止信息的泄漏；保护工作表可以防止别人篡改数据和别人非法享用自己的劳动成果，可以将公式隐藏，只能看见运算结果而不能看见算法。

（一）工作簿的保护

1. 工作簿文件保护　可以用添加密码来保护数据文件，打开工作簿时必须要输入正确密码后才能进入。添加密码的操作步骤如下所示。

（1）单击［文件］选项卡→"另存为"命令，调出"另存为"对话框，选"工具"下拉菜单中"常规选项 ..."，弹出"常规选项"对话框，如图 4-81 所示；

（2）输入打开权限密码和修改权限密码，单击［确定］；

（3）再次重复输入同一密码确认；

（4）单击［确定］按钮完成。

2.工作簿元素保护

（1）单击［审阅］选项卡→在功能区的［更改］组中选"保护工作簿"命令。

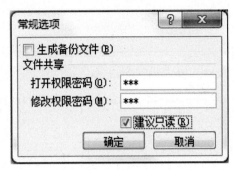

图 4-81　　"选项"对话框中"安全性"设置

（2）在弹出的对话框中，请执行下列一项或多项操作。

如果要保护工作簿的结构，请选中"结构"复选框，这样工作簿中的工作表将不能进行移动、删除、隐藏、取消隐藏或重新命名，而且也不能插入新的工作表。

如果要保护窗口以便在每次打开工作簿时使其具有固定的位置和大小，请选中"窗口"复选框。

若要禁止其他用户撤销工作簿保护，请键入密码，接着单击［确定］按钮，然后重新键入密码加以确认。

（二）工作表的保护

在一个工作簿文件中，可以对其中某一张工作表的数据进行保护，以防数据被恶意篡改。

1.隐藏公式　隐藏公式，只显示运算结果，有效地保护你的算法。

其具体操作步骤如下。

（1）切换到需要实施保护的工作表。

（2）选定隐藏公式的单元格区域，单击［开始］选项卡→在功能区的［单元格］组中选"格式"命令，在子菜单中选"设置单元格..."命令，调出"设置单元格格式"对话框，如图 4-82 所示，单击"保护"选项卡。

（3）选中"隐藏"复选框，单击［确定］按钮。

（4）单击［审阅］选项卡→在其功能区的［更改］组中选"保护工作表"命令，弹出"保护工作表"对话框。在"取消工作表保护时使用的密码"文本框中输入密码，如图 4-83 所示，单击［确定］按钮，再重复输入密码，确认[①]。

（5）保存工作簿。

2.取消隐藏公式　其操作步骤如下。

（1）单击［审阅］选项卡→在其功能区的［更改］组中选"保护工作表"命令，弹出"保护工作表"对话框。在"取消工作表保护时使用的密码"文本框中输入密码。密码正确后才继续往下进行。密码不正确，则会调出警告对话框。

（2）选定隐藏公式的单元格区域，单击［开始］选项卡→在功能区的［单元格］组中选"格式"命令，在子菜单中选"设置单元格..."命令，调出"设置单元格格式"对话框，如图 4-82 所示，单击"保护"选项卡。

（3）清除"隐藏"复选框，单击［确定］按钮即可。

（4）保存工作簿。

3.锁定单元格　锁定单元格就是不准别人修改数据。其操作步骤与隐藏单元格公式相似，在此不再详述。

---

① 该密码是可选的。但是，如果您没有使用密码，则任何用户都可取消对工作表的保护，并能随意更改受保护的元素。请记住所选的密码，因为如果丢失密码，您就不能访问工作表上受保护的元素。

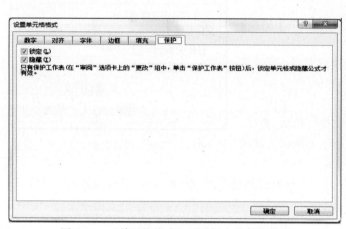

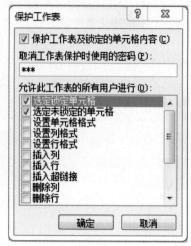

图 4-82 "单元格格式"对话框中的保护设置 　　　　图 4-83 "保护工作表"对话框

4. 隐藏数据

1）隐藏行和列

当工作表太宽，在屏幕上显示不下，或存在暂不需要打印的列的时候，可以隐藏一些暂不关注的行和列。

隐藏行（列）的具体操作步骤如下。

（1）选定要隐藏的行（列）；

（2）鼠标指定选定区域，右击调出快捷菜单，选"隐藏"命令，或单击［开始］选项卡→在其功能区的［单元格］组中选"格式"命令选"隐藏和取消隐藏"命令→在子菜单中选"隐藏行"或"隐藏列"菜单命令，则选定的行（列）被隐藏，如图 4-84 所示。

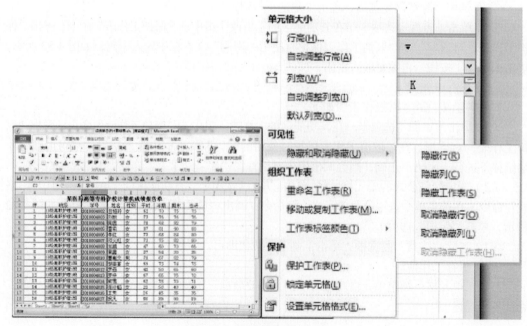

图 4-84 选中隐藏列（C 列）

2）显示隐藏的行和列

隐藏行和列后，若想重新显示它们，需要选中包含隐藏行（列）两侧的行（列），右击选定区域，右击调出快捷菜单，选"取消隐藏"命令。

考点提示：数据隐藏

操作技巧：Ctrl+9 隐藏活动单元格所在的行，Ctrl+Shift+9 取消隐藏行；Ctrl+0 隐藏活动单元格所在的列，Ctrl+Shift+0 取消隐藏列。

3）零的隐藏

在工作表中，如果要使数值为"0"的单元格禁止显示，会使工作表看起来较清洁、易阅读，其操作步骤如下。

（1）单击［文件］选项卡→在功能区选"选项"命令，调出"选项"对话框，单击"高级"命令，调出"Excel 选项"对话框；

（2）在"Excel 选项"对话框中选"此工作表显示选项"中的"在具有零值的单元格显示 0"复选框，将"√"清除；

（3）单击［确定］按钮。

如果要使零值再次出现，只要选中"零值"复选框即可。

4）把数据彻底隐藏起来

若不想让浏览者查阅工作表中部分单元格的内容，可以将它们隐藏起来。

（1）选中需要隐藏内容的单元格（单元格区域），单击［开始］选项卡→在功能区的［单元格］组中选"格式"命令，调出"设置单元格格式"对话框，在"数字"标签的"分类"下面选中"自定义"选项，然后在右边"类型"下面的方框中输入";;;"（三个英文状态下的分号）；

（2）再切换到"保护"标签下，选中其中的"隐藏"选项，按［确定］按钮退出；

（3）单击［审阅］选项卡→在功能区的［更改］组中选［保护工作表］命令，打开"保护工作表"对话框，设置好密码后，单击［确定］按钮返回。

经过这样的设置以后，上述单元格中的内容不再显示出来，就是使用 Excel 的透明功能（选中的单元格能显示内容）也不能让其现形。

提示：在"保护"标签下，请不要清除"锁定"前面复选框中的"√"，这样可以防止别人删除你隐藏起来的数据。

三、实 施 方 案

（1）对含有重要数据的工作簿文件，可备份文件，并添加打开密码。

（2）只供别人阅览的数据，应将数据单元格锁定，并对数据工作表加解锁密码，防止别人修改。

本 章 小 结

　　本章首先学习了 Excel 数据的录入方法、数据和工作表的格式化操作方法、电子表格文稿的保存及打开方法。其次，重点学习了在工作表中计算公式的输入方法，函数的引用方法，以及相对引用、绝对引用及三维引用的使用方法，常用函数的应用技巧，利用填充与填充柄和自动计算功能加快计算处理速度，并学习了数据清单的排序、筛选、分类汇总、合并计算、模拟分析、数据透视分析及图表分析方法等。最后，学习了表格的页面设置、页眉与页脚设置、列标题设置、打印区域设置等相关操作，打印控制输出和打印预览方式的切换，重要数据的保护方法等。通过相关知识和技能的掌握和运用，实现了一个小超市日常经营工作需求的软件设计，让学生真切地感受到 Excel 的实用性。

技能训练 4-1　Excel 2010 基本操作

一、在 Excel 系统中按以下要求完成操作，文件存于自测文件夹中，名为：JSJ1.xlsx。

1. 在学生练习盘符根目录下以学生学号后四位数字和姓名创建自测文件夹，如 D：\4101 李华。

2. 建立如表 4-2 所示表格，加边框（红色双线外框，蓝色虚线内框），并输入内容（数字两位小数）。

3. 标题为黑体，大小 16 磅，加粗倾斜，居中，其他为 11 磅宋体。

4. 将表头设置为：加粗、底纹填充、橙色，字体为蓝色。

表 4-2　临床学院 2014 级新生档案表

学号	班级	姓名	性别	出生日期	政治面貌	入学成绩	家庭住址
05201401	临床 1	杨晓萌	男	1995 年 8 月 20 日	团员	436.50	重庆·沙坪坝区
05201402	临床 1	陈帆	男	1996 年 4 月 4 日	群众	447.30	重庆·永川区
05201403	临床 1	赵俊风	女	1996 年 5 月 30 日	团员	438.90	重庆·渝中区
05201404	临床 1	龙岩	女	1996 年 1 月 11 日	团员	425.50	四川·南充市
05201405	临床 1	叶鑫	男	1995 年 10 月 7 日	团员	430.80	重庆·江津区
05201406	临床 1	胡婉玉	女	1995 年 12 月 6 日	群众	422.60	四川·成都市
05201407	临床 1	谭雪	女	1996 年 3 月 25 日	群众	429.70	重庆·九龙坡区
05201408	临床 1	何欢	男	1995 年 6 月 19 日	团员	451.30	重庆·江北区
05201409	临床 1	谭春梅	女	1997 年 2 月 8 日	团员	419.70	重庆·北碚区
052014010	临床 1	付家宝	女	1996 年 11 月 9 日	团员	434.50	四川·雅安市

二、在 Excel 系统中按以下要求完成操作，文件存于自测文件夹中，名为：JSJ2.xlsx。

1. 建立如表 4-3 所示表格，要求四周边框为黄色粗边框线、中间红色细边框线。

2. 标题为隶书，大小 22 磅，加粗居中，其他为 12 磅楷体。

3. 用公式计算总分、各题及总分的平均、名次；按总分降序排序。

4. 建立该表格数据的三维簇状柱形统计图，对每位学生每题得分及总分进行分析，要求为独立式图表，图表标题为"计算机应用能力分析"，并为数据系列添加数值标识。

表 4-3　计算机基础与应用

学号	姓名	一题	二题	三题	四题	总分	名次
201405001	李国艳	7	16	5	40		
201405004	张雨欣	10	12	10	40		
201405007	罗敏	9	18	18	43		
201405008	文豪	10	18	13	40		
201405009	邓淇淇	10	14	14	35		
201405010	蒋洁	10	20	14	35		
	平均分						

三、在 Excel 系统中按以下要求完成操作，文件存于自测文件夹中，名为：JSJ3.xlsx。

1. 在 Sheet1 中建立如表 4-4 所示表格，加边框（红色双线外框，蓝色虚线内框），并输入内容（数字两位小数，"小计"一栏要求使用货币形式）。

2. 标题为华文琥珀，大小 18 磅，居中，其他为 14 磅仿宋。

3. 利用公式计算职工的实发工资及小计栏（不用公式计算不得分）。

4. 用三维柱形图显示小计情况（基本工资、活动工资、岗位津贴和奖金）。

5. 将 Sheet1 工作表复制到 Sheet2 中，并将工作表改名为"排序结果"，按照"实发工资"进行降序排序。

6. 将 Sheet1 工作表复制到 Sheet3 中，并将工作表改名为"筛选结果"，筛选出实发工资高于 4000 元的职工。

表 4-4　2015 年 1 月职工工资及津贴发放表（单位：元）

姓名＼科目	基本工资	活动工资	岗位津贴	奖金	实发工资
李华	1560.00	900.00	367.00	1200.00	
王娟	1200.00	800.00	200.00	1300.00	
陈芳	1000.00	600.00	383.00	967.00	
赵五	1875.00	912.00	580.00	1390.00	
小计					

四、在 Excel 系统中按以下要求完成操作，文件存于自测文件夹中，名为：JSJ4. xlsx。

1. 在 Sheet1 中建立如表 4-5 所示表格，加边框（外框粗线，内框细线），并输入内容。

2. 将 Sheet1 工作表复制到 Sheet2 中，在 Sheet2 中按照"总成绩"降序排序。

3. 将 Sheet1 工作表复制到 Sheet3 中，在 Sheet3 中按录取学校对所有记录的总成绩分类求平均，并将工作表名称改为"分类汇总"。

表 4-5　2015 年各大学录取情况分析表

准考证号	姓名	总成绩	录取学校
65464	艾洁	646	浙江大学
64564	张谷语	513	杭州大学
52181	周天	566	上海交通大学
45664	丁夏雨	498	杭州大学
98641	汪滔滔	561	浙江医科大学
46546	郭枫	534	浙江农业大学
54564	陶韬	589	浙江大学
02056	凌云飞	571	上海交通大学
18416	唐刚	572	浙江医科大学
62143	龙知自	546	宁波大学
10240	占丹	569	上海交通大学
13040	伍行翼	578	上海交通大学

技能训练 4-2　Excel 2010 综合操作

一、按以下"近4年某学校教师队伍结构数据"制作表格与统计图，并将结果以文件 JSJ5.xlsx 存于自测文件夹下。

4 年某学校教师队伍结构数据：

2011 年：教授 68 人，副教授 220 人，讲师 301 人，助教 202 人。

2012 年：教授 76 人，副教授 269 人，讲师 264 人，助教 226 人。

2013 年：教授 90 人，副教授 290 人，讲师 311 人，助教 229 人。

2014 年：教授 115 人，副教授 279 人，讲师 382 人，助教 239 人。

1. 用一张表格表示"近4年某学校教师队伍职称结构"。要求：标题隶书 18 磅合并居中对齐，表格内容楷体 12 磅中部居中，边框线四周双线中间单线。

2. 用公式计算出各年教师的总人数和各职称的百分比。

3. 按 2014 年教师队伍中各种职称人数所占比例（%），选"饼图"图表，表示教师队伍职称结构的比例情况，要求：三维分离饼图，有标题、图例、数据标志（百分比）。

二、现有若干名儿童健康检查的部分检测指标，如表 4-6 和表 4-7 所示。

表 4-6　某年某地儿童健康检查部分检测结果

编号	性别	年龄/周岁	身高/厘米	坐高/厘米	体重/千克	表面抗原
1	男	7	116.7	66.3	23.4	+
2	女	8	120.0	68.3	24.6	−
3	女	10	126.8	71.5	23.2	−
4	男	9	123.7	70.0	25.8	−
5	男	9	125.4	71.3	26.1	+
6	女	10	130.3	72.3	24.3	−
7	男	7	118.2	67.1	23.8	−
8	女	8	122.8	69.4	25.0	+
9	女	8	119.6	68.2	25.1	+
10	女	10	127.8	71.9	26.6	−
11	男	7	121.1	66.9	24.0	+
12	男	9	123.6	69.8	26.1	−
13	女	8	124.0	72.3	24.3	−
14	男	9	122.5	71.0	25.9	+
平均值						

表 4-7　某年某地儿童健康检查标准基数

编号	性别	年龄/周岁	身高/厘米	坐高/厘米	体重/千克	表面抗原
		7	115.9	65.7	22.5	
		8	116.2	68.9	23.6	
01	男	9	118.9	69.9	24.1	
		10	119.2	69.8	25.3	
		7	119.4	66.8	22.8	
		8	120.3	67.1	23.9	
02	女	9	121.7	67.8	24.5	
		10	122.3	68.9	25.7	

将表4-6和表4-7分别保存在工作簿"原始数据.xlsx"的两张工作表中。以上述数据为基础，创建一张电子表格统计分析各个数据项，对比各标准基数，得出当年儿童的健康情况。

　　1. 在体重与表面抗原间插入"乙肝实验检测结论"列，将列宽设为"自动调整列宽"，并利用条件函数判断检测结构（表面抗原为"+"的结论为阳性；表面抗原为"-"的结论为阴性）。

　　2. 在"原始数据"工作表第一行前插入1行，合并及居中A1：H1单元格区，输入标题："某年某地儿童健康检查检测数据分析表"，标题采用宋体、20磅、蓝色，图案为灰色-25%，背景颜色为红色。

　　3. 利用函数计算身高、坐高、体重的平均值，结果分别放在D17：F17单元格区域。

　　4. 将单元格区域（A1：H17）设置外框线条样式为双线、红色，B2：H17数据设置为"宋体""14磅""水平、垂直居中"。

　　5. 将单元格区域B2：F16复制到新表（A1：E15）单元格区域中，表名改为"数据分析"，并将数据按"性别"的递增为主关键字，按"年龄"的递减为次关键字排序。

　　6. 以数据分析表为依据，使用数据透视表的功能统计不同性别各个年龄段的身高、坐高、体重的平均值，透视表的显示位置为：新建工作表，改名为"数据透视表"（以"性别"为行，"年龄"为列，"身高""坐高""体重"同为数据统计项来布局）。

　　7. 在数据分析表中添加身高情况、坐高情况、体重情况三列。

　　8. 计算每一个儿童的身高、坐高及体重与对应的标准基数之差，并分别放入身高情况、坐高情况、体重情况三列。

　　9. 完成后保存到自测文件夹中，取名为JSJ6.xlsx，退出Excel。

练习4　Excel 2010 基础知识测评

一、单选题

1. 为了区别"数字"与"数字字符串"数据，Excel要求在输入项前添加＿＿＿＿符号来区别。

　　A. "　　　　　　　　　B. @

　　C. '　　　　　　　　　D. #

2. 设A1单元格中的公式为=D2*\$E3，在D列和E列之间插入1空列，在第2行和第3行之间插入1空行，则A1中的公式调整为＿＿＿＿。

　　A. =D2*\$F3　　　　　　B. =D2*\$E2

　　C. =D2*\$F4　　　　　　D. =D2*\$E4

3. 在Excel中，下列＿＿＿＿是输入正确的公式形式。

　　A. ='C7+C1　　　　　　B. =8^2

　　C. =SUM（D1：D2）　　D. >=B2*D3+1

4. 在向Excel工作表的单元格里输入公式时，运算符有优先顺序，下列＿＿＿＿说法是错误的。

　　A. 字符串连接优先于关系运算

　　B. 百分比优先于乘方

　　C. 乘和除优先于加和减

　　D. 乘方优先于负号

5. 当向Excel工作表单元格输入公式时，使用单元

格地址D\$2引用D列2行单元格，该单元格的引用称为＿＿＿＿。

　　A. 交叉地址引用　　　　B. 混合地址引用

　　C. 相对地址引用　　　　D. 绝对地址引用

6. 在Excel中，在D4单元格内输入了公式"=C3+\$A\$5"，然后把该公式复制到E7单元格中，则E7单元格中的公式实际上是＿＿＿＿。

　　A. =C3+\$A\$5　　　　　B. =D6+\$A\$5

　　C. =C3+\$A\$8　　　　　D. =D6+\$B5

7. 在Excel中，某单元格显示为"######"，其原因可能是＿＿＿＿。

　　A. 与之有关的单元数据被删除了

　　B. 公式有被0除的内容

　　C. 单元格的高度不够

　　D. 单元格的宽度不够

8. 在Excel中，下列地址为相对地址的是＿＿＿＿。

　　A. \$D5　　　　　　　　B. \$E\$7

　　C. C3　　　　　　　　　D. F\$8

9. 中文Excel的分类汇总方式不包括＿＿＿＿。

A. 差　　　　　　　　B. 平均值

C. 最大值　　　　　　D. 求和

10. 首次进入 Excel 打开的第一个工作簿的名称默认为_____。

A. 文档 1　　　　　　B. 工作簿 1

C. Sheet1　　　　　　D. Book1

11. 一工作表中各列数据的第一行均为标题，若在排序时选有标题行，则排序后的标题行在工作表数据清单中将_____。

A. 总出现在第一行

B. 总出现在最后一行

C. 依指定的排序顺序而定其出现位置

D. 总不显示

12. 在打印工作前就能看到实际打印效果的操作是_____。

A. 仔细观察工作表　　B. 打印预览

C. 按 F8 键　　　　　D. 分页预览

13. 在 Excel 中，在打印学生成绩单时，对不及格的成绩用醒目的方式表示（如用红色表示等），当要处理大量的学生成绩时，利用_____命令最为方便。

A. 查找　　　　　　　B. 条件格式

C. 数据筛选　　　　　D. 定位

14. 在 Excel 中，A1 单元格设定其数字格式为整数，当输入"33.51"时，显示为_____。

A. 33.51　　　　　　B. 33

C. 34　　　　　　　　D. ERROR

15. 在 Excel 中，用户在工作表中输入日期，_____形式不符合日期格式。

A. '20-02-2000'　　　B. 02-OCT-2000

C. 2000/10/01　　　　D. 2000-10-01

二、判断题

（　　）1. 在 Excel 中，用户可以根据需要自定义序列。

（　　）2. 在 Excel 中，可以通过［数据］功能区进行筛选操作。

（　　）3. 同一时间活动单元格只能有一个。

（　　）4. 默认情况下，新建的工作簿中含有 3 张工作表，而 Excel 允许用户在一个工作簿中至多可创建 255 张工作表。

（　　）5. 在 Excel 中，若在公式中绝对引用单元格地址，则进行公式复制时会自动发生改变。

（　　）6. 在 Excel 中对数据排序时，最多只能排序 3 个关键字。

（　　）7. 在 Excel 中，更改工作表中的数据的值后，其图表不会自动更新。

（　　）8. 不可以在 Excel 工作表中插入来自其他文件的图片。

（　　）9. 在 Excel 中，可以将工作簿的每个工作表分别作为一个文件夹保存。

（　　）10. Excel 中的独立式图表是指新创建的工作簿专门用于存放图表。

（　　）11. 要表示同一工作簿内不同工作表的单元格，则工作表名与单元格之间应使用"！"分开。

（　　）12. 在 Excel 的单元格中直接回车可以对该单元格的内容进行换行操作。

（　　）13. 在 Excel 中，不可以单独删除某一个单元格及其内容。

（　　）14. 在 Excel 中，可以双击工作表标签对工作表名进行修改。

（　　）15. 在 Excel 中，数据透视表可以实现按多个字段分类汇总。

三、填空题

1. 要清除活动单元格中的内容，可以按_____键。

2. 若 A1 单元格的公式是"=B3+C4"，则将此公式复制到 B2 单元格后将变成_____。

3. 选定整行，可将光标移动到_____上，单击鼠标左键即可。

4. 在 Excel 中输入公式"=MIN（6，32，12）"，结果是_____。

5. 在 Excel 中，要同时显示不同的工作表，应在窗口菜单中选_____命令。

6. 在 Excel 中，选中一个单元格后，选区右下角的黑色小方块被称为_____。

7. 在 Excel 中，要将两个文本型单元格内容连接后放到另一个单元格中，公式中的连接运算符是_____。

8. 在 Excel 中输入公式"=SUM（A3：B5）"，求和的单元格个数为_____。

9. 在 Excel 中，单元格的引用分为_____、_____、_____，默认的引用方式是_____。

10. 在 Excel 中，单元格相对地址、绝对地址与混合地址之间的切换按_____键。

第五章 PowerPoint 2010 的应用

学习目标

1. 了解 PowerPoint 的主要功能和特点
2. 理解 PowerPoint 工作环境及工作界面
3. 掌握演示文稿的创建与编辑
4. 掌握演示文稿的美化与动作设计
5. 掌握演示文稿的放映

Microsoft PowerPoint 是 Office 系列办公软件之一，是创作演示文稿的软件，利用它能够制作出集文字、图形、图像、声音及视频剪辑等多媒体元素于一体的演示文稿。在课堂教学的课件制作、产品推广展示、个人演讲等多方面都有广泛的应用。

第一节　演示文稿的创建

一、任　务

有一个即将毕业的学生，对母校感情很深，现拥有一台计算机，计算机装有 Windows 操作系统及办公软件 Office 2010。他想设计一套介绍母校情况的演示文稿留予学弟学妹，以便他们入学后更好地完成学业。他不知道现有条件能否实现他的这个愿望。

二、相关知识与技能

我们可以用 Office 2010 套装软件中的 PowerPoint 2010 来帮助他实现这个愿望。

（一）PowerPoint 2010 的启动与退出

1. PowerPoint 2010 的启动

（1）菜单启动，在桌面上单击［开始］按钮，在展开的级联菜单中依次选择［所有程序］→［Microsoft Office 2010］→［Microsoft PowerPoint 2010］命令，启动 PowerPoint 2010。

（2）快捷方式启动，若桌面上建立有 PowerPoint 2010 的快捷方式，则双击桌面上 PowerPoint 2010 快捷图标，启动 PowerPoint 2010。

（3）通过 PowerPoint 文件启动，若电脑存储中有 PowerPoint 创建的演示文稿文件，则可双击此文件，启动 PowerPoint 2010，并打开演示文档。

一般 PowerPoint 2010 启动后，会自动创建一个空演示文稿，文件名为"演示文稿 1"。

2. PowerPoint 2010 的退出

（1）菜单退出，在 PowerPoint 2010 窗口中，单击［文件］下拉菜单中的［退出］命令，退出 PowerPoint 2010。

（2）快捷按钮退出，在 PowerPoint 2010 窗口中，单击标题栏右侧的［关闭］按钮，退出 PowerPoint 2010。

（二）工作界面

PowerPoint 2010工作界面如图5-1所示，主要由标题栏、［文件］选项卡、快速访问工具栏、功能区、工作区、状态栏等组成。

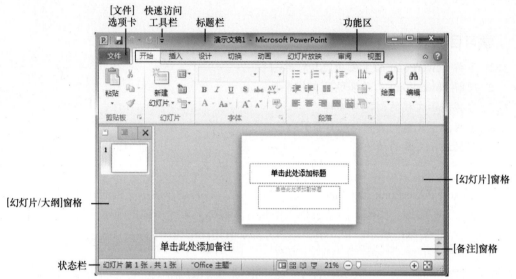

图5-1　PowerPoint 2010 工作界面

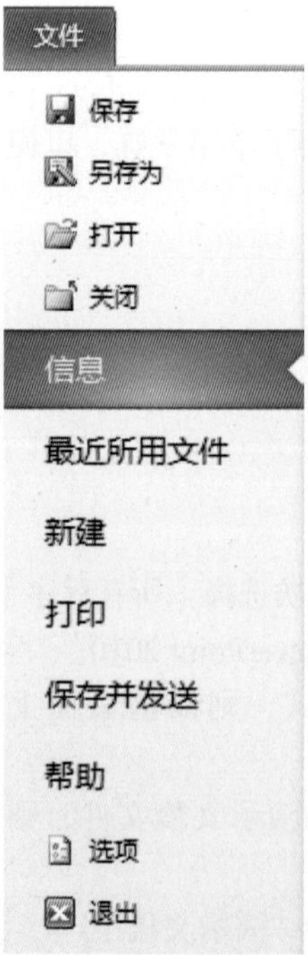

1. 标题栏　位于快速访问工具栏的右侧，主要用于显示正在使用的文档名称、程序名称及窗口控制按钮等。

在图5-1所示的标题栏中，"演示文稿1"即为正在使用的文档名称，正在使用的程序名称是Microsoft PowerPoint。当文档被重命名后，标题栏中显示的文档名称也会随之改变。

2. ［文件］选项卡　单击该按钮将弹出如图5-2所示的下拉菜单。

下拉菜单中主要包括"保存"、"另存为"、"打开"、"关闭"、"最近所用文件"、"新建"、"打印"、"保存并发送"、"帮助"、"选项"和"退出"命令。下面将简单介绍一下各选项的功能。

单击"保存"或"另存为"选项，弹出"另存为"对话框，对创建的文档进行保存。

单击"打开"命令，在弹出的"打开"对话框中选择要打开的演示文稿。

单击"关闭"命令，则可以直接关闭已打开的演示文稿或幻灯片，但不会退出PowerPoint 2010。

单击"最近所用文件"命令，则可以显示最近使用或打开过的演示文稿及其保存位置。

单击"新建"或"打印"命令，则可以实现创建空白演示文稿或打印演示文稿。

图5-2　［文件］选项卡

单击"帮助"命令或单击PowerPoint 2010工作界面的［帮助］按钮都可以使用PowerPoint 2010的帮助文档。

单击"选项"命令，则可以通过弹出的"PowerPoint选项"对话框对PowerPoint 2010的"常规"、"校对"、"保存"和"版式"等选项进行设置。

单击"退出"命令，则可以退出PowerPoint 2010。

3. 快速访问工具栏　位于 PowerPoint 2010 工作界面的左上角，单击 ▼ 则出现如图 5-3 所示的自定义快速访问工具栏，它由最常用的工具按钮组成，单击快速访问工具栏的按钮，可以快速实现其相应的功能。

4. 功能区　在 PowerPoint 2010 中，功能区位于快速访问工具栏的下方，通过功能区可以快速找到完成某项任务所需要的命令。

每个选项卡都有自己的功能区，功能区中包含了许多功能组及各组中所包含的命令或按钮。选项卡主要包括［开始］、［插入］、［设计］、［切换］、［动画］、［幻灯片放映］、［审阅］、［视图］和［加载项］等 9 个选项卡。

单击选项卡右侧的［功能区最小化］按钮，可以将功能区最小化到只显示选项卡。此时，［功能区最小化］按钮转变为［展开功能区］按钮。也可以通过使用［Ctrl+F1］组合键来实现功能区的最小化和展开功能区的操作。

5. 工作区　PowerPoint 2010 的工作区包括位于左侧的［幻灯片／大纲］窗格和位于右侧的［幻灯片］窗格、［备注］窗格。

图 5-3　自定义快速访问工具栏

［幻灯片／大纲］窗格，在普通视图模式下，［幻灯片／大纲］窗格位于［幻灯片］窗格的左侧，用于显示当前演示文稿的幻灯片数量及位置。［幻灯片／大纲］窗格包括［幻灯片］和［大纲］两个选项卡，单击选项卡的名称可以在不同的选项卡之间进行切换。

［幻灯片］窗格位于 PowerPoint 2010 工作界面的中间，用于显示和编辑当前的幻灯片。可以直接在虚线边框标识点位符中键入文本或插入图片、图表和其他对象。

［备注］窗格在普通视图中显示，用于键入关于当前幻灯片的备注，可以将这些备注打印为备注页或将演示文稿保存为网页时显示它们。

在打开空白演示文稿模板后，只能看到［备注］窗格的一小部分。为了有更多的空间键入备注内容，可以通过调整［备注］窗格的大小来实现。将鼠标指针指向［备注］窗格的上边框，当指针变为上下形状后，向上拖动边框即可增大演讲者的备注空间。

6. 状态栏　位于当前窗口的最下方，用于显示当前文档页、总页数、该幻灯片使用的输入法状态、视图按钮组、显示比例和调节页面显示比例的控制杆等。其中，单击视图按钮可以在视图中进行相应的切换。

在状态栏上右击，弹出［自定义状态栏］快捷菜单。通过该快捷菜单，可以设置状态栏中要显示的内容。

（三）新建演示文稿

1. 新建空白演示文稿

（1）启动 PowerPoint 2010，单击［文件］选项卡，在弹出的下拉菜单中选择［新建］命令，如图 5-4 所示。

（2）在弹出的子菜单中选择［空白演示文稿］，单击［创建］按钮，系统自动创建空白演示文稿。

2. 基于现有演示文稿创建　如果要创建的演示文稿的格式和现有的某个演示文稿相同或类似，则可基于该演示文稿创建，然后在其基础上修改。操作步骤如下。

（1）选择［文件］选项卡，在弹出的下拉菜单中选择"新建"选项，在中间区域选择"根据现有内容新建"选项。

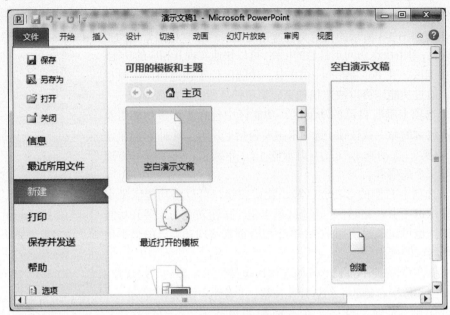

图 5-4　新建演示文稿任务窗格

（2）弹出"根据现有演示文稿新建"对话框，选择现有文档，单击［新建］按钮。

（3）弹出与现有文档结构完全相同的演示文稿。

（四）演示文稿中对象插入

制作演示文稿是向受众体表达一些重要信息，这些信息一般都是由文本、图像等对象构成的。应用简洁的文本、图片突出并强调演示文稿的主题。

1.输入文本　在幻灯片中可以利用占位符来输入文本，也可以使用文本框来输入文本。

新创建的幻灯片，可以直接在占位符中输入文本。在幻灯片中的其他位置输入文本，必须先插入文本框，然后在插入的文本框中添加文本。

以单击的方式创建的文本框在输入文本时将自动适应输入字符的长度，不能自行换行。按［Enter］键换行，文本框将随输入文本行数增加自动扩大。

插入文本框的方法，占位符和文本框的大小、位置的调整，文本格式的设置都与前面学过的 Word 中的操作是一样的，这里不再赘述。

操作技巧： 占位符的删除。单击内容占位符边框，按［Delete］键即可；单击空的文本占位符边框，按［Delete］键即可删除，如已输入文字，按两次［Delete］键才可删除。

2.插入图像　幻灯片中不仅包含文本对象，还可以向幻灯片中添加图片、剪贴画、屏幕截图、形状、SmartArt 等来丰富幻灯片的内容，增强演示效果。

（1）插入图片文件：单击［插入］→［图片］→选择文件名称→［插入］，来添加图片文件，可添加图片的类型包括 *.wmf、*.bmp、*.jpg、*.jpeg、静态或动态的 GIF 文件等。

（2）插入剪贴画：单击［插入］→［剪贴画］→在右侧［剪贴画］任务窗格中插入所需要的剪贴画。

（3）插入屏幕截图：插入任何未最小化到任务栏的运行程序的图片。

（4）插入形状：插入现成的形状，如矩形、圆、箭头、线条、流程图符号、标注和基本形状等。

（5）插入 SmartArt：插入 SmartArt 图形，如图 5-5 所示，以直观的方式交流信息。

SmartArt 图形包括图形列表、流程图及更为复杂的图形，如维恩图和组织结构图。

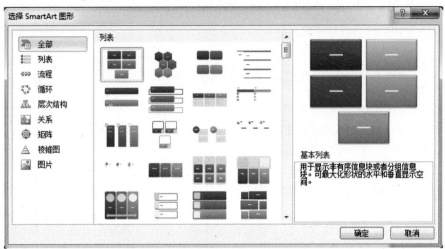

图 5-5　"选择 SmartArt 图形"对话框

在 PowerPoint 中对图片与图形的（调整大小、复制、移动、组合等）操作同 Word 一致。

3. 插入表格　在演示文稿中还可以添加表格对象，用表格表示数据可以使说明变得简单、直观。

1）插入表格的方法

方法一：

（1）选择要插入表格的幻灯片；

（2）选择［插入］→［表格］命令，直接拖动选定表格的列数与行数即可。

方法二：

单击［插入］→［表格］选择绘制表格，方法同 Word。

方法三：

单击［插入］→［表格］选择 Excel 电子表格，方法同 Excel。

2）编辑表格

创建表格后，在功能区中利用"表格工具"的设计与布局对表格进行编辑。

（五）保存演示文稿

在编辑演示文稿时应及时对其进行保存，避免因停电等原因而造成不必要的损失。操作步骤如下。

（1）单击［文件］选项卡；

（2）在展开的菜单中单击"保存"命令；

（3）在打开的"另存为"对话框中选择保存文件位置，为演示文稿命名（演示文稿的扩展名为 .pptx）即可。

考点提示：PowerPoint 工作界面、新建演示文稿、演示文稿对象的插入

三、实 施 方 案

要实现即将毕业学生的制作愿望，可分以下七个阶段实施。

（1）创建一个演示文稿。幻灯片的内容从四个方面去介绍学校情况：学校概况，学校发展规模，学校组织结构，学校特色。

（2）使用图片、图表、组织结构图等表现幻灯片。

（3）在母版中放置学校校徽、校名及制作时间。

（4）为突出的内容设计动画。

（5）为每一张幻灯片设计切换效果。

（6）使用 MP3 音乐为演示文稿添加背景音乐。

（7）设计定时自动放映。

现在可以完成（1）、（2）阶段任务。

制作任务要求的演示文稿步骤如下。

（1）启动 PowerPoint 2010，创建空白演示文稿；

（2）输入正标题"我的母校"，副标题"承德护理职业学院"；

（3）插入第二张幻灯片，单击功能区的［开始］→［新建幻灯片］，选择"Office 主题"→仅标题；

（4）输入标题"学校概况"，单击功能区［插入］→［图片］→在对话框中选择"第五章 / 素材"文件夹下的学校概况图片（插入四张图片），调整图片在幻灯片中的大小及位置；

（5）插入第三张幻灯片，单击功能区的［开始］→［新建幻灯片］，选择"Office 主题"→仅标题；

（6）输入标题"学校概况"，选择"第五章 / 素材"文件夹下的"承德护理职业学院2015 年高考招生简章"中的部分所需内容，复制到当前幻灯片中；

（7）插入第四张幻灯片，单击功能区的［开始］→［新建幻灯片］，选择"Office 主题"→仅标题；

（8）输入标题"学校概况"，单击功能区［插入］→［图片］→在对话框中选择"第五章 / 素材"文件夹下的学校概况图片（插入三张图片），调整图片在幻灯片中的大小及位置；

（9）重复（7）、（8）步骤，插入第五张与第六张幻灯片；

（10）插入第七张幻灯片，单击功能区的［开始］→［新建幻灯片］，选择"Office 主题"→垂直排列标题与文本，输入标题"学校发展规模"，输入学校办学规模；

（11）插入第八张幻灯片，单击功能区的［开始］→［新建幻灯片］，选择"Office 主题"→仅标题；

（12）输入标题"学校发展规模"，单击功能区［插入］→［图片］→在对话框中选择"第五章 / 素材"文件夹下的学校发展规模图片（插入三张图片），调整图片在幻灯片中的大小及位置；

（13）重复（11）、（12）步骤，插入第九张与第十张幻灯片；

（14）插入第十一张幻灯片，单击功能区的［开始］→［新建幻灯片］，选择"Office 主题"→标题和内容；

（15）输入标题"学校发展规模"，单击［插入］→ SmartArt →在 SmartArt 图形对话框中选择"层次结构"→选择"水平多层层次结构"，依次输入文本内容；

（16）重复（14）、（15）步骤，插入第十二张幻灯片；

（17）重复（11）、（12）步骤，插入第十三张到第十六张幻灯片，制作完成后以"我的母校"为名保存，如图 5-6 所示。

图 5-6　"我的母校"演示文稿

第二节　编辑演示文稿

一、任　　务

完成了幻灯片的初建,共有16张幻灯片,内容包括学校概况、学校发展规模、学校组织结构、学校特色四个方面。尽量使新生关心的内容一目了然,如学校的布局、学校的特色展示。如何将新生关心内容的幻灯片放在重要的位置上呢?如何将学校的特色再重点强调一下呢?

二、相关知识与技能

一个演示文稿是由多张幻灯片组成的。如果当前演示文稿中的幻灯片不能满足用户所需要求,那么在编辑演示文稿时就要对演示文稿进行新建、复制、移动或删除幻灯片等操作。

(一)添加幻灯片

对已有演示文稿,可以添加新幻灯片。先利用资源管理器找到演示文稿,可双击此文件,启动 PowerPoint 2010,并打开演示文档。

现介绍三种添加幻灯片的操作方法。

1)通过功能区的[开始]选项卡新建幻灯片

启动 PowerPoint 2010,进入工作界面。单击[开始]选项卡,在[幻灯片]组中单击[新建幻灯片]按钮。系统即可自动创建一个新幻灯片,且其缩略图会显示在[幻灯片/大纲]窗格中,如图 5-7 所示。

2)右击新建幻灯片

在[幻灯片/大纲]窗格的幻灯片缩略图上或空白位置右击,在弹出的快捷菜单中选择"新建幻灯片"选项,即可创建新的幻灯片。

3)使用组合键新建幻灯片

使用[Ctrl+M]组合键也可以快速创建新的幻灯片。

(二)为幻灯片应用布局

打开 PowerPoint 2010 时自动出现的单个幻灯片有两个占位符。占位符是一种带有虚线或阴影线边缘的框,绝大部分幻灯片版式中都有这种框。在这些框内可以放置标题、正文或者

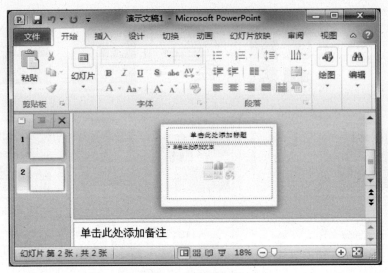

图 5-7　新建幻灯片

图表、表格和图片等对象。这两个占位符一个用于标题格式，另一个用于副标题格式。幻灯片上的占位符排列称为布局。实现幻灯片应用布局有三种操作方法。

1. 添加新幻灯片时应用布局　单击［开始］功能区的［幻灯片］组中的［新建幻灯片］按钮或其下拉箭头，从弹出的下拉菜单中可以选择所要使用的 Office 主题，即幻灯片布局。系统会添加一张所选布局的新幻灯片，如图 5-8 所示。

图 5-8　幻灯片应用布局

2. 使用快捷菜单为幻灯片新布局　在［幻灯片／大纲］窗格的幻灯片缩略图上右击，在弹出的快捷菜单中选择"版式"选项，从其子菜单中选择要应用的新的布局。系统会将原有布局改为所选布局的幻灯片。

3. 使用功能区的命令为幻灯片新布局　选中要重新布局的幻灯片（可选多张幻灯片）→单击［开始］选项卡→在［幻灯片］组中单击"版式"命令→在弹出的对话框中选所需布局。

（三）复制幻灯片

在一个演示文稿中如果需要使用某一张幻灯片的版式、背景等，则可以直接对该幻灯片进行复制，再在其基础上更改内容。

在［幻灯片／大纲］窗格的幻灯片缩略图上右击，在弹出的快捷菜单中选择"复制幻灯片"选项。系统会自动创建一个与复制的幻灯片同布局的新幻灯片，新复制的幻灯片缩略图显示在［幻灯片／大纲］窗格中且位于被复制幻灯片的下方。

此外，还可以通过［开始］选项卡的［剪贴板］组的"复制"命令直接完成幻灯片的复制（或在［幻灯片／大纲］窗格中使用右键菜单）。此时，可以在［幻灯片／大纲］窗格通过在缩略图上下空白处单击来指定要粘贴的位置。

（四）移动幻灯片

在编辑或查阅演示文稿时，如果发现幻灯片的位置顺序不正确，则可以对其顺序进行调整。

在［幻灯片／大纲］窗格的幻灯片缩略图上单击要移动的幻灯片。按住鼠标左键不放，将其拖动到所需的位置，松开鼠标即可。

操作技巧： 如果选择多个幻灯片，可以单击某个要移动的幻灯片，然后按住［Ctrl］键的同时依次单击要移动的其他幻灯片。

（五）删除幻灯片

在编辑或查阅演示文稿时，若发现有不需要的幻灯片，则可以将其删除。

选中幻灯片，在［幻灯片／大纲］窗格的幻灯片缩略图上右击要删除的幻灯片，在弹出的快捷菜单中选择［删除幻灯片］选项。该幻灯片即被删除，［幻灯片／大纲］窗格中出不再显示该幻灯片。也可直接按［Delete］键删除。

考点提示：插入、复制、移动和删除幻灯片

三、实施方案

1. 将上次完成的"我的母校 .pptx"演示文稿打开，再按以下要求完成"将学校的特色再重点强调一下"的操作任务。操作步骤如下所示。

（1）选定第四张幻灯片，单击［开始］选项卡，在［幻灯片］组中单击［新建幻灯片］按钮，选择"仅标题"布局，即建立第五张幻灯片，录入学院的办学方针、教训、学院精神。

（2）选定第十五张幻灯片，单击［开始］选项卡，在［幻灯片］组中单击［新建幻灯片］按钮，选择"仅标题"布局，即建立第十六张幻灯片，插入文字及图片。

（3）同（2）插入第十七张幻灯片。

2. 完成"将新生关心内容的幻灯片放在重要的位置上"的操作步骤。

（1）选定第十四张幻灯片，按住［Shift］键，再选定第十九张幻灯片，即选定第十四张至第十九张幻灯片。

（2）单击被选定的幻灯片，按住鼠标左键不放，将其拖动到第八张幻灯片处，松开鼠标即可。

第三节　美化演示文稿

一、任　务

"我的母校"演示文稿的设计内容基本完成,如何根据 PPT 表现出的内涵选用不同的色彩搭配?根据母版色调,如何进一步美化演示文稿,使演示文稿的视觉效果达到极致呢?同时为了进一步突出母校,在母版中放置学校校徽、校名及制作时间。

二、相关知识与技能

图 5-9　设置背景格式对话框

(一)幻灯片背景设置

在演示文稿中可以为幻灯片添加单色、渐变色、纹理、图片等背景让演示文稿更丰富、生动,突显内容。

1. 单色背景　单色背景能使幻灯片更简洁、清晰地表现主题。添加单色背景方法如下。

(1)选择要更改背景的幻灯片;

(2)单击 [设计] 选项卡→"背景样式"命令,弹出"设置背景格式"对话框,如图5-9所示;

(3)在"设置背景格式"对话框中,单击"填充",打开填充背景菜单;

(4)单击"纯色填充"选项,单击 [颜色] 下拉按钮,在对话框中选择所需的颜色,如图 5-10 所示。

(5)在"设置背景格式"对话框中,如单击 [全部应用] 按钮,则此颜色对当前演示文稿中的所有幻灯片有效;如单击 [重置背景] 按钮,则此颜色对当前幻灯片有效。

2. 渐变背景　渐变色是一种颜色由深到浅,或从一种颜色到另一种颜色的过渡,使背景自然、平稳。添加过渡背景方法如下。

(1)在图 5-11 中单击"填充"命令→"渐变填充",打开"填充渐变效果"对话框。

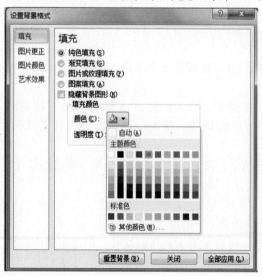

图 5-10　图片颜色背景菜单

图 5-11　渐变背景设置对话框

（2）在"填充渐变效果"对话框中，分别选择颜色、位置、类型、方向、角度来确定渐变色样式，同时通过拖动渐变光圈滑块调节深到浅的渐变效果。

（3）在"填充渐变效果"对话框中，如单击［全部应用］按钮，则此设定对当前演示文稿中的所有幻灯片有效；如单击［重置背景］按钮，则此颜色对当前幻灯片有效。

3. 其余还有 3 个选项　"图片或纹理填充""图案填充""隐藏背景图形"。

（二）统一演示文稿中幻灯片的外观

演示文稿中的各张幻灯片的内容一般不同，但可以有统一的版面风格和布局（例如，希望在各幻灯片的相同位置均有作者的单位或图标），如果在编辑每张幻灯片时重复输入这些内容既麻烦又没有必要。这时可以使用 PowerPoint 提供的母版视图功能，只要在母版视图中处理一次，当前演示文稿的所有幻灯片的风格均可保持一致，大大减少了重复操作的工作量。

1. 用母版视图统一幻灯片的外观　为了制作具有统一风格的演示文稿，PowerPoint 提供了三种类型的母版视图，分别是幻灯片母版视图、讲义母版视图和备注母版视图。它们是存储有关演示文稿信息的主要幻灯片，其中包括背景、颜色、字体、效果、占位符大小和位置等。使用母版视图的一个主要优点在于，在幻灯片母版、备注母版或讲义母版上，可以对与演示文稿关联的每张幻灯片、备注页和讲义的样式进行全面更改，可以达到事半功倍的效果。

1）幻灯片母版

演示文稿中除标题母版外的幻灯片的外观和格式都可以由幻灯片母版加以控制，从而保证整个演示文稿的风格统一。通过幻灯片母版视图可以制作演示文稿中的背景、颜色主题和动画等。并且通过幻灯片中的母版可以快速制作出多张具有特色的幻灯片。

（1）幻灯片母版：选择［视图］选项卡→［母版视图］组→［幻灯片母版］，进入幻灯片母版视图，如图 5-12 所示。在弹出的［幻灯片母版］选项卡中可以设置占位符的大小及位置、背景设计和幻灯片的方向等。设置完毕，单击［幻灯片母版］选项卡［关闭］组中的［关闭母版视图］。

（2）设置母版背景：母版的背景可以设置为纯色、渐变或图片等效果。具体设置方法如下。

单击［视图］选项卡［母版视图］组中的［幻灯片母版］按钮；在［幻灯片母版］选项卡［背景］组中单击［背景样式］按钮。在弹出的下拉列表中选择合适的背景模式即可将其应用于当前幻灯片上。

图 5-12　幻灯片母版视图

操作技巧： 在自定义母版时，其背景模式也可以设置为纯色填充、渐变填充、图片或纹理填充等效果。

（3）设置点位符：幻灯片母版包含文本点位符和页脚点位符。在母版中对点位符的位置、大小和字体等格式进行的更改，会被自动应用于所有的幻灯片中。

单击［视图］选项卡［母版视图］组中的［幻灯片母版］按钮；单击要更改的点位符，当四周出现小节点时，拖动四周的任意一个节点可更改其大小。在［开始］选项卡的［字体］组中可以对点位符中的文本进行字体样式、字号和颜色的设置。在［开始］选项卡的［段落］组中可对点位符中的文本进行对齐方式等设置。

操作技巧： 设置幻灯片母版中的背景和点位符时，需要先选中母版视图下左侧的第一张

图 5-13　讲义母版视图

幻灯片缩略图，然后再进行设置，这样才能一次性完成对演示文稿中的所有幻灯片的设置。

2）讲义母版

讲义母版视图是为制作打印讲义页面设置的，它可以将多张幻灯片显示在一张幻灯片中，以便用于打印输出，如图 5-13 所示。具体设置方法如下。

单击［视图］选项卡［母版视图］组中的［讲义母版］按钮。单击［插入］选项卡［文本］组中的［页眉和页脚］按钮。在弹出的"页眉和页脚"对话框中单击［备注和讲义］选项卡，为当前讲义母版中添加页眉和页脚效果。设置完成后单击［全部应用］按钮。

操作技巧：打开"页眉和页脚"对话框，选中［幻灯片］选项中的"日期和时间"复选框。如果选中［自动更新］单选按钮，页脚显示的日期将会自动与系统的时间保持一致；如果选中［固定］单选按钮，页脚显示的日期则不会根据系统时间而变化。

新添加的页眉和页脚将显示在编辑窗口上。

3）备注母版

备注母版视图主要用于显示用户在幻灯片中的备注，可以是图片、图表或表格等，如图 5-14 所示。具体操作步骤如下。

单击［视图］选项卡［母版视图］组中的［备注母版］。选中备注文本区的文本，单击［开始］选项卡，在此选项卡的功能区中用户可以设置文字的大小、颜色和字体等。

2. 应用设计模板　模板是预先定义好的幻灯片的外观样式，可以应用到任意一个演示文稿中。模板包含版式、主题颜色、主题字体、主题效果、背景样式，甚至可以包含内容。模

图 5-14　备注母版视图

板有设计模板和内容模板两种，设计模板包含预定义的格式、背景设计、配色方案及幻灯片母版和标题母版等样式设置，主要是外观。通过"主题"选用设计演示文稿的外观。内容模板除了包含所述内容外，还应包括针对特定主题提供的建议内容文本和动感设计等内容。通过新建的"样本模板"来创建演示文稿，较少用。在 PowerPoint 中提供了大量的设计精美的设计模板，用户可以在设计模板的基础上，根据自己的具体需要稍加改动后再应用到演示文稿中。

1）使用已有模板

要在演示文稿中应用 PowerPoint 已有的模板，操作如下。

（1）单击［设计］选项卡→［主题］组，选择所需要的模板。

（2）在［主题］组中显示系统已有的模板样式，将鼠标移动到某个模板上，单击所选模板，演示文稿中所有幻灯片就变成了统一的所选模板外观样式。在所选模板上右击打开快捷菜单，如图 5-15 所示，根据需要选择快捷菜单中的命令。这样，所选设计模板就会应用到所选幻灯片或所有幻灯片中了。

（3）如果对所选的设计模板不满意，可用上述方法选择其他的模板，就会改变原来选择的模板了。

2）自定义模板

如果已有的设计模板不能满足自己的要求，还可以自己创建与众不同的模板。创建自己的模板，一种方法是在原有模板的基础上利用［主题］组右侧的［颜色］→［字体］→［效果］进行修改；另一种方法是将自己创建的演示文稿保存为模板。操作如下。

（1）新建或打开自己原有的演示文稿；

（2）修改演示文稿中的文体格式和图形对象；

（3）单击［文件］→"另存为"命令按钮，打开"另存为"对话框，如图 5-16 所示；

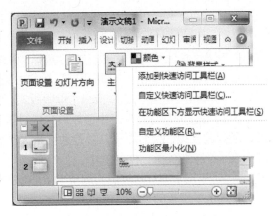

图 5-15　设计模板任务窗格及快捷菜单

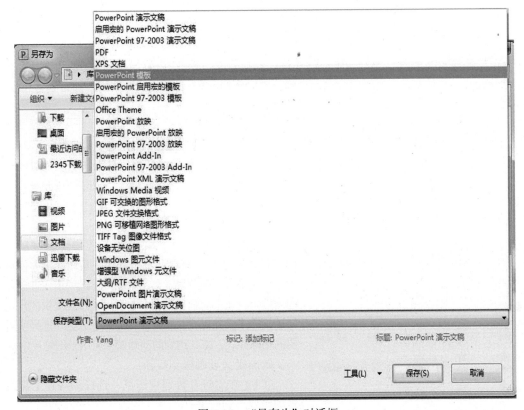

图 5-16　"另存为"对话框

（4）在"另存为"对话框中，选择要保存的位置，输入文件名，单击"保存类型"的下拉列表中的"PowerPoint 模板"选项，然后单击［保存］按钮即可。模板文件的扩展名为 .potx。

3）可以从网络中获取模板

一般可以从 Office.com 或其他网站中获得更多的模板。

考点提示：美化演示文稿的方法

三、实施方案

进一步美化演示文稿的操作步骤如下。

（1）打开"第五章 / 效果 / 我的母校"演示文稿；

（2）单击［设计］选项卡→［背景样式］命令，弹出"设置背景格式"对话框，单击［填充］→［图片或纹理填充］→"纹理"选择"大理石填充"，"平铺选项"选择"居中对齐""镜像类型：两者"，单击［全部应用］，单击［关闭］退出"设置背景格式"对话框。

（3）单击［视图］选项卡→［母版版式］→［幻灯片母版］，进入幻灯片母版视图。

（4）在左侧幻灯片列表中选择第一张幻灯片（即母版），单击［插入］选项卡→［图片］，插入学校的校徽、校名图片，并拖动调整大小和位置。可看到左侧列表中的所有幻灯片版式都出现了学校的校徽、校名图片。

（5）单击［幻灯片母版］选项卡中的［关闭母版视图］命令按钮，即可看到在每一张幻灯片都加上了学校的校徽、校名图片。

（6）保存演示文稿。

第四节　演示文稿动作设计

一、任　务

在放映演示文稿时，为每一张幻灯片设计切换效果，使其在放映切换时产生像影片一样的转场效果，并对重点突出的内容设计动画。同时使用 MP3 音乐为演示文稿添加背景音乐。

二、相关知识与技能

给演示文稿增加动画效果，使演示文稿增加情趣，演示讲解更加形象、生动，还可利用动画在一张幻灯片上承载更多的信息。动画效果有自定义动画和切换两种。自定义动画针对的是幻灯片中的各种元素，如标题、文本和图片等的动作，而切换是针对幻灯片出现时的过渡动作。

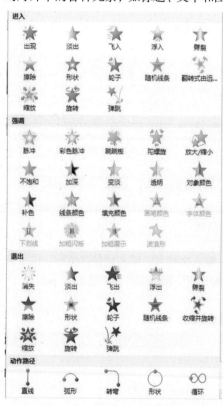

图 5-17　自定义动画对话框

（一）自定义动画

1. 动画样式　PowerPoint 2010 提供了多种动画样式供用户选择，利用这些样式用户可以非常方便地为幻灯片设置动画效果。利用［动画］选项卡快速创建动画效果，在［动画］选项卡中列出了系统提供的预定义动画样式，并对这些动画样式进行了分类。选择所需要的动画样式，将其达到的动画效果应用于幻灯片中。

2. 自定义动画操作步骤

（1）在幻灯片普通视图下，选择幻灯片上需设置动画效果的对象；

（2）选择［动画］选项卡→［动画］功能区→动画样式→选动画方式→［效果选项］确定方向→［计时］组设置动画开始启动方式。

3. 添加动画方法（同一对象可以多动画）　选中对象→［动画］功能区→［高级动画］组→［添加动画］→选动画方式（进入、强调、退出、路径）→［效果选项］确定方向。

单击［添加动画］命令按钮，出现一个选择对话框，如图 5-17 所示。

（1）有"进入效果""强调效果""退出效果""动

作路径"等选项组，可在其中一组中选动画样式。

（2）在对话框的下方有每一个动画方式的更多动画效果菜单，分别有对应该命令的各种动画类型，如在"更多进入效果 ..."子菜单中，有"百叶窗""飞入"等动画命令，如图 5-18 所示。同时还可以单击"其他效果"命令进行其他效果设置，如图 5-19、图 5-20 所示。

（3）当选择了某种效果后，动画窗格上的各设置选项被激活。

图 5-18　自定义动画对话框中的菜单

图 5-19　"添加进入效果"对话框

图 5-20　"添加强调效果"对话框

（4）在［动画］功能区的［计时］组中设置动画播放启动开始的方式、持续时间、延迟时间等；通过"重排顺序"命令重新设置各个对象播放的顺序。

（5）动作路径动画效果：动作路径的自由度很大，可以使对象在页面的任意位置沿任何方向移动，操作如下：①选择要设置动作路径的对象，在［动画］选项卡→［添加动画］按钮，在出现的菜单中选择"其他动作路径 ..."命令，出现如图 5-21 所示的界面。②在此菜单中，可以选择对象沿多个方向运动。选择一种动作路径，幻灯片对象上则有一条以虚线表示的幻灯片放映时该对象移动的路线轨迹。默认情况下，对象将移至幻灯片页面的边缘。移动的起点以绿色▶表示，终点以红色▶表示。③通过拖动路径线改变路径位置，通过拖动绿色或红色三角可以改变起点或终点位置。

4. 编辑动画　对已经定义好动画的对象，如果对其动画效果不满意，可以在动画样式中重新选择确定，注意不是选"添加动画"。对动画的其他编辑，可以使用在［高级动画］组中的动画刷和动画窗格工具，动画窗格如图 5-22 所示。

（1）多对象同动画，用动画刷。

（2）动画窗格：①改变对象动画顺序。②动画启动方式：单击、与上一动画同时、上一动画之后。③动画效果选项：方向、开始与结束、增强（声音、动画播放后显示）。④计时：开始方式、延迟时间、期间速度、重复及触发器（由别的动画触发，被动）。

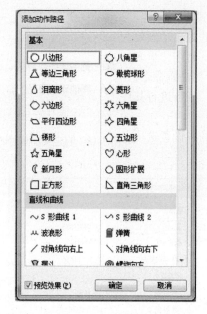

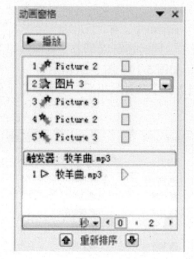

图 5-21　动作路径级联菜单　　　　　图 5-22　动画窗格

（二）超链接

　　演示文稿的播放是一张张幻灯片按顺序播放的。有时会需要从某一张幻灯片跳转到另一张幻灯片，或者跳转到其他演示文稿、文件或网页。其操作步骤如下。

　　（1）选择链接对象，可以是文本、图形、图片、图表或按钮等。

　　（2）选择［插入］选项卡→［超链接］命令按钮，出现"插入超链接"对话框，如图 5-23 所示。

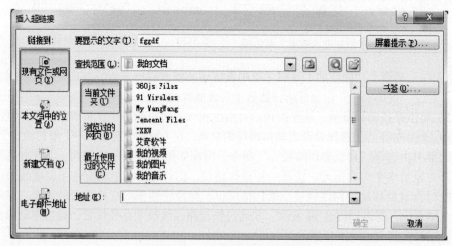

图 5-23　"插入超链接"对话框

　　（3）在"链接到"选项表中可以选择"现有文件或网页""本文档中的位置""新建文档"和"电子邮件地址"。其中"本文档中的位置"可以指定本演示文稿中的任意一张幻灯片。

（三）动作设置

　　"动作设置"命令可以对超链接的对象进行更改。

　　（1）选择超链接对象；

（2）单击［插入］选项卡→［动作］命令按钮，出现如图 5-24 所示的对话框，对超链接进行修改。

（四）动作按钮

动作按钮是 PowerPoint 中自带的图形方式超链接的一种。

（1）选择要添加动作按钮的幻灯片，单击［插入］选项卡→［形状］→［动作按钮］命令，出现的级联菜单如图 5-25 所示。

（2）在动作按钮中选择一种动作按钮，此时光标在幻灯片上变成了"＋"形状，在幻灯片的适当位置拖曳鼠标，画出一个动作按钮，同时在出现的"动作设置"对话框中进行超链接设置。

图 5-24　"动作设置"对话框

（五）幻灯片切换

幻灯片切换是指放映时幻灯片离开和进入时产生的视觉效果，幻灯片的切换效果不仅能使幻灯片的过渡自然，而且也能吸引观众的注意力。设置幻灯片切换效果的方法如下。

（1）在普通视图或幻灯片浏览视图下，选择要进行切换设置的幻灯片；

图 5-25　动作按钮

（2）单击［切换］选项卡→［切换到此幻灯片］组，出现如图 5-26 所示的"幻灯片切换"任务窗格；

（3）选择某个效果后，在［计时］区域设置切换的速度和声音；

（4）在"换片方式"设置幻灯片放映时是单击鼠标还是自动换片时间；

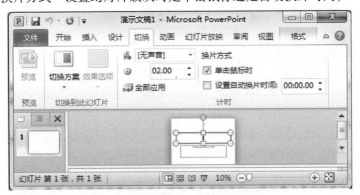

图 5-26　"幻灯片切换"任务窗格

（5）单击［全部应用］按钮表示将刚选的切换效果应用于所有的幻灯片；

（6）单击［预览］按钮进行所设置效果的预览。

（六）添加背景音乐

用户可以为幻灯片添加背景音乐，以便播放演示文稿时能够有音乐相伴，从而为演示增添气氛。幻灯片的背景音乐可以使用位于计算机、网络、互联网或"Microsoft 剪辑管理器"

中的音乐文件，也可以录制自己的声音或者使用 CD 中的音乐。

　　为幻灯片背景添加来自文件的音乐，应选择［插入］选项卡→［媒体］组→［音频］→"文件中的音频..."，打开"插入音频"对话框，选择要插入的声音文件后，单击［插入］按钮即可。

　　将音乐或声音插入幻灯片后，幻灯片上会显示一个代表该声音文件的图标。用户除了可以将它设置为幻灯片放映时自动开始或单击时开始播放外，还可以设置为带有时间延迟的自动播放，或作为动画片段的一部分播放。

　　操作技巧：音频的格式如果是 MP3 的，那么插入的音频其实只是音乐的一个链接。如果想内嵌一个音乐，必须把音频转换为 Wave 格式，此时的音频就显示为包含在演示文稿中。

　　考点提示：自定义动画、幻灯片切换的设置、超链接设置

三、实 施 方 案

　　（1）打开"第五章/效果/演示文稿我的母校"，单击［切换］选项卡→［切换到此幻灯片］组→"显示"命令，设置自动换片时间为 30 秒，单击"全部应用"。

　　（2）单击第二张幻灯片，选择第一张图片，单击［动画］选项卡→［动画］→"淡出""彩色脉冲"命令；选择第二张图片，单击［动画］选项卡→［动画］组→"浮入"命令；选择第三张图片，单击［动画］选项卡→［动画］→"飞入"命令；选择第四张图片，单击［动画］选项卡→［动画］组→"擦除"命令。

　　（3）选择第四张幻灯片，选择第一张图片，单击［动画］选项卡→［动画］组→"形状""彩色脉冲"命令；选择第二张图片，单击［动画］选项卡→［动画］组→"轮子"命令；选择第三张图片，单击［动画］选项卡→［动画］组→"随机线条"命令。

　　（4）设置第六张幻灯片、第九张幻灯片同（2）。

　　（5）设置第七张幻灯片、第八张幻灯片、第十二张幻灯片、第十三张幻灯片、第十五张幻灯片同（3）。

　　（6）选择第十一张幻灯片，选择第一张图片，单击［动画］选项卡→［动画］组→"淡出""彩色脉冲"命令；选择第二张图片，单击［动画］组选项卡→［动画］组→"浮入"命令；选择第三张图片，单击［动画］选项卡→［动画］组→"飞入"命令；选择第四张图片，单击［动画］选项卡→［动画］组→"擦除"命令；选择第五张图片，单击［动画］选项卡→［动画］组→"劈裂"命令。

　　（7）选择第十六张幻灯片，选择第一张图片，单击［动画］选项卡→［动画］组→"淡出""彩色脉冲"命令；选择第二张图片，单击［动画］选项卡→［动画］组→"浮入"命令。

　　（8）设置第十七张幻灯片同（7）。

　　（9）选择第十八张幻灯片，单击［动画］选项卡→［高级动画］组→［添加动画］→"更多强调效果..."，弹出"添加强调效果"对话框，单击"基本型""放大/缩小"，单击［确定］。

　　（10）选择第十九张幻灯片，单击［动画］选项卡→［高级动画］组→［添加动画］→"其他动作路径..."，弹出"添加动作路径"对话框，单击"基本""八边形"，单击［确定］。

　　（11）单击［插入］选项卡→［媒体］组→［音频］→"文件中的音频..."，打开"插入音频"对话框，选择"第五章/素材/天使翱翔.mp3"声音文件后，单击［插入］按钮。

　　（12）单击第一张幻灯片上的声音图标，单击［动画］→［动画窗格］，在［动画窗格］中选择下拉菜单中的"效果选项"，出现"播放音频"对话框，停止播放选择在 20 张之后，即可实现连续播放声音文件。

　　（13）选择［幻灯片放映］→［从头开始］命令，观看效果。

第五节　演示文稿的放映

演示文稿制作完成后，就可以进入幻灯片放映视图来播放演示文稿了。在演示时演示者可以针对不同的观众和不同的场合控制幻灯片的放映方式。

一、任　　务

经过不懈努力与探索，"我的母校"演示文稿终于定稿，如何更好地展示在学弟学妹面前？如何设计定时自动放映？如何将演示文稿完整地保存呢？

二、相关知识与技能

（一）设置放映方式

制作演示文稿的最终目的是为了最终放映，因此设置演示文稿的放映方式就显得非常重要。选择［幻灯片放映］选项卡→［设置］组→［设置幻灯片放映］，打开如图 5-27 所示的"设置放映方式"对话框。

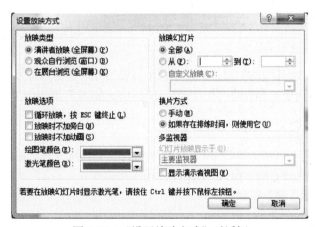

图 5-27　"设置放映方式"对话框

PowerPoint 提供了三种放映方式：演讲者放映（全屏幕）、观众自行浏览（窗口）、在展台浏览（全屏幕）。

（1）演讲者放映（全屏幕）：是全屏幕放映，是默认项，适合教学或会议场合，放映过程完全由演讲者控制。

（2）观众自行浏览（窗口）：允许观众自行操作，但不能单击鼠标进行放映，在观看时可使用 Page Up 和 Page Down 键来一张一张地切换幻灯片。

（3）在展台浏览（全屏幕）：在此模式下，可以自动运行演示文稿，这种自动运行的演示文稿不需用户负责切换，适合无人看管的场合。此方式可以自动循环放映，要想中止，需按［Esc］键。

"设置放映方式"对话框提供了"放映类型""放映幻灯片""放映选项"和"换片方式"等选项组，用户可根据需要选择其中的复选框和单选按钮。

（二）自定义放映

在 PowerPoint 默认情况下，播放演示文稿时幻灯片按照在演示文稿中的先后顺序从前到后进行播放。PowerPoint 2010 提供了自定义放映功能，用户可以自己定义幻灯片的播放顺序，并只播放其中的部分幻灯片。这些选项能使用户挑选现有演示文稿中的幻灯片放映，从而达到给特定的观众放映部分演示文稿的目的。创建自定义放映操作步骤如下。

（1）选择［幻灯片放映］选项卡→［开始放映幻灯片］→［自定义幻灯片放映］→"自定义放映..."命令，出现"自定义放映"对话框，如图 5-28 所示；

（2）在"自定义放映"对话框中，单击［新建］按钮，进入"定义自定义放映"对话框，如图 5-29 所示；

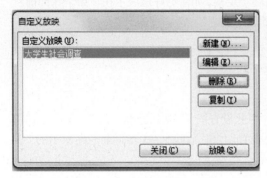

图 5-28　　"自定义放映"对话框

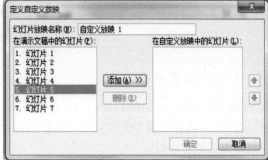

图 5-29　　"定义自定义放映"对话框

（3）在"幻灯片放映名称"文本框中输入自定义放映的名称；

（4）在"在演示文稿中的幻灯片"列中选中需要独立放映的幻灯片页面，单击［添加］按钮，即可将选中页面加入右边的"在自定义放映中的幻灯片"列表中；

（5）如果想删除在自定义放映中的幻灯片，可先选中，然后单击［删除］按钮，即可取消该幻灯片的自定义放映；

（6）如果想调整在自定义放映中的幻灯片的顺序，先选定要移动的幻灯片，再单击对话框右侧的"向上箭头"或"向下箭头"按钮；

（7）单击［确定］命令按钮，返回到"自定义放映"对话框，新建的自定义放映的名称出现在列表中，如图 5-28 所示；

（8）单击［放映］命令按钮，放映选定的自定义放映的幻灯片。

（三）排练计时

如果需要让演示文稿在无人控制时自动播放，可以事先为幻灯片设置显示时间。这就是排练计时功能，它是事先人工将幻灯片放一遍，人工控制幻灯片的切换时间，软件将你所做的安排记录下来，以后放映时就以此为依据进行放映。操作如下。

（1）选择［幻灯片放映］选项卡→［设置］组→"排练计时"命令，在放映幻灯片的同时，显示如图 5-30 所示的"预演"工具栏；

图 5-30　　"预演"工具栏

（2）"预演"工具栏中的计时器记录演示文稿中每一张幻灯片放映的用时，若需要暂停，单击［暂停］按钮，再次单击［暂停］按钮，则继续放映、计时；

（3）放映结束后，弹出消息对话框提问是否保留新的幻灯片排练时间，需要保留则单击［是］按钮，否则单击［否］按钮；

（4）选择［幻灯片放映］选项卡→［开始放映幻灯片］组→"从头开始"命令，则按排练好的时间自动播放演示文稿。

（四）演示文稿的打包

一份演示文稿制作完成后，如果只将演示文稿文件复制到另一台计算机上，而那台计算机没有安装演示文稿程序或演示文稿播放器，演示文稿中所链接的文件及所使用的 TrueType 字体在那台计算机上不存在，则无法保证该演示文稿正常播放。因此可以将演示文稿与该演示文稿所涉及的有关文件一起进行打包，存放到移动磁盘或者通过电子邮件发送至对方计算机，在另一台计算机上解包后进行播放。打包操作步骤如下。

（1）打开需要打包的演示文稿；

（2）选择［文件］选项卡→［保存并发送］→［将演示文稿打包成 CD］→［打包成 CD］命令，出现"打包成 CD"对话框，如图 5-31 所示；

（3）在"将 CD 命名为"文本框中输入打包后的文件名称；

（4）如果需要将其他的文件一起打包，单击［添加］按钮，在出现的"添加文件"对话框中找到要添加的文件打开即可；

（5）在默认状态下是将 PowerPoint 播放器一起打包，也可以单击［选项］按钮，在出现的"选项"对话框中进行设置，如图 5-32 所示；

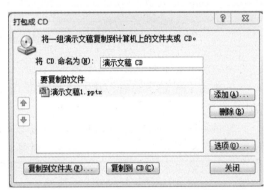

图 5-31　"打包成 CD"对话框

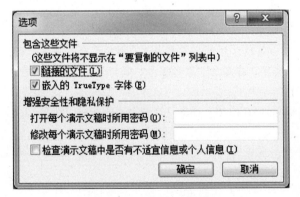

图 5-32　"选项"对话框

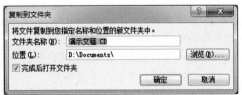

图 5-33　"复制到文件夹"对话框

（6）在"打包成 CD"对话框中单击［复制到文件夹...］命令按钮，出现"复制到文件夹"对话框，如图 5-33 所示，输入文件夹名称及保存位置，单击［确定］按钮；

（7）如果计算机装有刻录设备，可以单击［复制到 CD］命令，直接刻录成 CD 盘。

考点提示：演示文稿放映方式的设置

三、实　施　方　案

（1）打开"第五章 / 效果 / 我的母校"，选择选择［幻灯片放映］选项卡→［设置］组"排练计时"命令；

（2）在预演时单击鼠标控制幻灯片的切换和动画出现的时间，预演完成后保存；

（3）选择［幻灯片放映］→"从头开始"命令，观看放映效果。

本 章 小 结

　　Microsoft PowerPoint 是 Office 系列办公软件之一，是创作演示文稿的软件，利用它能够制作出集文字、图形、图像、声音及视频剪辑等多媒体元素于一体的演示文稿。在课堂教学的课件制作、公司会议、产品推广展示、个人演讲等多方面都有广泛的应用。本章主要介绍了 PowerPoint 演示文稿的基本功能、基本特点和基本操作。以创建空演示文稿为开始，通过插入各种对象来完成演示文稿，通过该过程的学习，同学们对演示文稿有了更深刻的认识。

技能训练 5-1　PowerPoint 2010 基本操作

　　一、演示文稿的创建与基本操作

　　1. 单击［开始］按钮，选择［所有程序］→［Microsoft Office］→［Microsoft PowerPoint 2010］，启动 PowerPoint 应用程序。

　　2. 在第一张幻灯片中键入主标题、副标题文字。将主标题字体修改为"黑体"，文字大小修改为"36 号"，颜色修改为"橙色，强调文字颜色 6"；将副标题文字大小修改为"18 号"。

　　3. 插入第二张幻灯片。键入幻灯片标题，并在"单击此处添加文本"占位符中插入一个 3 列 4 行的表格，键入相应内容。将表格样式修改为"主题样式 1- 强调 6"，在表格布局中将表格排列为上下居中、左右居中。

　　4. 插入第三张幻灯片，键入幻灯片标题。在"单击此处添加文本"占位符中输入文字，将文本段落格式修改为"两端对齐"。

　　5. 将"素材"文件夹中的图片"困境 .png"插入到第三张幻灯片，排列方式为"底端对齐"，相对于图片原始尺寸锁定纵横比缩放 78%。

　　6. 插入第四张幻灯片，插入形状为"填充 - 蓝色，强调文字颜色 1，塑料棱台，映像"的艺术字。同时，插入一个文本框，在其中键入文字，并添加"象形编号，宽句号"样式的编号，字号修改为"28 号"。

　　7. 插入第五张幻灯片，在其中插入一个 SmartArt 图形，选择"流程"类别中的"齿轮"，并为图形各部分添加相应的文字。

　　8. 插入第六张幻灯片，在其中插入一个"三维饼图"样式的图表，图表布局样式选择"布局 4"。在图表上方加入图表标题。

　　9. 将"素材"文件夹中的视频"传统媒体与新媒体融合 .mp4"插入至第四张幻灯片的文本框下方。将视频样式调整为"金属圆角矩形"，并设置视频播放选项为"全屏播放"，视频大小设置为"高度 7.2 厘米，宽度 9.6 厘米"，调整合适位置。

　　10. 将演示文稿另存为"互联网时代的选择与定位 1.pptx"，再另存一份"PowerPoint97-2003 演示文稿"类型的演示文稿，命名为"互联网时代的选择与定位 .ppt"，如图 5-34 所示。

　　二、演示文稿的编辑与美化

　　1. 打开"互联网时代的选择与定位 1.pptx"文件，将第三页幻灯片移动至第二页幻灯片之前。

　　2. 在［设计］选项卡中将演示文稿主题修改为"都市"，并将主题颜色修改为"Office"。

　　3. 在［视图］选项卡中调出"幻灯片母版"视图模式，修改"标题幻灯片"版式为"背景样式"中的"样式 10"；修改"标题和内容"版式，将母版标题的字体修改为"微软雅黑"、对齐方式修改为"文字居中对齐"，关闭母版视图。

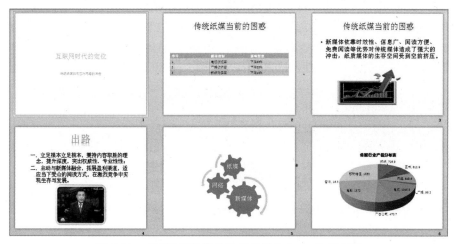

图 5-34　"互联网时代的选择与定位 1.pptx"效果图

4. 将第五张幻灯片的版式修改为"图片与标题"，并在"单击此处添加标题"占位符中输入标题文字。进入"幻灯片母版"视图模式，将该标题文字方向修改为"竖排"并将其水平位置修改为自左上角"20 厘米"处，文字大小修改为"36"号。

5. 在"都市 幻灯片母版"版式中插入剪贴画音频"claps cheers，鼓掌欢迎"，并在其"播放"选项中将"音频选项"修改为"自动"开始、"循环播放，直到停止""放映时隐藏"，关闭母版视图。

6. 将演示文稿另存为"互联网时代的选择与定位 2.pptx"，如图 5-35 所示。

图 5-35　"互联网时代的选择与定位 2.pptx"效果图

三、演示文稿动作设计

1. 打开"互联网时代的选择与定位 2.pptx"文件，为第一张幻灯片的主标题添加进入动画效果为"浮入"；为副标题添加退出动画效果为"飞出"，将"效果选项"中"方向"设为"到左侧"。

2. 为第二张幻灯片的标题添加超链接为"本文档中的位置"至第三页幻灯片。

3. 为第五张幻灯片标题文字添加强调动画效果为"陀螺旋"，在［高级动画］组中设置"触发"方式为"单击"→"标题 4"，并设置持续时间为"2.25 秒"。

4. 在第三张幻灯片中插入［形状］中"动作按钮：上一张"，并为其添加超链接到"上一张幻灯片"。提示：在"超链接到"下拉列表框中选择"幻灯片……"，选择所需的幻灯片即可。

5. 在［切换］选项卡中将第二张幻灯片［切换到此幻灯片］方式设置为"库"，切换声音设置为"疾驰"，并设置［全部应用］将演示文稿内所有幻灯片切换方式统一。

6. 将演示文稿另存为"互联网时代的选择与定位 3.pptx"，如图 5-36 所示。

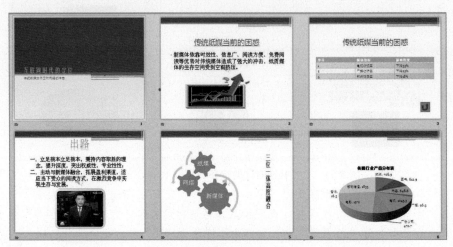

图 5-36　　"互联网时代的选择与定位 3.pptx"效果图

四、演示文稿的放映

1. 打开"互联网时代的选择与定位 3.pptx"文件，在［幻灯片放映］选项卡中"设置幻灯片放映"类型为"观众自行浏览（窗口）"，关闭设置放映方式对话框。选择第三张幻灯片"从当前幻灯片开始"放映一次演示文稿。

2. 根据幻灯片内容边播放边讲解进行一次"从头开始录制"的"录制幻灯片演示"，然后"从头开始"放映一次演示文稿。

3. 在［自定义幻灯片放映］中新建一个自定义放映并命名为"无图表放映"，将除第三页和第六页外的其他幻灯片添加入"在自定义放映中的幻灯片"列表框。

4. 在［幻灯片放映］选项卡中，将第五张幻灯片设置为"隐藏幻灯片"。

5. 在［文件］选项卡中操作"将演示文稿打包成 CD"，将文件夹命名为"互联网时代的选择与定位_定稿"，并选择［复制到文件夹……］到"桌面"，如图 5-37 所示。

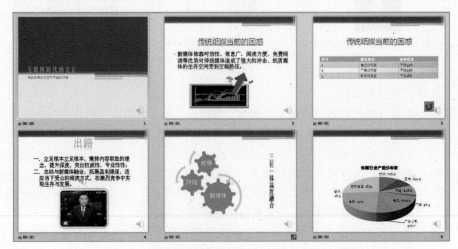

图 5-37　　"互联网时代的选择与定位 .pptx"效果图

技能训练 5-2　PowerPoint 2010 综合操作

综合实训一

新建一个演示文稿，主要操作步骤如下。

1. 第一张幻灯片

（1）单击［设计］选项卡→在功能区的［主题］组中选择"流畅"作为演示文稿主题。

（2）添加标题文字，并在［格式］选项卡的［艺术字样式］组中选择"填充 - 蓝色，强调文字颜色 1，内部阴影 - 强调文字颜色 1"样式，设置艺术字字体为"宋体"、字体样式"加粗"、大小为"36"号。

（3）在标题艺术字下的［格式］选项卡中单击功能区［大小］组的"对话框启动器"，设置艺术字位置为自左上角垂直"3 厘米"。

（4）添加副标题文字为"心血管系统简介"，在［绘图工具］选项卡的［格式］选项卡中功能区的［艺术字样式］组中选择"填充 - 蓝色，文本，内部阴影"样式，并设置艺术字字体为"微软雅黑"、字体样式"加粗"、大小为"60"号。

（5）选择副标题艺术字后单击［绘图工具］选项卡下的［格式］选项卡→在功能区的［艺术字样式］组中单击［文字效果］菜单中"映像"命令，选择"紧密映像，8pt 偏移量"。

2. 第二张幻灯片　第二张幻灯片版式为"标题和内容"。

（1）单击［视图］选项卡→在功能区的［母版视图］组中单击［幻灯片母版］菜单进入母版编辑界面，修改"流畅 幻灯片母版"的"页脚"占位符格式，将字体修改为"黑体"、字号修改为"20"号。

（2）单击［插入］选项卡→在功能区的［文本］组中单击［页眉和页脚］菜单，在［幻灯片］选项卡中添加页脚内容"人体解剖学课程"，设置"标题幻灯片中不显示"，并将页脚全部应用于所有幻灯片，关闭母版视图。

（3）添加标题；在内容占位符中插入一个 SmartArt 图形，选择［列表］-［垂直框列表］图形并键入相应内容。

（4）单击［SmartArt 工具］的［设计］选项卡→在功能区的［SmartArt 样式］组中选择"日落场景"样式。

（5）单击［SmartArt 工具］的［格式］选项卡→在［大小］菜单中将图形高度调整为"11 厘米"。

3. 第三张幻灯片　第三张幻灯片版式为"内容与标题"。

（1）键入标题和左侧内容占位符中文字，调整内容的文字样式，在［开始］选项卡下功能区中［字体］组中将字体调整为宋体，字号大小调整为"16"号，并将特殊文字"加粗"。

（2）在右侧占位符中插入一张来自文件的图片，图片存放在"素材"文件夹中，名为"心管系列的组成 .png"。

（3）为插入的图片添加动画，单击［动画］选项卡→在功能区的［高级动画］组中单击［添加动画］菜单，选择"更多进入效果 ..."中"轮子"动画，在［效果选项］中选择"4 轮辐图案"。

（4）调整图片的动画计时，在［动画］选项卡的［计时］组中，将开始条件设置为"与上一张动画同时"，持续时间调整为"1.5 秒"。

4. 第四张幻灯片　第四张幻灯片版式为"空白"。

（1）单击［插入］选项卡→在功能区的［媒体］组中单击［视频］菜单，选择"文件中的视频"菜单，插入"素材"文件夹中"心血管的组成 .mp4"。

（2）单击［视频工具］的［格式］选项卡→在功能区的［大小］组中单击"对话框启动器"，在"锁定纵横比"的条件下将视频"缩放比例"的高度和宽度均调整为"100%"。

（3）单击［视频工具］的［格式］选项卡→在功能区的［大小］组中单击"裁剪"菜单，将视频四周的黑边裁剪掉。

（4）单击［视频工具］的［格式］选项卡→在功能区的［排列］组中单击"对齐"菜单，分别选择"左右居中"和"上下居中"。

（5）单击［视频工具］的［播放］选项卡→在功能区的［视频选项］组中设置视频的开始方式为"自动"，并且"循环播放，直到停止"。

5.第五张幻灯片　第五张幻灯片版式为"标题和内容"。

（1）单击［设计］选项卡→在功能区的［背景］组中单击"背景样式"菜单，调出"设置背景格式"对话框，选择"图片或纹理填充"插入自"文件..."，插入"素材"文件夹内的图片"心脏结构.png"，将上、下、左、右偏移量均设置为"0%"且"隐藏背景图形"，单击［关闭］按钮。

（2）在"单击此处添加文本"占位符中键入文字，单击［开始］选项卡→在功能区的［字体］组中将字体修改为"微软雅黑"；单击［开始］选项卡→在功能区的［段落］组中取消"项目符号"。

（3）选择正文占位符，并单击［绘图工具］的［格式］选项卡→在功能区的［大小］组中将"形状高度"调整为"6厘米"；单击［绘图工具］的［格式］选项卡→在功能区的［形状样式］组中单击"形状填充"菜单→选择"纹理"中的"水滴"。

（4）选择正文占位符，并单击［图片工具］的［格式］选项卡→在功能区的［调整］组中单击"艺术效果"菜单，选择"蜡笔平滑"效果。

（5）选择正文占位符，并单击［动画］选项卡→在功能区的［动画］组中单击［其他］按钮，选择退出方式为"缩放"。

6.第六张幻灯片　第六张幻灯片版式为"标题和内容"。

（1）在"单击此处添加标题"和"单击此处添加文本"占位符中分别键入幻灯片的标题和正文。

（2）选中正文占位符，单击［开始］选项卡→在功能区的［段落］组中单击"对话框启动器"，在［缩进和间距］选项卡下调整段落格式，设置缩进的特殊格式为"首行缩进"、度量值为"1.75厘米"，设置间距为段后"18磅"。

（3）选中正文占位符，单击［动画］选项卡→在功能区的［动画］组中单击"浮入"选项为占位符添加动画，在"效果选项"菜单中选择序列为"按段落"。

（4）选中正文占位符，单击［动画］选项卡→在功能区的［高级动画］组中单击"动画窗格"菜单，在调出的"动画窗格"中单击第二段文字动画选项的下拉菜单，选择"从上一项之后开始"。

（5）单击［切换］选项卡→在功能区的［切换到此幻灯片］组中选择"溶解"，声音选择"风铃"，最终效果如图5-38所示。

7.演示文稿另存为"心血管系统介绍完稿.pptx"。

综合实训（二）

新建一个演示文稿，主要操作步骤如下。

1.第一张幻灯片

（1）单击［设计］选项卡→在功能区的［背景］组中单击"背景样式"菜单，选择"样式7"。

（2）单击［视图］选项卡→在功能区的［显示］组中单击选择"网格线"。

（3）在"单击此处添加标题"占位符中键入标题；单击［开始］选项卡→在功能区的［字体］组中将文字字体修改为"微软雅黑"，并加粗。

（4）在"单击此处添加副标题"占位符中键入副标题；单击［开始］选项卡→在功能区的［段落］组中选择"文本右对齐"。

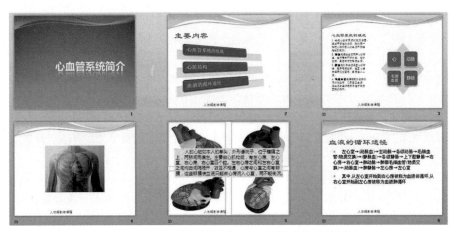

图 5-38　　"心血管系统介绍 .pptx"演示文稿效果图

　　（5）单击［切换］选项卡→在功能区的［计时］组中将换片方式"单击鼠标时"取消，设置换片方式为"设置自动换片时间"在"00：04.00"以后。

　　2. 第二张幻灯片　　第二张幻灯片版式为"空白"。

　　（1）单击［插入］选项卡→在功能区的［文本］组中单击［文本框］的下拉菜单，选择"横排文本框"，并在其中键入文字。

　　（2）选中文本框，单击［开始］选项卡→在功能区的［字体］组中将文字字体修改为"微软雅黑"，字号调整为"32"号，字符间距调整为"稀疏"。

　　（3）选中文本框，单击［开始］选项卡→在功能区的［段落］组中单击"对话框启动器"，将缩进的特殊格式设置为"首行缩进""2.54 厘米"、将间距中行距设置为"1.5 倍行距"。

　　（4）选中文本框，单击［绘图工具］选项卡下的［格式］选项卡→在功能区的［排列］组中单击［对齐］菜单，分别设置对齐方式为"左右居中"和"上下居中"。

　　（5）选中文本框，单击［动画］选项卡→在功能区的［高级动画］组中单击［添加动画］下拉菜单，选择进入效果为"擦除"；在功能区的［动画］组中单击"对话框启动器"，在［效果］选项卡中将方向设置为"自左侧"、动画文本"按字母"出现并设置字母之间延迟百分比为"15"。

　　3. 第三张幻灯片　　第三张幻灯片版式为"标题和内容"。

　　（1）在"单击此处添加标题"占位符中键入标题，单击［开始］选项卡→在功能区的［字体］组中将字体修改为"微软雅黑"。

　　（2）在"单击此处添加文本"占位符中单击"插入图表"，在插入图表对话框中选择"柱形图"→"三维簇状柱形图"，用"素材"文件夹下"规模以上工业增加值同比情况 .xlsx"表中数据作图；单击［图表工具］选项卡下的［设计］选项卡→在功能区的［图表样式］组中单击"样式 8"。

　　（3）选中图表框，在"图表标题"框内修改图表的标题为"规模以上工业增加值增速情况"；单击［图表工具］选项卡下的［布局］选项卡→在功能区的［标签］组中单击"图例"菜单，选择"无"来关闭图例。

　　（4）选择幻灯片标题占位符，单击［绘图工具］选项卡下的［格式］选项卡→在功能区的［排列］组中单击［上移一层］下拉菜单，选择"置于顶层"。

　　（5）选择幻灯片标题占位符，单击［动画］选项卡→在功能区的［高级动画］组中单击［添加动画］下拉菜单，选择动作路径为"直线"，手动调整路径长度，将路径终点延长至图表。

　　4. 第四张幻灯片　　第四张幻灯片版式为"空白"。

　　（1）单击［插入］选项卡→在功能区的［文本］组中单击［对象］菜单，在插入对象对话框中选择"由文件创建",将"素材"文件夹内的"进出口贸易同比情况.docx"插入至幻灯片,并单击［绘图工具］选项卡下的［格式］选项卡→在功能区的［形状样式］组中单击"形状填充"菜单,选择主题颜色为"白色,文字1"。

(2)单击［插入］选项卡→在功能区的［插图］组中单击［形状］菜单,选择"动作按钮"中的"文档",将其插入在幻灯片的右下角,并在［单击鼠标］选项卡中设置单击鼠标时的动作为超链接到"其他文件",对原文件进行超链接。

(3)选中动作按钮,单击［插入］选项卡→在功能区的［链接］组中单击"超链接"菜单,在对话框中选择"鼠标移过"选项卡,设置播放声音为"单击"。

(4)单击［插入］选项卡→在功能区的［文本］组中单击"文本框"菜单,选择"垂直文本框",排布在所插入对象的左侧并键入文字;单击［开始］选项卡→在功能区的［字体］组中将文字字体修改为"微软雅黑"、字号调整为"32"号。

(5)选中文本框,单击［动画］选项卡→在功能区的［高级动画］组中单击［添加动画］菜单,选择强调动画"波浪形";单击［动画］选项卡→在功能区的［动画］组中单击"对话框启动器",在［计时］选项卡中修改开始方式为"与上一动画同时"、重复"直到幻灯片末尾"。

5.第五张幻灯片　第五张幻灯片版式为"标题与内容"。

(1)在"单击此处添加标题"占位符中键入标题,单击［开始］选项卡→在功能区的［字体］组中修改文字字体为"微软雅黑"。

(2)单击［开始］选项卡→在功能区的［字体］组中单击"对话框启动器",选择下划线线型为"双波浪线"、下划线颜色为标准色中的"红色"。

(3)在"单击此处添加文本"占位符中单击"插入SmartArt图形",选择循环图形中的"射线群集",键入文本。

(4)选中SmartArt图形,单击［SmartArt工具］选项卡下的［设计］选项卡→在功能区的［SmartArt样式］组中单击"更改颜色"菜单将颜色更改为"彩色填充-强调文字颜色2",样式更改为"优雅"。

(5)选中SmartArt图形,单击［动画］选项卡→在功能区的［动画］组中单击"浮入"效果;单击"效果选项"菜单,选择序列为"一次级别";在［计时］选项卡中"持续时间"改为"00.40"。

6.第六张幻灯片　第六张幻灯片版式为"空白"。

(1)单击［插入］选项卡→在功能区的［文本］组中单击"艺术字"菜单,选择"填充-红色,强调文字颜色2,双轮廓-强调文字颜色2"样式并键入文字。

(2)选中艺术字,单击［开始］选项卡→在功能区的［字体］组中修改文字字体为"黑体",设置第一段文字字号为"72"号、第二段文字字号为"48"号;在功能区的［段落］组中选择文本对齐方式为"文本左对齐"。

(3)选中艺术字,单击［动画］选项卡→在功能区的［高级动画］组中单击［添加动画］菜单,选择进入方式为"飞入";在功能区的［动画］组中单击［效果选项］菜单设置方向为"自左侧"、序列为"按段落"。

(4)选中艺术字,单击［动画］选项卡→在功能区的［高级动画］组中单击［添加动画］菜单,选择退出方式为"飞出";在功能区的［动画］组中单击［效果选项］菜单设置方向为"到右侧"、序列为"按段落"。

(5)单击［动画］选项卡→在功能区的［高级动画］组中单击［动画窗格］菜单调出动画任务窗格,点击各动画任务右侧的下拉菜单,将动画的开始方式分别设置为"从上一项开始""从上一项之后开始""单击时",最终效果如图5-39所示。

图 5-39　"A 地区经济形势分析 .pptx"演示文稿效果图

练习 5　PowerPoint 2010 基础知识测评

一、单选题

1. PowerPoint 2010 演示文稿的扩展名为_____。

　A. pptx　　　　　　　　B. pps

　C. pot　　　　　　　　D. ppa

2. 幻灯片中占位符的主要作用是_____。

　A. 表示文本的长度

　B. 限制插入对象的数量

　C. 表示图形的大小

　D. 为文本、图形等预留位置

3. 在幻灯片浏览视图中，用鼠标拖动复制幻灯片时，要同时按住_____键。

　A. Ctrl　B. Alt　C. Shift　D. Space

4. 创建"超链接"的作用是_____。

　A. 重复放映幻灯片

　B. 隐藏幻灯片

　C. 放映内容跳转

　D. 删除幻灯片

5. 将一组设置好的字体、颜色、外观效果组合到一起，形成多种不同的界面设计方案是_____。

　A. 主题　　　　　　　　B. 母版

　C. 模板　　　　　　　　D. 样式

6. 在 PowerPoint 2010 幻灯片中_____多媒体信息。

　A. 只能插入声音

　B. 只能插入动画

　C. 不能插入影片

　D. 能插入剪贴画、图片、声音和影片

7. 在幻灯片切换效果框中，有"慢速""中速""快速"，它是_____。

　A. 放映时间　　　　　B. 动画速度

　C. 换片速度　　　　　D. 停留时间

8. 设置幻灯片切换是指_____。

　A. 设置幻灯片的放映顺序

　B. 分别定义幻灯片中各对象的播放顺序和效果

　C. 设置幻灯片的切换方式和换片效果

　D. 设置幻灯片的放映时间

9. 在 PowerPoint 中，"自定义动画"的功能是_____。

　A. 插入 Flash 动画

　B. 设置放映方式

　C. 设置幻灯片的放映方式

　D. 给幻灯片内的对象添加动画效果

10. 如要终止幻灯片的放映，可直接按_____键。

　A. Ctrl+C　　　　　　B. Esc

　C. End　　　　　　　D. Ctrl+F4

二、多选题

1. 在 PowerPoint 2010 中对视图的说法，描述正确的是_____。

　A. PowerPoint 2010 具有多种不同的视图，可以帮助用户创建、组织、浏览和播放演示文稿

　B. 普通视图是用来制作幻灯片的，而浏览视图是用来浏览和检查演示文稿的总体布局与效果的

　C. PowerPoint 2010 中视图包括普通视图、幻灯

片浏览视图、大纲视图、放映视图

D. PowerPoint 2010 中视图包括普通视图、幻灯片浏览、阅读视图、备注页

2. 在 PowerPoint 2010 中创建演示文稿的操作说法正确的是_____。

A. 单击自定义快速访问工具栏中的［新建］按钮

B. 单击"文件"菜单，在弹出的面板中单击"新建"命令

C. 按［Ctrl+N］组合键

D. 依次按［Alt］、［F］、［N］、［Enter］键

3. 在 PowerPoint 2010 中插入幻灯片的方法正确的是_____。

A. 在［幻灯片］选项卡中单击［新建幻灯片］按钮

B. 在普通视图的［幻灯片］选项卡中，选择任意一张幻灯片然后按［Enter］键

C. 在普通视图的［幻灯片］选项卡中，选择任意一张幻灯片然后按［Ctrl+M］

D. 在普通视图的［幻灯片］选项卡中，选择任意一张幻灯片，右击，在弹出的快捷菜单中选择"新建幻灯片"选项

4. 在 PowerPoint 2010 中，播放幻灯片的方法正确的有_____。

A. 从头开始放映，按［F5］键

B. 从当前幻灯片开始放映，按［Shift+F5］键

C. 自定义幻灯片放映

D. 在视图快捷方式中，按［幻灯片放映］按钮

5. 下列属于［插入］选项卡工具命令的是_____。

A. 表格、公式、符号

B. 图片、剪贴画、形状

C. 图表、文本框、艺术字

D. 视频、音频

三、判断题

（　　）1. PowerPoint 2010 是 Office 2010 的重要组成部分之一，集文字、图形、图像、声音、视频、动画等多种媒体于一体，是专门用来制作演示文稿的软件。

（　　）2. PowerPoint 2003 可以直接打开 PowerPoint 2010 制作的演示文稿。

（　　）3. 设置自动保存可以每隔一段时间自动保存一次，即使出现断电或者死机的情况，当再次启动时，保存过的文件内容也依然存在。

（　　）4. 在默认的情况下，PowerPoint 2010 可以最多撤销 40 步操作。

（　　）5. 幻灯片母版用于存储设计母版的信息，这些母版信息包括字形、占位符大小、背景设计和配色方案。

（　　）6. 在幻灯片浏览视图中，可使用［Shift］键来选定多张不相邻的幻灯片。

（　　）7. PowerPoint 2010 提供了几种背景样式，用户可以自定义纯色、渐变色、纹理、图片等。

（　　）8. 在 PowerPoint 2010 的中，"动画刷"工具可以快速设置相同动画。

（　　）9. 在 PowerPoint 2010 的［审阅］选项卡可以进行拼写检查、语言翻译、中文简繁体转换等操作。

（　　）10. PowerPoint 2010 支持将演示文稿中的幻灯片输出为 JPEG、GIF、TIFF、PNG、BMP、PDF 等格式的文件。

四、填空题

1. PowerPoint 2010 可以利用模板创建新演示文稿，模板的扩展名是_____。

2. 退出 PowerPoint 2010 的快捷键是_____。

3. 在 PowerPoint 2010 中普通视图有三个主要部分，包括_____、_____、_____。

4. 要在 PowerPoint 2010 中显示标尺、网络线、参考线，以及对幻灯片母版进行修改，应在_____选项卡中进行操作。

5. 在幻灯片中插入"SmartArt 图形"，可以单击［插入］选项卡中的_____按钮。

6. 在 PowerPoint 2010 中对幻灯片进行页面设置时，应在_____选项卡中操作。

7. 在 PowerPoint 2010 中有三种母版，即_____、_____、_____。

8. 从当前幻灯片开始放映幻灯片的快捷键是_____。

9. 在 PowerPoint 2010 中放映方式有三种，即_____、_____、_____。

10. 演示文稿的打印内容项包括_____、_____、_____、_____。

第六章 Access 2010 的应用

学习目标

1. 了解数据库基础知识及 Access 2010 界面。
2. 掌握数据库的创建方法。
3. 熟练数据表的创建、修改与维护及表间关系的建立方法。
4. 熟练各种查询的基本操作。
5. 掌握窗体、报表的设计方法。
6. 理解宏与模块对象的基本操作。

第一节 认识 Access 数据库

数据库技术产生于 20 世纪 60 年代末 70 年代初，它的出现使计算机应用进入了一个新的时期——社会的每一个领域都与计算机应用发生了联系。数据库是计算机最重要的技术之一，是计算机软件的一个独立分支，数据库是建立管理信息系统的核心技术，当数据库与网络通信技术、多媒体技术结合在一起时，计算机应用将无所不在，无所不能。

作为本章学习的开始，我们首先要了解的是：什么是数据库？什么是数据库管理系统？什么是 Access？

一、任 务

有一名学校的辅导员，他刚接手系部学生管理工作。一个系中不同专业不同届的学生总共有六七百人，那么如何使用 Access 小型数据库管理系统方便学生管理工作，这个辅导员需要了解一下数据库基础知识。

二、相关知识与技能

（一）数据库基本概念

1. 数据与数据处理 数据是反映客观事物的性质、运动状态及其相互关系的一种表现形式。数据主要有数字、符号、文字、声音、图形和图像等多种形式。

信息是指数据经过加工处理后所获取的有用知识。数据既是信息的载体，也是信息的具体表示形式。

数据处理就是将数据转换为信息的过程。数据处理内容主要包括数据的收集、整理、加工、分类、组织、编码、存储、维护、排序、检索和传输等一系列活动。数据处理的基本目的就是从大量的或者杂乱无章的数据中提取并推导出有价值、有意义的数据。

2. 什么是数据库 数据库（Database，DB）是长期保存在计算机内的、有组织的、可共享的大量数据的集合。数据库中的数据按照一定的数据模型组织、描述和存储，具有较小的冗余度、较高的数据独立性和可扩展性，并且数据之间有紧密的联系，用户可以通过数据库管理系统对其进行访问。

3. 数据库系统

1）数据库系统的组成

数据库系统（DBS）是引进数据库技术后的计算机系统，一个完整的数据库系统由硬件系统、数据库、数据库管理系统及数据库应用软件、数据库管理人员和用户这五部分组成。其中数据库是数据库系统的构成主体，是数据库系统的管理对象。

2）数据库系统的特点

（1）数据的结构化：数据库系统，采用特定的数据模型，在同一数据库中的数据文件是有联系的，且在整体上服从一定的结构形式。

（2）数据的共享性：数据库系统中的数据可以为不同部门、不同单位甚至不同用户所共享，减少数据重复，减少冗余，减少空间开销。当然，有时为了提高查询效率，也保留少量的重复数据，以实现数据可控冗余度。

（3）数据的独立性：数据库系统中的数据文件与应用程序之间的依赖关系大大减小，可减少程序开发与维护的代价。

（4）数据的完整性与一致性：在数据库系统中，可以通过对数据的性质进行检查而管理它们，使之保持完整、正确。例如，商品的价格不能为负数，一场电影的订票数不能超过电影院的座位数。

（5）数据的灵活性：数据库系统不是把数据简单堆积，而是在记录数据信息的基础上具有多种管理功能，如输入、输出、查询、编辑、修改等。

（6）数据的安全性：数据库系统中的数据具有安全管理功能。

4. 数据库管理系统　数据库管理系统（Database Management System，DBMS）是指位于用户和操作系统之间的一层数据管理软件。数据库在建立、运用和维护时由数据库管理系统统一管理、统一控制，是数据库系统的核心系统软件。

（二）数据库的基础理论

1. 数据描述　数据描述就是以数据符号的形式，从满足用户需求的角度出发，对客观事物的属性和运动状态进行描述。数据描述既要符合客观事物，又要适应数据库的原理与结构，同时还要适应计算机的原理与结构。由于计算机不能直接处理现实世界中的具体事物，所以人们必须对客观存在的具体事物进行有效的描述与刻画，最终转换成计算机能够处理的数据。在这个转换过程中，将涉及现实世界、信息世界和数据世界这三个世界的转换。

（1）现实世界：即存在于人们头脑之外的客观世界。

（2）信息世界：又称概念世界，是现实世界在人们头脑中的反映，是对客观事物及其联系的一种抽象描述。信息世界不是对现实世界的简单记录，而是要通过选择、分类、命名等抽象的过程来产生概念模型。

（3）数据世界：又称计算机世界，是将信息世界中的事物进行数据化的结果。即将信息世界的概念模型进一步抽象为计算机世界的数据模型，形成便于计算机处理的数据表现形式。

图 6-1　三个世界的转换过程

从现实世界到数据世界进行描述，数据的转换过程如图 6-1 所示。

2. 概念模型　概念模型用于信息世界的建模，它是从现实世界到计算机世界的第一层抽象，是数据库设计的有力工具，也是数据库开发人员与用户之间进行交流的语言。因此，概念模型要有较强的表达能力，应该简单、清晰、易于理解。目前最常用的是实体 - 联系模型。

实体 - 联系图（Entity-Relationship diagram，E-R 图）提供了表示实体、属性和联系的方法，用来描述信息世界的概念模型。

（1）实体：客观存在并可以相互区别的事物。在 E-R 图中，用矩形表示实体。

（2）属性：属性是实体所具有的某一特性，一个实体可以由若干个属性来刻画。在 E-R 图中用椭圆来表示属性。

（3）联系：实体内部的联系通常指组成实体的各个属性之间的关系。实体之间的联系通常指不同实体集之间的联系。在 E-R 图中用菱形表示联系，菱形框内写明联系名。

（4）实体间的联系：实体间的联系有一对一联系、一对多联系和多对多联系三种。各种关系的详细内容在后续章节中会介绍。

3. 数据模型　为了反映事物本身及事物之间的各种联系，数据库中的数据必须具有一定的结构，这种结构用数据模型来表示。任何一个数据库管理系统都是基于某种数据模型的。目前数据库管理系统所支持的传统数据模型分为三种：层次数据模型、网状数据模型和关系数据模型。

（1）层次数据模型：层次结构是用树形结构来表示各类实体及实体间的联系。若用图来表示，则层次模型是一棵倒立的树。

（2）网状数据模型：网状模型是层次模型的扩展，用于表示多个从属关系的层次结构，呈现出存在交叉关系的网状结构。

（3）关系数据模型：关系模型是现在主流的数据库模型，关系模型就是将数据组织成二维表的形式，通过一张二维表来描述实体的属性及实体间的联系的数据模型，表 6-1 就构成了关系模型的结构。

表 6-1　某班部分学生信息表

学号	姓名	性别	班级
613001	张文	男	613
613002	王平	女	613

4. 关系数据库　关系数据库是由若干以关系模型为依据而定义的数据表的集合，一个关系模型可视为一张二维表，由行和列组成。这个表还包含数据与数据之间的联系。

1）关系模型的主要术语

（1）关系：整个表就是一个关系，每个关系都有一个关系名，如表 6-1 所示的学生信息表。

（2）元组：表中的一行称为一个元组，与实体相对应，Access 中称为记录。

（3）属性：表中的一列称为一个属性，Access 中称为字段。

（4）域：属性的取值范围，如表 6-1 中的"性别"取值为"男"或"女"。

（5）主码或主关键字：主码或主关键字是表中的某个属性或属性组，能够唯一确定一个元组，如表 6-1 中的"学号"。

（6）关系模型：对对象的描述，是由关系名及其所有属性名组成的集合。一般表示为：关系名（属性 1，属性 2，…，属性 n）。

2）关系模型的特点

在关系模型中，关系具有以下基本的特点。

（1）关系必须是一张二维表，每个属性必须是不可分割的最小数据单元，即表中不能再包含表。

（2）在同一关系中不允许出现相同的属性名。

（3）在同一关系中元组及属性的顺序可以任意。

（4）任意交换两个元组（或属性）的位置，不会改变关系模式。

3）关系操作

关系操作采用集合操作方式，即操作的对象和结果都是集合。关系模型中常用的关系操作包括以下几个方面。

（1）查询操作：基于关系代数中的集合运算、选择运算、投影运算、连接运算等。其中，选择运算是针对关系表的行（元组或记录）的，投影运算是针对关系表的若干列（若干属性）的，连接运算是将两个关系表结合成一个新关系表。

（2）更新操作：包括增加、删除、修改操作。

4）关系完整性约束

关系模型中的完整性是指数据库中数据的正确性和一致性，关系数据模型的操作必须满足关系的完整性约束。关系的完整性约束包括实体完整性、参照完整性和用户自定义的完整性。实体完整性和参照完整性是由关系数据库系统自动支持的，其中参照完整性保证了在输入、编辑或删除数据时数据库是完整的。用户自定义的完整性是用户针对具体的应用领域定义的约束，它反映了某一具体应用所涉及的数据必须满足的语义要求。

（三）Access 2010 简介

Access 2010 是微软公司开发的 Office 2010 办公软件中的一个重要组成部分，主要用于数据库管理。它是一个功能强大、方便灵活的关系型数据库管理系统，它可以广泛应用于财务、行政、金融、经济、教育、统计等众多的管理领域。

进入 Access 2010，打开一个示例数据库，可以看到如图 6-2 所示的界面，这个界面分为两部分，左侧是对象导航窗格，右侧是数据库对象窗口。

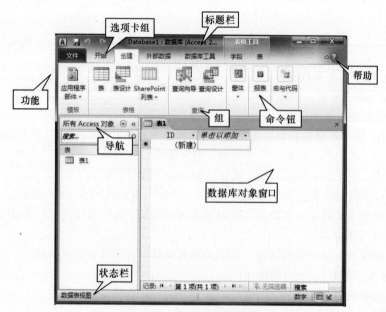

图 6-2　Access 2010 工作界面

Access 2010 中的导航窗格有两种状态：折叠状态和展开状态。单击导航窗格上部的

或 《 按钮，可以展开或折叠导航窗格。导航窗格主要实现对当前数据库中所有对象的管理和对相关对象的组织。导航窗格中的所有对象按类别将它们分组。分组是一种分类管理数据库对象的有效方法。单击窗格上部的下拉箭头，可以显示分组列表，如图6-3所示。

Access 2010 所提供的对象均存放在同一个数据库文件（.accdb）中。"表"用来存储数据；"查询"用来查找或操作数据；用户通过"窗体""报表"获取数据；而"宏与代码"和"模块"则用来实现数据的自动操作。作为一个数据库，最基本的对象是表，表中存储数据构成了数据库的数据源。有了数据源以后，就可以将它们显示在窗体上。这个过程就是将表中的数据和窗体上的控件建立连接，在 Access 中把这个过程叫做"绑定"。这样就可以通过屏幕上的窗体界面来获得真正存储在表中的数据，也就实现了数据在人和计算机之间的沟通。Access 2010 中各对象的关系可以用图6-4表示。

图 6-3 Access 对象分组

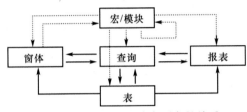

图 6-4 Access 2010 中各对象的关系

考点提示：数据库、数据库管理系统、数据库系统、数据库系统的特点，概念模型、数据模型、关系数据库

三、实 施 方 案

现在辅导员老师想了解一下 Access 2010，可按以下方法操作。

（1）建立学生选课管理需求分析文档，确定使用关系数据模型，绘制 E-R 图；

（2）学习 Access 的启动和退出；

（3）熟悉 Access 的用户界面（包括 Access 窗口和数据库窗口的组成）；

（4）在 D 盘新建一个名为 Test 的文件夹，在 Test 文件夹下创建一个 Test.accdb 空数据库。

第二节 建立 Access 数据库

一、任 务

辅导员老师了解了上面的知识，决定马上开始行动。他首先在自己电脑上安装 Windows 7 操作系统及 Office 2010 软件。他想先从学生选课管理开始建立数据库，实现学生信息、成绩、课程等的管理。他不知道现有条件能否实现他的这个愿望。

二、相关知识与技能

（一）数据库的设计

1. 一般步骤　设计一个比较好的数据库需要设计者具有数据库理论知识、经验和对实际事务的分析和认识。下面总结出创建数据库的一般步骤。

（1）明确建立数据库的目的：用数据库做哪些数据的管理，有哪些需求和功能。然后再决定如何在数据库中组织信息以节约资源，怎样利用有限的资源以发挥最大的效用。

（2）确定所需要的数据表：在明确了建立数据库的目的之后，就可以着手把信息分成各个独立的主题，每一个主题都可以是数据库中的一个表。

（3）确定所需要的字段：确定在每个表中要保存哪些信息。在表中，每类信息称作一个字段，在表中显示为一列。

（4）确定关系：分析所有表，确定表中的数据和其他表中的数据有何关系。必要时，可在表中加入字段或创建新表来明确关系。

（5）优化设计：对设计进一步分析，查找其中的错误。创建表，在表中加入几个实际数据记录，看能否从表中得到想要的结果。需要时可调整设计。

2. 实例剖析　下面以学生选课管理为例，建立学生、课程、选课成绩的学生选课管理数据库。

1）明确目的

（1）学生基本信息，包括学号、姓名、性别、出生日期、所属班级、照片等。

（2）学校设置了哪些课程，课程的编号、学分、学时数分别是多少等。

（3）学生选修了哪些课程，相应的课程成绩是多少。

2）确定数据表

（1）学生表：存储学生的基本信息。

（2）课程表：存储课程的信息。

（3）选课成绩表：存储课程的成绩信息。

3）确定字段信息

在上述相关的表中，我们可以初步确定如下必要的字段信息。同时，每个表都可设定一个主键。例如，学生表中的主键是学生编号，课程表的主键是课程编号，成绩表的主键由两个字段组成（学生编号、课程编号）。图 6-5 为学生选课管理数据库各表所示的字段。

4）确定表间关系

要建立两个表之间的关系，可以把其中一个表的主键添加到另一个表中，使两个表都有该字段。

5）优化设计

图 6-5 中每一个表中的字段设置可以进一步完善和改进，甚至可以通过建立不同于最初设计时的新表来完成。

考点提示：表中的字段、记录及相互关系

（二）建立数据库

Access 2010 提供了两种建立数据库的方法：一种是利用模板创建数据库，另一种是直接建立一个空白数据库。

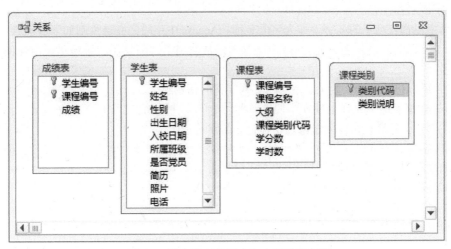

图 6-5　学生管理数据库各表所示的字段

1. 利用模板新建数据库　为了方便用户的使用，Access 2010 提供了一些标准的数据框架，又称为"模板"。大多数情况下这些模板不一定符合用户的实际要求，但如果能找到与现有要求最接近的模板，在向导的帮助下，对这些模板稍加修改，即可快速建立一个新的数据库。另外，通过这些模板还可以学习如何组织构造一个数据库。操作步骤如下。

（1）单击［文件］选项卡，切换到"新建"标签，在右侧的"可用模板"窗口中双击任一你想使用的模板，比如选中"样本模板"中的"教职员"，则自动生成一个文件名为"教职员 .accdb"的数据库，确定文件名和文件的保存位置。

（2）单击［创建］按钮，开始创建数据库。数据库创建完成后，自动打开"教职员"数据库。利用窗口左侧的导航窗格可以浏览该数据库中的所有对象。

（3）根据自己的需要，在创建的"教职员"模板数据库中对相应的对象及对象中的字段内容进行修改，可以减少数据库开发的工作量。

通过模板建立数据库虽然简单，但是有时候它满足不了实际的需要。一般来说，对数据库有了进一步了解之后，我们就不再使用模板创建数据库了。高级用户很少使用模板。

2. 直接建立一个数据库　这是一种最简单直接的建立数据库的方法。单击［文件］选项卡，切换到"新建"标签，在右侧的"可用模板"窗格中单击"空数据库"选择文件位置并且确定文件名后，单击［创建］按钮，将在指定位置创建一个空数据库。新建的空数据库中的各类对象暂时没有数据，而是在以后的操作过程中根据需要逐步建立起来。新建的空白数据库中会自动创建一个名称为"表 1"的数据表，并以数据工作表的视图方式打开"表 1"。

3. 打开已存在的数据库　如果你已经建立好数据库或计算机中已存在数据库，这时就需要打开已经存在的数据库。单击［文件］选项卡中的"打开"命令，将出现打开数据库的对话框。选定要打开的数据库，单击［打开］按钮即可。

（三）表的创建

建立了空的数据库之后，即可向数据库中添加对象，其中最基本的对象是表。

1. 表的组成　Access 表由表结构和表内容两部分构成。其中，表结构是指表的框架，主要包括字段名称、数据类型和字段属性等。

1）字段名称

每个字段都有唯一的名字，称为字段名称。Access 中字段的命名规则如下所示。

（1）字段名长度最多只能为 64 个字符（包括空格），但是用户应该尽量避免使用过长的字段名。

（2）可以包括字母、数字、空格及其他字符的任意组合。

（3）某些字符不允许出现在字段名称中：句点（.）、惊叹号（!）、方括号（[]）、左单引号（'）、先导空格及回车符等不可打印的字符。

（4）字段名中可以使用大写或小写，或大小写混合的字母。字段名可以修改，但一个表的字段如果在其他对象中使用了，修改字段将带来一致性的问题。

（5）同一个表中的字段名不能重复。

（6）字段的命名最好见名知意，便于理解。

2）数据类型

一个表中的同一列数据应具有相同的数据特征，称为字段的数据类型，数据类型决定了数据的存储方式和使用方式。

Access 2010 共有文本、数字、日期/时间、查阅向导、附件、计算等 12 种基本数据类型，如表 6-2 所示。

表 6-2　Access 2010 基本数据类型

数据类型	存储的数据	字符长度
文本	文本或文本和数字的组合	最多为 255 个字符
备注	长文本或文本和数字的组合或具有 RTF 格式的文本	最多为 65 535 个字符
数字	用于数学计算的数值数据	1、2、4 或 8 字节
日期/时间	从 100～9 999 的日期与时间值	8 字节
货币	用于数值数据，整数位为 15，小数位为 4	8 字节
自动编号	自动给每一条记录分配一个唯一的递增数值	4 字节
是/否	逻辑值（Yes/No、True/False、On/Off）	1 位
OLE 对象	用于存储其他 Microsoft Windows 应用程序中的 OLE 对象，如图像、图形、声音、视频等	最多为 1G
超链接	用来存放链接到本地和网络上的地址，为文本形式	可达 64 000 字节
附件	用于存储数字图像和任意类型的二进制文件的首选数据类型，如图片、图像、二进制文件、Office 文件等	对于压缩的附件为 2GB，对于未压缩的附件大约为 700KB
计算	表达式或结果类型是小数	8 字节
查阅向导	用来实现查阅另外表或查询中检索到的一组值，或显示创建字段时指定的一组值	与执行查询的主键字段大小相同

对于某一具体数据而言，可以使用的数据类型可能有多种，例如，电话号码可以使用数字型，也可使用文本型，但只有一种是最合适的。不过要注意的是备注、超链接及 OLE 对象型字段不能用于排序、索引和分组记录。

3）字段属性

字段属性即表的组织形式，包括表中字段的个数、各字段的大小、格式、输入掩码、有效性规则等，不同的数据类型字段属性有所不同，在后面内容中会详细介绍。

3. 表结构的建立　　创建表的工作包括构造表中的字段、字段命名、定义字段的数据类型和设置字段的属性等内容。

一般，Access 可以通过四种方式来创建表：①直接插入一个空表；②使用设计视图创建表；③从其他数据源导入或链接表；④根据 SharePoint 列表创建表。我们这里只介绍前三种方式。

1）直接插入一个空表

通过直接插入一个空表来建表的方法是一种最简单快捷的方式。

在功能区上［创建］选项卡的［表格］组中，单击"表"命令，就会创建一个名为"表1"的新表，并以数据表视图打开该表。

选中 ID 字段列，在［表格工具］→［字段］选项卡中的［属性］组中，单击"名称和标题"命令，会弹出"输入字段属性"对话框，如图 6-6 所示。在该对话框的"名称"文本框中输入相应的字段名称单击［确定］即可，另外［表格工具］→［字段］选项卡的［格式］组中可以设置字段的数据类型，在［属性］组中还可以设置字段大小等。

在"单击以添加"的右侧的下拉箭头中选择一种数据类型，这时 Access 会自动添加一个新字段，并且字段命名为

图 6-6　"输入字段属性"对话框

"字段 1"，单击［名称和标题］按钮，更改字段名称；或者直接双击"字段 1"列，也可以对字段名称进行修改。以同样的方式可以添加更多的字段。

2）使用设计视图创建表

虽然直接建立表是一种简单快捷的方法，但通过这种方式创建的表，通常还需要在表设计视图中对表的结构作进一步的完善，如设置表的主键、进一步设置字段的属性等。因此，绝大多数用户都是在"表设计视图"中来设计表的。

在功能区上的［创建］选项卡的［表格］组中，单击"表设计"命令，就会创建一个名为"表1"的新表，并以设计视图打开该表，如图 6-7 所示。表的设计视图分为上下两部分。上半部分是字段输入区，从左至右分别为"字段名称""数据类型"和"说明"列。下半部分是字段属性区，用来设置字段的属性值。

例如，用"表设计视图"创建学生表的一般步骤如下。

（1）打开空表的设计视图。

（2）输入"学生编号"字段名，设置为主关键字字段（主键）。

（3）设定数据类型为"文本"，可输入说明 文字。

（4）用同样的方法建立"姓名""性别""出生日期"等字段并设置字段的属性，如图 6-8 所示。

（5）保存表结构的设计，用"另存为"选项给出表名。

（6）查看数据表视图，可在其中输入记录数据。

操作技巧：只有设置了字段的数据类型，字段属性的"常规/查阅"标签下才能显示内容，即只有设置了字段的数据类型才能对字段的属性做进一步设置。

3）通过导入/链接来创建表

Access 还可以通过导入/链接在其他位置文件中存储的信息来创建表。例如，可以链接 Excel 表、文本文件、XML 文件及其他类型的文件；也可以链接 ODBC 数据库、其他的 Access 数据库等。

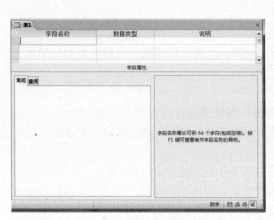

图 6-7 "新建表"设计视图

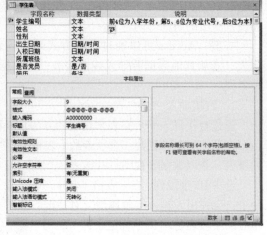

图 6-8 "表设计视图"创建表实例

通过导入方式创建的表，会在当前数据库创建被导入信息的副本；而通过链接方式创建的表，则是在当前数据库中创建一个链接表，该表与其他位置所存储的数据建立一个活动链接，即在链接表中更改数据时，会同时改变原始数据库中的数据。链接表的操作和导入表的操作基本相同，因此，这里只介绍通过导入来创建表的方法，操作步骤如下。

（1）在功能区，选择［外部数据］选项卡，在［导入并链接］组中，选择与导入文件的文件类型相应的命令按钮，如"Excel"命令。

（2）在打开的"获取外部数据"对话框中，选中要导入的数据源文件，单击［确定］按钮。

（3）启动"导入数据表向导"对话框，之后按向导所提示的步骤完成即可。

4.设置字段属性 字段属性说明字段所具有的特性，不定义数据的保存、处理或显示方式。每个字段的属性取决于该字段的数据类型。

（1）字段大小：通过字段大小属性可以控制字段使用的空间大小。文本型默认值为 50 字节，不超过 255 字节。不同种类存储类型的数字型，其大小范围不一样，可以单击"字段大小"属性框，然后单击右侧下拉列表，从列表中选择一种类型。

（2）格式：利用格式属性可在不改变数据存储情况的条件下，改变数据显示与打印的格式。

（3）小数位数：小数位数只有数字和货币型数据可以使用。小数位数为 0～15 位，由数字或货币型数据的字段大小而定。

（4）标题：标题是字段的别名，在数据表视图中，它是字段列标题显示的内容；在报表和窗体中，它是该字段标签所显示的内容。标题要求简短、明确，以便于管理和使用。

（5）默认值：默认值是新记录在数据表中自动显示的值。默认值只是开始值，可在输入时改变，其作用是为了减少输入时的重复操作。

（6）有效性规则：数据的有效性规则用于对字段所接收的值加以限制。有些有效性规则可能是自动的，如检查数值字段的文本或日期值是否合法。有效性规则也可以是用户自定义的，如"Between#1/1/1970# and #12/31/2003#" "<100"。

（7）有效性文本：有效性文本用于在输入的数据违反该字段有效性规则时出现的提示。其内容可以直接在有效性文本框内输入，或光标位于该文本框时按 Shift+F2，打开显示比例窗口。

（8）输入掩码：输入掩码为数据的输入提供了一个模板，可确保数据输入表中时具有正确的格式。例如，在密码框中输入的密码不能显示出来，只能以"*"形式显示，那么只需要在"输入掩码"文本框内设置为"*"即可。

Access 不仅提供了预定义的输入掩码模板，而且还允许用户自定义输入掩码。如果输入掩码列表中有用户需要的输入掩码，那么用户直接在输入掩码向导中选择一种即可。如果在预定义的输入掩码列表中没有，那么用户可以单击输入掩码向导对话框中的［编辑列表］按钮，弹出如图 6-9 所示的"自定义'输入掩码向导'"对话框，在其下面的导航条中单击新记录 ▶ 按钮，然后在弹出的对话框中输入相应的数据，单击"关闭"按钮，这样在输入掩码列表中就可以找到新添加的输入掩码记录了。

（9）必填字段："必填字段"属性取值只有"是"或"否"两项，当取值为"是"时，表示该字段不能为空；反之此字段可以为空。

（10）索引：索引是非常重要的属性，能根据键值提高数据查找和排序的速度，并且能对表中的记录实施唯一性，索引选项的值有三种，详细的说明如表 6-3 所示。

考点提示：创建数据库文件，用向导、表设计视图和导入方式建表，设置字段的数据类型及属性

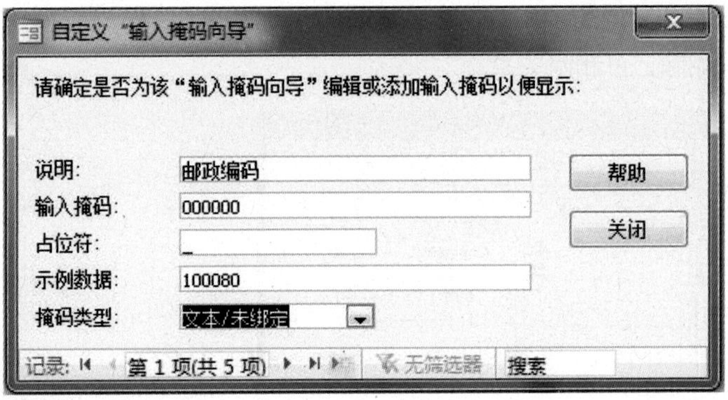

图 6-9　"自定义'输入掩码向导'"对话框

表 6-3　索引属性选项说明

索引属性值	说明
无	该字段不建立索引
有（有重复）	以该字段建立索引，且字段中的内容可以重复
有（无重复）	以该字段建立索引，且字段中的内容不能重复，这种字段适合做主键

（四）设定表之间的关系

数据库中的各表之间并不是孤立的，它们彼此之间存在或多或少的联系，这就是"表间关系"，这也正是数据库系统与文件系统的重点区别。

1. 定义主键　Access 中，通常每个表都应有一个主键。主键是唯一标识表中每一条记录的一个字段成多个字段的组合。只有定义了主键，表与表之间的关系才能建立起来。

定义主键的方法很简单，在"表设计视图"中选中某字段，然后单击功能区上的 🔑 键即可。更改主键时，首先要删除旧的主键，而删除旧的主键，先要删除其被引用的关系。

2. 表间关系的概念　在关系数据库中，表和表之间有三种类型的关系，即一对一、一对多、多对多。

一对一关系，即对于表 A 中的每条记录都只对应于相关表 B 中的一条匹配记录；反之亦然。

一对多关系，即对于表 A 中的每一条记录都对应于相关表 B 中的多条匹配记录；但表 B 中的一条记录都对应于表 A 中的一条匹配记录。

多对多关系，即对于表 A 中的每条记录都对应于相关表 B 中的多条记录，反之，对于表 B 中的每条记录都对应于相关表 A 中的多条记录。

3. 建立表间关系　在表与表之间建立关系，不仅确立了数据表之间的关联，还确定了数据库的参照完整性。即在设定了关系后，用户不能随意更改建立关联的字段。参照完整性要求关系中一张表中的记录在关系的另一张表中有一条或多条相对应的记录。

创建数据库表关系的方法如下。

（1）单击功能区的［数据库工具］选项卡，选择［关系］组中的"关系"命令，打开关系窗口。右击鼠标选择"显示表"命令，弹出"显示表"对话框，双击将表添加到设计窗口中。

（2）拖放一个表的主键到对应的表的相应字段上，在弹出的"编辑关系"对话框中可以设置是否实施参照完整性，根据要求重复此步骤，结果如图 6-10 所示。

（3）保存并单击功能区［关系］组中的［关闭］按钮[①]。

4. 编辑表间关系　用户可以编辑已有的关系，或删除不需要的关系。双击关系连线或者单击［关系工具］中的"编辑关系"命令，在弹出的如图 6-11 所示的对话框中可编辑关系；而右击连线，选择删除，可删除关系。

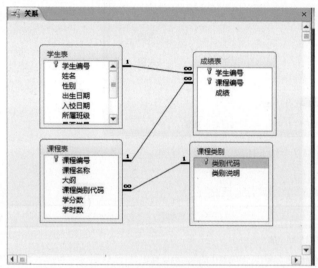

图 6-10　表关系对话框　　　　　　　　图 6-11　"编辑关系"对话框

如果要了解数据库关系的更准确信息，包括诸如参照完整性和关系类型等属性，可通过在［数据库工具］选项卡的［分析］组中，单击"数据库文档管理器"命令，打开"文档管理器"来分析了解，如图 6-12 所示。

操作技巧：在数据库中，不同的表之间的关联是通过表的主键来确定的，因此当数据表的主键更改时，Access 2010 会进行检查。

（五）修改数据库结构

在创建数据库及表，设定表间关系、表的索引、表的主键之后，随着用户对自己所建数

---
①在创建两个表的关系时，两个表不能打开。

据库的用途更加深入了解，有时候会发现，当初所建数据库及表有很多需要改动的地方，这就涉及修改数据库、表及对其进行格式化的工作。

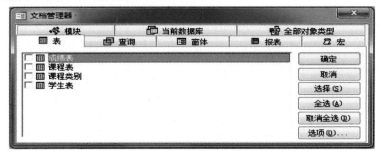

图 6-12　"文档管理器"对话框

1. 对表的操作　在使用中，用户可能会对已有的数据库进行修改，在修改之前，用户应该考虑全面。因为表是数据库的核心，它的修改将会影响到整个数据库。右击表名→设计视图→修改表结构。如果在网络中使用，必须保证所有用户均已退出使用。关系表中的关联字段也是无法修改的，如果确实要修改，必须先将关系去掉。

（1）备份表和复制：如果用户需要修改多个表，那么最好将整个数据库文件备份。数据库文件的备份，与 Windows 下普通文件的备份一样，复制一份即可。然而，表作为数据库中最基本的对象，包括表的结构和表中数据两部分，所以对表的复制就可以区分为只复制结构、只复制数据、同时复制结构和数据这三种情况。但无论哪种情况，复制操作都是相同的，方法如下。

在数据库窗口中右击需要复制的表，在弹出的快捷菜单中选择"复制"命令，然后单击［开始］选项卡的［剪贴板］组中的"粘贴"命令，会弹出如图 6-13 所示的对话框，根据需要选择粘贴的选项，单击［确定］即可。

另有一种好方法就是单击［文件］选项卡中的"对象另存为"选项，可以将对象另存为一个副本，同样可以达到复制的效果。而使

图 6-13　"粘贴表方式"对话框

用这种方式还可以把表复制成"窗体""报表"或"数据访问页"类型的数据库对象。

（2）删除表：如果数据库中含有用户不再需要的表，可以将其删除。删除数据库中的表须慎重考虑，要考虑清楚之后删除。

（3）更改表名：有时需要将表名更改，使其具有新的意义，以方便数据库的管理。右击需要更名的表对象，单击"重命名"可以很快地更改表名。

2. 对字段的操作　当用户对字段名称进行修改时，可能影响到字段中存放的一些相关数据。如果查询、报表、窗体等对象中使用了这个更名的字段，那么这些对象中也要相应地更改字段名的引用。更名的方法有两种，一是设计视图，二是数据表视图。双击表名打开数据表视图，在［开始］功能区的［视图］中选设计视图。

（1）插入新字段：插入新字段可以在设计视图和数据表视图中分别完成。在设计视图中选中要插入字段的下一行，在右击菜单中选择"插入行"命令；在数据表视图中选中要插入字段的右侧一列，在右击菜单中选择"插入字段"命令。

（2）移动字段：用户可以通过表设计视图来进行移动字段的操作。

（3）复制字段：Access 2010 提供了复制字段功能，以便在建立相同或相似的字段时使用。它通过剪贴板完成操作。

（4）删除字段：删除字段可以在数据库表视图和设计视图两种视图中完成。应当注意：删除字段将导致该字段的数据无法恢复。

（5）修改字段属性：用户可以在设计表结构之后更改字段的属性。其中最主要的是更改字段的数据类型和字段长度。

3. 对数据表的行与列的操作

（1）行操作：选择［开始］选项卡［记录］组中的"其他"按钮，在其下拉列表中选择"行高"命令，弹出行高对话框，可以通过直接输入行高值来调整行高，或用鼠标拖动也可完成此操作。

（2）列操作：由于屏幕大小限制，有时需要隐藏某些字段。隐藏列的操作十分简单：在数据表视图中选中该列，单击［开始］选项卡［记录］组中的［其他］按钮，在下拉列表中选择"隐藏字段"命令，或使某一列宽为 0 即将该列隐藏。恢复隐藏列的操作须在数据表视图中选择［其他］按钮，在其下拉列表中选择"取消隐藏字段"命令，弹出"取消隐藏列"对话框，选中要取消隐藏的列，单击［关闭］按钮。

（六）使用与编辑数据表

1. 更改数据表的显示方式

（1）改变字体：在数据表视图中选中要改变字体的行和列，在［开始］选项卡［文本格式］组中的字体下拉列表中选择所需要的字体，可以改变显示字体。

图 6-14　"设置数据表格式"对话框

（2）设置单元格效果：用户可以对数据表的单元格效果进行设置。其操作方法为单击［开始］选项卡［文本格式］组右侧向下的箭头，弹出如图 6-14 所示的"设置数据表格式"对话框。

2. 修改数据表中的数据

（1）添加新数据：当向一个空表或者已有数据的表增加新的数据时，都要使用插入新记录的功能，右击表中的任意一行，在快捷菜单中选择"新记录"；或者单击表下面的记录导航工具栏上的［新（空白）记录］按钮，然后输入新记录中的数据即可，如图 6-15 所示。

（2）修改数据：用户可以直接在数据表视图中修改已有的数据记录，但是要注意保存。

（3）替换数据：如果想把数据表中的某个数据替换为另一个数据，则先在数据表视图中选中要替换的字段内容，然后选择［开始］选项卡［查找］组中的"替换"命令，弹出"查找和替换"对话框即可进行操作。

（4）复制、移动数据：利用剪贴板功能可以很方便地进行复制、移动数据操作功能。

（5）删除记录：选中要删除的记录，单击［开始］选项卡［记录］组中的"删除"命令可执行删除，也可用［Delete］键完成该操作。

图 6-15　向表中添加新数据

3. 排列数据　Access 2010 根据主键值可自动排序记录，用户也可以按不同的顺序来排序记录。在数据表视图中，单击字段名称右侧的下拉箭头，在下拉菜单中选择升降序，可实现对一个或多个字段进行排序；也可以右击字段名称，在弹出的快捷菜单中选择升降序；还可以选中字段列后，单击［开始］选项卡［排序和筛选］组中的升降序按钮，如图 6-16 所示。升序的规则是按字母顺序排列文本，从最早到最晚排列日期／时间值，从最低到最高排列数字与货币值。

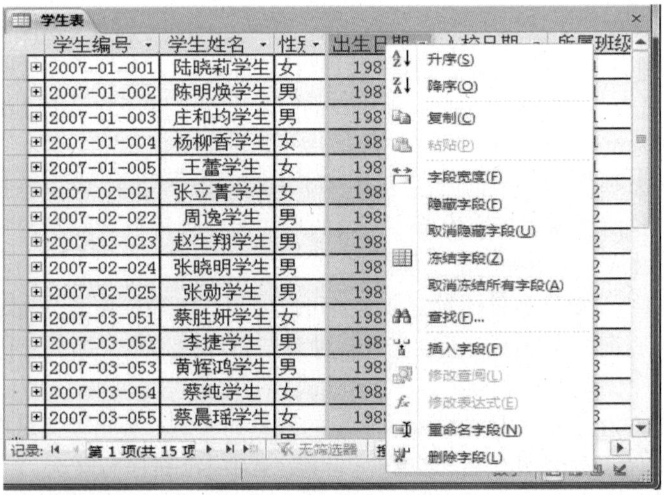

图 6-16　对数据表排序

4. 查找数据　用户可以在数据表视图中查找指定的数据，其操作是在记录导航条最后的搜索栏中输入要搜索的内容，光标则定位到所查找到的位置；或者通过［开始］选项卡［查找］组中的"查找"命令来完成。

5. 筛选数据　筛选数据是只将符合筛选条件的数据记录显示出来，以便用户查看。Access 的［开始］选项卡的［排序和筛选］组中提供了三个筛选按钮和四种筛选方式：其中，三个按钮是［筛选器］［选择］和［高级］，四种筛选方式为"按筛选器""选择筛选""按窗体筛选""高级筛选"。

（1）使用筛选器筛选：筛选器提供了一种灵活的方式，它把所选定的字段列中所有不重复值以列表方式显示出来，用户可以逐个选择需要的筛选内容。除了 OLE 和附件字段外，所有字段类型都可以应用筛选器,具体的筛选列表取决于所选的字段的数据类型和值。图 6-17 是文本类型的字段的筛选器,图 6-18 是日期 / 时间类型字段的筛选器。

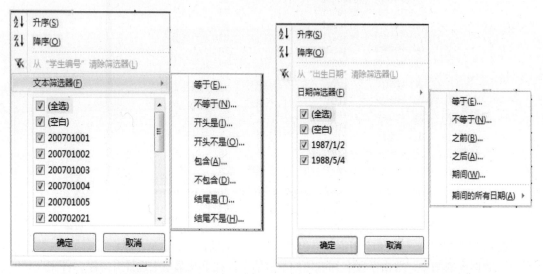

图 6-17　文本类型字段筛选器　　　　　　图 6-18　日期 / 时间类型字段筛选器

（2）选择筛选:选择筛选是指先选定数据表中的值,然后在数据表中找出包含此值的记录。选择筛选又具体细分为"等于""不等于""包含"和"不包含"筛选。

先在数据表视图中选中字段中某条记录的值,然后,选择［开始］选项卡［排序和筛选］组中的［选择］按钮,在下拉列表中选择一种进行筛选即可。

（3）按窗体筛选:按窗体筛选是一种快速的筛选方法,使用它不需要浏览整张数据表的记录,并且可以同时对两个以上的字段值进行筛选。

单击［开始］选项卡［排序和筛选］组中的［高级］命令按钮,在其下拉列表中选择"按窗体筛选"命令。这时数据表转变为单一记录的形式,并且每个字段变为一个下拉列表框,可以从每个列表中选取一个值作为筛选的内容。

（4）高级筛选:当筛选条件比较复杂时,可以使用高级筛选功能。高级筛选实际上是创建了一个带条件的查询,通过查询可以实现各种复杂条件的筛选,那么进行高级筛选时就需要自己编写筛选条件,筛选条件也就是一个表达式。

图 6-19 是筛选学生表中 1 月份出生的学生的信息的实例。单击"高级筛选 / 排序…"命令按钮,设置筛选的字段和条件之后,再单击［开始］选项卡［排序和筛选］组中的［切换筛选］按钮,即可得到筛选结果。

三、实 施 方 案

辅导员要想实现他的愿望,可分以下阶段实施。

（1）创建一个学生管理的数据库,并按实际需要设计数据表。例如,可设计四个（或更多）表,表名为"学生表""课程表""成绩表""课程清单表"等。

（2）设计好各个表的结构、主键、索引。

（3）对表中一系列字段进行属性设置。

（4）输入各个表的数据。

（5）确定各个表之间的关系。

现在可以完成（1）、（2）、（3）、（4）、（5）阶段任务。

图 6-19　高级筛选实例

第三节　创建查询

一、任　务

辅导员老师想通过已建好的学生选课管理数据库了解一些学生的情况，如某个班级学生的人数、学生选修某课程的成绩等，同时还要对一些数据进行更新及删除。他不知道该怎么做，你能帮助他吗？

二、相关知识与技能

（一）查询的概念

1. 什么是查询　查询就是依据一定的查询条件，对数据库中的数据信息进行查找。查询与表一样，都是数据库的对象。它允许用户依据准则或查询条件抽取表中的记录与字段。

有多种设计查询的方法，用户可以通过查询向导或查询设计视图来设计查询。查询结果将以工作表的形式显示出来。显示查询结果的工作表又称为结果集，它虽然与基本表的外观十分相似，但并不是一个基本表，而是符合查询条件的记录集合，其内容是动态的。

2. 查询的类型　Access 2010 提供多种查询方式，根据对数据源操作方式和操作结果的不同，可以将查询方式分为五类：选择查询、参数查询、交叉表查询、操作查询和 SQL 查询。

3. 查询的功能　Access 2010 的查询可以按照使用者所指定的各种方式来进行。概括地说，查询具有如下的功能：①查看、搜索和分析数据；②查询可以用来追加、更改和删除数据；③通过查询可以实现记录的筛选、排序、汇总和计算；④查询可以用来作为窗体和报表的数据源；⑤查询可以实现对一个或多个表中获取的数据实现连接。

4. 查询的条件　在实际应用中，复杂的查询往往需要指定一定的条件。查询条件是由运算符、常量、字段值、函数及字段名和属性等组成的式子，又称表达式，能够计算得出一个结果。

（1）运算符：Access 的运算符有五种：算术运算符、逻辑运算符、关系运算符、连接运算符、对象运算符。各种运算符的作用描述如表 6-4 所示。

表 6-4　各种运算符的作用描述

类型	运算符	描述
算术运算符	+（加）、−（减）、Mod（取余或求模）、\（整除）、 *（乘）、/（除）、−（负号）、^（指数或幂）	进行数学计算的运算符
逻辑运算符	Not（非）、And（与）、Or（或）、Xor（异或）、Eqv（相等）、Imp（隐含）	执行逻辑运算的运算符
关系运算符	=（相等）、<>（不相等）、>（大于）、<（小于）、>=（不小于）、<=（不大于）、Like、In	进行比较的运算符
连接运算符	&、+（字符连接符）	合并字符串的运算符
对象运算符	!（叹号运算符）、·（点运算符）	引用一个窗体、报表或控件，引用对象的属性

（2）函数：Access 提供了大量的标准函数，如数值函数、字符函数、日期 / 时间函数、SQL 聚合函数、转换函数，使用这些函数可以更好地构造查询条件，为用户准确地进行统计计算，为实现数据处理提供有效的方法。

在书写查询条件时，可利用"表达式生成器"来完成。它提供了数据库中所有的表或查询中字段名称、窗体、报表中的各种控件，还有很多函数、常量及操作符和通用表达式，可以方便地书写任何一种表达式。在表的设计视图中，单击 [表格工具] → [设计] 选项卡 [工具] 分组中的"生成器"命令，就会启动"表达式生成器"对话框。

（二）查询视图及创建方法

1. 查询视图　查询视图主要有以下几种格式：数据表视图、设计视图、SQL 视图。

（1）数据表视图：主要用于二维表格式显示表、查询及窗体中的数据。

（2）设计视图：设计视图是一个查询设计窗口，包含创建查询所需要的各个组件，如图 6-20 所示，查询设计窗口主要分为上、下两部分，上面放置数据库表、显示关系和字段；下面给出查询设计区，以网格形式显示，网格中有如下行标题：①字段——查询工作表中所使用的字段名；②表——该字段来源的数据表 / 查询；③排序——是否按该字段排序；④显示——该字段是否在结果集工作表中显示；⑤条件——查询条件，用于筛选记录；⑥或——用来提供多个查询条件。

在查询设计视图窗口中，我们可以看到 [查询工具] → [设计] 选项卡中功能区主要按钮或分组有：①视图：▦▾ 进行视图切换。②运行：❗ 运行查询。③查询类型：选择、交叉表、更新、追加、生成表、删除。④总计 Σ：在设计网格中增加 [总计] 行，可用于求和、求平均值等。

（3）SQL 视图：在 Access 中，当用户在设计视图中创建查询时，Access 会自动生成一条与查询对应的 SQL 语句。用户可以通过 SQL 视图查看或修改 SQL 语句，进而改变查询。打开查询对象，然后单击 [表格工具] → [设计] 选项卡 [结果] 组中的 [视图] 按钮，在下拉菜单中选择"SQL 视图"命令，即可切换到 SQL 视图。

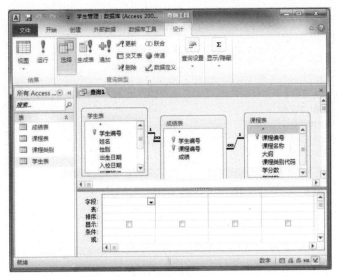

图 6-20　查询设计窗口

2. 创建查询的方法　创建查询的方法主要有两种：一种是使用向导来创建查询，另一种是使用查询设计视图来创建查询。

（1）使用向导创建查询：用户可以打开数据库窗口，选中要设计查询的表对象，然后单击［创建］功能区选项卡［查询］组中的"查询向导"命令，弹出"新建查询"对话框，根据向导提示一步一步操作即可。

Access 查询向导有四种查询类型：简单查询向导、交叉表查询向导、查找重复项查询向导和查找不匹配项查询向导。

（2）使用查询设计视图创建查询：使用向导只能建立简单的、特定的查询。Access 2010还提供了一个功能强大的［查询设计器］，通过它不仅可以从头设计一个查询，而且还可能对已有的查询进行编辑和修改。

（三）选择查询

选择查询就是从一个或多个有关系的表中将满足要求的数据提取出来，并显示在新的查询数据表中。其他很多查询，如"交叉表查询""操作查询"等，都是"选择查询"的扩展。

1. 使用查询向导创建　使用查询向导创建的查询，用户可以在向导提示下选择表和表中的字段，但不能设置查询条件。

1）创建基于单表的查询

例如，查询"学生表"中的记录，要求显示学生的"学号""姓名""性别""是否党员"字段。通过［简单查询向导］可快速完成此查询，步骤如下。

（1）打开"学生管理"数据库，启动查询向导，在打开的"新建查询"对话框中选择"简单查询向导"，打开"简单查询向导"对话框，如图 6-21 所示。

（2）在"表/查询"下拉列表中选择"学生表"，在"可用字段"列表中双击所需要的字段，将其添加到"选定字段"列表中，如图 6-21 所示。

（3）单击［下一步］按钮，弹出"简单查询向导"的第二个对话框，在"确定采用明细查询还是汇总查询"中，选择一种查询方式。

（4）单击［下一步］按钮，输入查询的标题。

（5）单击［完成］即可。

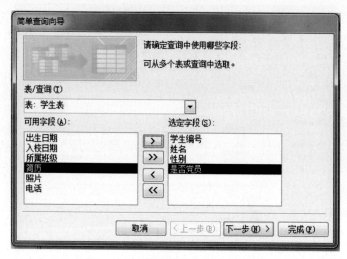

图 6-21　"简单查询向导"对话框

2）创建基于多表的查询

在实际应用中，需要查询的信息可能位于多个表中，这时就需要创建基于多表的查询。

例如，查询学生的各科成绩，要求显示"学号""姓名""课程名称"和"成绩"四个字段。

本例中查询的信息涉及了"学生表""课程表"和"成绩表"三个表，学生的成绩由"学生编号"和"课程编号"共同决定，学生表中的"学生编号"与成绩表中的"学生编号"相对应，课程表中的"课程编号"与成绩表中的"课程编号"相对应，因此这三个表需要先建立关系，才能创建查询。

具体的操作步骤与上述创建单表查询时基本相同，只是在简单查询向导中选定表和字段时，先选定"学生表"将"学号""姓名"字段添加到"可用字段"列表中，然后在"表/查询"下拉列表中再选择"课程表"将"课程名称"添加到"可用字段"列表中，接着再选定"成绩表"将"成绩"字段添加到"可用字段"列表中。

 提　示

在进行多表查询设计时，如果涉及的表间没有建立关系，会显示创建关系提示信息对话框，提示创建表之间的关系。

2. 使用查询设计视图创建　使用设计视图创建上述"基于多表的查询"实例中所要求的查询，具体步骤如下。

（1）单击［创建］选项卡，在［查询］组中单击"查询设计"命令，打开"显示表"对话框。

（2）添加表，在"显示表"对话框中双击"学生表""课程表""成绩表"，将这三个表添加到查询设计窗口中。单击［关闭］按钮关闭"显示表"对话框。

（3）确定查询类型，单击［查询工具］→［设计］选项卡的［查询类型］组中的"选择"命令。

（4）选择查询字段，在字段列表区双击"学生表"中的字段"学号""姓名"将其添加到设计网格的字段行中。同样的方式可以将其他表中的相关字段也添加进来。

（5）设置查询条件和排序等，在查询设计视图中，设置查询字段的排序方式、筛选记录

的条件等。这里我们没有设置查询的条件和排序方式，故这步可省略。

（6）保存查询，并输入查询的名称。

（7）切换到数据表视图可以查看查询结果。

操作技巧：添加表或查询到查询设计窗口的方法有两种：一种是双击表名或查询名；另一种是选中要添加的表名或查询名，然后单击［添加］按钮。

链　接

如何打开"显示表"对话框?

通过在查询设计窗口的上半部分，右击鼠标，在弹出的快捷菜单中选择"显示表"，可以打开"显示表"对话框；另外通过单击［查询工具］→［设计］选项卡［查询设置］组中的"显示表"命令，也可以打开"显示表"对话框。

3. 创建带条件的查询　在使用查询设计器的过程中，经常需要指定条件来限定查询的范围和结果。条件必须是合法的关系或逻辑表达式，表达式的构成在前面已经介绍过了。

在查询设计视图中，查询中的条件写在"条件"一栏中。不同数据类型的字段、表达式的书写规则不一样，同一表达式适用的字段类型也是不一样的。例如，条件"> 25 and < 50"，适用于数字字段；条件"Is Null"可用于任何类型的字段，以显示字段值为Null（空值）的记录；日期型数据的表达式必须在日期的前后加上"#"。但需要注意的是，条件中的各种符号都必须是半角形式。图 6-22 是查询 1987/1/1 或者 1988/5/4 出生的学生信息的查询设计窗口。

图 6-22　条件查询的查询设计实例

如果在同一字段中设置的条件之间是"或者"的关系，那么将第一个条件写在该字段对应的"条件"栏中，另一个条件写在"或"栏中，如果还有其他条件与这两个条件也是或者关系，则将它填写在"或"栏的下边一栏中。

4. 总计查询　在查询中，除了查询满足某些特定条件的记录外，还经常会关注表中记录的统计结果，比如各个班学生的总人数、选课学生的平均成绩等信息。这时就需要对查询的结果进行相应的汇总计算。

创建总计查询的操作方式与普通的条件查询相同，唯一的区别是，需要在查询设计窗口中单击［查询工具］→［设计］选项卡［显示 / 隐藏］组中的"汇总"命令，在设计网格中添加"总计"行，单击右侧的下拉箭头，可以看到一些常用汇总函数，如表 6-5 所示。

表 6-5　常用汇总函数

函数	功能	函数	功能	函数	功能
Sum	求总和	Count	计数	Last	最后一条记录
Avg	平均值	StDev	标准差	Group By	分组汇总
Min	最小值	Var	变量	Expression	表达式汇总
Max	最大值	First	第一条记录	Where	隐藏字段汇总

总计查询分为两类：①对表中所有记录进行总计查询；②对记录进行分组后再分别进行总计查询。

图 6-23 是查询可选课程的门数的总计查询示例，图 6-24 是查询各个班级的班均分的分组总计查询示例。注意在图 6-23、图 6-24 所示的分组查询中，先将需要分组的字段添加到设计视图中，并在其"总计"网格行处选择"分组 /Group By"，然后将要进行汇总的字段添加到设计视图中，并在"总计"网格行中选择需要的汇总函数。

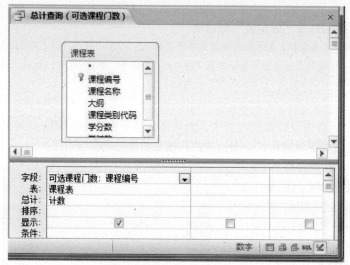

（a）"可选课程门数"设计示例　　　（b）"可选课程门数"运行结果

图 6-23　总计查询示例

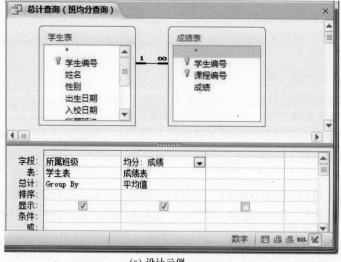

（a）设计示例　　　（b）运行结果

图 6-24　分组总计查询示例

（四）交叉表查询

交叉表查询是指将表或查询中的某些字段中的数据作为新的字段，按照另一种方式查看数据的查询。在行与列的交叉处可以对数据进行各种运算，包括求和、求平均值、求最大值、求最小值、计数等。

交叉表查询的创建，既可以使用查询向导，也可以使用查询设计视图。使用向导创建交叉表查询时，如果查询所包含的字段位于多个表中，那么必须先创建一个包含所需全部字段的查询，然后用这个查询创建交叉表查询。使用查询设计窗口来创建的话，在查询设计视图中，需要指定将作为列标题的字段值、作为行标题的字段值，以及进行求和、求平均值、计数或其他类型运算的字段值。

例如，创建一个交叉表查询，要求每行对应一个学号、姓名，每列对应一门课程名，行列交叉处存放成绩。

上例交叉表查询的方法是：打开设计视图，将所需要的表添加到设计视图中，然后单击［查询工具］→［设计］功能区［查询类型］组"交叉表"命令将设计视图更改为"交叉表"设计视图，然后将需要的字段添加到字段网格行中并进行相应设置。交叉表的查询设计视图如图 6-25 所示，运行结果如图 6-26 所示。

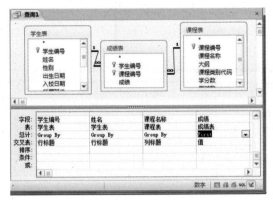

图 6-25　交叉表查询实例的查询设计视图

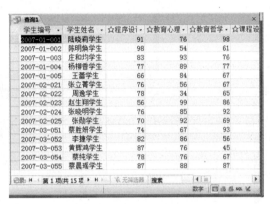

图 6-26　交叉表查询实例的运行结果

（五）参数查询

通常，在查询中定义的所有条件都被保存在查询中，如果想查看查询结果，则运行已有的查询即可。但是，如果要在每次运行时都改变查询的条件，则需要使用参数查询。

参数查询又称为人机对话查询，当运行一个参数查询时，会弹出提示对话框，要求输入一些数据作为查询中相应条件的一部分，从而得到查询结果。

例如，在"学生选课管理"数据库中，创建一个带参数的查询。该查询要求根据用户输入的学生编号，查询该学号所对应的学生的信息。

创建参数查询的方法是：打开查询设计窗口，添加查询所需要的表，并且将查询所需的字段添加到字段网格行中；然后在"学生编号"字段的"条件"一栏中输入"［请输入学号：］"，查询设计如图 6-27 所示。单击"运行"命令，首先弹出"输入参数值"对话框，如图 6-28 所示。输入学号"200701002"后，单击［确定］按钮，弹出如图 6-29 所示的查询结果。

（六）操作查询

操作查询用于同时对一个或多个表进行全局数据管理操作。操作查询可以对数据表中原有的数据内容进行编辑，对符合条件的数据进行成批的修改。因此，执行操作查询前，应该先备份数据库。

打开任一查询，在 Access 2010 的［查询工具］→［设计］选项卡的［查询类型］组中可以看到多种查询类型，其中操作查询为更新查询、追加查询、删除查询、生成表查询四种，单击任意一种即可更改类型。

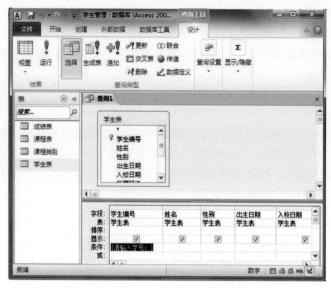

图 6-27　参数查询设计窗口

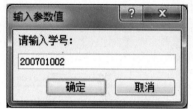

图 6-28　输入参数值对话框

图 6-29　参数查询结果

1. 更新查询　更新查询用于同时更改许多记录中的一个或多个字段值，用户可以添加一些条件，这些条件除了更新多个表中的记录外，还筛选要更改的记录。大部分更新查询可以用表达式来规定更新规则。表 6-6 给出了一些规则实例。

表 6-6　更新规则实例

字段类型	表达式	结果
数字	［成绩］*1.05	把"单价"增加 5%
日期	#4/25/2001#	把日期更改为 2001 年 4 月 25 日
文本	"已完成"	把数据更改为"已完成"
文本	"总"&［成绩］	把字符"总"添加到"成绩"字段数据的开头
是 / 否	Yes	把特定的"否"数据更改为"是"

图 6-30 为更新查询实例，用于将"高等数学"课程的成绩普提 5%。

单击"运行"命令，会弹出确认是否更新的对话框，单击［是］按钮将更新目标表。执行后打开更新过的表，将看到表内容已更改。

2. 追加查询　当用户要把一个或多个表的记录添加到其他表的尾部时，就会用到追加查询。追加查询只能添加相匹配的字段内容，而那些不对应的字段将被忽略。使用追加查询的前提是，追加与被追加的两个表要拥有属性相同的字段。

下面为一个追加查询实例，实例中首先建立一个名为"C 语言成绩不合格学生"的表，通过追加查询将所有 C 语言成绩不合格的学生的"学号""姓名""所属班级"添加到"C 语言成绩不合格学生"表中。打开查询设计窗口，修改查询类型为追加查询，在弹出的对话框中选择要追加到的表；确定后，添加相应的表到设计窗口中，在"字段"网格中选择"学号""姓名""所属班级""成绩""课程名称"字段，在"追加到"网格中选择要追加到的表的相应字段，如图 6-31 所示。单击"运行"命令，会弹出确认是否追加的对话框，单击［是］确认追加，记录将会追加到"C 语言成绩不合格学生"表中。

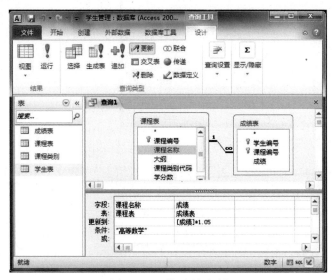

图 6-30　更新查询实例

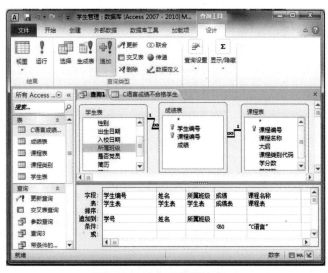

图 6-31　追加查询设计窗口

3. 删除查询　删除查询是将整个记录全部删除，是所有查询操作中最危险的一个。删除查询所使用的字段只是用来作为查询的条件，实际删除的是所有记录。可以从单个表删除记录，也可以通过级联删除相关记录而从相关表中删除记录。

4. 生成表查询　生成表查询可以从一个或多个表/查询的记录中生成一个新表。

例如，要查询出学号、姓名、课程号、课程名称、成绩五个字段，并生成一个新表，其

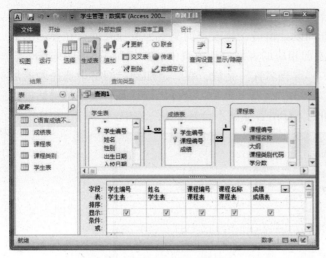

图 6-32　生成表查询设计窗口

操作过程如下。

打开查询设计窗口，将"学生表""课程表"和"成绩表"添加到窗口中；修改查询类型为生成表查询，此时将弹出生成表对话框，选择要生成的表名如"成绩明细表"；确认后，再选择要生成的字段内容，如图 6-32 所示。单击"运行"命令，会弹出确认生成表的对话框，确认后会生成新表"成绩明细表"。

三、实施方案

辅导员要想实现他的愿望，可分以下阶段实施。

（1）建立选择查询，通过"学生表""课程表""成绩表"等建立学生各门课程的成绩查询；

（2）建立参数查询，根据输入参数查询需要的信息；

（3）建立交叉表查询，以不同的方式显示查询结果；

（4）建立更新查询，统一更新某个表中的数据；

（5）建立删除查询，根据条件删除不需要的表中记录。

现在可以完成上述任务了。

本章小结

　　Access 2010 是当今最流行的办公数据库处理软件之一，它的界面友好，操作简单，数据库与数据表的建立便捷，分析能力强大，几乎不用编程就能做出比较好的数据库应用产品，深受用户欢迎。本章主要介绍了 Access 2010 的基本功能、基本特点和基本操作。以创建数据库与数据表为开始，到对数据的查询、窗体、报表和宏的创建，通过该过程的学习，同学们对数据处理有了更深刻的认识。

技能训练 6-1　建立数据库与表

1. 在 D 盘上新建一个名为"DataBase"的文件夹。

2. 使用"样本模板"中的"学生"模板在"DataBase"文件夹下创建一个名为"学生 .accdb"的数据库文件。

3. 使用"创建空数据库"的操作方法在"DataBase"文件夹下创建一个名为"学生选课管理 .accdb"的数据库文件。

4. 在"学生选课管理 .accdb"数据库文件中利用表设计视图创建如下三张表（表 6-7～表 6-9）。

表 6-7　"学生表"结构

字段名称	数据类型	字段大小	允许为空	备注
学号	文本	9	否	主关键字
姓名	文本	8	否	
性别	查阅向导		否	

续表

字段名称	数据类型	字段大小	允许为空	备注
出生日期	日期时间	短日期	是	
入校时间	日期 / 时间	长日期	是	
是否党员	逻辑型		否	
所属班级	文本	10	否	
简历	备注		是	
照片	OLE		是	
联系电话	文本	20	是	

表 6-8　"课程表"结构

字段名称	数据类型	字段大小	允许为空	备注
课程编号	文本	7	否	主关键字
课程名称	文本	10	否	
大纲	OLE		是	
类别代码	文本	2	是	
学分数	数值		否	
学时数	整数		是	

表 6-9　"成绩表"结构

字段名称	数据类型	字段大小	允许为空	备注
学生编号	文本	9	否	主关键字
课程编号	文本	7	否	主关键字
成绩	数值	2 位小数	是	

5. 向数据表中录入如表 6-10 ～表 6-12 所示数据记录。

表 6-10　"学生表"数据

学生编号	姓名	性别	出生日期	入校时间	是否党员	所属班级	简历	照片	联系电话
2001	王云浩	男	1963/1/2	2005/4/11	是	501			
2002	陈明焕	男	1965/11/10	2005/4/11	否	501			
2003	刘小红	女	1963/3/2	2005/4/11	否	502			
2101	杨柳香	女	1964/8/12	2005/4/11	是	502			
2102	王蕾	女	1970/9/22	2005/4/11	否	503			

表 6-11　"课程表"数据

课程编号	课程名称	大纲	类别代码	学分数	学时数
3140101	大学语文		2	4	70
3140201	高等数学		1	8	144
3140301	C 语言		3	4	72

表 6-12　"成绩表"数据

学生编号	课程编号	成绩	学生编号	课程编号	成绩
2001	3140101	98	2003	3140301	57
2001	3140201	76	2101	3140101	89
2001	3140301	64	2101	3140201	90
2002	3140101	87	2101	3140301	98
2002	3140201	96	2102	3140101	36
2002	3140301	89	2102	3140201	82
2003	3140101	91	2102	3140301	71
2003	3140201	73			

6. 建立上述三个表之间的关系，在建立过程中要求选择"实施参照完整性"约束。

技能训练 6-2　建立查询

1. 使用查询向导创建选择查询

查询学生课程成绩，要求显示学生的学号、姓名、课程名称、成绩，并且将该查询保存为"学生成绩明细查询"。

2. 在查询设计视图中创建选择查询

（1）查询成绩合格的学生的学号、姓名、课程名和成绩，将该查询保存为"成绩合格明细"。

（2）查询"女党员"学生的学号、姓名、班级、出生日期、简历，并将该查询保存为"女党员信息查询"。

（3）查询高等数学成绩大于90分的学生的学号、姓名、班级，并将该查询保存为"高等数学成绩查询"。

（4）创建一个包含计算年龄（通过出生日期）的学生表信息查询，将该查询保存为"学生基本信息查询"。

3. 创建交叉表查询

创建交叉表查询，每行对应一个学号、姓名，每列对应一门课程名，行列交叉处显示成绩，并将该查询保存为"成绩交叉表"，运行该查询，查看查询结果是否符合要求。

4. 创建参数查询

根据输入的学号，查询该学号学生的所有信息，并将该查询保存为"根据学号查询学生信息"，运行该参数查询，根据提示输入某个学号，查看查询结果。

5. 创建生成表查询

创建包含学号、姓名、课程号、课程名和成绩五个字段的生成表查询，生成的表命名为"成绩明细"，保存在当前数据库中，并将该生成表查询保存为"生成成绩明细"。

6. 创建更新查询

创建将"刘小红"的"大学语文"成绩更改为96分的更新查询，并将该查询保存为"更新操作"。

7. 创建删除查询

创建一个将成绩表中的全部记录删除的删除查询，并将该删除查询保存为"删除成绩表全部记录"，运行该删除查询，打开数据表查看删除情况。

8. 创建追加查询

将学生表中学生的学生编号、课程表中课程的课程编号，追加到成绩表中的学生编号、课程编号字段下，并将该查询保存为"成绩表初始化工作"。

练习 6　Access 2010 基本知识测评

一、单选题

1. Access 2010 是一种_____。
   A. 数据库　　　　　　B. 数据库系统
   C. 数据库管理软件　　D. 数据库管理员

2. 建立表的结构时，一个字段由_____组成。
   A. 字段名称　　　　　B. 数据类型
   C. 字段属性　　　　　D. 以上都是

3. 数据库管理系统常见的数据模型有层次模型、网状模型和_____三种。
   A. 数据模型　　　　　B. 关系模型
   C. 树型模型　　　　　D. 环形模型

4. 在 Access 2010 中，"文本"数据类型的字段最大为_____字节。
   A. 64　　　　　　　　B. 128
   C. 255　　　　　　　 D. 256

5. 学号由 8 位数字组成的字符串，为学号设置输入掩码，正确的是_____。
   A. #######　　　　　B. 99999999
   C. LLLLLLLL　　　　 D. 00000000

6. 在学生成绩表中，查询成绩为 70～80 分（不包括 80）的学生信息。正确的条件设置为_____。
   A. >69 or <80　　　　B. Between 70 and 80
   C. >=70 and <80　　　D. in（70，79）

7. Access 中不允许同一表中有相同的_____。
   A. 属性值　　　　　　B. 字段名
   C. 字段　　　　　　　D. 数据

8. 书写查询条件时，日期值应该用_____括起来。
   A. 括号　　　　　　　B. 双引号
   C. 半角井号　　　　　D. 单引号

9. 关于报表数据源设置，以下说法正确的是_____。
   A. 可以是任意对象
   B. 只能是表对象
   C. 只能是查询对象
   D. 只能是表对象或查询对象

10. 要在文本框中显示当前日期和时间，应当设置文本框的控件来源属性为_____。
   A. =Date（）　　　　　B. =Time（）
   C. =Now（）　　　　　D. =Year（）

二、判断题

（　）1. 在 Access 2010 数据库中，查询的数据源只能是表。

（　）2. 用二维表表示数据及其联系的数据模型称为关系模型。

（　）3. Access 的数据表由结构和记录组成。

（　）4. 在表的设计视图中也可以进行增加、删除、修改记录的操作。

（　）5. "有效性规则"用来防止非法数据输入到表中，对数据输入起着限定作用。

（　）6. 编辑修改表的字段（也称为修改表的结构），一般是在表的设计视图中进行。

（　）7. 修改字段名时不影响该字段的数据内容，也不会影响其他基于该表创建的数据库对象。

（　）8. 删除记录的过程分两步进行。先选定要删除的记录，然后将其删除。

（　）9. 查找和替换操作是在表的数据视图中进行的。

（　）10. 统计"成绩表"中参加考试的人数用"最大值"统计。

三、填空题

1. Access 中表之间的关系可分为_____、_____、_____三种。

2. 如果一张数据表中含有"照片"字段，那么"照片"字段的数据类型应定义为_____。

3. _____是数据表中其值能唯一标志一条记录的一个字段或多个字段组成的一个组合。

4. 数据库管理系统的英文缩写名称是_____。

5. Access 2010 提供了_____、_____、_____、_____、_____等五种筛选方式。

6. 操作查询共有四种类型，分别是删除查询、_____、追加查询和生成表查询。

7. 窗体的数据来源主要包括表和_____。

8. Access 数据库包括表、查询、窗体、_____、宏和模块等基本对象。

9. 如果要引用宏组中的宏名，采用的语法是_____。

10. 创建分组统计查询时，总计网格栏中应选择_____。

第七章 计算机网络应用

学习目标

1. 了解计算机网络的基本概念
2. 掌握 Internet 的概念及其应用
3. 掌握 IE 与电子邮件的使用
4. 了解网络安全知识
5. 了解物联网基本知识

计算机网络技术是计算机技术和通信技术紧密结合的产物，它的诞生为现代信息技术发展做出了巨大贡献。现在，计算机网络已经成为人们社会生活中不可缺少的一个重要组成部分，并不断地改变着人类的生存方式。从某种意义上讲，信息技术与网络的应用成为衡量 21 世纪综合国力与企业竞争力的重要标志。很多国家纷纷制订各自的信息高速公路计划，全球信息化的发展趋势呈不可逆转之势，尤其是 Internet 对推动全世界科学和社会的发展有着不可估量的作用。

第一节 计算机网络基础知识

一、任 务

和谐医院准备实施医院信息化，提出患者在门诊就诊、住院治疗、缴费、用药信息实现计算机化管理，并能实时提供各类动态报表的要求。根据医院以上需求情况，你能给医院帮忙，提出一个解决方案吗？

二、相关知识和技能

（一）计算机网络的定义

计算机网络就是把分布在不同地理区域的计算机与专门的网络设备用通信线路互连成一个规模大、功能强的网络系统，从而使众多的计算机可以方便地相互传递信息（信息交换），共享硬件、软件、数据信息等资源（共享资源）。通俗地说，网络就是通过电缆、光纤、电话线或无线通信设备等互联的计算机的集合。

按计算机联网的区域大小，网络可分为局域网、城域网和广域网。

（二）计算机网络的发展

计算机网络的发展经历了从简单到复杂，从单机到多机，从终端与计算机之间的通信到计算机与计算机之间的直接通信的演变过程。其发展经历了四个阶段。

第一阶段：计算机互联阶段，计算机技术与通信技术相结合，形成计算机网络的雏形。这一阶段以单个计算机为中心，面向终端形成远程联机系统。

第二阶段：计算机互联阶段，完成网络体系结构与协议的研究，可以将不同地点的计算机通过通信线路互联，形成计算机的网络。网络用户可以通过计算机访问其他计算机的资源。

第三阶段：形成网络体系结构阶段，广域网、局域网与公用分组交换网迅速发展。网络技术国际标准化，ISO/OSI 成为新一代计算机网络的参考模型，数据传输的可靠性得以保障。

第四阶段：Internet 深入全社会，宽带网络广泛应用。Internet 是一个庞大的覆盖全世界的计算机网，实现了全球范围的电子邮件、万维网（World Wide Web，WWW）信息浏览和语音图像通信等功能。

（三）计算机网络的功能

计算机网络的功能根据网络规模的大小和设计目的的不同，有较大的差异，归纳起来，有如下六个基本功能。

1. 数据通信　数据通信指计算机网络上的计算机系统之间能够互相进行数据传输、信息交换，是计算机网络最基本的功能之一。

2. 资源共享　资源共享是计算机网络最主要的功能之一。这里的资源是指网络上的计算机系统能够提供的所有资源，包括硬件、软件和数据。硬件资源如打印机、扫描仪、光驱等。软件和数据的范围更广泛，如各类软件、资料、音乐、视频等。

3. 集中处理　计算机网络可以将数据处理的任务交给具有较高性能的服务器完成，其过程如下：由客户端（Client）向服务器（Server）发出处理请求，服务器在数据处理完成后，将结果发送给客户端。这是一种典型的请求 / 响应处理方式。

4. 负载均衡和分布式处理　当网络中的某个计算机系统负载过重时，可以将某些工作通过网络传送到其他空闲的计算机上去处理。这样既可以减少用户信息在系统中的处理时间，又均衡了网络中各台机器的负担，提高了系统的利用率，增加了整个系统的可用性。

分布式处理是指在计算机网络中，将某些大型处理任务转化成小型任务，而由网络中的各台计算机分担处理。这在运算量巨大、处理异常复杂的任务中，是一项非常有效的功能。

5. 提高系统的可靠性、扩展性　可靠性是指网络中的计算机可以彼此互为备份，一旦网络中的某台计算机出现故障，其他备份的计算机可以取而代之，继续工作以保证系统的正常运行。

扩展性是指通过增加网络的资源配置，如增加联网计算机的数量、增加系统资源配置等，以实现网络规模和网络服务的扩充。

6. 综合信息服务　随着计算机网络技术的发展，尤其是因特网的大量使用和深入普及，网络能够提供的信息和服务日益丰富。各种数据（如文本、音频、视频等）、各种服务（如WWW、FTP、电子邮件、IP 电话、即时通信等）都在计算机网络中得到了极大的应用。计算机网络已经成为现代信息社会获取信息、传递信息的一种主要手段。

（四）计算机网络的组成

计算机网络要完成数据通信和数据处理两大功能。从逻辑上看，计算机网络可以分为通信子网和资源子网，从系统组成角度看，计算机网络由网络硬件和网络软件组成。

1. 通信子网与资源子网　按逻辑功能划分的计算机网络示意图如图 7-1 所示。

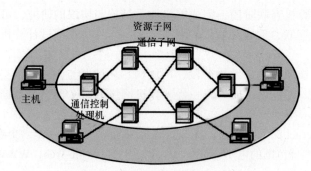

图 7-1　计算机网络的基本结构

（1）通信子网：通信子网主要由通信线路、通信控制器等软硬件组成，完成各主机之间的数据传输、控制和变换等通信任务。

不同的网络其通信子网的物理组成也不同，局域网的通信线路采用的传输介质主要有光纤、双绞线等，通信设备有交换机和路由器等。而广域网的通信子网较为复杂，其传输介质主要有光纤、双绞线、同轴电缆、微波和卫星通信等，通信设备主要有调制解调器、ATM 交换机、路由器等。

（2）资源子网：资源子网主要由用户的计算机组成，包括用户主机、服务器、终端设备、联网外设等硬件，以及各种软件资源、数据资源等。资源子网的主要任务是提供资源共享所需的硬件、软件和数据等资源，提供访问计算机网络和数据处理的能力。

2. 计算机网络硬件　计算机网络硬件系统由服务器、工作站、通信控制器和通信线路组成，其中服务器 / 客户机是资源子网的主要设备，通信设备和通信介质是通信子网的主要设备。

（1）服务器：服务器是被网络上其他客户机访问的计算机系统，通常是一台高性能的计算机（具有较高运算能力和处理速度，性能稳定、可靠）。服务器是计算机网络的核心设备，包含各种网络资源，负责管理和协调用户对资源的访问。

常见的服务器包括：万维网服务器、文件传输服务器、邮件服务器、打印服务器等。

（2）工作站：当一台计算机连接到计算机网络时，就成为网络上的一个节点，称为工作站。它是网络上的一个客户，使用网络所提供的服务。工作站为它的操作者提供服务，通常对其性能要求不高，可由普通的个人计算机担当。

（3）通信控制器：通信控制器包括通信处理机和通信设备等，是通信子网中的主要设备。其中，通信处理机是主计算机和通信线路单元间设置的专用计算机，负责通信控制和处理工作。通信设备主要是指数据通信和传输设备，负责完成数据的转换和恢复，如网卡、交换机、路由器等。

（4）通信线路：通信线路用于连接主机、通信处理机和各种通信设备。按照传输速率，通信线路可以分为高速、中速和低速通信线路；按照传输介质又可分为有线和无线线路。

3. 计算机网络软件　计算机网络软件是实现网络功能的重要部分，主要包括网络操作系统、网络协议软件和网络应用软件等。

（1）网络操作系统：网络操作系统是运行在网络硬件之上的，为网络用户提供共享资源管理服务、基本通信服务、网络系统安全服务及其他网络服务的系统软件，是计算机网络软件的核心，其他网络应用软件都需要网络操作系统的支持。

网络操作系统除具有常规计算机操作系统的功能外，还具有网络通信、网络资源管理和网络服务管理等功能。目前，常见的网络操作系统有 UNIX、Linux、Windows Server 2008、Netware 等。

（2）网络协议软件：网络协议是计算机网络通信中各部分之间应遵循的规则的集合。网络协议在网络软件中占有非常重要的地位。不同的网络、不同的操作系统、不同的体系结构会有不同的协议软件，协议软件的种类繁多。目前常用的协议软件有 TCP/IP、IPX/SPX、Net-BEUI、ARP、RARP、UDP 等。

（3）网络应用软件：网络应用软件是在计算机网络环境下，面向用户，为用户实现网络服务和网络应用的软件，如浏览器软件、远程登录软件、电子邮件等。

4. 网络开放式互联模型　开放式系统互联（OSI）模型是 1984 年由国际标准化组织（ISO）提出的一个参考模型。作为一个概念性框架，它是不同制造商的设备和应用软件在网络中进行通信的标准。现在此模型已成为计算机间和网络间进行通信的主要结构模型。目前使用的大多数网络通信协议的结构都是基于 OSI 模型的。OSI 层次模型共分为七层：应用层、表示层、会话层、传输层、网络层、数据链路层、物理层。

建立七层模型的主要目的是为解决异种网络互联时所遇到的兼容性问题。它的最大优点是将服务、接口和协议这三个概念明确地区分开来。OSI 七层模型的每一层都具有清晰的特征。基本来说，第七至第四层处理数据源和数据目的地之间的端到端通信，而第三至第一层处理网络设备间的通信。另外，OSI 模型的七层也可以划分为两组：上层（层 7、层 6 和层 5）和下层（层 4、层 3、层 2 和层 1）。OSI 模型的上层处理应用程序问题，并且通常只应用在软件上。最高层，即应用层是与终端用户最接近的。OSI 模型的下层是处理数据传输的。物理层和数据链路层应用在硬件和软件上。最底层，即物理层是与物理网络媒介（如电线）最接近的，并且负责在媒介上发送数据（图 7-2、图 7-3）。

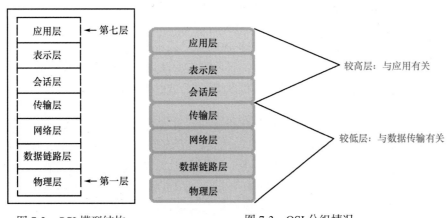

图 7-2　OSI 模型结构　　　　　　图 7-3　OSI 分组情况

（1）物理层（Physical Layer）：OSI 模型的第一层物理层，规定通信设备的机械的、电气的、功能的和规程的特性，用以建立、维护和拆除物理链路连接。具体地讲，机械特性规定了网络连接时所需接插件的规格尺寸、引脚数量和排列情况等；电气特性规定了在物理连接上传输比特流时线路上信号电平的大小、阻抗匹配、传输速率距离限制等；功能特性是指对各个信号先分配确切的信号含义，即定义了 DTE 和 DCE 之间各个线路的功能；规程特性定义了利用信号线进行比特流传输的一组操作规程，是指在物理连接的建立、维护、交换信息时，DTE 和 DCE 双方在各电路上的动作系列。

在这一层，数据的单位称为比特。

属于物理层定义的典型规范代表包括：EIA/TIA RS-232、EIA/TIA RS-449、V. 35、RJ-45 等。

（2）数据链路层：OSI 模型的第二层，在物理层提供比特流服务的基础上，建立相邻节点之间的数据链路，通过差错控制提供数据帧在信道上无差错的传输，并进行各电路上的动作系列。数据链路层（Datalink Layer）在不可靠的物理介质上提供可靠的传输。该层的作用包括：物理地址寻址、数据的成帧、流量控制、数据的检错、重发等。

在这一层，数据的单位称为帧。

数据链路层协议的代表包括：SDLC、HDLC、PPP、STP、帧中继等。

（3）网络层：在计算机网络中进行通信的两个计算机之间可能会经过很多个数据链路，也可能还要经过很多通信子网。网络层（Network Layer）的任务就是选择合适的网间路由和交换节点，确保数据及时传送。网络层将数据链路层提供的帧组成数据包，包中封装有网络层包头，其中含有逻辑地址信息——源站点和目的站点地址的网络地址。

IP 地址是第三层的"数据包"问题，而不是第二层的"帧"。IP 是第三层问题的一部分，此外还有一些路由协议和地址解析协议（ARP）。有关路由的一切事情都在第三层处理。地址解析和路由是三层的重要目的。网络层还可以实现拥塞控制、网际互联等功能。

在这一层，数据的单位称为数据包。

网络层协议的代表包括：IP、IPX、RIP、OSPF 等。

（4）传输层：传输层（Transport Layer）是处理信息的，传输层的数据单元也称作数据包。但是，当谈论 TCP 等具体的协议时又有特殊的叫法，TCP 的数据单元称为"段"（segments），而 UDP 协议的数据单元称为"数据报"（datagrams）。这个层负责获取全部信息，因此，它必须跟踪数据单元碎片、乱序到达的数据包和其他在传输过程中可能发生的危险。第四层为上层提供端到端（最终用户到最终用户）的透明的、可靠的数据传输服务。透明的传输是指在通信过程中传输层对上层屏蔽了通信传输系统的具体细节。

传输层协议的代表包括：TCP、UDP、SPX 等。

（5）会话层：这一层也可以称为会晤层或对话层，在会话层（Session Layer）及以上的高层次中，数据传送的单位不再另外命名，而是统称为报文。会话层不参与具体的传输，它提供包括访问验证和会话管理在内的建立和维护应用之间通信的机制，如服务器验证用户登录便是由会话层完成的。

会话层提供的服务可使应用建立和维持会话，并能使会话获得同步。会话层使用校验点可使通信会话在通信失效时从校验点继续恢复通信。这种能力对于传送大的文件极为重要。会话层、表示层、应用层构成开放系统的高三层，面对应用进程提供分布处理、对话管理、信息表示、恢复最后的差错等。会话层同样要担负应用进程服务要求，而传输层不能完成的部分工作，由会话层的功能来弥补。主要的功能是对话管理，数据流同步和重新同步。

（6）表示层：这一层主要解决用户信息的语法表示问题。表示层（Presentation Layer）将欲交换的数据从适合于某一用户的抽象语法，转换为适合于 OSI 系统内部使用的传送语法，即提供格式化的表示和转换数据服务。数据的压缩和解压缩、加密和解密等工作都由表示层负责。例如，图像格式的显示就是由位于表示层的协议来支持。

（7）应用层：应用层（Application Layer）是计算机网络与最终用户间的接口，是利用网络资源唯一向应用程序直接提供服务的层。

功能：包括系统管理员管理网络服务所涉及的所有问题和基本功能。

信息传送的基本单位：用户数据报文。

应用层采用的协议有用于文件传送、存取和管理的 ISO8571/1 ～ 4，用于虚拟终端的 ISO9040/1，用于作业传送与操作协议的 ISO8831/2，用于公共应用服务元素的 ISO8649/50。

5. TCP/IP 参考模型的层次结构　TCP/IP 协议是美国国防部高级研究计划局计算机网（ARPANET）和其后继因特网使用的参考模型。TCP/IP 参考模型分为四个层次：应用层、传输层、网络层和网络接口层（图 7-4）。

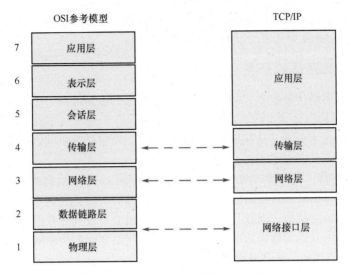

图 7-4　OSI 模型与 TCP/IP 参考模型对比

在 TCP/IP 参考模型中，去掉了 OSI 参考模型中的会话层和表示层（这两层的功能被合并到应用层实现）。同时将 OSI 参考模型中的数据链路层和物理层合并为主机到网络层。TCP/IP 是建立在"无连接"技术上的网络互联协议，信息（包括报文和数据流）以数据报的形式在网络中传输，从而实现用户间的通信。下面，分别介绍各层的主要功能。

1）网络接口层

模型的基层是网络接口层。负责数据帧的发送和接收，帧是独立的网络信息传输单元。网络接口层将帧放在网上，或从网上把帧取下来。

2）网络互联层

互联协议将数据包封装成 Internet 数据报，并运行必要的路由算法。这里有四个互联协议。

（1）网际协议（IP）：负责在主机和网络之间寻址和路由数据包。

（2）地址解析协议（ARP）：获得同一物理网络中的硬件主机地址。

（3）网际控制消息协议（ICMP）：发送消息，并报告有关数据包的传送错误。

（4）互联组管理协议（IGMP）：被 IP 主机拿来向本地多路广播路由器报告主机组成员。

3）传输层

传输协议在计算机之间提供通信会话。传输协议的选择根据数据传输方式而定。这里有以下两个传输协议。

（1）传输控制协议（TCP）：为应用程序提供可靠的通信连接。适合于一次传输大批数据的情况。并适用于要求得到响应的应用程序。

（2）用户数据报协议（UDP）：提供了无连接通信，且不对传送包进行可靠的保证。适合于一次传输少量数据，可靠性则由应用层来负责。

4）应用层

应用程序通过这一层访问网络。

TCP/IP 模型是同 ISO/OSI 模型等价的。当一个数据单元从网络应用程序向下送到网卡，它通过了一系列的 TCP/IP 模块。这其中的每一步，数据单元都会同网络另一端对等 TCP/IP 模块所需的信息一起打成包。在数据传送时，可以形象地理解为有两个信封，TCP 和 IP 就像是信封，要传递的信息被划分成若干段，每一段塞入一个 TCP 信封，并在该信封封面上记录有分段号的信息，再将 TCP 信封塞入 IP 大信封，发送上网。在接收端，一个 TCP 软件包收集信封，抽出数据，按发送前的顺序还原，并加以校验，若发现差错，TCP 将会要求重发。因此，TCP/IP 在 Internet 中几乎可以无差错地传送数据。

（五）计算机网络的分类

计算机网络按网络传输技术、网络拓扑结构、网络的覆盖范围、传输介质可分为以下几种类型。

1. 按网络传输技术分类　　从网络传输技术的角度，可将计算机网络分为广播式和点对点式两种。

（1）广播式网络：在广播式网络（Broadcast Networks）中，所有的计算机共用同一个传输信道。当某个计算机发出数据时，所有共用信道的计算机都会收到这个数据，由于发送的数据中带有目的地址的信息，因此只有指定的目的主机会对收到的数据响应，由于多个计算机进行广播，会使所发送的数据造成"碰撞"，影响网络实际的传输效率。因此，广播式网络只能适用于覆盖范围较小的"局域网"中。

（2）点对点式网络：在点对点式网络（Point-to-Point Networks）中，每对进行通信的计算机之间都存在着一条物理线路。当没有直接相连接的线路时，会通过中间的节点（如交换机或路由器）进行转接。由于连接一对计算机之间的线路可能会很复杂，因此从源点到目的节点间可能存在多条通路，路径的选择在点对点式网络中就变得非常重要。点对点式网络主要采用分组交换网实现计算机之间的通信。

2. 按拓扑结构分类　　在计算机网络中，将服务器、工作站等网络设备抽象为"点"，将通信线路抽象为"线"，形成点和线的几何图形，它用于描述计算机网络体系的具体结构，这些几何图形称为计算机网络的拓扑结构。

计算机网络拓扑结构包括物理拓扑和逻辑拓扑两部分内容，物理拓扑是指物理网络布线的方式，即传输介质的布局；逻辑拓扑是指信号从网络的一个节点到达另外一个节点所采用的路径，即主机访问介质的方式。

目前，常见的网络拓扑结构有总线形、环形、星形、树形等，如图 7-5 所示。

（1）总线形拓扑：总线形拓扑结构中，各节点与一条总线相连，网络中的所有节点都通过这条总线按照广播方式传输数据，如图 7-5（a）所示。

总线形拓扑的优点主要有：结构简单，组网方便，有较高的可靠性；易于扩充，增加和减少节点方便；所需电缆少，组网费用较低。

总线形拓扑的缺点主要有：由于采用广播方式进行通信，覆盖范围较小，容纳主机数量较少；发生故障时，诊断和隔离都较为困难。总线形拓扑网络在传统的 10MBase 以太网中得到了广泛的应用。

（2）环形拓扑：环形拓扑结构中，网络的每个节点通过一条首尾相连的通信线路连接，形成一个封闭的环形结构，如图 7-5（b）所示。

与总线形拓扑一样，环形拓扑中的各个节点共享同一个传输介质。每个节点都能从传输介质中接收数据，并能以同样的速度串行地将该数据沿环路传送到另一端。这种传输是单方向的，即数据只能按照一个方向沿着环路绕行。

环形拓扑的优点主要有：所需电缆长度短，增加和减少节点比较简单。

环形拓扑的缺点主要有：如果一个节点出现故障，网络就会瘫痪，故障的诊断和隔离较为困难；扩充环的配置较为困难。

目前，光纤通信经常采用环形拓扑，其通信速率较高。

（3）星形拓扑：星形拓扑中，以中心节点为中心，所有外围节点通过传输线路连接到这个中心上，如图 7-5（c）所示。

中心节点对各外围节点的通信和信息交换进行集中控制及管理，各外围节点间的通信必须通过中心节点。常用的中心节点设备有集线器（Hub）和交换机（Switch）。

星形拓扑的优点主要有：如果某个节点出现故障，不会导致网络瘫痪，故障的诊断和隔离也比较容易；增加或删除节点方便，便于网络配置的改变。

星形拓扑的缺点主要有：所需电缆长度较长，组网费用较高；对中心设备的依赖程度较高，一旦该设备发生故障，网络无法正常运行。

星形拓扑已经成为目前快速以太网普遍采用的拓扑结构。

（4）树形拓扑：树形拓扑结构是一种层次结构，由多级星形结构按层次排列而成。最上层的节点称为根节点，主要的通信在上下级的节点之间进行，如图 7-5（d）所示。

树形拓扑的节点增加和删除较为容易，但结构较为复杂，适合具有一定规模的局域网。

（5）混合型拓扑：混合型拓扑结构综合星形拓扑和总线拓扑的优点，它用一条或多条总线把多组设备连接起来，而这相连的每组设备本身又呈星型分布。对于星型 / 总线拓扑，用户很容易配置和重新配置网络设备。

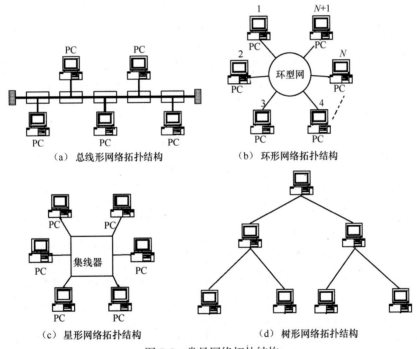

（a）总线形网络拓扑结构　　　　　（b）环形网络拓扑结构

（c）星形网络拓扑结构　　　　　（d）树形网络拓扑结构

图 7-5　常见网络拓扑结构

3. 按地理范围分类　　按照网络的覆盖范围，可将计算机网络分为广域网、局域网和城域网。

（1）广域网：广域网（Wide Area Network，WAN）的覆盖范围通常在几十到几千千米，可以跨越非常广阔的地理区域，其包含的地理范围通常是一个国家或洲，甚至整个地球。

广域网本身往往不具备规则的拓扑结构，由于传输速度较慢、延迟较大，入网站点无法参与网络管理。因此，在广域网中包含专用的网络设备（如交换机、路由器等）来处理其中的管理工作，广域网的通信子网一般由国家的电信部门负责运行和维护，广域网是互联网的核心部分。

（2）局域网：局域网（Local Area Network，LAN）是一个限定区域（如某个单位或部门）内组建的小型网络，其覆盖范围通常在几十米到几千米。

　　局域网的特点是传输速度高、网络延迟小、传输可靠、拓扑结构灵活，基带传输在现实生活中得到了广泛的应用。

　　（3）城域网：城域网（Metropolitan Area Network，MAN）的覆盖范围介于广域网和局域网之间，通常是在一个城市内的网络连接，距离在几千米到几十千米之间。可以将城域网理解为是一种大型的局域网，通常使用与局域网相似的技术。

　　4. 按传输介质分类　传输介质就是指用于网络连接的通信线路。目前有以同轴电缆、双绞线、光纤为传输介质的有线网络和以卫星、微波等为传输介质的无线网络。

　　操作技巧：组建网络时，根据用户使用要求、资金情况、场地环境等因素选择网络协议、网络拓扑结构、传输介质和网络设备。

（六）常用网络传输介质与网络互联设备

1. 常用网络传输介质

1）有线介质

目前常用的有线传输介质有双绞线、同轴电缆、光纤等。

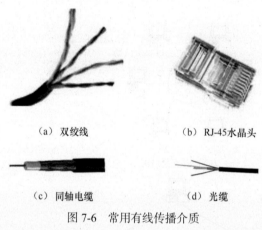

（a）双绞线　　　　（b）RJ-45水晶头

（c）同轴电缆　　　　（d）光缆

图7-6　常用有线传播介质

　　（1）双绞线。双绞线是用两根线扭在一起的通信介质。双绞线抗干扰能力较强，在网络系统中双绞线被普遍采用。双绞线分非屏蔽双绞线（Unshielded Twisted Pair，UTP）和屏蔽双绞线（Shielded Twisted Pair，STP）两种，常用的是非屏蔽双绞线。非屏蔽双绞线中不存在物理的电器屏蔽，即没有金属线，也没有金属带绕在 UTP 上，UTP 线对之间的串线干扰和电磁干扰，是通过其自身的电能吸收和辐射抵消完成的。屏蔽双绞线外部包有铝箔或铜丝网，其结构如图 7-6（a）所示。目前主要使用超 5 类或 6 类 8 芯双绞线，分成 4 对（橙、白橙，绿、白绿，蓝、白蓝，棕、白棕），最大无损传输距离达 100 米，两端使用标准的 RJ-45 连接头（水晶头），如图 7-6（b）所示。

　　（2）同轴电缆。同轴电缆由内导体铜制芯线、绝缘层、外导体屏蔽层及塑料保护外套构成。同轴电缆具有较高的抗干扰能力，其抗干扰能力优于双绞线。同轴电缆结构如图 7-6（c）所示。

　　同轴电缆主要有 50Ω 同轴电缆和 75Ω 同轴电缆两种。50Ω 同轴电缆又称基带同轴电缆（或称细缆）。它主要用于数字传输的系统，广泛用于局域网。在传输中，其最高通信速率可达10Mbps。75Ω 同轴电缆也称宽带同轴电缆。它主要用于模拟传输系统，宽带同轴电缆是公用天线电视系统的标准传输电缆。

　　（3）光缆。光缆（即光纤）是用极细的玻璃纤维或极细的石英玻璃纤维作为传输媒体，即光导纤维。光缆传输是利用激光二极管或发光二极管在通电后产生光脉冲信号，这些光脉冲信号经检测器在光缆中传输。光导纤维被同轴的塑料保护层覆盖，光缆的结构如图 7-6（d）所示。

　　2）无线介质

　　无线介质是指通过空间传播的无线电波、微波、红外线和通信卫星等。目前比较成熟的无线传输方式有以下几种。

　　（1）微波通信。微波通信通常是指利用高频（2～40GHz）范围内的电磁波来进行通信。无线局域网中主要采用微波通信，其频率高，带宽宽，传输速率高，主要用于长途电信服务、语音和电视转播。微波在空间是直线传播，无法像某些低频波那样沿着地球表面传播，由于地球表面为曲面，再加上高大建筑物和气候的影响，因此，微波在地面上的传播距离有限，一般在 40 ～ 60 千米。直接传播信号的距离与天线的高度有关，天线越高距离越远。超过一定距离就要用中继站来"接力"。微波通信成本较低，但保密性差。

（2）卫星通信。卫星通信是空中卫星和地面站之间的微波通信。它利用人造同步卫星中继站来转发微波信号，从而克服地面微波通信距离限制的缺陷。卫星通信覆盖范围广，若通信卫星位于 36 000 千米的高空，就可覆盖地球表面 1/3 的面积。卫星通信容量大、传输距离远、可靠性高，但通信延迟时间长，误码率不稳定，且易受气候的影响。

（3）激光通信。激光通信是利用在空间传播的激光束将传输数据调制成光脉冲的通信方式。激光通信不受电磁干扰，方向性比微波好，也不怕窃听。激光束频率比微波高，因而可获得更高的带宽，但激光在空气中传播衰减很快，特别是雨天、雾天，能见度差时更为严重，甚至会导致通信中断。

（4）无线电波和红外线通信。随着掌上计算机和笔记本电脑的迅速普及，对可移动的无线数字网的需求日益增加。无线数字网类似于蜂窝电话网，用户可随时将计算机接入网内，组成无线局域网。现在，许多手持设备和笔记本电脑都配有红外收发器端口，可进行红外线异步串行数据传输。红外线传输也是一种无线传输方式，广泛应用于短距离的数据传输，如两台笔记本电脑对接红外接口即可传输文件。红外线传输与微波通信一样，也要求收、发两端处在直线视距之内。

（5）蓝牙和 Wi-Fi 通信。蓝牙（Bluetooth）是 1998 年推出的一种新的无线传输方式，实际上就是取代数据电缆的短距离无线通信技术，通过低带宽电波实现点对点或点对多点连接之间的信息交流。这种网络模式也被称为私人空间网络（Personal Area Network，PAN），是以多个微网络或精致的蓝牙主控器 / 附属器构建的迷你网络为基础的，每个微网络由 8 个主动装置和 255 个附属装置构成，而多个微网络连接起来又形成了扩大网，从而方便、快速地实现各类设备之间的通信。它是实现语音和数据无线传输的开放性规范，是一种低成本、短距离的无线连接技术。

蓝牙技术的特点包括：采用跳频技术，抗信号衰落；采用快跳频和短分组技术，减少同频干扰，保证传输的可靠性；采用前向纠错编码技术，减少远距离传输时的随机噪声影响；使用 2.4GHz 的 ISM 频段，无需申请许可证。

Wi-Fi 是一种可以将个人电脑、手持设备（如平板电脑、手机）等终端以无线方式互相连接的技术，事实上它是一个高频无线电信号。无线保真是一个无线网络通信技术的品牌，由 Wi-Fi 联盟所持有。

使用无线路由器供支持其技术的相关计算机、手机、平板电脑等接收。手机如果有无线保真功能的话，在有 Wi-Fi 无线信号的时候就可以不通过移动联通的网络上网，省掉了流量费。

2. 常用的网络互联设备　网络互联设备是网络通信的中介设备。连接设备的作用是把传输介质中的信号从一个链路传送到下一个链路。网络连接设备一般都配置两个以上的连接器插口。目前，常用的互联设备有以下几种。

（1）中继器：在网络中，网络连线有一定的长度限制。如果传输距离太长，将导致传输的信号衰减太多而造成传输数据出错。为了扩展网络连接的总跨度，可用中继器（Repeater）将两个单段电缆连接起来。中继器是一个能持续检测电缆中模拟信号的硬件设备，工作于网络的物理层，当它检测到一根电缆中有信号来时，中继器便转发一个放大了的信号到另一根电缆。一款中继器如图 7-7（a）所示。

（2）网桥：网桥（Bridge）是将两个或多个同类型的 LAN 连接起来的中介设备，如图 7-7（b）

所示。网桥功能在延长网络跨度上类似于中继器，然而它能提供智能化连接服务，即根据数据包终点地址处于哪一网段来进行转发和滤除。

（3）集线器：集线器（Hub）属于数据通信系统中的基础设备，它和双绞线等传输介质一样，是一种不需任何软件支持或只需很少管理软件管理的硬件设备。一款集线器如图7-7（c）所示。集线器工作在局域网（LAN）环境，像网卡一样，应用于OSI参考模型第一层，因此又被称为物理层设备。集线器内部采用了电器互联，当维护局域网的环境是逻辑总线或环形结构时，完全可以用集线器建立一个物理上的星形或树形网络结构。在这方面，集线器所起的作用相当于多端口的中继器。其实，集线器实际上就是中继器的一种，其区别仅在于集线器能够提供更多的端口服务，所以集线器又叫多口中继器。其次是集线器只与它的上联设备（如上层集线器、交换机或服务器）进行通信，同层的各端口之间不会直接进行通信，而是通过上联设备再将信息广播到所有端口上。由此可见，即使是在同一集线器的两个不同端口之间进行通信，都必须要经过两步操作：第一步是将信息上传到上联设备；第二步是上联设备再将该信息广播到所有端口上。

（4）交换机：交换机（Switch）是目前构建网络非常重要的设备，具有先存储、后定向转发功能。一款交换机如图7-7（d）所示。从物理上看，它与集线器类似。交换机与集线器的主要区别在于前者居于并行性。集线器是在共享带宽的方式下工作的，多台计算机通过集线器的各个端口连接到集线器上时，它们只能共享一个信道的带宽，即相当于单台计算机通过局域网段发送数据的速率；而交换机是模拟网桥方式连接各个网络，交换机每个端口连接一台计算机，都相当于一个网段，独享带宽。

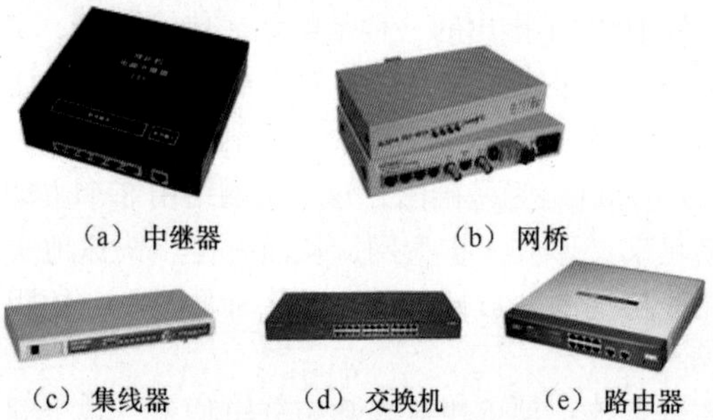

（a）中继器　　　　（b）网桥

（c）集线器　　（d）交换机　　（e）路由器

图7-7　常用的互联网络设备

（5）路由器：路由器（Router）的主要功能就是进行路由选择。路由器主要用于不同类型的网络间连接。当一个网络中的主机要给另一个网络中的主机发送分组时，它首先把分组送给同一网络中用于网间连接的路由器，路由器根据目的地址信息，选择合适的路由，把该分组传递到目的网络用于网间连接的路由器中，然后通过目的网络中内部使用的路由协议，该分组最后被递交给目的主机，如图7-7（e）所示。

（6）网关：网关（Gateway）也称网间协议转换器，它是一台专用的计算机，用于连接使用不同通信协议或结构的网络，使文件可以在这些网络之间传输。网关除传输信息外，还将这些信息转化为接收网络所用协议认可的形式。网关是比网桥、路由器更加复杂的网络连接设备。

链　接

　　计算机网络由网络资源和通信线路及中间设备组成。组建计算机网络的最终目的就是实现资源共享和信息交换。

考点提示：网络的概念、网络的功能、网络的组成、网络拓扑结构、常用网络传输介质和设备

三、实施方案

为满足和谐医院信息化管理要求：

（1）建设覆盖全院各科室及各部门的专用网络，以无线或有线方式，连接各科室电脑，为信息传输的畅通打基础。

（2）引进技术先进、功能完善、性能稳定的医院管理系统（HIS），实现医院挂号、开处方、书写病例、用药信息、费用结算、报表输出各环节的信息化管理。

（3）配备必要的计算机网络终端设备及存储设备，如服务器、打印机、读卡机、UPS 供电系统等，保障网络安全、稳定运行。

第二节　Internet 概念及其应用

Internet 中文正式译名为因特网，又叫做国际互联网。它是由那些使用公用语言互相通信的计算机连接而成的全球网络。Internet 目前的用户已经遍及全球，全球大约有 1/3 的人在使用 Internet，并且它的用户数还在以等比级数上升。

Internet 是由阿帕网（ARPANET）发展起来的。1973 年，英国和挪威加入了 ARPANET，实现了 ARPANET 的首次跨洲连接。20 世纪 80 年代，随着个人计算机的出现和计算机价格的大幅度下跌，加上局域网的发展，各学术研究机构希望把自己的计算机连接到 ARPANET 上的要求越来越强烈，从而掀起了一场 ARPANET 热，可以说，20 世纪 70 年代是 Internet 的孕育期，而 20 世纪 80 年代是发展期。

一、任　　务

王经理是一家广告设计公司负责人，他的公司电脑以 ADSL 宽带方式接入因特网。王经理每次承揽外地客户设计合同，由于客户提供的图片、视频等资料容量大，无法使用普通电子邮件发送，只能用存储设备邮寄，资料不能按时收到，影响了工作进展。王经理在想怎样才能在因特网建立一个容量大、速度快、使用方便的存储空间，解决客户资料收发困难的问题。你能帮助王经理解决问题吗？

二、相关知识与技能

（一）Internet 的历史

20 世纪 60 年代开始，美国国防部的高级研究计划局（Defense Advanced Research Projects Agency，DARPA）建立 ARPANET，并向美国国内大学和一些公司提供经费，以促进计算机网络和分组交换技术的研究。

1969 年 12 月，ARPANET 投入运行，建成了一个实验性的由四个节点连接的网络。到 1983 年，ARPANET 已连接了 300 多台计算机，供美国各研究机构和政府部门使用。

1983 年，ARPANET 分为民用 ARPANET 和军用 MILNET（Military Network），两个网络之间可以进行通信和资源共享。由于这两个网络都是由许多网络互联而成的，因此它们都被称为 Internet，ARPANET 就是 Internet 的前身。

1986 年，美国国家科学基金会（National Science Foundation，NSF）建立了自己的计算机通信网络 NSFNET。NSFNET 将美国各地的科研人员连接到分布在美国不同地区的超级计算机中心，并将按地区划分的计算机广域网与超级计算机中心相连（实际上它是一个三级计算机网络，分为主干网、地区网和校园网，覆盖了全美国主要的大学和研究所）。随着 NSFNET 的建设和开放，网络节点数和用户数迅速增长，以美国为中心的 Internet 网络互联也迅速向全球发展，世界上的许多国家纷纷接入到 Internet，使网络上的通信量急剧增大。

1993 年，Internet 主干网的速率提高到 45Mbps，到 1996 年速率为 155Mbit/s 的主干网建成。1999 年 MCI 和 WorldCom 公司将美国的 Internet 主干网速率提高到 2.5Gbit/s。到 1999 年年底，Internet 上注册的主机已超过 1000 万台。

Internet 的迅猛发展始于 20 世纪 90 年代。由欧洲核子研究组织（CERN）开发的万维网被广泛使用在 Internet 上，大大方便了广大非网络专业人员对网络的使用，成为 Internet 发展指数级增长的主要驱动力。

万维网的站点数目也急剧增长，1993 年年底只有 627 个，而截至 2013 年 12 月，我国万维网站点数约为 6 595 550 个，我国网民数达 6.18 亿人。2015 年末全球互联网用户数量达 32 亿人。

（二）Internet 在中国的发展历程

我国的 Internet 的发展以 1987 年通过中国学术网 CANET 向世界发出第一封电子邮件为标志。经过几十年的发展，形成了四大主流网络体系：中国科技网（CSTNET），中国教育和科研计算机网 CERNET，中国公用计算机互联网（CHINANET）和中国金桥信息网（CHINAGBN）。目前网络体系更多了，网络应用更广泛了，我们已经进入了"互联网 +"时代。

Internet 在中国的发展历程可以大略地划分为三个阶段。

第一阶段为 1987 ～ 1993 年，是研究试验阶段。在此期间中国一些科研部门和高等院校开始研究 Internet/Intranet 技术，并开展了科研课题和科技合作工作，但这个阶段的网络应用仅限于小范围内的电子邮件服务。

第二阶段为 1994 ～ 1996 年，是起步阶段。1994 年 4 月，中关村地区教育与科研示范网络工程进入 Internet，从此中国被国际上正式承认为有 Internet 的国家。之后，中国金桥信息网、中国科技网等多个 Internet 项目在全国范围相继启动，Internet 开始进入公众生活，并在中国得到了迅速的发展。至 1996 年年底，中国 Internet 用户数已达 20 万，利用 Internet 开展的业务与应用逐步增多。

第三阶段从 1997 年至今，是 Internet 在我国发展最为快速的阶段。国内 Internet 用户数 1997 年以后基本保持每半年翻一番的增长速度。目前，中国网民已成为全球第一，因特网已应用在各行各业，为用户、企业、政府提供了更好的平台、更多的服务。近年来的中国移动互联网已经经历了飞速发展阶段，它将会更高效、更优质地服务于我们的工作、学习和生活。

（三）Internet 的功能

Internet 实际上是一个应用平台，在它的上面可以开展很多种应用，下面从七个方面来说明 Internet 的功能。

1. 信息的获取与发布　Internet 是一个信息的海洋，通过它可以得到无穷无尽的信息，其中有各种不同类型的书库和图书馆、杂志期刊和报纸。网络还提供了政府、学校和公司企业等机构的详细信息和各种不同的社会信息。这些信息的内容涉及社会的各个方面，包罗万象，几乎无所不有。您可以坐在家里而了解到全世界正在发生的事情，也可以将自己的信息发布到 Internet 上。

2. 电子邮件　平常的邮件一般是通过邮局传递，收信人要等几天（甚至更长时间）才能收到那封信。电子邮件和平常的邮件有很大的不同，电子邮件的写信、收信、发信都在计算机上完成，从发信到收信的时间以秒来计算，而且电子邮件几乎是免费的。同时，您在世界上只要可以上网的地方，都可以收到别人寄给您的邮件，而不像平常的邮件，必须回到收信地点才能拿到信件。

3. 网上交际　网络可以看成是一个虚拟的社会空间，每个人都可以在这个网络社会上充当一个角色。Internet 已经渗透到大家的日常生活中，您可以在网上与别人聊天、交朋友、玩网络游戏，"网友"已经成为一个使用频率越来越高的名词。网上交际已经完全突破传统的交友方式，不同性别、年龄、身份、职业、国籍、肤色的全世界的人，都可以通过 Internet 而成为好朋友，他们无需见面即可以进行各种各样的交流。

4. 电子商务　在网上进行贸易已经成为现实，而且发展得如火如荼，如可以开展网上购物、网上商品销售、网上拍卖、网上货币支付等。它已经在海关、外贸、金融、税收、销售、运输等方面得到了应用。电子商务现在正向一个更加纵深的方向发展。随着社会金融基础设施及网络安全设施的进一步健全，电子商务将在世界上引起一轮新的革命。

5. 网络电话　中国电信、中国联通等单位相继推出 IP 电话服务。它的长途话费大约只有传统电话的 1/3，它采用了 Internet 技术，不仅能够听到对方的声音，可以几个人同时进行对话，而且能够看到对方，举行视频会议，得到了用户的广泛欢迎。

6. 网上事务处理　Internet 的出现将改变传统的办公模式，您可以在家里上班，然后通过网络将工作的结果传回单位，出差的时候，不用带上很多的资料，都可以随时通过网络提取需要的信息，Internet 使全世界都可以成为您办公的地点。实际上，网上事务处理的范围还不只包括这些。

7. Internet 的其他应用　Internet 还有很多其他的应用，如网络会议、远程教育、远程医疗、远程主机登录、远程文件传输等。

（四）Internet 接入方式

Internet 目前常见的接入方式主要有电话拨号上网（PSTN）、专线接入（DDN）、ADSL 接入、局域网接入（LAN）、有线电视网接入（Cable-Modem）、无线接入（LMDS）等，它们各有各的优缺点。

1. 电话拨号上网方式　公用电话交换网（Published Switched Telephone Network，PSTN）技术是利用 PSTN 通过调制解调器拨号实现用户接入的方式。这种接入方式是大家非常熟悉的一种接入方式，目前最高的速率为 56kbps，已经达到香农定理确定的信道容量极限，这种速率远远不能够满足宽带多媒体信息的传输需求。随着宽带的发展和普及，这种接入方式将被淘汰。

2. 专线接入方式　DDN 是英文 Digital Data Network 的缩写，这是随着数据通信业务发展而迅速发展起来的一种新型网络。DDN 的主干网传输媒介有光纤、数字微波、卫星信道等，用户端多使用普通电缆和双绞线。DDN 将数字通信技术、计算机技术、光纤通信技术及数字交叉连接技术有机地结合在一起，提供了高速度、高质量的通信环境，可以向用户提供点对点、点对多点透明传输的数据专线出租电路，为用户传输数据、图像、声音等信息。DDN 的通信速率可根据用户需要在 $N \times 64kbps$（N=1～32）之间进行选择，当然速度越快租用费用也越高。

3. ADSL 接入方式　非对称数字用户环路（Asymmetrical Digital Subscriber Line，ADSL）是一种能够通过普通电话线提供宽带数据业务的技术，也是目前极具发展前景的一种接入技术。ADSL 素有"网络快车"之美誉，因其下行速率高、频带宽、性能优、安装方便、不需交纳电话费等特点而深受广大用户喜爱。ADSL 方案的最大特点是不需要改造信号传输线路，完全可以利用普通铜质电话线作为传输介质，配上专用的调制解调器即可实现数据高速传输。ADSL 支持上行速率 640kbps～1Mbps，下行速率 1～8Mbps，其有效的传输距离在 3～5 千米范围以内。

4. 局域网接入方式　LAN 方式接入是利用以太网技术，采用光缆＋双绞线的方式对社区进行综合布线。为居民提供 10M 以上的共享带宽，这比现在拨号上网速度快 180 多倍，并可根据用户的需求升级到 100M 以上。如果用户增加无线路由器、无线网卡和智能网络接收终端等设备，即可实现无线上网。

5. 有线电视网接入方式　线缆调制解调器是近两年开始试用的一种超高速调制解调器，它利用现成的有线电视（CATV）网进行数据传输，已是比较成熟的一种技术。随着有线电视的发展壮大和人们生活质量的不断提高，通过线缆调制解调器利用有线电视网访问 Internet 已成为越来越受业界关注的一种高速接入方式。

6. 无线接入方式　LMDS 是目前可用于社区宽带接入的一种无线接入技术，在该接入方式中，一个基站可以覆盖直径 20 千米的区域，每个基站可以负载 2.4 万用户，每个终端用户的带宽可达到 25Mbit/s。但是，它的带宽总容量为 600Mbit/s，每基站下的用户共享带宽，因此一个基站如果负载用户较多，那么每个用户所分到的带宽就很小。采用这种方案的好处是可以使已建好的宽带社区迅速开通运营，缩短建设周期。

7. 移动通信无线接入方式　随着 Internet 及无线通信技术的迅速普及，使用手机、移动电脑等随时随地上网已成为移动用户迫切的需求，随之而来的是各种使用无线通信线路上网技术的出现，使移动通信用户利用无线终端接入互联网，成为无线网民。该方式常用的关键网络技术主要有以下几种。

（1）GPRS 接入技术：通用分组无线业务（General Packet Radio Service，GPRS）是一种新的分组数据承载业务。下载资料和通话是可以同时进行的。目前 GPRS 达到 115kbps，是常用 56kbps 调制解调器理想速率的两倍。

（2）EDGE 网络技术：EDGE 是一种从 GSM 到 3G 的过渡技术，又称增强型数据速率 GSM 演变技术。这种技术能够充分利用现有的 GSM 资源，主要是在 GSM 系统中采用了一种新的调制方法，能够使运营商向移动用户提供诸如互联网浏览、视频电话会议和高速电子邮件传输等无线多媒体服务，即在第三代移动网络商业化之前提前为用户提供个人多媒体通信业务。

GSM 英文全称为 Global System for Mobile Communications，中文为全球移动通信系统，是一种源于欧洲的无线通信技术，当前我们用的移动和联通的网络就是 GSM 制式。如果 GSM 网络能够提供 GPRS 上网，则称为 2.5G；如果 GSM 网络不能提供 GPRS 则称为 2G 网络。

（3）3G 通信技术：它在传输声音和数据的速度上有很大的提升，能够在全球范围内更好地实现无缝漫游，并可以处理图像、音乐、视频流等多种媒体形式。提供包括网页浏览、电话会议、电子商务等多种信息服务，同时与第二代系统有良好的兼容性。它能够支持不同的数据传输速度，要求在室内、室外和行车的环境中能够分别支持至少 2MB/s、384KB/s 及 144KB/s 的传输速度。

（4）4G 网络技术：4G 是第四代移动电话行动通信标准的缩写，通常被用来描述相对于 3G 的下一代通信网络，集 3G 与 WLAN 于一体，具有较高的传输速率和传输质量，能够快速传输高质量的音频、视频和图像等数据。4G 系统能够承载大量的多媒体信息，支持 100～150Mbit/s 的下行网络带宽，这就意味着，4G 用户可以体验到最大 12.5～18.75MB/s 的下行速度。这是中国移动 3G（TD-SCDMA）2.8Mbit/s 的 35 倍，中国联通 3G（WCDMA）7.2Mbit/s 的 14 倍。上传的速度也能达到 20Mbit/s，并能够满足几乎所有用户对于无线服务的要求。此外，4G 可以在 ADSL 和有线电视调制解调器没有覆盖的地方部署，然后再扩展到整个地区，有着不可比拟的优越性。

第四代移动电话不仅音质清晰，而且能进行高清晰度的图像传输，用途会十分广泛。在容量方面，可在原有的技术基础上引入空分多址（SDMA），容量达到 3G 的 5～10 倍。还可以在任何地址宽带接入互联网，包含卫星通信，能提供信息通信之外的定位定时、数据采集、远程控制等综合功能。4G 移动通信技术的信息传输级数要比 3G 高一个等级。对无线频率的使用效率比第二代和第三代系统也高得多，抗信号衰落性能更好。除了高速信息传输技术外，它还具有极高的安全性。

操作技巧：要将自己电脑接入 Internet，应先到当地网络主管部门或网络服务商那里办理网络使用手续，然后使用获得的用户权限或 IP 地址，以有线或无线方式实现与 Internet 的连接。

（五）Internet 地址和域名

1. IP 地址　每台连接到 Internet 上的计算机都由授权单位制定一个唯一的地址，称为 IP 地址。IP 地址由 32 位二进制数值组成，即 IP 地址占 4 字节。为了书写方便，习惯上采用"点分十进制"表示法，即每 8 位二进制数为一组，用十进制数表示，并用小数点隔开。例如，二进制数表示的 IP 地址为

11011010 11000011 11110111 11100111

用"点分十进制"表示即为

218.195.247.231

IP 地址中每个十进制数值的取值范围是 0 ～ 255。

IP 地址采用层次方式按逻辑网络的结构进行划分。一个 IP 地址由网络地址、主机地址两部分组成。网络地址标识了主机所在的逻辑网络，主机地址用来标识该网络中的一台主机。

IP 地址中的网络地址由 Internet 网络信息中心统一分配。IP 地址分为 A、B、C 三个基本类的格式，如表 7-1 所示。

表 7-1　IP 地址的分类

网络类型	首字节数值范围	网络数	最大节点数
A 类网络	1 ～ 126	126	1 638 064
B 类网络	128 ～ 191	16 256	64 516
C 类网络	192 ～ 223	2 064 512	254

A 类网络：用左面的 1 字节表示网络，其余 3 字节表示计算机。

B 类网络：用左面的 2 字节表示网络，其余 2 字节表示计算机。

C 类网络：用左面的 3 字节表示网络，其余 1 字节表示计算机。

子网掩码（Subnet Mask）又叫网络掩码、地址掩码、子网络遮罩，有 32 位。它是一种用来指明一个 IP 地址的哪些位标识的是主机所在的子网，以及哪些位标识的是主机的位掩码。子网掩码不能单独存在，它必须结合 IP 地址一起使用。子网掩码只有一个作用，就是将某个 IP 地址划分成网络地址和主机地址两部分。

A 类网络（124.168.1.2）的子网掩码：255.0.0.0。

B 类网络（130.168.1.2）的子网掩码：255.255.0.0。

C 类网络（192.168.1.2）的子网掩码：255.255.255.0。

链　接

利用子网掩码可以把大的网络划分成子网，即可变长子网掩码（VLSM），也可以把小的网络归并成大的网络，即超网。

2. 域名　Internet 域名是 Internet 网络上的一个服务器或一个网络系统的名字，在全世界没有重复的域名。互联网上的域名可谓千姿百态，但从域名的结构来划分，总体上可把域名分成两类，一类称为"国际顶级域名"（简称"国际域名"），一类称为"国内域名"。

一般国际域名的最后一个后缀是一些诸如 .com、.net、.gov、.edu 的"国际通用域"，这些不同的后缀分别代表了不同的机构性质。比如，.com 表示的是商业机构，.net 表示的是网络服务机构，.gov 表示的是政府机构，.edu 表示的是教育机构。

国内域名的后缀通常要包括"国际通用域"和"国家域"两部分，而且要以"国家域"作为最后一个后缀。以 ISO31660 为规范，各个国家都有自己固定的国家域，如 cn 代表中国、us 代表美国、uk 代表英国等。例如，www.Microsoft.com 就是一个国际顶级域名、www.sina.com.cn 就是一个中国国内域名，如表 7-2 所示。

表 7-2　部分域名对照表

分类	缩写	代表意义	分类	缩写	代表意义
组织或行业性域名	com	商业组织	国家或地区域名	cn	中国
	edu	教育机构		us	美国
	gov	政府机构		au	澳大利亚
	int	国际性组织		ag	南极大陆
	mil	军事机构		hk	中国香港
	biz	商业组织		de	德国
	net	网络技术组织		it	意大利
	org	研究机构		uk	英国

（六）Internet 基础知识

1. IP 网络协议　是 Internet 上使用的一个关键的低层协议，通常称为 IP 协议，其目的就是实现不同类型、不同操作系统的计算机之间的网络通信。

2. TCP 传输控制协议　是为了解决 IP 协议数据分组在传输过程可能出现的问题的一种端对端协议，提供可靠的、无差错的通信服务。

3. TCP/IP 协议　IP 协议只保证计算机能发送和接收分组数据，而 TCP 协议则提供一个可靠的、可控的、全双工的信息流传输服务。虽然 IP 和 TCP 这两个协议的功能不尽相同，也可以分开单独使用，但它们是在同一时期作为一个协议来设计的，并且在功能上也是互补的。只有两者的结合，才能保证 Internet 在复杂的环境下正常运行。凡是要连接到 Internet 的计算机，都必须同时安装和使用这两个协议，因此在实际中常把这两个协议称作 TCP/IP 协议。

4. WWW 服务　WWW 是一个基于超文本方式的信息查询方式。它开始于 1989 年 3 月，是从位于瑞士的欧洲核子研究组织的主从结构"分布式超媒体系统"发展而来的。1984 年 WWW 的发明人 Tim Berners Li 提出了 WWW 所依存的超文本数据结构，当时主要信息内容为文本，随着多媒体技术的发展，超文本结构中，除文字外还可以连接图形、视频、声音等多媒体信息。

5. 统一资源定位符（URL）　URL 是 Uniform Resource Location 的缩写，即统一资源定位系统，也就是我们通常所说的网址。URL 是在 Internet 的 WWW 服务程序上用于指定信息位置的表示方法，它指定了如 HTTP 或 FTP 等 Internet 协议，是唯一能够识别 Internet 上具体的计算机、目录或文件位置的命名约定。URL 由三部分构成：协议、主机名、路径及文件名，具体格式如下：

协议：// 主机名［：端口号 /［路径名 /... / 文件名］］，如 http：//www.icbc.com.cn/icbc。

6. 文件传输协议（FTP）　FTP 是 File Transfer Protocol 的缩写，即文件传输协议，它是 Internet 上使用非常广泛的一种通信协议，是计算机网络上主机之间传送文件的一种服务协议。FTP 支持多种文件类型和文件格式，如文本文件和二进制文件。

7. 超文本传输协议（HTTP）　HTTP：即超文本传输协议，是 Hyper Text Transfer Protocol 的缩写。使用 HTTP 访问超文本信息资源，如 http：//dlx.lenovo.com/dlxsite/login.aspx，表示访问主机名（域名）为 dlx.lenovo.com 的一个超文本文件，该文件位于 dlxsite 目录下，文件名为 login.aspx。

8.电子邮件　电子邮件 是一种常用的因特网服务,就是利用计算机网络交换的电子信件。它是随着计算机网络的出现而出现的,依靠网络的通信手段实现普通邮件的传输,电子邮件可以使用特定的应用程序,如 Outlook Express、Foxmail 等,也可以通过 WWW 方式实现,如 mail.163.com。

9. Internet 浏览器　WWW 服务采用了客户 - 服务器工作模式,该模式中信息资源以页面的形式存储在 Web 服务器中,用户查询信息时执行一个客户端的应用程序,简称客户程序,也被称为浏览器(Browser)程序。客户程序通过 URL 找到相应服务器,与之建立联系并获取信息。目前常用的 Web 浏览器有 Internet Explorer(IE)、Netscape Navigator、NSCA Mosaic、腾讯浏览器等,本书重点介绍 Internet Explorer 浏览器。

10. Internet 网络应用

1)云存储技术应用

云存储是指通过集群应用、网格技术或分布式文件系统等功能,将网络中大量各种不同类型的存储设备通过应用软件集合起来协同工作,共同对外提供数据存储和业务访问功能的一个系统。它能保证数据的安全性,并节约存储空间。在日常生活中它为我们提供了以下几种类型的网络存储空间。

(1)百度云盘:百度云网盘是百度最近推出的文件存储工具,相当于在百度的服务器上给你划了一块硬盘空间,你可以把以前放电脑硬盘或者 U 盘的东西往里面存放,注册即有 5GB 永久免费空间,通过做任务可以扩容到 15GB 永久免费空间。存放在百度网盘的文件可以很方便地和朋友分享,也可以在手机、平板电脑、计算机之间同步。

(2)360 云盘:360 云盘是奇虎 360 公司推出的在线云储存软件。它为每个用户提供的免费初始容量空间,通过简单任务轻松拿满 36TB。360 云盘除了提供最基本的文件上传下载服务外,还提供文件实时同步备份功能,实现多台电脑的文件同步。360 云盘是奇虎 360 科技的分享式云存储服务产品。为广大普通网民提供了存储容量大、免费、安全、便携、稳定的跨平台文件存储、备份、传递和共享服务。

(3)金山快盘:金山快盘个人版是由金山软件研发的免费同步网盘,金山软件基于云存储推出的免费同步网盘服务,服务用户超过1.2亿。金山快盘具备文件同步、文件备份和文件共享功能,平台覆盖 Windows、Mac、Ubuntu、Android、iOS、WP、Web 等七大平台,只要安装快盘客户端,计算机、手机、平板电脑、网站之间都能够直接跨平台互通互联,彻底抛弃 U 盘、移动硬盘和数据线,随时随地轻松访问您的个人文件。

2)微时代通信技术

随着移动互联网的发展,各类移动便携终端的广泛应用改变了人类原来的沟通交流方式,微博、微信的出现给我们带来了更加方便、快捷的沟通手段,让人们可以随时随地从网络中获得信息,分享快乐。特别是微博的出现推动着"微时代"的到来。

微时代即以微博作为传播媒介代表,以短小精炼作为文化传播特征的时代。微时代信息的传播速度更快、传播的内容更具冲击力和震撼力。人们恍然发现,原来传播和交流信息乃至进行情感沟通,仅仅通过百余字完全就可以实现。

(1)微博:微博(Microblogging 或 Microblog)又称微博客,是一种允许用户及时更新简短文本(通常少于 140 字)并可以公开发布的微型博客形式。它允许任何人阅读或者只能由用户选择的群组阅读。随着发展,这些信息可以被以很多方式传送,包括短信、实时信息软件、电子邮件或网页。它是一个基于用户关系的信息分享、传播及获取平台,用户可以通过电脑、手机以 140 字左右的文字更新信息,并实现即时分享。微博与传统博客相比,以"短、灵、快"为特点。

(2)微信:微信(Wechat)是腾讯公司于 2011 年 1 月 21 日推出的一个为智能终端提供

即时通信服务的免费应用程序，微信支持跨通信运营商、跨操作系统平台，通过网络快速发送免费语音短信、视频、图片和文字（需消耗少量网络流量），同时，也可以使用共享流媒体内容的资料和基于位置的社交插件"摇一摇""漂流瓶""朋友圈""公众平台""语音记事本"等服务插件。微信提供公众平台、朋友圈、消息推送等功能，用户可以通过"摇一摇""搜索号码""附近的人""扫一扫"等方式添加好友和关注公众平台，同时微信支持将内容分享给好友及将用户看到的精彩内容分享到微信朋友圈。

11. IPV6 简介　IPv6 是 Internet Protocol Version 6 的缩写，其中 Internet Protocol 译为"互联网协议"。IPv6 是互联网工程任务组（Internet Engineering Task Force，IETF）设计的用于替代现行版本 IP 协议（IPv4）的下一代 IP 协议。目前 IP 协议的版本号是 4（简称为 IPv4），它的下一个版本就是 IPv6。

IPv6 网络的提出最初是为了扩大 IP 地址空间。实际上，IPv4 除了在地址空间方面有很大的局限性，成为互联网发展的最大障碍外，在服务质量、传送速度、安全性、支持移动性和多播等方面也存在着局限性，这些局限性同样妨碍着互联网的进一步发展，使许多服务与应用难以在互联网上开展。因此，在 IPv6 的设计过程中，除了"一劳永逸"地解决了地址短缺问题以外，还考虑了在 IPv4 中解决不好的其他问题。IPv6 相对于 IPv4 的主要优势是：扩大了地址空间，提高了网络的整体吞吐量，服务质量得到很大改善，安全性有了更好的保证。IPv6 地址为 128 位，通常写作 8 组，每组为 2 字节，用 4 个十六进制数表示，组之间用"："分隔。例如，FE80：0000：AC93：0000：00C2：CFA1：0030：C3E5。IPv6 具备下列各项特性。

1）较大的地址空间

IPv6 使用 128 个位加以寻址因特网节点，寻址空间高达 2^{128}（32 比特扩充为 128 比特），预估地球上的每个人可分到一百万个 IP 地址，所以未来从 PDA 到手机，甚至 CD 随身听、手表等电子商品都将会有一个独一无二的 IP 地址，可以通过网络取得更新信息或进行远程遥控等。

2）整合认证及安全的机制

IPv4 原为提供学校研究单位之用，用户单纯且环境也较为封闭，所以 IPv4 在设计之初并未考虑安全性问题，数据在网络上并未使用安全机制传送，因而在早期的 Internet 时常发生企业或机构网络遭到攻击、机密数据被窃取等网络安全事件。相较于早期的 Internet，现今的因特网极为普遍，同时伴随着大量具有安全需求的信息交换，安全性成为任何一种网络技术都必须面对的问题，虽然 IPv4 可以通过因特网安全协议（IP Security，IPSec）提供安全保护，但架设及管理上都是额外的负担，有鉴于此，IPv6 协议设计时已考虑网络安全功能，希望提供内嵌式的点对点安全保护能力，以提供未来因特网一个更安全的数据交换方式。IPv6 系利用 Next Header 中的 Authentication Header 及 Encrypted Security Payload Header 对传输的数据进行认证及加密，故未来使用者将不需通过额外的设备或软件就可以达到网络安全的功效。

3）较佳的路由效率及优化

IPv6 将地址空间使用阶层式的方式划分为 Top Level Aggregator Identifier、Next Level Aggregator Identifier、Site Level Aggregator Identifier 三层，各层负责授权 IP 网段给其下层的机构，此种管理方式使得交换的路由信息可以经由汇整变得非常精简。此外，IPv6 亦支持 anycast 的功能，从路由器的路由表中挑选出一台最佳（最短距离或最小花费等）的主机，从而缩短响应时间并将流量负载分散及节省带宽。

4）服务质量的保证

IPv6 的表头中保留了 Flow Label 的字段，可和 Multiple Protocol Label Switch（MPLS）的技术相配合，不同的数据流对应到不同的 Flow Label，可作为服务质量控制的依据。IPv6 在表头中加入两项参数，包括数据流种类（Traffic Class）与数据流标记（Flow Label），将有助于服务质量控制机制的设计。

5）自动设定及行动性的功能

早期计算机无移动性的考虑，然而随着计算机技术的日新月异，手提式计算机、手持式设备几乎随手可得，人们对于互联网支持行动功能的需求日益殷切。因此，IPv6 也在设计上加入支持行动 IP 的机制，以利于未来支持行动因特网。而支持行动 IP 机制中的另一项重要特性即由网络邻居找寻（Neighbor Discovery）与自动寻址（Auto-configuration）机制来简化用户 IP 地址的设定。IPv6 网络上的主机可自动取得 IP 而不需通过手动设定。

（1）全状态自动配置：在 IPv4 中，动态主机配置协议（Dynamic Host Configuration Protocol，DHCP）实现了主机 IP 地址及其相关配置的自动设置。一个 DHCP 服务器拥有一个 IP 地址池（IP Pool），主机由 DHCP 服务器赋予 IP 地址并获得有关的配置信息（如 Gateway 及 DNS 地址），由此达到自动设置主机 IP 地址的目的。IPv6 继承了 IPv4 的这种自动配置服务，并将其称为全状态自动配置（Stateful Auto-configuration）。

（2）无状态自动配置：除了全状态自动配置，IPv6 还采用了一种被称为无状态自动配置（Stateless Auto-configuration）的自动配置服务。使用无状态自动配置，无需手动干预就能够改变网络中所有主机的 IP 地址。例如，当企业更换了连接 Internet 的 ISP 时，将从新 ISP 处得到一个新的可聚合全球地址前缀。ISP 把这个地址前缀从它的路由器上传送到企业路由器上。由于企业路由器将周期性地向本地连接中的所有主机多点播送路由器公告，因此企业网络中所有主机都将通过路由器公告收到新的地址前缀，此后它们就会自动产生新的 IP 地址并覆盖旧的 IP 地址。对于网管人员而言，在 Re-numbering IP 地址时有很大的方便性与效率。

6）封包表头处理更有效率

IPv6 简化原先 IPv4 的表头设计，虽然 IP 地址从原来的 32 位加长四倍成为 128 位，但表头长度仅成长两倍且固定长度，因为 IPv6 将"可选择性扩充部分"与"IP 切割"的功能删除成为固定文件头长度。除此之外亦同时删除检查码（Checksum）并尽可能将每个字段对齐在字节上，这样固定长度与对齐的设计让表头简化许多，在处理封包表头时将更有效率。

7）可扩充性

删除了原先 IPv4 可选择性扩充部分，IPv6 设计以"下一表头"的方式来增加表头的可扩充性。使用者可以通过"下一表头"的方式自行在表头中指示下一个表头的内容以利于网络端或是接收端完成特定的工作，其为 IPv6 可扩充性设计的实施范例，这样的设计让 IPv6 表头具更高的扩充性。

考点提示：Internet 的历史、Internet 在中国的发展历程、Internet 的功能、Internet 接入方式、Internet 地址和域名、FTP、URL、Internet 网络应用等

三、实 施 方 案

因特网有一些专门提供存储空间的网络服务商，如百度、360、金山等公司，他们根据用户需要可以提供大容量网络存储空间，由于他们的空间服务器配置高，接入带宽较大，具有速度快、性能稳定等特点。因此我们可以选定有实力、有规模的网络空间服务商，租用足够大的服务器空间，提供给用户，解决王经理的问题。只要输入用户名和密码，就可以管理自己的空间，上传或下载自己的文件。

还有一种方法是选用公司 ADSL 接入电脑，设置文件服务器，创建自己的空间服务器。这种方法的特点是经济实用，缺陷是由于 ADSL 接入采用的是动态 IP 地址，电脑每次连接互联网时分配的 IP 地址不一样，因此电脑每次重启后，需要根据当时分配的 IP 地址重设 FTP。

链　接

Internet 在中国的发展很快，最新统计显示，我国网民人数已突破 5.9 亿，成为全球头号网络大国。

第三节　IE 与电子邮件的使用

一、任　务

小张是一名新手，他上网查询资料，总是为记不住那么多网站地址感到很头疼，小张怎样才能方便地登录自己需要的网站查阅资料呢？

二、相关知识与技能

（一）启动 Internet Explorer 浏览器

Windows 7 中，启动 IE 浏览器有四种方法，用户可以选择其中一种。

（1）双击桌面上的"Internet Explorer"图标。

（2）单击[开始]按钮，在开始菜单中，单击"Internet Explorer"选项。

（3）单击快速启动栏上的 IE 图标。

（4）双击桌面上的一个指向网页的快捷方式。

（二）IE 浏览器的使用

IE 浏览器主要包括标题栏、菜单栏、工具栏、地址栏、链接栏、水平与垂直滚动条、状态栏等部分。

在地址栏中，可以输入世界各地计算机的 URL 地址，打开对方的 Web 页面。IE 具有功能丰富的工具栏，例如，单击[历史]按钮，可以一边浏览已访问历史记录，一边查看显示在浏览器窗口中的网页。单击[搜索]按钮，将打开搜索栏，以便用户搜索所需的 Web 站点。在 IE 浏览器地址栏中输入网址，如 http：//www.taobao.com，可以连接淘宝网主页，如图 7-8 所示。

图 7-8　淘宝网主页

1. 设置 IE 的默认首页 设置 IE 的默认首页方法如下。

（1）打开某一网站的主页，如打开淘宝网的主页；

（2）单击［工具］菜单中的"Internet 选项"命令，打开"Internet 选项"对话框；

（3）在"常规"选项卡中，单击"使用当前页"命令，如图 7-9 所示；

（4）单击［确定］按钮。设置完成，以后启动 IE 时，都将首先打开淘宝网的主页。

2. 复制保存网页中的文本 可以只把当前页中的文本复制到文档文件中，方法如下。

（1）用鼠标选择要复制的文字（呈高亮反白）；

（2）若要复制整页文字，可单击［编辑］菜单中的"全选"命令；

（3）单击［编辑］菜单中的"复制"命令，把所选文字复制到剪贴板中；

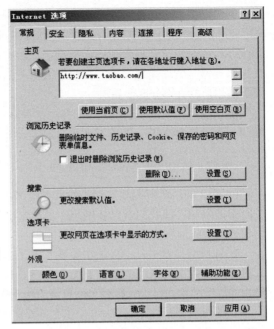

图 7-9 "Internet 选项"对话框

（4）利用文字编辑软件 Word，通过粘贴操作即可得到所需文本。也可以在［文件］选项卡上单击"另存为"命令，指定所保存文件的名称和位置。如果需要在文件中包括 HTML 标记，可将文件类型格式设置为 HTML，单击［确定］按钮。

3. 下载网页上的图片

（1）用鼠标指向网页中的图片，右击打开快捷菜单；

（2）单击"图片另存为"命令，打开"另存为"对话框；

（3）在"另存为"对话框中，选择正确的文件夹路径和文件名后，单击［确定］按钮。

4. 收藏网页 用户可以把经常访问的网页收录到收藏夹，以后可以直接单击［收藏］菜单，快速打开该网页，免除用户记忆复杂的 Internet 地址。方法是当看好一个 Web 站点时，在［收藏］菜单上，单击"添加到收藏夹"命令，执行相应的操作即可。

5. 利用超链接浏览 超链接是存在于网页中的一段文字或图像，通过单击这一段文字或图像，可以跳转到其他网页或网页中的另一个位置。在网页中，超链接被广泛地应用，为网页的访问提供了方便、快捷的手段。光标停留在具有超链接功能的文字或图像上时，会变为☞形状，单击可以进入连接目标。

6. 利用下载工具下载网络资源

（1）非 P2P 类下载工具：这类下载工具适合那些服务器端能够提供稳定可靠的下载带宽，文件比较小的下载，下载时不占用你的上行带宽和你的电脑资源。例如，网际快车（FlashGet）通过把一个文件分成几个部分同时下载可以成倍地提高速度，下载速度可以提高 100%～500%。网际快车可以创建不限数目的类别，每个类别指定单独的文件目录，不同的类别保存到不同的目录中去，强大的管理功能包括支持拖拽、更名、添加描述、查找、文件名重复时可自动重命名等。而且下载前后均可轻易管理文件。支持 MMS 协议，支持 RTSP 协议。

（2）P2P 类下载工具：P2P 是 Point to Point，点对点下载的意思，是下载术语，意思是在下载的同时，还可以继续做主机上传。这种下载方式，人越多速度越快，它适合下载电影等视频类大文件，另外适合这类下载的网上资源也比较多。但缺点是对硬盘损伤比较大（在写的同时还要读），还有就是对内存占用率很高，影响整机速度。例如，迅雷是一款新型的基于 P2SP 技术的下载软件，通过优化软件本身架构及下载资源的优化整合实现了下载的"快而全"，更在用户文件管理方面提供了比较完备的支持，尤其是对于用户比较关注的配置、代理服务器、文件类别管理、批量下载等方面进行了扩充和完善，使得迅雷可以满足中、高级下载用户的大部分专业需求。

操作技巧： 使用 IE 浏览器需要经常登陆微软网站更新浏览器版本，这样才能堵住安全漏洞，防止黑客攻击，避免不必要的损失。

（三）Internet 上的信息查询

Internet 的广泛应用和发展，使世界范围内的信息交流、信息资源共享成为现实，它打破了时空的限制，使我们可以从网络中及时、准确地获取所需的信息。获取信息点的方法是使用各种类型的信息搜索工具。

1. 目录型检索工具　目录型检索工具（Subject Directory，Catalogue）是由信息管理专业人员在广泛搜集网络资源及有关加工整理的基础上，按照某种主题分类体系编制的一种可供检索的等级结构式目录。最著名的目录型检索工具是 Yahoo！（www.yahoo.com）。

2. 搜索引擎　搜索引擎（Search Engine）使用自动索引软件来发现、收集并标引网页，建立数据库，以 Web 形式提供给用户一个检索界面，供用户输入检索关键词、词组或短语等检索项。代替用户在数据库中查找出与提问匹配的记录，并返回结果且按相关度排序输出。搜索引擎突出的是检索功能，而非主题指南那样的导引、浏览，一般可称为因特网资源的关键词索引。

3. 多元搜索引擎　是将多个搜索引擎集成在一起，并提供一个统一的检索界面。它又可分为两种类型：搜索引擎目录和多元搜索引擎。较常用的多元搜索引擎有 Dogpile、Metacrawler、Inference Find、SavvySearch 等。

（四）常用的搜索引擎

Internet 的发展迅速，其上的信息量爆炸性地增长，并且这些信息分散在无数的网络服务器上，若要在 Internet 上快速有效地查找所需信息，必须使用搜索引擎。常用搜索引擎如表 7-3 所示。

表 7-3　常用的搜索引擎

搜索引擎名称	搜索引擎网址	搜索类型	说明
谷歌	www.google.com.hk	关键词	中英文搜索引擎
百度	www.baidu.com	关键词	中文搜索引擎
雅虎	www.yahoo.com.cn	页面时分类目录	中英文搜索引擎
搜狐	www.souhu.com	分类目录	中英文搜索引擎
网易	www.163.com	分类目录	中英文搜索引擎
搜搜	www.soso.com	页面时分类目录	中英文搜索引擎

（五）电子邮件收发

1. 电子邮箱及其功能　电子邮箱是指客户通过 ISP 服务商在邮件用服务器上建立的能进行统一管理的一个专属存储区域。电子邮箱的主要功能有：① 收发信件；②存储信息；③网上交流等。国内常见的免费电子邮箱有网易 126 和 163 邮箱、新浪邮箱、QQ 邮箱、搜狐闪电邮等。

2. 电子邮件及其构成　电子邮件是指通过互联网发送和接收的信件。它一般由发件人地址、收件人地址、正文和附件构成。电子邮件地址的格式是用户名 @ 域名，@ 之前是用户名称（字母或数字组合），@ 之后是邮件系统服务商域名，如 ab123@126.com。

电子邮件是 Internet 使用最为广泛的也是最基本的一种服务，电子邮件不仅能够传送文字，还可以传送图像、声音等各种信息，是一种成本低、传送速度快的适用于任何网络用户的现代化通信手段。

【例 7-1】　电子邮件的申请与使用。

下面以网易 126 电子邮件申请为例，介绍 Webmail 邮件的申请与使用。

操作步骤如下。

（1）在 IE 浏览器地址栏中输入 http：//www.126.com 按［Enter］键。

（2）进入网易邮件系统，如图 7-10 所示。

图 7-10　网易邮箱登录 / 注册界面

（3）单击［立即注册］按钮进入，如图 7-11 所示。

图 7-11　用户注册页面

（4）输入用户名（为了验证输入的用户名是否被使用，可以单击［检验用户名］按钮来验证）、密码、验证码等相关信息，单击［立即注册］按钮，完成 Webmail 的注册。

（5）单击［立即登录邮箱］按钮，进入 Webmail 界面，在此界面即可收发邮件，如图 7-12 所示。

非 Webmail 邮件申请：提交账号、密码等信息经系统管理员审核通过后，使用邮件软件收发信件，如 Outlook Express、Foxmail 等。

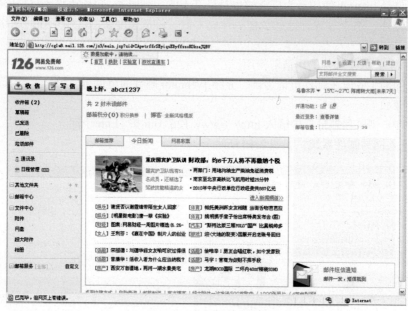

图 7-12　注册成功界面

【例 7-2】　Outlook Express 的使用。

第一次使用 Outlook Express 的新建账号操作。操作步骤如下。

（1）选择［开始］→［程序］→［Outlook Express］菜单，然后单击 Outlook Express 窗口的［工具］菜单，在弹出的下一级菜单中选择"账户"命令，如图 7-13 所示。

（2）在弹出的"Internet 账户"窗口中单击"邮件"选项卡，再单击［添加］按钮，选择"邮件"，在弹出的"Internet 连接向导"对话框中的"显示名"文本框位置输入名字，如图 7-14 所示。

（3）单击［下一步］按钮，在"电子邮件地址"文本框中输入电子邮件地址（如 abz123@126.com）。

（4）单击［下一步］按钮，在服务器类型中选择 POP3，在接收邮件服务器框中输入 pop.126.com，在发送邮件服务器框中输入 smtp.126.com，如图 7-15 所示。

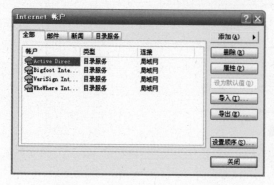

图 7-13　"Internet 账户"对话框

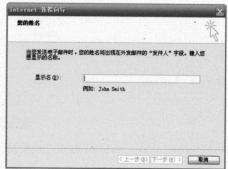

图 7-14　"Internet 连接向导"对话框

（5）单击［下一步］按钮，在弹出的"Internet Mail 登录"窗口中输入密码，如图 7-16 所示。

图 7-15 收发邮件服务器设置　　　　　图 7-16 邮箱用户设置

（6）单击［下一步］按钮，在弹出的窗口中单击［完成］按钮完成新建账号的设置。

收发电子邮件的操作步骤如下。

（1）发邮件：单击 Outlook Express 窗口上［创建邮件］按钮，弹出新邮件窗口，分别在收件人输入框、主题、信件内容框中输入对方的邮件地址、主题、信件内容，如果需要发送其他文件、声音、图像等文件，单击［附件］按钮，选择要发送的文件进行添加附件。单击工具栏上的［发送］按钮即可将邮件发送出去。

（2）收邮件：单击工具栏上的"发送 / 接收"右面的箭头，选择"接收全部邮件"即可（图 7-17、图 7-18）。

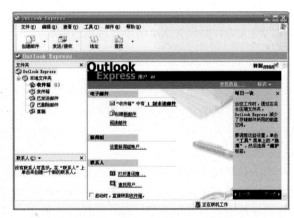

图 7-17 Outlook Express "发送"界面　　　图 7-18 Outlook Express 主界面

Outlook Express 可以同时对多用户或账号进行管理。操作步骤如下。

（1）添加账号：选择［工具］→［账号］菜单命令，然后在弹出的对话框中选择［添加］→［邮件］命令即可按前面讲的"新建账号"来添加新的账号。

（2）修改账号：选择［工具］→［账号］菜单命令，然后在弹出的对话框中单击［属性］按钮即可进行更改，比如更改服务器或者更改邮箱地址等。

（3）删除账号：选择［工具］→［账号］菜单命令，然后在弹出的对话框中选择已经存在的账号，单击［删除］按钮即可完成账号的删除操作。

链 接

IE 浏览器功能不断加强，怎样充分发挥 IE 功能获取信息和选用安全可靠的电子邮件服务商进行收发信息变得越来越重要。

考点提示：IE 浏览器的使用、Internet 上信息查询、常用的搜索引擎、电子邮件收发

三、实施方案

小张可以采用以下几种方法浏览网页。

（1）可以将网址之家 hao123.com 等提供主流网站网址的网页设为首页，每次上网从网址之家主页登录需要的网站。

（2）记住百度、雅虎等搜索引擎域名地址，用搜索引擎查找信息所在网站域名地址。

（3）将经常登录的网站或有用的网页添加到收藏夹，需要时从收藏夹点击该网站名称登录。

第四节　网络安全知识

一、任　　务

小明是某学校的办公室秘书，工作和生活中经常要上网收发电子邮件、浏览搜索网页、查看网上银行和证券信息及下载各种资料等。在计算机连入网络的过程中，时常会受到一些莫名的骚扰或病毒的侵害，为了保护自己的计算机中的资料不受破坏，他应该怎么做，你能教一教吗？这需要他来了解一下计算机网络安全方面的知识。

二、相关知识与技能

在网络上的计算机要注意防范计算机病毒和黑客攻击。

（一）计算机病毒防治

计算机病毒是在电脑程序中插入的破坏电脑功能或数据、影响电脑使用并且能够自我复制的一组指令或者程序代码。电脑病毒通常寄生在系统启动区、设备驱动程序、操作系统的可执行文件内，甚至可以嵌入到任何应用程序中，并能利用系统资源进行自我复制，从而破坏电脑系统。

早期的计算机病毒只能破坏计算机中的数据，现在已出现能破坏计算机硬件的病毒；早期的计算机病毒只能通过使用磁盘进行传播，现在的计算机病毒可通过网络传播；早期的计算机病毒只能侵扰计算机系统，现在的计算机病毒（木马，一类特殊的病毒）可以远程操控计算机系统。

1. 计算机病毒的分类

（1）按危害程度分类：①良性病毒：只影响计算机的速度，降低系统效率，而不破坏系统数据和硬件。典型代表有小球病毒、女鬼病毒（Jokc Girlhost）。②恶性病毒：能造成计算机资源的人为破坏，如修改系统数据、删除系统文件、格式化磁盘，使计算机停止工作，损坏硬件等。典型代表有杀手命令（Harm.Commandkiller）、CIH 病毒。

（2）按攻击方式分类：①磁盘引导型病毒：专门攻击操作系统所在磁盘。感染了这种病毒后，计算机开机时不引导系统或系统引导出错，出现死机、不识别硬盘等现象。典型代表如 CIH 病毒、暴风 1 号病毒。②文件型病毒：此类病毒专门攻击磁盘上的文件，改写磁盘文件分配表，对文件数据进行破坏。典型代表有美丽莎（Macro Melisass）病毒。③混合型病毒：兼有以上两种病毒的特点。

（3）按链接方式分类：①源码型病毒：主要攻击高级语言编写的源程序，病毒会将自己插入到源程序中，并随源程序一起编译、连接生成可执行文件，从而导致生成的可执行文件直接带毒。不过该病毒较为少见，亦难以编写。②入侵型病毒：是一种利用自身代替正常程序中的部分模块或堆栈区的病毒，它只攻击一些特定程序，针对性强，一般情况下也难以被发现，清除起来也较困难。③操作系统病毒：用病毒自身部分加入或替代操作系统的部分功能，危害性较大。④外壳型病毒：将自身附在正常程序的开头或结尾，相当于给正常程序加了个外壳。大部分的文件型病毒都属于这一类。

（4）按程序运行平台：病毒按程序运行平台分类可分为 DOS 病毒、Windows 病毒、Windows NT 病毒、OS/2 病毒等，它们分别发作于 DOS、Windows 9X、Windows NT、OS/2 等操作系统平台。

（5）新型病毒：部分新型病毒由于其独特性而暂时无法按照前面的类型进行分类，如宏病毒、黑客软件、电子邮件病毒等。①宏病毒主要是使用某个应用程序自带的宏编程语言编写的病毒，如感染 Word 系统的 Word 宏病毒。②黑客软件本身并不是一种病毒，它实质是一种通信软件，只是别有用心的人利用它的独特特点，通过网络非法进入他人计算机系统，获取或篡改各种数据，危害信息安全。③电子邮件病毒实际上并不是一类单独的病毒，它严格来说应该划入到文件型病毒及宏病毒中去。由于这些病毒采用了独特的电子邮件传播方式（其中不少种类还专门针对电子邮件的传播方式进行了优化），习惯上将它们定义为电子邮件病毒。

2．计算机病毒的工作过程 计算机病毒的工作过程一般包括以下几个环节。

（1）传染源：计算机病毒总是依附于某些存储介质中，如闪存、移动硬盘等都可以是构成病毒的重要传染源。

（2）传染介质：计算机病毒的媒介是由其工作环境而定的，它可能是计算机网络，也可能是可移动的存储介质。

（3）病毒触发：病毒驻入内存后，会设置触发条件。其中，触发的条件是多样化的，可以是内部时钟、系统日期等。一旦触发条件成熟，病毒就开始作用，即自我复制到传染对象中，进行各种破坏活动。

（4）病毒表现：它是感染病毒后的结果，病毒的表现形式多种多样，有时会在屏幕上直接显示出来，有时则表现为系统数据的破坏等。

（5）病毒传染：在病毒传染的过程中，病毒会复制一个自身副本到传染对象中去，这是病毒的一个重要特征。

3．计算病毒的防治 目前，计算机病毒已经泛滥，几乎无孔不入。移动存储设备、网络和电子邮件、通信系统和通道已成为计算机病毒的主要传播途径。计算机病毒通过攻击内存、文件及系统数据区，导致计算机的内存资源被大量消耗、文件与数据丢失、系统死机，且受损数据不易修复，从而给用户带来严重的后果。

对于计算机病毒的预防，首先要在思想上给予足够的重视，加强管理，防止病毒的入侵。预防计算机病毒要注意以下环节。

（1）对重要资料进行备份。

（2）尽量避免在无防毒软件的计算机上使用可移动存储介质。

（3）为计算机安装杀毒软件，定期查杀毒，并注意及时升级。

（4）凡是外来的存储介质都必须先杀毒再使用。

（5）安装专门用于防毒、杀毒的病毒防火墙或防护卡。

（6）不要在互联网上随意下载软件。

（7）不要打开来历不明的邮件及其附件。

在日常使用计算机的过程中，要仔细观察系统的异常情况，考虑是否感染了计算机病毒，包括计算机启动速度无原因地变慢、内存无原因地被大量占用、经常无原因地死机、磁盘读写时间变长、程序运行出现不合理的结果等。一旦怀疑计算机感染了计算机病毒，就应立即使用专用杀毒软件对病毒进行清除。目前，国内常用的杀毒软件有 360 杀毒、瑞星杀毒软件、金山毒霸、诺顿防毒软件、卡巴斯基杀毒软件等。

（二）防火墙技术

网络安全可在网络模型的多个层次上实现（如物理层、数据链路层、网络层、应用层），但防火墙技术以其独特的魅力在实现网络安全方面独占鳌头。

1. 防火墙的含义　防火墙是指隔离在本地网络与外界网络之间的一道防御系统，是这一类防范措施的总称。一套完整的防火墙系统通常是由屏蔽路由器和代理服务器组成的，其中：屏蔽路由器是一个多端口的 IP 路由器，它通过对每一个到来的 IP 包依据组规则进行检查来判断是否对该 IP 包进行过滤；代理服务器是防火墙的一个服务器进程，能代替网络用户完成特定的 TCP/IP 功能。

2. 防火墙的功能　限制他人进入内部网络，过滤掉不安全服务和非法用户；防止入侵者接近用户的防御设施；限定用户访问特殊站点；为监视 Internet 安全提供方便。

3. 防火墙的基本类型　如今防火墙形式多样，一般分为三种：包过滤防火墙、代理服务器和状态监视器。"黑客"是英文 Hacker 的音译，是指电脑系统的非法入侵者。从信息安全角度来说，多数黑客非法闯入信息禁区或者重要网站，以窃取重要的信息资源、篡改网址信息或者删除内容为目的，给网络和个人电脑造成了巨大的危害。但从计算机发展的角度来说，黑客也为推动计算机技术的不断完善发挥了重要的作用。

（1）包过滤（Packet Filter）：是在网络层中对数据包实施有选择的通过，依据系统事先设定好的过滤逻辑，检查数据流中的每个数据包，根据数据包的源地址、目标地址及所使用端口确定是否允许该类数据包通过。其最大的优点是对于用户来说是透明的，也就是说不需要用户名和密码来登录。这种防火墙速度快而且易于维护，通常作为第一道防线。包过滤防火墙的弊端也是很明显的，通常它没有用户的使用记录，这样我们就不能从访问记录中发现黑客的攻击记录。

（2）代理服务器：防火墙内外的计算机系统应用层的链接是在两个终止于代理服务的链接来实现的，这样便成功地实现了防火墙内外计算机系统的隔离。代理服务器是设置在 Internet 防火墙网关上的应用，网络管理员可通过代理服务器来监控、过滤、记录和报告特定的应用或者特定的数据流。

（3）状态监视器：作为防火墙技术其安全特性最佳，当用户访问到达网关的操作系统之前，状态监视器要抽取有关数据进行分析，结合网络配置和安全等决定。

3. 防火墙的使用　防火墙软件的使用与一般应用软件的使用毫无差异，我们要特别注意对防火墙安全级别的设置。一般有以下三种设置。

（1）低安全级：计算机将开放所有服务。但禁止互联网上的机器访问文件及打印机共享。用于在局域网中提供服务的用户。

（2）中安全级：禁止访问系统级别的服务（如 HTTP、FTP 等）。局域网内部机器也只允许访问文件及打印机共享。是系统默认设置。

（3）高安全级：系统会屏蔽掉向外部开放的所有端口，禁止访问本机的所有服务。仅提供浏览网页等最基本的功能。

一般情况下，个人计算机设置为"中安全级"，既可以正常上网，又有一定的安全保障。

三、实施方案

在使用计算机的过程中，用户应养成进行病毒诊断的良好习惯，一旦发现感染了计算机病毒，就应及时清除，以免造成不良后果。计算机病毒的清除方法如下。

计算机病毒的清除方法可以分为人工清除和自动清除两类。人工清除病毒难度大，不易实现；自动清除是采用清除病毒软件来清除病毒，操作简单，效率高。

目前我国计算机病毒清除技术已经成熟，已出现一些世界领先水平的杀毒软件如瑞星杀毒软件、KV3000、KILL、金山毒霸、360 杀毒软件等。360 杀毒软件启动后的界面如图 7-19 所示。

进行病毒清除时，最好采用没有感染的计算机进行操作。其次，若计算机硬盘上发现有

图 7-19　360 杀毒软件主界面

病毒，则先使用无病毒的系统软件启动计算机，再运行杀毒软件清除病毒，最后立即重启，以清除内存中驻留的病毒。若硬盘上的病毒无法清除，则只能在备份硬盘数据后，对硬盘进行分区及格式化操作，以彻底清除病毒。这种操作可能会导致大量数据信息损失，不到迫不得已不能使用，而且最好是在有关技术人员的指导下进行。

计算机病毒技术发展日新月异，可以说病毒防治技术滞后于病毒技术的发展，因此，用户应经常更新杀毒软件，以确保能防御新型计算机病毒。

链　接

常用杀毒软件为我们提供很多便利。在使用计算机过程中我们应该关注这方面出现的新的杀毒软件或网络安全新技术。同时，熟练掌握这些工具软件或安全手段的使用方法，为自己服务。

考点提示：计算机病毒的分类，计算机病毒的传播途径和预防、查除方法

第五节　物联网简介

一、任　务

当前，物联网概念如火如荼，作为提供产业有生力量的大学自然不甘寂寞，于是乎，各个学校都在筹建、设立物联网专业，可从各方面渠道的信息看，似乎所想传授的知识五花八门，有侧重传感的，有侧重通信的，有侧重某项应用领域的，如智能电网、智能交通等，到底物联网与我们日常生活、学习和工作有什么关联？下面就看一看以下关于物联网的相关知识吧！

二、相关知识与技能

物联网（The Internet of Things）是当前备受关注的新一代信息技术，被称为继计算机、互联网与移动通信网之后的第三次世界信息产业浪潮。利用先进的信息采集、处理与交换，如产品电子代码、无线射频自动识别等技术组建的物联网，能够以智能、快捷的方式实现人与物、物与物之间的信息交流与沟通，以快速的、动态的方式去管理社会生产和人类生活。

近年来，物联网在社会生活服务、公共管理领域、商品经营管理、医疗药品管理等方面得到初步应用，已成为全球信息网络化发展的重要趋势。

（一）物联网概述

1. 什么是物联网？　物联网的概念是美国麻省理工学院（MIT）的 Kevin Ashton 教授于 1991 年首次提出的。比尔·盖茨于 1995 年在《未来之路》一书中也曾提及物联网。从麻省理工学院 Auto-ID 实验室于 1999 年第一次提出了"产品电子码"（Electronic Product Code，EPC）的概念至今，物联网的概念已经风起云涌，业内专家预测，物联网产业将是下一页万亿元级规模的产业，甚至超过互联网 30 倍。美国麻省理工学院提出的"万物皆可通过网络互联"思想阐明了物联网的基本含义，明确指出了利用物联网既可用来实现人与物之间的通信，也可用来实现物与物之间的通信。当前，通用的物联网的概念是指将自动识别、传感网、短距离无线网络和全球定位系统及条形码、二维码等技术接入融合而成的一个巨大的信息网络系统。

2. 物联网的工作原理　在物联网中要实现物与物、物与人之间的通信，首先需要对物品属性进行标识。其中物品的静态属性要直接存储在标签中；物品的动态属性要先由传感器实时探测，然后再存储使用。其次需要利用识别设备完成对物品属性的读取和信息转换。最后需要将物品的信息通过各种网络传输到物联网信息控制中心，由信息中心完成物品之间相互通信的相关计算，从而实现对物品的"透明"管理。

3. 物联网的体系结构　目前，物联网的体系结构被公认为由三个层次组成，各层次分别完成不同的功能，从下到上依次是感知层、网络层和应用层。

（1）感知层的功能是完成物与物之间相关信息的采集、转换和收集。感知层由传感器和短距离传输网络两部分组成。传感器用来进行数据采集及实现控制；短距离传输网络是将传感器收集到的数据发送到网关或者将应用平台控制指令发送到控制器。感知层的关键技术主要包括传感器、RFID、GPS、短距离无线通信等。

（2）网络层的功能是完成信息的传递和处理。网络层由接入网络和核心网络两部分组成。接入网络是连接感知层的网桥，用来汇聚从感知层获得的数据，并将数据发送到核心网络。接入网络即现有的通信网络，包括移动通信网、有线电话网、广电网等；核心网络是指通过多种方式组成的互联互通网络，包括当前的局域网、专用网、互联网等。网络层的关键技术主要包括移动通信技术、有线宽带技术、公共交换电话网技术、Wi-Fi 通信技术、网络终端技术等。

（3）应用层的功能是完成实际应用所需数据的处理和管理。应用层由物联网中间件、物联网应用两部分组成。其中，物联网中间件是一种独立的软件或程序，它位于操作系统和数据库之上、应用软件之下，它的作用是管理计算机资源和网络通信，是连接两个独立应用程序或独立系统的软件。物联网应用是指物联网中用户直接使用的各种应用，如家电智能控制、电力抄表和远程医疗等。应用层的关键技术主要有软件技术、云计算等各种数据处理技术。

根据物联网的不同应用来构建不同的体系结构。例如，基于 EPC 的物联网结构（图 7-20）是这样建构的。

基于 EPC 的物联网是指在计算机互联网的基础上，利用全球统一的物品编码技术、RFID 技术、无线数据通信技术等，实现全球范围内的单件产品的跟踪与追溯，从而有效提高供应链管理水平，降低物流成本。物联网技术被誉为具有革命性意义的新技术，引起了世界各国企业的广泛关注。典型的 EPC 物联网由信息采集系统、实体描述语言（physical markup language，PML）信息服务器、对象名解析服务器（ONS）和 Savant 系统四部分组成。

（1）信息采集系统由产品电子标签、读写器、驻留有信息采集软件的上位机组成，主要完成产品的识别和 EPC 的采集与处理。EPC 是 Auto-ID 中心为每个物理目标分配的唯一可查询的标识码，其内含的一串数字可代表产品类别和制造商、生产日期和地点、有效日期、应运往何地等信息。同时，随着产品在工厂内的转移或变化，这些数据可以实时更新。

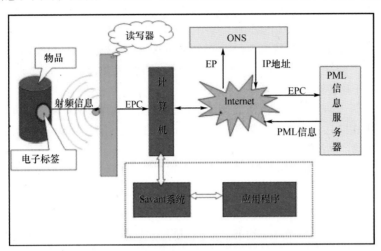

图 7-20　基于 EPC 的物联网结构图

（2）PML 信息服务器由产品生产商建立并维护，储存着这个生产商生产的所有商品的文件信息。根据事先规定的原则对产品进行编码，并利用标准的 PML 对产品的名称、生产厂家、生产日期、重量、体积、性能等详细信息进行描述，从而生成 PML 文件。

① Web 服务器。它是 PML 信息服务器中唯一直接与客户端交互的模块，是位于整个 PML 信息服务器最前端的模块，可以接收客户端的请求，进行解析、验证，确认无误后发送给 SOAP 引擎，并将结果返回给客户端。

② SOAP 引擎。它是 PML 信息服务器上所有已部署服务的注册中心，可对所有已部署服务进行注册，提供相应组件的注册信息，将来自 Web 服务器的请求定位到对应的服务处理程序，并将处理结果返回给 Web 服务器。

③服务处理程序。它是客户端请求的服务实现程序，包括实时路径更新程序、路径查询程序和原始信息查询程序等。

④数据存储单元。它用于 PML 信息服务器端数据的存储，用于客户端请求数据的存储，存储介质包括各种关系数据库或者一些中间文件，如 PML 文件。

（3）ONS 对象名解析服务：Object Name Service。ONS 的作用是在各信息采集节点与 PML 信息服务器之间建立联系，实现从产品 EPC 到产品 PML 信息之间的映射。典型的 ONS 服务用来定位某一 EPC 对应的 PML 信息服务器。它是一个自动的网络服务系统，类似于域名解析服务（DNS），DNS 是将一台计算机定位到万维网上的某一具体地点的服务。当一个解读器读取一个 EPC 标签的信息时，EPC 码就传递给了 Savant 系统。然后 Savant 系统再在局域网或因特网上利用 ONS 对象名解析服务找到这个产品信息所存储的位置。ONS 给 Savant 系统指明了存储这个产品的有关信息的服务器，因此就能够在 Savant 系统中找到这个文件，并且将这个文件中的关于这个产品的信息传递过来，从而应用于供应链的管理。

ONS 服务是联系前台 Savant 软件和后台 PML 信息服务器的网络枢纽，并且 ONS 的设计与架构都以 Internet 域名解析服务（DNS）为基础。因此，可以使整个 EPC 网络以 Internet 为依托，迅速架构并顺利延伸到世界各地。ONS 的体系结构是一个分布式的系统架构，主要由以下几部分组成：①映射信息；② ONS 服务器；③ ONS 解析器；④ ONS 本地缓存。

（4）Savant 系统：Savant 系统在物联网中处于读写器和企业应用程序之间，相当于物联网的神经系统。Savant 系统采用分布式结构，层次化地组织、管理数据流，具有数据搜集、过滤、整合与传递等功能，因此，能将有用的信息传送到企业后端的应用系统或者其他 Savant 系统中。Savant 系统需要对数据进行相应的处理，其中，最关键的主要有以下几个方面。

①数据校对：处在网络边缘的 Savant 系统，直接与解读器进行信息交流，它们会进行数据校对。并非每个标签每次都会被读到，而且有时一个标签的信息可能被误读，Savant 系统能够利用算法校正这些错误。

②解读器协调：如果从两个有重叠区域的解读器读取信号，它们可能读取了同一个标签的信息，产生了相同且多余的产品电子码。Savant 系统的一个任务就是分析已读取的信息并且删掉这些冗余的产品编码。

③数据传送：在每一层次上，Savant 系统必须要决定什么样的信息需要在供应链上向上传递或向下传递。例如，在冷藏工厂的 Savant 系统可能只需要传送它所储存的商品的温度信息就可以了。

④数据存储：现有的数据库不具备在一秒钟内处理超过几百条事务的能力，因此 Savant 系统的另一个任务就是维护实时存储事件数据库（RIED）。本质上来讲，系统取得实时产生的产品电子码并且智能地将数据存储，以便其他企业管理的应用程序有权访问这些信息，并保证数据库不会超负荷运转。

⑤任务管理：无论 Savant 系统在层次结构中所处的等级是什么，所有的 Savant 系统都有一套独具特色的任务管理系统（TMS），这个系统使得他们可以实现用户自定义的任务来进行数据管理和数据监控。例如，一个商店中的 Savant 系统可以通过编写程序实现一些功能，当货架上的产品降低到一定水平时，会给储藏室管理员发出警告。

4. 物联网的特征

（1）全面感知：利用 RFID、传感器、二维码及其他各种感知设备随时随地地采集各种动态对象，全面感知世界。它是各种感知技术的广泛应用。物联网上部署了海量的多种类型传感器，每个传感器都是一个信息源，不同类别的传感器所捕获的信息内容和信息格式不同。传感器获得的数据具有实时性和自动化的特点，按一定的频率周期性地采集环境信息，不断更新数据。

（2）可靠传送：利用以太网、无线网、移动网将感知的信息进行实时的传送。它是一种建立在互联网上的泛在网络。物联网技术的重要基础和核心仍旧是互联网，通过各种有线和无线网络与互联网融合，将物体的信息实时准确地传递出去。在物联网上的传感器定时采集的信息需要通过网络传输，由于其数量极其庞大，形成了海量信息，在传输过程中，为了保障数据的正确性和及时性，必须适应各种异构网络和协议。

（3）智能控制：对物体实现智能化的控制和管理，真正达到了人与物的沟通。物联网不仅仅提供了传感器的连接，其本身也具有智能处理的能力，能够对物体实施智能控制。物联网将传感器和智能处理相结合，利用云计算、模式识别等各种智能技术，扩充其应用领域。人们从传感器获得的海量信息中分析、加工和处理出有意义的数据，以适应不同用户的不同需求，发现新的应用领域和应用模式。

5. 物联网中的关键技术

（1）RFID 技术：RFID（Radio Frequency Identification），又称电子标签。RFID 是一种非接触式的可通过射频信号自动识别目标对象并获取相关数据的自动识别技术。RFID 系统是一种由一个询问器（或阅读器）和很多应答器（或标签）组成的无线系统，用于控制和跟踪物品。

在物联网应用系统中，我们通过无线数据通信网络将 RFID 标签中存储的信息自动采集到中央信息控制系统中，实现对物品的信息识别、信息交换和信息共享，从而实现对物品的实时管理。当前，RFID已应用于动物跟踪、门禁考勤、电子票据、智能交通等管理领域。

（2）Wi-Fi技术：Wi-Fi（Wireless Fidelity）技术是基于IEEE 802.11网络规范的网络通信技术。其主要特点是传输速度快、可靠性高，方便与现有的有线以太网整合。由于其建网方便快捷、可移动性好、组网价格低等优点而得到广泛使用。Wi-Fi系统由站点、基本服务单元、分配系统、接入点、扩展服务单元和关口组成。其中的分配系统用于连接不同的基本服务单元；关口用于将无线局域网和有线局域网或其他网络联系起来。

（3）GPRS技术：GPRS（General Packet Radio Service）技术是一种基于全球手机系统GSM的无线分组交换技术。GPRS网络是在原有的GSM网络基础上增加了SGSN（服务GPRS支持节点）和GGSN（网关GPRS支持节点）等功能实体。当前，GPRS不仅支持和PSPDN的互联，也支持和IP网络的直接互联，GPRS技术还同时支持进行语音和数据交互，为物联网应用方案的实现提供了更加便利的通信手段。

（4）云计算：云计算是一种利用大规模、低成本运算单元通过IP网络连接，以提供各种运算和存储服务的IT技术。云计算系统是一个具备云计算功能和一定规模的由多个节点组成的IT系统。该系统规模可以无限扩大，具备高度的扩展性和弹性，可以平滑扩展，可以动态分配资源，能够实现跨地域的资源共享。随着物联网的发展和广泛应用，要实现任何人、任何物体、任何时间、任何地点的互联互通，就需要对泛在的感知服务所生成的海量信息数据进行聚合，这为云计算的应用提供了用武之地。

（二）物联网的应用

目前，全球的各类互联网的广泛应用可以精确地、动态地管理全人类的生产和生活，正在不断地提高全社会的信息化应用能力，将来一定会让我们人类实现数字地球的梦想。

1. 物流供应　在物流物联网中，首先通过在物品上嵌入电子标签、条形码等能够存储物品信息的标识，然后以无线网络的方式将其即时信息发送到网络后台控制系统中心，从而实现对物品的实时跟踪、实时监控等智能化管理的目的。当前，将物联网技术应用于物流系统中的生产制造、运输、仓储和销售等领域，不仅能够实现均衡生产和智能调度，还能够实现零库存和完成主动营销活动。

2. 农业畜牧　农业物联网主要用于农业生产、温室监控、动物溯源等领域。在农业生产中利用物联网技术将相关信息数据传输至农业感知服务中心，进行分析处理后应用于粮食生产、农机调度、资源监测等。在温室监控中可以通过RFID技术实时采集温室温度、湿度信息，以及CO_2浓度、露点温度等环境参数，从而自动开启或关闭相关设备。在畜牧业中利用RFID技术进行个体标记并跟踪记录肉畜的饲养、监管和销售全过程，实现对目标的监控、干预和管理。

3. 医疗卫生　在医药卫生中，利用RFID技术对患者的生理指标进行自测，并将生成的生理指标数据通过网络传递给相关医护人员或医疗单位，实现对患者的登记、标识和监护。在药品生产、防伪、流通管理和药房管理中利用RFID技术对药品进行标识，提高医疗物资登记、贴标和追踪过程的透明性和准确性。在食品安全管理中，利用RFID技术可实现从食品源头到消费者的整个流程管理，可了解食品的来源、保质期等信息，实现对食品进行有效控制，并给食品赋予防盗功能等。

4. 工业生产　在工业生产中，将RFID技术应用于原材料供应、生产计划管理、生产过程控制、精益制作等方面，不仅能够促进生产效率和管理效率的提高，而且会提高企业的信息化管理水平和经济效益。

5. 环境保护　在环境监测中，利用 RFID 技术对地表水水质实施自动监测，可以实现对水质的实时连续监测和过程监控，及时掌握主要河流流域重点部位的水体水质状况，预警可能发生的重大水质污染事故，更有利于管理部门制订有效的应急处理预案。

考点提示：物联网的概念和关键技术、物联网应用领域

三、实施方案

当前的物联网技术已应用于一些重要领域，它将会让我们生活的整个地球智能化管理工作程度越来越高，为人类社会和经济发展提供强大的技术保障。现举例说明物联网在社会日常生活中的应用。

G-BOS 智慧运营系统是物联网技术在车辆管理中的应用。HQG-BOS 系列产品是整合"人""车""线"三大要素的新一代智能运营管理工具。目前已在公交、旅游、客运等领域逐渐取代了 GPS 车载管理系统。HQG-BOS 系统提供电子身份证、远程诊断、定期巡检、车辆运行数据实时跟踪、车辆运行状态实时报警、劫警、视频播放、配件（价格）查询、维保项目（价格）查询、保养规划和提醒、收音机、麦克风等服务。

G-BOS 智慧运营系统的工作原理是 HQG-BOS 系列产品通过安装在客车上的 HQG-BOS 车载终端从 CAN 总线、各类传感器上持续不断地采集发动机运行数据、车辆状况信息、驾驶员的操控行为，同时接收 GPS 卫星定位信息记录车辆所在位置，并将所有信息通过无线通信网络实时传送到数据处理中心。HQG-BOS 车载终端同时还融合了行车记录仪、倒车监视器、故障报警显示台、视频播放器、短消息接收器、收音机、麦克风等功能，实时将车辆相关信息提供给驾驶员和后方运营平台。数据处理中心通过商业智能技术将接收到的海量数据进行实时分析、整理，并结合国内外先进管理思想将驾驶员不良驾驶行为、油耗数据、车辆运行情况、维修保养计划等内容以直观的报告、图表等形式展现出来。客户与集团调度中心可使用独立账号通过物联网随时随地访问基于鸿泉云网 B/S 架构的 HQG-BOS 智慧运营系统网站，及时了解车辆运行情况和驾驶员驾驶操控是否存在违规行为，实时跟踪车辆运行轨迹，取得车辆是否需要维修保养的信息，从而制定相应的策略，更可随时向前端运营车辆发送各类指令，进行实时的调度管控。同样的，系统也可根据客户要求，自动生成各种类别、各个时间段、各种形式的管理报告，满足客户对长期运营规划所需要的数据支持与决策依据。

链　接

常用物联网技术为我们提供很多便利。我们应该在关注这方面出现的新技术的同时，学会利用物联网技术开发的新产品为我们的工作、生活和学习服务。

本章小结

本章从网络的形成和发展历史开始，首先介绍了网络的基本知识和局域网技术，包括计算机网络的基本概念、组成、分类，网络的拓扑结构，网络传输介质和网络设备，网络协议和体系结构等，然后介绍了 Internet 的基本知识，包括 Internet 的组成、域名和地址、接入方式、IE 浏览器的使用、信息搜索、电子邮件的收发、即时通信软件和常用下载工具的使用方法等。最后介绍了网络安全相关知识和物联网基本知识。

技能训练 7-1 计算机网络应用基本操作

一、IE 的设置与使用

1. 启动 IE 浏览器。

2. 打开网址 www.baidu.com，将百度首页设为主页。

3. 在百度中以"心血管系统"为关键词搜索。

4. 将网页中第一个"百度百科"词条打开，将网页另存为"文字稿"。

5. 将此网页添加到收藏夹，并打印网页内容。

6. 在百度图片中搜索一张"心血管系统"为关键词的图片，将图片另存到文字稿中。

二、电子邮件的收发

1. 分别申请一个免费的 126 邮箱和一个免费的新浪邮箱。

2. 登录两个邮箱并将邮箱中的邮件全部删除。

3. 利用 126 邮箱将存在 D 盘文件下的"请柬.doc"（自行创建此文件）以附件的形式发送到新浪邮箱，主题为"请柬"，不用抄送。

4. 查看新浪邮箱中的新邮件，并回复邮件，正文内容为"谢谢，已收到！"。

技能训练 7-2 计算机网络综合操作

1. 掌握局域网计算机 IP 地址设置方法。

2. 熟练掌握 IE 浏览器浏览网页的基本方法。

3. 会对浏览器选项进行设置。

4. 能使用 IE 保存网页及网页上的图片。

5. 掌握收藏夹的使用方法。

6. 会使用"百度""谷歌"等搜索引擎查找资料

7. 会使用"迅雷"等下载工具下载网上资料。

8. 会在 Outlook Express 中配置邮箱。

9. 会使用 Outlook Express 进行电子邮件的收发等工作。

10. 会申请不同网站提供的邮箱。

11. 能熟悉使用 Outlook Express 中的通讯簿。

练习 7 计算机网络基础知识测评

一、单选题

1. 一座办公大楼内各个办公室中的微机进行联网，这个网络属于_____。

    A. WAN   B. LAN

    C. MAN   D. PAN

2. Internet 的基础是_____。

    A. NSF   B. ARPANET

    C. MILNet   D. CERNET

3. Internet 是建立在_____协议集上的国际互联网络。

    A. IPX   B. NetBEUI

    C. TCP/IP   D. ISO

4. 国际标准化组织提出的网络体系结构 OSI 模型中，第二层和第四层分别为_____。

    A. 物理层和网络层   B. 数据链路层和传输层

    C. 网络层和表示层   D. 会话层和应用层

5. IP 地址 190.233.27.13 是_____类地址。

    A. A   B. B

    C. C   D. D

6. 文件传输协议的英文缩写是_____。

    A. DNS   B. STMP

    C. FTP   D. HTTP

7. Internet 中的每台计算机都分配一个唯一的逻辑地址，称为_____。

  A. 网络号   B. 主机号

  C. MAC 地址   D. IP 地址

8. 电子邮件地址的一般格式为_____。

  A. 域名 @IP 地址   B. 域名 @ 用户名

  C. 用户名 @ 域名   D. IP 地址 @ 域名

9. 域名中后缀 .edu 表示机构所属类型为_____。

  A. 教育机构   B. 商业公司

  C. 政府机构   D. 军事机构

10. 计算机病毒不能通过_____传播。

  A. 键盘   B. 网络

  C. 光盘   D. 电子邮件

二、多选题

1. 计算机网络的功能有_____。

  A. 资源共享

  B. 信息交换和通信

  C. 提高系统的可靠性

  D. 均衡负荷、分布处理

2. 以下_____是 Internet 的基本功能。

  A. 电子邮件   B. 远程登录

  C. 电子公告板   D. 文件传输

3. 网络最常见的拓扑结构有_____。

  A. 星形结构   B. 环形结构

  C. 总线形结构   D. 图形结构

4. 计算机病毒的特征有_____。

  A. 传染性   B. 寄生性

  C. 潜伏性   D. 破坏性

5. 下列邮箱书写格式正确的是_____。

  A. 2025386@qq.com

  B. www.yahu.com

  C. news.163.com

  D. bdzhangyan@163.com

三、判断题

(   ) 1. Internet 也称国际互联网，是当今世界上最大的信息网络，它是将不同地区或国家不同规模、不同技术标准的网络连接而形成的全球性的计算机互联网络。

(   ) 2. 物联网是指通过各种信息传感设备，实时采集任何需要监控、连接、互动的物体或过程等各种需要的信息，与互联网结合形成的一个巨大网络。

(   ) 3. 收费邮箱的功能比免费邮箱的功能更强，适用于公司企业或业务较多的个人。

(   ) 4. DNS 是计算机服务器的缩写，它是由解析器及域名服务器组成的。

(   ) 5. WWW 是一种服务，同时它也是一种技术，是一种基于 HTML 技术而发展起来的信息传播技术。

(   ) 6. 电子邮箱不可以发送图像等信息。

(   ) 7. 常用视频文件有 MPG、AVI、WMV、FLV 等。

(   ) 8. TCP/IP 是传输控制协议的缩写，包括应用层、会话层、传输层、网络层、链路层。

(   ) 9. 家庭上网可以通过 ADSL 拨号和光纤等形式实现。

(   ) 10. 网页设计常用的工具包括 AI、PS、FL、FW、DW、CDR 等。

四、填空题

1. 计算机网络中常用的三种有线媒体是同轴电缆、_____、光纤。

2. 从计算机网络系统组成的角度看，计算机网络可以分为_____子网和资源子网。

3. _____是 WWW 客户机与 WWW 服务器之间的应用层传输协议。

4. IP 地址是计算机在 Internet 上的地址，由_____个二进制字段组成，中间用_____隔开。

5. _____是网络的心脏，它提供了网络最基本的核心功能。

6. HTML 是_____的缩写。

7. WWW 上的每一个网页都有一个独立的地址，这些地址称为_____。

8. 在计算机局域网中，将计算机连接到网络通信介质上的物理设备是_____。

9. 在计算机网络中，协议就是为实现网络中的数据交换而建立的_____，协议的三要素为语法、语义、交换规则。

10. Internet 采用的工作模式为_____。

第八章　多媒体技术基础

学习目标

1. 了解多媒体信息处理技术与一些常用的软件
2. 理解多媒体信息的数字化过程与数据压缩技术
3. 理解并掌握多媒体计算机系统的组成
4. 掌握多媒体的概念、特点与多媒体信息类型
5. 掌握多媒体计算机的功能特点

自 1984 年美国苹果公司生产出世界第一台多媒体计算机以来，多媒体技术的应用逐渐引起人们的关注，尤其是进入 20 世纪 90 年代，多媒体技术与网络技术的结合构成了第三次信息革命的核心。在 21 世纪，多媒体技术将成为世界上发展最快、最有潜力的技术之一。为此我们应对多媒体技术和多媒体计算机有初步的了解。

第一节　多媒体基础知识

一、任　务

某医院儿科护理部要在全市医疗卫生工作会议上作工作报告，院长要求张护士长一定要全方位、立体化、"有声有色"地把儿科护理部和全院的形象在报告中表现出来。张护士长犯愁了，自己一个医务工作者，如何做到"有声有色"地来完成汇报工作呢？

二、相关知识和技能

（一）多媒体的概念

1. 媒体及其分类　媒体（Medium）是社会生活中信息传播、交流、转换的载体，如书本、报纸、电视、广告、杂志、磁盘、光盘、磁带及相关的设备等。在计算机领域中，媒体包含两种特定的含义：一是指信息存储与传输的实体，如磁盘、光盘、磁带、相关设备、通信网络等；二是指信息的表现形式（或传播形式），如数字、文字、声音图形/图像、动画、影视节目等。信息的存储实体与表现形式相互依存，存储实体反映了信息的存在，表现形式则规定了信息的表现类型。不同类型的信息媒体如图 8-1 所示。

为了便于描述信息媒体在存储、处理和传播过程中的相关问题，国际电话电报咨询委员会（Consultative Committee on International Telephone and Telegraph，CCITT）制定了媒体分类标准，将信息的表示形式、信息编码、信息转换与存储设备、信息传输网络等统一规定为媒体，并划分为以下五种类型。

（1）感觉媒体（Perception Medium）：直接作用于人的感官，使人能直接产生感觉，如人类的语言、音乐、图形、静止的或动态的图像、自然界的各种声音及计算机系统中的文件、数据和文字等。

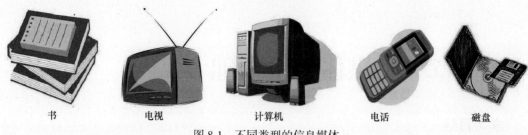

书　　　　　　电视　　　　　　计算机　　　　　　电话　　　　　磁盘

图 8-1　不同类型的信息媒体

（2）表示媒体（Representation Medium）：指各种编码，如语言编码、文本编码和图像编码等。这是为了加工、处理和传输感觉媒体而人为地研究、构造出来的一类媒体。

（3）表现媒体（Presentation Medium）：指将感觉媒体输入到计算机中或通过计算机展示感觉媒体的物理设备，即获取和还原感觉媒体的计算机输入和输出设备，如显示器、打印机、音箱等输出设备，键盘、鼠标、话筒、扫描仪、数码相机、摄像机等输入设备。

（4）存储媒体（Storage Medium）：指存储表示媒体信息的物理设备，如软盘、硬盘、磁带、光盘、内存和闪存等。

（5）传输媒体（Transmission Medium）：指传输表示媒体的物理介质，如双绞线、同轴电缆、光纤、空间电磁波等。

在上述的各种媒体中，表示媒体是核心。计算机处理多媒体信息时，首先通过表现媒体的输入设备将感觉媒体转换成表示媒体并存放在存储媒体中，计算机从存储媒体中获取表示媒体信息后进行加工、处理，最后利用表现媒体的输出设备将表示媒体还原成感觉媒体。此外，通过传输媒体，计算机也可将从存储媒体中得到的表示媒体传送到网络中的其他计算机。不同媒体和计算机信息处理过程的关系如图 8-2 所示。

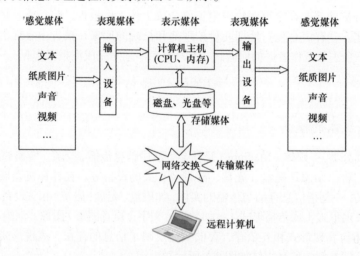

图 8-2　媒体与计算机系统

从表示媒体与时间的关系看，不同形式的表示媒体可以被划分为以下两大类。

静态媒体：信息的再现与时间无关，如文本、图形、图像等。

连续媒体：具有隐含的时间关系，其播放速度将影响所含信息的再现，如声音、动画、视频等。

2. 多媒体　多媒体（Multimedia）是由两种以上单一媒体融合而成的信息综合表现形式，是多种媒体的综合、处理和利用的结果。不同形式的"媒体"反映了不同的信息表示与信息交流方式；而多媒体的"多"，在强调信息媒体多样性的同时，更强调各媒体间的有机结合及人与信息媒体之间的交互作用，具体表现为多种媒体表现、多种感官作用、多种设备支持、多学科交叉、多领域应用等。因此，多媒体是建立在一定信息处理技术之上、融合两种以上媒体的一种人机交互式信息媒体或系统。

多媒体的实质是将不同表现形式的媒体信息数字化并集成，通过逻辑连接形成有机整体，同时实现交互控制，所以数字化和交互式集成是多媒体的精髓。

3. 多媒体技术　多媒体技术起源于计算机数据处理、通信、大众传媒等技术的发展与融合，目的是为了实现多种媒体信息的综合处理。它以计算机技术为主体，是结合通信、微电子、激光、广播电视等多种技术而形成的用来综合处理多种媒体信息的交互性信息处理技术。具体来说，多媒体技术是以计算机（或微处理芯片）为中心，把数字、文字、图形、图像、声音、动画、视频等不同媒体形式的信息集成在一起进行加工处理的交互性综合技术。这里所说的"加工处理"主要是指对这些媒体信息的采集、压缩、存储、控制、编辑、交换、解压缩、播放和传输等。

需要强调的是，正是由于计算机中数字化技术和交互式的处理能力，才能使多媒体技术成为可能，才能对多种信息媒体进行统一的处理，这就是一般具有声音图像的电视机、录像机等还谈不上是"多媒体"的原因。多媒体技术中的"多媒体"并不仅指多媒体信息本身，更主要的是强调处理和应用它的整套软硬件技术。因此，通常所说的"多媒体"只不过是多媒体技术或多媒体系统的同义语而已。

（二）多媒体的主要特点

多媒体通过计算机把多种媒体综合起来，使之建立起逻辑连接，并对它们进行采样量化、编码压缩、编辑修改、存储传输和重建显示等处理。一般具有以下几个特点。

1. 集成性　集成性主要表现在两个方面，即多种信息媒体的集成和处理这些媒体的软硬件技术的集成。前者主要指多媒体信息的多通道统一获取、统一存储、组织及表现合成等方面。后者包括两个方面：硬件方面，应具备能够处理多媒体信息的高性能计算机系统及与之相对应的输入/输出能力及外设；软件方面，应该有集成一体的多媒体操作系统、多媒体信息处理系统、多媒体应用开发与创作工具等。

2. 实时性　由于多媒体技术是多种媒体集成的技术，其中声音及活动的视频图像是和时间密切相关的连贯媒体，这就决定了多媒体技术必须要实时处理。例如，播放时声音和图像都不能出现停顿现象。

3. 交互性　交互特性向用户提供了更加有效的控制和使用信息的手段，除了操作上的控制自如（可通过键盘、鼠标、触摸屏等操作）外，在媒体综合处理上也可做到随心所欲，如屏幕上声像一体的影视图像可以任意定格、缩放，可根据需要配上解说词和文字说明等。交互性可以增加对信息的注意和理解，延长信息的保留时间，使人们获取信息和使用信息的方式由被动变为主动。借助于交互性，人们不是被动地接受文字、图片、声音和图像，而是可以主动地随时进行编辑、检索、提问和回答，这种功能是一般的家电产品所不具备的。

4. 多样性　多样性是指媒体种类及其处理技术的多样化。多样性使计算机所能处理的信息空间得到扩展和放大，不再局限于数值和文本，而是广泛采用图像、图形、视频、音频等媒体形式来表达思想。此外，多样性还可使人类的思维表达不再局限于线性的、单调的、狭小的范围内，而是有了更充分、更自由的余地，使计算机变得更加人性化。

5. 数字化　一方面，处理多媒体信息的关键设备是计算机，所以要求不同媒体形式的信息都要进行数字化；另一方面，以全数字化方式加工处理的多媒体信息，具有精度高、定位准确和质量效果好等特点。

（三）多媒体信息的类型

目前，多媒体信息在计算机中的基本形式可划分为文本、图形、图像、音频、动画和视频等，这些基本信息形式也称为多媒体信息的基本元素。不同形式的多媒体信息以不同类型的数据文件形式存在。

1. 文本　文本（Text）指各种文字，包括各种字体、尺寸、格式及色彩的文本。在多媒体应用系统中适当地组织使用文字可以使显示的信息更容易理解。这些文字可以先使用文本编辑软件（如 Word），或使用图形图像制作软件将文字编辑处理成图片，再输入到多媒体应用程序中，也可以直接在多媒体创作软件中进行制作。

2. 图形　图形（Graphic）是指从点、线、面到三维空间的黑白或彩色几何图。图形是计算机绘制的画面，图形文件中记录图形的生成算法和图上的某些特征点信息，如图形的大小、形状、关键点位置、边线宽度、边线颜色、填充颜色等。图形也称为矢量图，需要显示图形时，绘图程序从图形文件中读取特征点信息，调用对应的生成算法，并将其转换为屏幕上可以显示的图形。

图形可以移动、旋转、缩放、扭曲，在放大时不会失真。图形中的各个部分可以在屏幕上重叠显示并保持各自的特征，同时还可以分别控制处理。由于图形文件只保存算法和特征点信息，所以图形文件占用的存储空间较小，但在显示时需要经过调用生成算法计算，所以显示速度比图像慢。目前图形应用于制作简单线条的图画、工程图、艺术字等。常用的矢量图形制作软件有 FreeHand、CorelDraw 等。另外，动画制作软件 Flash 和 3DSMax 中创建的对象也是矢量对象。

3. 图像　图像（Image）是由图像输入设备如数码相机、扫描仪捕捉的实际场景画面，或者以数字化形式存储的任意画面。图像由排列成行、列的像素点组成，计算机存储每个像素点的颜色信息，因此图像也称为位图，显示时通过显示卡合成显示。图像通常用于表现层次和色彩比较丰富、包含大量细节的图，一般数据量都较大，如照片。常用的图像处理软件有 Photoshop、PhotoImpact 等。

4. 音频　音频（Audio）是携带信息的重要媒体。计算机获取、处理、保存的人类能够听到的所有声音都称为音频，它包括噪声、语音、音乐等。音频可以通过声卡和音乐编辑处理软件采集、处理。储存下来的音频文件需使用对应的音频程序播放。

5. 动画　动画（Animation）是活动的画面，实质是一幅幅静态图像的连续播放。由于人类眼睛具有"视频暂留"的特性，看到的画面在 1/24 秒内不会消失，所以如果在一幅画面消失前播放出下一幅画面，就会给人造成一种流畅的视觉变化效果，形成动画。计算机动画按制作方法可以分成帧动画和造型动画：帧动画由一幅幅位图组成连续的画面，快速播放位图产生动画效果；造型动画是对每一个运动的物体分别进行设计，赋予每个动元一些特征，然后用这些动元构成完整的帧画面，动元的表演和行为由脚本来控制。另外，从空间的视觉效果角度划分，计算机动画又可以分为平面动画和三维动画。从播放效果角度划分，计算机动画还可以分为顺序动画和交互式动画。目前常用的动画制作软件有 Flash、3DSMax 等。

6. 视频　视频（Video）是由单独的画面序列组成的，这些画面以每秒超过 24 帧的速率连续地投射在屏幕上，使观察者产生平滑连续的视觉效果。计算机中的视频信息是数字的，可以通过视频卡将模拟视频信号转变成数字视频信号，压缩、存储到计算机中，播放视频时，通过硬件设备和软件将压缩的视频文件进行解压。常用的视频文件格式有 AVI、MPG、MOV、RMVB 等。

考点：媒体的分类、多媒体与多媒体技术的概念、多媒体的特点、多媒体信息的类型

三、实 施 方 案

要实现张护士长的愿望，需要完成以下三个任务。

（1）提供多媒体计算机一台。硬件部分：普通的计算机和相应的外设部分，外设部分包括音箱、话筒、数码相机、录像机和各种扩展接口。软件部分：Window 7 操作系统，Office 2010 办公软件等。

（2）通过数码相机和录像机拍摄报告中所需的图片和视频，并把图片、视频存放到多媒体计算机的指定文件夹中。

（3）打开 Office 办公软件中的 PowerPoint 2010，在 PowerPoint 2010 中做出文字报告提纲，把图片、视频等多媒体元素插入到合适的位置，并制作相应的动画效果完成报告（详情可参考本书第五章 PowerPoint 2010 的应用）。

第二节　多媒体计算机

一、任　　务

小刘是某学校的音乐老师，拥有一台普通的计算机。最近他开通了博客，想录制并合成一些自创歌曲上传到博客里。考虑到去录音棚的费用太高，小刘想自己动手录制。那么在现有条件下，小刘还需要做些什么才能实现自己的愿望?

二、相关知识与技能

（一）多媒体计算机系统组成

多媒体计算机系统不是单一的技术，而是多种信息技术的集成，是把多种技术综合应用到一个计算机系统中，实现信息输入、信息处理、信息输出等多种功能。多媒体计算机系统由多媒体硬件系统和多媒体软件系统两大部分组成，并分为六个不同层次。表 8-1 所示为一个多媒体计算机系统的层次结构。

表 8-1　多媒体计算机系统的层次结构表

功能	层级	计算机系统
应用系统运行平台	第六层	
创作、编辑软件	第五层	
媒体制作平台与工具	第四层	软件系统
多媒体核心系统软件（操作系统、驱动程序）	第三层	
多媒体计算机硬件系统	第二层	
多媒体外围设备	第一层	硬件系统

第一层，多媒体外围设备。包括各种媒体、视听输入输出设备及网络。

第二层，多媒体计算机硬件系统。包括多媒体计算机基本配置及各种外部设备的控制接口卡。

第三层，多媒体核心系统软件，包括操作系统和驱动程序。该层软件为系统软件的核心，操作系统提供对多媒体计算机的硬件、软件控制与管理；驱动程序负责驱动、控制硬件设备，提供输入输出控制界面程序，即 I/O 接口程序。

第四层，媒体制作平台和媒体制作工具软件。设计者利用该层提供的接口和工具采集、制作媒体数据。常用的有图像设计与编辑系统，二维、三维动画制作系统，声音采集与编辑系统，视频采集与编辑系统，以及多媒体公用程序与数字剪辑艺术系统等。

第五层，多媒体创作与编辑系统。该层是编辑制作多媒体应用系统的工具，设计者可以利用这层的开发工具和编辑系统来创作各种教育、娱乐、商业等应用软件。

第六层，多媒体应用系统的运行平台，即多媒体播放系统。它是由开发人员利用第四、第五层制作的面向最终用户的多媒体产品。

以上六层中，第一、第二层构成多媒体硬件系统，其余四层是软件系统。软件系统又包括系统软件（如操作系统）和应用软件。

（二）多媒体计算机的功能

根据开发商和生产厂商及应用角度的不同，多媒体计算机可分成两大类：一类是家电制造厂商研制的交互式音像家电，这类产品以微处理芯片为核心，通过编程控制管理电视机、音响、DVD 影碟机等，因而也被称为电视计算机（TelePuter）；另一类是计算机制造厂商研制的计算机产品，如 Apple 公司的 PowerMac 系列计算机和广为应用的个人计算机系列机，它们扩展了音 / 视频处理功能，比电视机、音响等具有更好的娱乐功能和交互能力，因而也被称为计算机电视（Compuvision）。我们通常所说的多媒体计算机是指后者，它一般具备以下功能特点。

1. 界面友好，人性化 利用多媒体技术，可以设计和实现更加自然和友好的人机界面，更接近于人的思维和使用习惯，使计算机向着人类接收、处理信息最自然的方向发展。

2. 视、听、触觉全方位感受，立体性强 多媒体技术融合人类通过视觉、听觉和触觉所接收的信息，通过多种信息表现形式，可以生动、直观地传递极为丰富的信息。例如，商家通过多媒体演示可以将企业的产品、企业文化等表现得淋漓尽致，客户则可通过多媒体演示随心所欲地了解感兴趣的内容，直观、经济、便捷，效果非常好。

3. 人机交互，可控性强 多媒体技术的交互性使得用户可以控制信息的传递过程，从而获得更多的信息，并可提高用户学习和探索的兴趣，增强感受和学习的效果。例如，在多媒体教学系统中，学生可以根据自己的需要选择不同章节、难易程度各异的内容进行学习；一次没有弄明白的重点内容，还可以重复播放。在网络多媒体教学系统中，学生能方便地进行测试、与老师交流、进行网上无纸化考试等。

4. 信息组织完善 多媒体信息数据不仅包括文字、图像、声音、视频等信息，而且还将它们有机地组织在一起，在各种媒体元素之间建立联系，形成包括所有信息内涵的完善的信息组织方式。多媒体信息可存储在辅盘（如光盘、U 盘等）上，以节约存储空间，便于信息检索。光盘可长期保存，使得数据安全可靠。

5. 模拟真实环境，激发创造性思维 多媒体技术可以模拟出各种真实场景（虚拟现实，Virtual Reality），人们可以在这种环境里分析问题，研究问题，交流思想，体验感受，创造未来。多媒体系统可以创造自然界中没有的事物，扩大人类研究问题的领域和空间，增强人的想象力，激发人的创造性思维。

（三）多媒体计算机硬件系统

构成多媒体计算机的硬件系统除了需要较高配置的计算机主机硬件之外，通常还需要音频和视频处理设备、光盘驱动器、各种媒体输入 / 输出设备等。多媒体计算机系统需要计算机交互式地综合处理声、文、图等信息，不仅处理量大，处理速度要求也很高，因此对多媒体计算机硬件系统的要求比一般计算机硬件系统要高。

　　通常对多媒体计算机基本硬件结构的要求是，有功能强、速度高的主机，有足够大的存储空间（主存和辅存），有丰富的接口和外部设备等。图8-3为多媒体计算机硬件系统的基本组成。

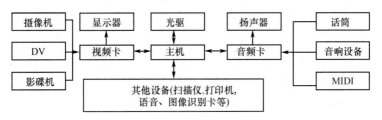

图 8-3　多媒体硬件系统的基本组成

（四）多媒体计算机软件系统

多媒体计算机软件系统按功能可分为系统软件和应用软件。

　　1. 多媒体系统软件　多媒系统软件是多媒体系统的核心，它不仅要灵活调度多媒体数据进行传输和处理，还要控制各种媒体硬件设备和谐地工作，即将种类繁多的硬件有机地组织到一起，使用户能够灵活地控制多媒体硬件设备，组织、操作多媒体数据。

　　多媒体计算机系统软件包括多媒体驱动软件、驱动器接口程序、多媒体操作系统、媒体素材制作软件及多媒体库函数，以及多媒体创作工具和开发环境。

　　2. 多媒体应用软件　多媒体应用软件是在多媒体创作平台上设计开发的面向应用领域的软件系统，通常由应用领域的专家和多媒体开发人员共同协作、配合完成。开发人员利用开发平台、创作工具制作组织各种多媒体素材，生成最终的多媒体应用程序，并在应用中测试、完善，最终成为多媒体产品。例如，各种多媒体教学系统、培训软件，声像俱全的电子图书等，这些产品以磁盘形式更多的是以光盘产品形式面世。

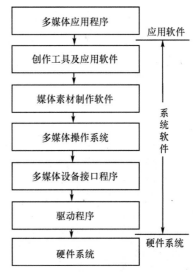

图 8-4　多媒体计算机软件系统结构

　　综上所述，多媒体计算机软件系统以图8-4所示的层次结构描述。其中低层软件建立在硬件基础上，而高层软件则建立在低层软件的基础上。

考点提示：多媒体计算机的功能、多媒体计算机硬件与软件系统的组成

三、实 施 方 案

实现小刘老师的愿望其实很简单，就是将现有的计算机改装成对音频处理要求比较高的多媒体计算机，分为硬件升级和软件安装两步。

　　（1）硬件升级：在现有电脑的基础上，增加一个专业的声卡和一些音频输入输出的外部设备（话筒、音响等）。

　　（2）软件安装：安装声卡的驱动程序和专用的音频处理软件 GoldWave。通过 GoldWave来完成对声音的录制、编辑、合成等。当然，若要掌握并熟练应用 GoldWave 这款软件，小刘

老师还要多学习哦。

 **链　接**

　　GoldWave 是一个集音频播放、录制、编辑、转换于一体的多功能音频制作处理软件。使用 GoldWave 可以录制音频文件；可以对音频文件进行剪切、复制、粘贴、合并等操作；可以对音频文件进行调整音量、调整音调、降低噪声、静音过滤等操作；提供回声、倒转、镶边、混响等多种特效；可以在多种音频格式之间进行转换，包括 Wave、OGG、VOC、IFF、AIFF、AIFC、AU、SND、MP3、MAT、DWD、SMP、VOX、SDS、AVI、MOV、APE 等；也可以从 CD、VCD、DVD 或其他视频文件中提取声音。GoldWave 是一款非常实用的音频处理软件，有兴趣的读者可以自己去网上下载试用。

第三节　多媒体信息的数字化和压缩技术

一、任　务

　　一对新婚夫妇，为了纪念结婚时的美好时刻，决定把他们的结婚录像进行以下几种处理：①刻录一张 DVD 光盘，以供随时在 DVD 影碟机中播放；②在自己的计算机硬盘上保存一份，可随时打开观看；③上传到互联网上一份，供朋友们在线观看。他们要如何来实现自己的这个愿望？

二、相关知识与技能

（一）多媒体信息处理的关键技术

　　由于多媒体信息在计算机中的基本形式可划分为文本、图形、图像、音频、视频和动画等，因此多媒体信息处理技术由文本、图形、图像、音频、视频和动画等不同媒体信息的处理技术组成。

　　1. 文本处理技术　文本是多媒体信息中最基本的表示形式，也是计算机系统最早能够处理的信息形式之一，随着多媒体计算机技术的发展，文本处理的内涵也从以前单一的无格式文本编辑发展到可以定义字体、字号、风格、颜色及版面格式信息的格式文本。特别是超文本和超媒体技术的出现，使得包括格式文本在内的多种媒体信息（图形、图像、声音、视频、动画等）能够以非线性关系组织在一起，形成一个超文本文件。常见的文本处理软件有字处理软件 Microsoft Office Word 2010、超文本编辑软件 FrontPage、网页设计软件 Dreamweaver 等。

　　2. 图形/图像处理技术　图形处理是指在计算机环境下，实现对矢量图形的表示、绘制、处理、输出等；图像处理包括对非数字化的图形/图像信息进行采样、量化及编码实现数字化，然后对数字化的信息进行数字化编辑处理、压缩、存储，当需要输出图像时，再将其解压缩并还原。其中的数字化编辑处理主要是指对已经数字化了的图像信息所进行的具体技术性处理，以达到所希望的应用效果。这些技术处理包括图像亮度或对比度的增强、图像平滑、边缘锐化、图像分割、图像校正、图像识别等。常见的图形处理软件有 AutoCAD、3DSMax，图像处理软件有 Photoshop 等。

　　3. 音频处理技术　音频处理技术使计算机具备了录音、声音编辑、语音合成、声音播放等功能，在多媒体个人计算（Multimedia Personal Computer，MPC）中，可以通过声音传递信息、制造效果、营造气氛及演奏音乐等。音频处理基础主要包括模拟声音信号的数字化，数据压缩编码，数字音效处理，音频文件存储、传输、播放等。常见的音频处理软件有 GoldWave、Audio Editor 等。

4. 视频 / 动画处理技术　需要同时处理运动图像和与之相伴的音频信号，是多媒体信息处理技术中较为复杂的信息处理技术。常见的视频处理软件有 Premiere Pro、动画处理软件有 Flash 等。

（二）多媒体信息的数字化

多媒体信息的数字化就是把文本、图形、图像、音频、动画、视频转换成计算机所能识别的二进制代码的过程。下面主要介绍音频和图形 / 图像的数字化（文字数字化参考本书第一章第二节；动画 / 视频可以看作是图形 / 图像的动态形式，并配以同步的声音，不再单独介绍其数字化过程）。

1. 音频的数字化

1）声波采样与数字化

声音是随时间而连续变化的波，这种波传到人们的耳朵，引起耳膜振动，这就是人们听到的声音。声音信号又称音频信号，是一种模拟信号，主要由振幅与频率来描述。

图 8-5 中，波形中相对基线的最大位移称为振幅 A，反映音量；波形中两个相邻的波峰（或波谷）之间的时间称为振动周期 T，周期的倒数 $1/T$ 即为频率 f，以赫兹（Hz）单位。周期和频率反映了声音的音调。正常人所能听到的声音频率范围为 20Hz ～ 20kHz。

音频信号的数字化，就是将模拟音频信号每隔一定时间间隔对声波进行采样，如图 8-5

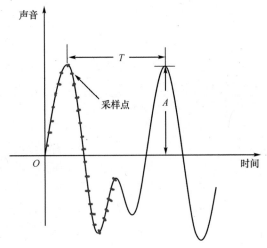

图 8-5　声音的波形表示与采样

所示，以便捕捉采样点的振幅值，并将所获取的振幅值用一组二进制脉冲序列表示。这个过程称为声音的离散化或数字化，也称为模 / 数（A/D）转换；反之若要将声音输出时，进行逆向转换，即数 / 模（D/A）转换。数字化声音的质量与采样频率和采样点数据的测量精度（振幅值位数）及声道数有关。

（1）采样频率：采样频率即每秒钟的采样次数。采样频率越高，数字化音频的质量越高。根据 Harry Nyquist 采样定律，采样频率高于输入的声音信号中最高频率的两倍就可从采样中恢复原始波形。20kHz 是人耳能够听到的声音信号的带宽，这就是在实际采样中，采取 40.1kHz 作为高质量声音的采样标准的原因。

（2）采样点精度：采样点精度即存放采样点振幅值的二进制位数。这是通过将每个波形采样垂直等分而得。8 位采样精度有 256 个等级；16 位采样精度有 2^{16} 个等级。

（3）声道数：声音是有方向的，而且通过反射产生特殊的效果。当声音到达左右两耳的相对时差和不同的方向感觉不同的强度时，就产生立体声的效果。

声道数指声音通道的个数。单声道只记录和产生一个波形；双声道产生两个波形，即立体声，存储空间是单声道的两倍。

记录每秒钟存储声音容量的公式为

（采样频率 × 采样精度（位数）× 声道数）/8= 字节数

例如，用 44.1kHz 的采样频率，每个采样点用 16 位的精度存储，则录制 1 秒钟的立体声（双

声道）节目，其 Wave 文件所需的存储量为

$$44\ 100 \times 16 \times 2/8 = 176\ 400 （字节）$$

在声音质量要求不高时，降低采样频率、降低采样精度的位数或利用单声道来录制声音，可减小声音文件的容量。

2）主要使用的声音文件

（1）Wave 格式文件（.wav）：Wave 波形文件由外部音源（麦克风、录音机）录制后，经声卡转换成数字化信息以扩展名".wav"存储；播放时还原成模拟信号由扬声器输出。Wave 格式文件直接记录了真实声音的二进制采样数据，通常文件较大。

Wave 格式是 Microsoft 公司开发的一种声音文件格式，是个人计算机上最为流行的声音文件格式；由于其文件尺寸较大，多用于存储简短的声音片断。

（2）MIDI 格式文件（.mid）：MIDI 是乐器数字接口（Musical Instrument Digital Interface）的英文缩写，是为了把电子乐器与计算机相连而制定的一个规范，是数字音乐的国际标准。

与波形文件不同的是，MIDI 文件（扩展名为 .mid）存放的不是声音采样信息，而是将乐器弹奏的每个音符 𝄞 记录为一连串的数字，然后由声卡上的合成器根据这些数字代表的含义进行合成后由扬声器播放声音。相对于保存真实采样数据的 Wave 文件，MIDI 文件显得更加紧凑，其文件尺寸通常比声音文件小得多。同样 10 分钟的立体声音乐，MIDI 长度不到 70KB，而声音文件要 100MB 左右。

在多媒体应用中，一般 Wave 文件存放的是解说词，MIDI 存放的是背景音乐。

（3）MPEG 音频文件（.mp1/.mp2/.mp3）：MPEG 指的是采用 MPEG 音频压缩标准进行压缩的文件，MPEG 音频文件根据对声音压缩质量和编码复杂程度的不同可分为三层，分别对应扩展名为".mp1"".mp2"和".mp3"这三种格式文件。MPEG 音频编码具有很高的压缩率，MP1、MP2、MP3 的压缩率分别为 4：1、6：1～8：1 和 10：1～12：1，也就是说一分钟 CD 音质的音乐，未经压缩需要 10MB 存储空间，而经过 MP3 压缩编码后只有 1MB 左右，同时其音质基本保持不失真，因此，目前使用最多的是 MP3 文件格式。

📚 链　接

　　MP3 音乐来源：除了网上下载和购买 MP3 音乐光盘外，其他许多格式的音乐文件也可以转换成 MP3 格式。一般 MP3 是从 Wave 文件或 CD 中压缩来的，从 Wave 文件中得到的 MP3 文件的大小和质量与相应的 Wave 文件的大小和质量直接相关。而 Wave 文件的大小和质量则与具体录制时定义的声音采样率有关，所以在制作 MP3 的时候，应尽量选择音乐质量较好的文件进行压缩。

2. 图形 / 图像的数字化

1）概述

（1）图形和图像：在计算机中图形与图像是不同的两个概念。图形一般是指通过绘图软件绘制的由直线、圆、圆弧、任意曲线等组成的画面，图形文件中存放的是描述图形的指令，以矢量图形文件形式存储；图像是由扫描仪、数字照相机、摄像机等输入的画面，数字化后以位图形式存储。图形和图像区分类似声音文件中的 MIDI 和 Wave 格式文件，特点也相似。

（2）动画和视频：动态的图像是由一系列的静态画面按一定的顺序排列组成，并配以同步的声音。每一幅称为"帧"，当每秒以 25 帧的速度播放时，由于视觉的暂留现象产生动态效果。

动态的图像有动画和视频两种方式。动画的每一幅画面通过一些工具软件（如 3DSMax、Flash 等）对图像素材进行编辑制作而成；而视频影像是对视频信号源（如电视机、摄像机等）同音频相似的方式经过采样和数字化后保存。这如同关于矢量图形与图像的类比一样，动画

是用人工合成的方法对真实世界的一种模拟，而视频影像则是对真实世界的记录。

　　2）图形 / 图像的数字化

　　一幅图像可认为是由若干行和若干列的像素（Pixels）点组成的阵列，每个像素点用若干个二进制进行编码，表示图像的颜色，这就是图像的数字化。描述图像重要的属性是图像分辨率（dpi）和颜色深度。

　　图像分辨率是用每英寸中多少点表示，图像越精细，分辨率越高，如图 8-6 所示。

图 8-6　图像分辨率示意图

注：图（a）分辨率为 192×192，图（b）分辨率为 48×48

　　像素的颜色深度，即每一个像素点表示颜色的二进制位数。例如，单色图像的颜色深度为 1，则用一个二进制位表示纯白、纯黑两种情况。一般情况下单色图像的颜色深度为 8，占 1 字节，即用 8 位二进制来表示颜色灰度为 $2^8=256$ 级（值为 $0 \sim 255$）的单色图像。彩色图像显示时，由红、绿、蓝三色通过不同的强度混合而成，强度分成 256 级（值为 $0 \sim 255$），颜色深度为 $3 \times 8=24$，占 3 字节，构成了 $2^{24}=16\,777\,216$ 种颜色的"真彩色"图像。例如，要表示一个分辨率为 640×480 的"真彩色"图像，需要（$640 \times 480 \times 3$）$/1024=900KB$ 容量。而要在计算机连续显示分辨率为 1280×1024 的"真彩色"高质量的电视图像，按每秒 30 帧计算，显示 1 分钟，则需要

$$1280（列）\times 1024（行）\times 3（字节）\times 30（帧/秒）\times 60/1024^3 \approx 6.6GB$$

一张 650MB 的光盘只能存放 6 秒左右的电视图像，这就带来了图像数据的压缩问题。

　　3）图像文件格式

　　（1）静态图像格式。

　　A. BMP 和 DIB 格式文件（.bmp 和 .dib）：BMP（Bitmap）是一种与设备无关的图像文件格式，是 Windows 环境中经常使用的一种位图格式。DIB（Device Independent Bitmap）与 BMP 本质一致，是为了跨平台交换而使用的一个格式。

　　B. GIF 格式文件（.gif）：GIF（Graphics Interchange Format）是美国联机服务商 CompuServe 为指定彩色图像传输协议而开发的一种公用的图像文件格式标准，是 Internet 上 WWW 中的重要文件格式之一。GIF 图像最大不超过 64KB，压缩比较高，与设备无关。

　　C. JPEG 格式文件（.jpg、.jpeg）：JPEG 是利用 JPEG 文件压缩的图像格式，压缩比高，但压缩/解压缩算法复杂、存储和显示速度慢。同一图像的 BMP 格式的大小是 JPEG 格式的 $5 \sim 10$ 倍；而 GIF 格式最多只能是 256 色，因此 JPEG 格式成了 Internet 中最受欢迎的图像格式。

　　D. WMF 格式文件（.wmf）：WMF 是比较特殊的图元文件，属于位图与矢量图的混合体。Windows 中许多剪贴画图像是以该格式存储的，广泛应用于桌面出版印刷领域。

　　（2）动态图像格式。

　　A. AVI 格式文件（.avi）：音频 - 视频交错（Audio-Video Interleaved，AVI）格式文件将视频与音频信息交错地保存在一个文件中，较好地解决了音频与视频的同步问题，是 Video for Windows 视频应用程序使用的格式，目前已成为 Windows 视频标准格式文件，数据量较大。

　　B. MOV 格式文件（.mov）：MOV 格式文件是 Apple 公司在 Quick Time for Windows 视频应用程序中使用的视频文件。可在 Macintosh 系统中运行，现已移植到 Windows 平台。利用它可以合成视频、音频、动画、静止图像等多种素材，数据量较大。

　　C. MPG 格式文件（.mpg）：MPG 格式文件是按照 MPEG 标准压缩的全屏视频的标准文件。目前很多视频处理软件都支持这种格式文件。

D. DAT 格式文件（.dat）：DAT 格式文件是 VCD 专用的格式文件，文件结构与 MPG 文件格式基本相同。

E. RMVB 格式文件（.rmvb）：RMVB 格式文件是比较适合在互联网上应用的一种可变比特率的流媒体视频。在牺牲了少部分察觉不到的影片质量情况下最大限度地压缩了影片的大小，最终拥有了近乎完美的接近于 DVD 品质的视听效果。

（三）数据压缩技术

1. 数据压缩的概念　多媒体信息的特点之一就是数据量巨大，由此可引发三方面的问题：一是多媒体信息的存储问题，二是多媒体信息的传输问题，三是计算机处理多媒体信息的速度问题。这些都是多媒体技术中的主要瓶颈问题，除了扩大存储器容量、增加通信干线的带宽和提高计算机系统的处理能力之外，解决这些问题的更为有效的方法就是数据压缩。

我们知道多媒体信息处理的首要条件就是要将各种媒体形式的信息数字化，而数字化是一个程序化、机械化的过程，只是按照事先规定好的频率和量化精度完成多媒体信息的采样，整个过程不考虑采样对象的表示特性，所以巨大的采样信息中必然包含着一些没必要保留的信息，即存在着数据冗余。数据压缩就是从采样数据中去除冗余，即保留原始信息中变化的特征性信息，去除重复的、确定的或可推知的信息，在实现更接近实际媒体信息描述的前提下，尽可能地减少描述用的信息量。

2. 多媒体数据中的冗余　经研究发现，多媒体数据中存在着大量的冗余；通过去除冗余数据可以使原始多媒体数据极大地减少，从而解决多媒体数据量巨大的问题。一般而言，多媒体数据中存在的数据冗余情况有以下几种。

（1）空间冗余：空间冗余是图像数据中的一种冗余。在同一幅图像中，规则物体和规则背景表面的采样点的颜色往往具有空间连贯性，这些具有空间连贯性的采样点数字化后表现为空间数据冗余。例如，图像中的一块颜色相同的区域中所有像素点的色相、饱和度、明度都是相同的，就存在较大的空间冗余。

（2）时间冗余：时间冗余是视频和音频数据中经常包含的冗余。例如，视频数据中相邻两帧之间有较大的相关性，而不是一个完全在时间上独立的过程，因而存在时间冗余。

（3）视频听觉冗余：视频听觉冗余是指人眼不能感知或不敏感的图像信息、听觉不能感知的音频信息。例如，人类视觉系统一般的分辨能力约为 26 灰度等级，超过分辨能力范围的像素信息就是视觉冗余信息。

（4）信息熵冗余：信息熵冗余也称编码冗余。如果图像中平均每个像素使用的比特数大于该图像的信息熵，则图像中存在冗余，我们称这种冗余为信息熵冗余。

（5）结构冗余：结构冗余是指图像中存在很强的纹理结构或自相似性。有些图像从大的区域上看存在着非常强的纹理结构，例如，布纹图像存在结构冗余。

（6）知识冗余：知识冗余指对图像的理解与某些基础知识有相当大的相关性。例如，人脸的图像有固定的结构，嘴的上方有鼻子，鼻子的上方有眼睛，鼻子位于正面图像的中线上等。这类规律性的结构可由先验知识和背景知识得到，这类冗余称为知识冗余。

3. 数据压缩的指标和类型　在图像、音频、视频等数据中都存在大量的冗余信息，经过数据压缩后可以大大减少占用的存储空间，提高数据传输速度。压缩处理包括编码和解码两个过程，编码是将原始数据进行压缩，解码是将编码数据进行解码，还原为可以使用的数据。

多媒体数据压缩技术经过多年的研究与应用实践，已经形成了一系列针对不同信息内容的数据压缩算法，但衡量它们的指标却是相同的，主要包括：①压缩比。压缩比要大，即压缩前后的信息存储量之比要大。②恢复效果。恢复效果要好，要尽可能地恢复原始数据。

③算法速度。压缩算法要简单，压缩和解压速度要快，尽可能做到实时压缩和解压。

　　数据压缩可以分成无损压缩、有损压缩和混合压缩三种类型。无损压缩是指去掉或减少数据中的冗余数据，这些冗余数据可以重新插入到数据中，因此，无损压缩是可逆的，也称为无失真压缩。有损压缩是指去掉多媒体数据中人类视觉和听觉器官中不敏感的部分来减少信息量，减少的信息不能再恢复，因此有损压缩是不可逆的。混合压缩综合了无损压缩和有损压缩的长处，在压缩比、压缩效率和保真度之间最佳折中。例如，静态图像压缩国际标准JPEG、动态图像压缩国标标准 MPEG 就是采用混合压缩算法，JPEG 对单色和彩色图像的平均压缩比为 10∶1 和 15∶1，MPEG 平均压缩比为 50∶1。

> 考点提示：多媒体信息的数字化过程，数据压缩的概念、指标和类型，数据冗余的类型

三、实 施 方 案

　　要实现这对新婚夫妇的愿望，只需在他们的计算机上装上一个专门的视频压缩处理软件即可（如 TMPGEnc、Canopus ProCoder、会声会影、格式工厂等）。按照不同的要求，选择不同的视频输出格式：①刻录 DVD 光盘，选择输出 DVD 格式，然后刻录（前提是计算机必须有 DVD 刻录机）；②保存在计算机的，可以输出为 MPEG 格式，支持多种播放器模式；③上传到互联网上的，可以输出为 RMVB 格式，大大压缩了文件，又保留了视频的清晰度。

链　接

压缩宝典——TMPGEnc 与 Canopus ProCoder

　　TMPGEnc 是一套 MPEG 编码工具软件，支持 VCD、SVCD、DVD 等多种格式。它能将各种常见影片文件进行压缩、转换成符合 VCD、SVCD、DVD 等的视频格式。

　　Canopus ProCoder 是目前的压缩软件中画质、画面细节处理方面相当好的一个，它的设计基于 Canopus 专利 DV 和 MPEG-2 codecs 技术，支持输出到 MPEG-1、MPEG-2、Windows 媒体、RealVideo、Apple QuickTime、Microsoft DirectShow、Microsoft Video for Windows、Microsoft DV、Microsoft DV 和 Canopus DV 视频格式。

第四节　多媒体相关软件简介

一、任　　务

　　某高校一年一度的学生社团招新工作开始了，计算机协会为了吸引更多新成员的加入，希望在宣传板上做出一个醒目的名字——"计算机"。现有多媒体计算机一台（含彩色打印机），装有 Windows XP 操作系统及图像处理软件 Photoshop CS2。那么在现有条件下如何实现计算机协会的要求？

二、相关知识与技能

（一）图像处理软件 Photoshop

　　1. Photoshop 简介　　Photoshop 是 Adobe 公司开发的一种多功能图像处理软件，具有图像采集（扫描）、裁剪、合成、混合、效果设计等功能，支持多种图像文件格式，可在 Macintosh 计算机或装有 Windows 操作系统的计算机上运行，是平面设计的专业处理工具。它的基本功

能包括图像扫描、基本作图、图像编辑、图像尺寸和分辨率调整、图像的旋转和变形、色调和色彩功能、多种文件格式、图层功能、特殊效果创意及通过滤镜及其组合向用户提供无限的创意等。限于篇幅，本书仅对 Photoshop 的基本功能及其使用方法进行简单介绍，更为详细的内容，可参阅其他相关书籍。

2. Photoshop 的基本知识

（1）对比度：对比度是指不同颜色之间的差异。对比度越大，两种颜色之间的反差越大，反之则越接近。

（2）图层：在 Photoshop 中，一般都会用到多个图层，每一层好像是一张透明纸，叠放在一起就是一个完整的图像。对某一图层进行修改处理时，对其他图层不会造成任何影响。

（3）通道：在 Photoshop 中，通道是指色彩的范围，一般情况下，一种基本色为一个通道。例如，RGB 颜色的 R 为红色，所以 R 通道的范围为红色，同样，G 通道的范围为绿色，B 通道的范围为蓝色。

（4）路径：路径工具可以用于创建任意形状的路径，可利用路径绘图或者形成选区选取图像。路径可以是闭合的，也可以是开放的。在路径面板中可以对勾画的路径进行填充、描边、建立或删除等操作，还可以将路径转换为选区。

（5）颜色模式：Photoshop 支持 RGB 模式、CMYK 模式、HSB 模式、Lab 模式、位图模式和灰度模式。需要强调的是，不管是扫描输入的图像，还是绘制的图像，一般都要以 RGB 模式存储，因为 RGB 模式存储图像产生的图像文件小，处理起来很方便，并且在 RGB 模式下可以使用 Photoshop 所有的命令和滤镜。在图像处理过程中，一般不使用 CMYK 模式，主要是因为这种模式的图像文件大，占用的磁盘空间和内存大，而且在这种模式下许多滤镜都不能使用。只有在打印输出时使用 CMYK 模式。

3. Photoshop 的使用　　启动 Photoshop CS2，进入如图 8-7 所示的窗口。主窗口主要包括菜单栏、状态栏、工具箱、控制面板等。

1）主菜单

主菜单是 Photoshop CS2 主窗口的重要组成部分，与其他应用程序一样，Photoshop CS2 根据图像处理的各种需求，将所有的功能命令分类后，分别放在不同的菜单中，如图 8-8 所示。

图 8-7　Photoshop 的主窗口

图 8-8　Photoshop 的菜单

2）工具箱

工具箱一般位于 Photoshop 工作区的左侧，可以用鼠标按住工具箱的标题栏，将工具箱拖到屏幕的其他位置。当把鼠标指针放在某个工具上不动时，Photoshop 会及时显示一条信息，该信息提供了当前所指工具的名字和快捷键。工具箱中有一些工具的右下角有一个小的 ▲ 符号，表示该工具中还有隐藏工具。只要将其按住 2 ～ 3 秒，即可出现隐藏的展开工具栏（如单击"减淡工具"后会显示出"加深"和"海绵"工具），然后移动到相应的工具上释放鼠标即可将其选中。工具箱当前选用的工具如图 8-9 所示。

3）面板

面板是 Photoshop 提供的一个很有特色且非常有用的功能，用户可随时利用面板来改变或执行一些常用的功能。按住面板的标题栏，可以将面板拖动到屏幕上的任意位置。在"窗口"菜单中选中或取消相应命令可决定显示或隐藏各种面板。

（1）"导航器"面板：用来放大、缩小视图及快速查看某一区域，如图 8-10 所示。

（2）"信息"面板：用于显示图像区鼠标指针所在位置的坐标、色彩信息及选择区域的大小等信息，如图 8-11 所示。

（3）"颜色"面板：可以通过调整颜色面板中的 RGB 或 CMYK 颜色滑块来改变前景色和背景色。在颜色面板中，可单击右侧的 ▶ 按钮，弹出下拉菜单，切换到不同的色彩模式。

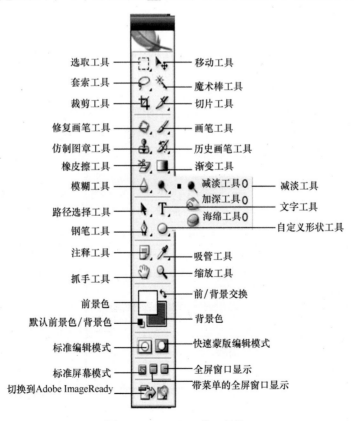

图 8-9　Photoshop 的工具箱

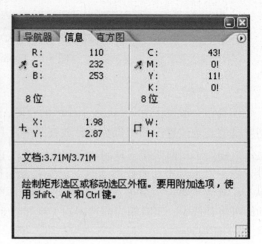

图 8-10　　"导航器"面板　　　　　　　　　　图 8-11　　"信息"面板

　　（4）"色板"面板：此面板和颜色控制面板具有相同的地方，都可用来改变工具箱中的前景色和背景色。将鼠标指针移动到色板区单击某个样本可选择一种颜色取代工具箱中当前的前景色，按住［Ctrl］键同时单击某个样本可改变背景色。

　　（5）"样式"面板：用户可以直接使用"样式"面板中已有的的样式给图层添加效果，也可以利用"图层样式"对话框进行编辑。除此之外，还可以编辑一些图层样式并存储在一个"样式"面板中，以便以后进行图像处理时直接使用。这些都体现了比滤镜更优越的可编辑功能，从而也提供了广阔的应用空间。

　　（6）"路径"面板：通常要与钢笔工具联合使用。钢笔工具用来创建曲线和直线路径并可进行编辑。生成的路径在"路径"面板中可显示，利用"路径"面板可将路径中的区域填满颜色或用颜色描绘出路径的轮廓。此外，也可将路径转变为选择区域、建立新路径、复制路径和删除路径等。

　　（7）"图层"面板：用来管理图层，在进行图像创作编辑时，可以增加若干图层，将图像的不同部分分别放在不同的图层中，每个层都可以独立操作，对所选的当前工作图层进行操作时不会影响其他层。"图层"面板如图 8-12 所示。

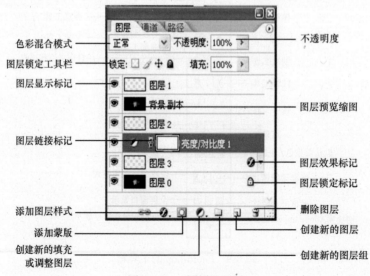

图 8-12　　"图层"面板

（8）"通道"面板：用于创建和管理通道，如图8-13所示。通道是用来存储图像的颜色信息、选区和蒙版的，利用通道可以调整图像的色彩和创建选区。通道主要有三种：颜色通道、Alpha通道和专色通道。一幅图像最多可以有24个通道，通道越多，图像文件越大。

（9）"历史记录"面板：用来记录操作步骤并帮助用户恢复到操作过程中任何一步的状态。当执行不同的步骤时，在"历史记录"面板中就会记录下来，并根据所执行的命令的名称自动命名。单击任何一个中间步骤时，滑标就会出现在选中的步骤前面，其下面的步骤都会变成灰色。此时，若单击面板右下角的垃圾筒图标，则当前选中的步骤和此后所有以灰色表示的步骤全部被删除。从"历史记录"面板右上角的下拉菜单中选择"历史记录选项"命令，若选中"允许非线性历史记录"选项，则当选中历史记录的中间步骤时，其后面的步骤仍然正常显示。当执行删除记录命令后，只是当前选中的某个记录被删除，后面的步骤不受任何影响[①]。

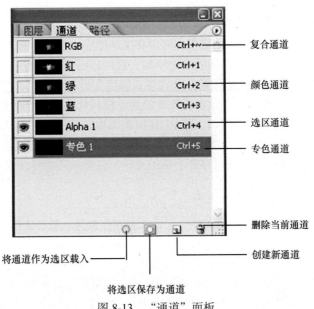

图 8-13　"通道"面板

（10）"动作"面板：使用"动作"面板可以将一系列的命令组合为一个单独的动作，执行这个单独的动作就相当于执行了这一系列命令，从而使执行任务自动化。熟练掌握了动作命令的操作，就可以在某些操作上大幅度提高工作效率。例如，如果喜欢一种特效字的效果，那么就可以创建一个动作，该动作可应用一系列制作这种特效字的命令来重现所喜爱的效果，而不必像以前那样一步步地重新进行操作。

4）图像的色彩调整

色彩调整在图像的修饰过程中是非常重要的一项内容，它包括对图像色调进行调节、改变图像的对比度等。"图像"菜单下的"调整"子菜单中的命令都是用来进行色彩调整的。"色阶""自动色阶""曲线""亮度/对比度"命令主要用来调节图像的对比度和亮度，这些命令可修改图像中像素值的分布，其中"曲线"命令可提供最精确的调节。另外，还可以对彩色图像的个别通道执行"色阶"、"曲线"命令来修改图像中的色调。"色彩平衡"

[①]软件范围的更改，如对调色板、色彩设置、动作和预置的更改，由于不是对某个图像进行更改，所以不会被添加到"历史记录"面板中。

命令用于改变图像中颜色的组成，该命令只适合做快速而简单的色彩调整，若要精确控制图像中各色彩的成分，应该使用"色阶"和"曲线"命令。"色相/饱和度""替换颜色"和"可选颜色"用于对图像中的特定颜色进行修改。

5）滤镜

滤镜专门用于对图像进行各种特殊效果处理。图像特殊效果是通过计算机的运算来模拟摄影时使用的偏光镜、柔焦镜及暗房中的曝光和镜头旋转等技术，并加入美学艺术创作的效果而发展起来的。

图像的色彩模式不同，使用滤镜时就会受到某些限制。在位图、索引图、48 位 RGB 图、16 位灰度图等色彩模式下，不允许使用滤镜。在 CMYK、Lab 模式下，有些滤镜不允许使用。虽然 Photoshop 提供的滤镜效果各不相同，但其用法基本相同。首先，打开要处理的图像文件，如只对部分区域进行处理，就要选择区域，然后从"滤镜"菜单中选择某一滤镜，在出现的对话框中设置参数，确认后即出现该滤镜效果。

操作技巧：在执行滤镜时，最近用到的滤镜命令，可以通过［Ctrl+F］组合键将它们重新执行一次；对文字图层不能直接应用滤镜，必须将文字图层转换为普通图层。

4. 颜色模式的转换　　当一幅图像处理完毕后，就可以打印输出或发布使用。为了在不同的场合正确输出图像，有时需要把图像从一种模式转换为另一种模式。Photoshop 通过选择单击"图像"菜单→选"模式"命令来实现需要的颜色模式转换。由于颜色模式的转换有时会永久性地改变图像中的颜色值，例如，将 RGB 模式图像转换为 CMYK 模式图像时，CMYK 色域之外的 RGB 颜色值被调整到 CMYK 色域之内，从而缩小了颜色范围，导致部分颜色信息丢失。所以，在转换前最好为其保存一个备份文件，以便在必要时恢复图像。

（二）2D 动画制作软件 Flash

Flash 是 Macromedia 公司推出的一种交互式动画制作软件，设计人员和开发人员可以使用 Flash 来创建演示文稿、应用程序和其他允许用户交互的内容。Flash 可以将音乐、声音、动画、视频和特殊效果融合在一起，制作出包含丰富媒体信息的动画，并且可以在画面里进行控制和操作，创建各种按钮用于控制信息的显示、动画或声音的播放及对不同鼠标事件的响应等。

Flash 动画采用矢量图形、关键帧技术制作动画，生成的动画占用空间小，有利于存储和传输，并可以任意缩放尺寸而不影响质量；采用流媒体技术，使动画可以一边播放一边下载，用户可以在整个 Flash 动画文件还没有下载完成时先看到已下载部分的效果，更加适合通过 Internet 传递和播放。

（三）多媒体综合创作工具 Authorware

Authorware 是美国 Macromedia 公司开发的一个优秀的多媒体创作工具，利用 Authorware 可以将图像、文本、动画、数字电影和声音等媒体信息集成，制作交互式多媒体应用程序。

Authorware 是图标导向式的多媒体创作工具，通过对图标的调用来编制程序，无需进行复杂的编程，非专业人员也可以使用 Authorware 开发多媒体应用软件。主要用于多媒体 CAI 课件、军事及模拟系统、多媒体咨询系统、多媒体交互数据库、仿真模拟培训等系统，限于篇幅不再详细介绍，有兴趣的同学可以参考相关的书籍。

三、实 施 方 案

要实现计算机协会的要求其实很简单，就是在 Photoshop 中把文字"计算机"做成闪光字效果图即可。运用 Photoshop 的基本操作和滤镜功能，具体操作步骤如下。

（1）新建一个 400×190 像素的白色背景的文件，模式为 RGB 颜色；输入字体为"黑体"，大小为 72 点的黑色文字"计算机"。

（2）将文字图层作为当前图层，单击"图层"菜单→"栅格化"子菜单→选"文字"命令；单击"图层"菜单→选"复制图层"命令。

（3）将"计算机副本"层作为当前工作层，按下［Ctrl］键并在图层板上单击，以选中文字，然后单击"选择"菜单→选"反选"命令；再单击"编辑"菜单→选"填充"命令，填充为黑色，最后按下［Ctrl+D］键取消选区。

（4）将"计算机"层作为当前工作层，并移动到"计算机副本"图层之上；单击"滤镜"菜单→"模糊"子菜单→选"高斯模糊"命令，在对话框中将模糊半径设为 2，单击［确定］按钮。

（5）单击"滤镜"菜单→"扭曲"子菜单→选"极坐标"命令，在对话框中选择"极坐标到平面坐标"，然后单击［确定］按钮；单击"图像"菜单→"旋转画布"子菜单→选"90度（顺时针）"命令，将画布顺时针旋转 90 度。

（6）单击"滤镜"菜单→"风格化"子菜单→选"风"命令，在弹出的对话框中选择方法为"风"，方向为"从右"，单击［确定］按钮，然后重复操作一遍。

（7）单击"图像"菜单→"调整"子菜单→选"反相"命令；然后重复使用两次"风"滤镜，此时图像变得比较暗；单击"图像"菜单→"调整"子菜单→选"自动色阶"命令，调整图像亮度。

（8）单击"图像"菜单→"旋转画布"子菜单→选"90 度（逆时针）"将画布旋转一下；单击"滤镜"菜单→"扭曲"子菜单→选"极坐标"命令，在对话框中选择"平面坐标到极坐标"，单击［确定］按钮。

（9）将"计算机"图层的"色彩混合模式"设为"强光"，然后单击"图层"菜单→选"拼合图层"命令合并所有图层；单击"图像"菜单→"调整"子菜单→选"色相/饱和度"命令，在弹出的对话框中按图 8-14 所示设置参数，选择"着色"，并按图设置"色相""饱和度""透明度"，然后单击［确定］按钮。

（10）最后选择彩色打印机打印。得到如图 8-15 所示的效果图。

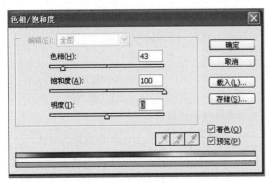
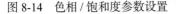

图 8-14 色相/饱和度参数设置

图 8-15 闪光字效果图

本章小结

本章介绍了多媒体和多媒体技术的基本概念、多媒体计算机系统组成、多媒体信息的数字化过程与数据压缩技术和一些比较流行的多媒体制作的相关软件。多媒体技术指把文本、图形、图像、声音、动画、视频等不同媒体形式的信息集成在一起，通过计算机进行采集、压缩、存储、控制、编辑、交换、解压缩、播放和传输等加工处理的交互性综合技术。

它具有集成性、实时性、交互性、多样性和数字化的特点。多媒体计算机系统由多媒体硬件系统和多媒体软件系统组成。多媒体信息的数字化就是把文本、图形、图像、音频、动画、视频转换成计算机所能识别的二进制代码的过程；由于在多媒体信息数字化过程中产生大量冗余，因此必须对多媒体数据进行数据压缩。要求同学们对图像处理软件 Photoshop、动画制作软件 Flash、多媒体综合创作工具 Authorware 等有一些基本了解。

练习 8　多媒体技术基础知识测评

一、单选题

1. 下列方法采集的波形声音中_____的声音质量最好。

　　A. 单声道，8 位量化，22.05kHz 采样频率

　　B. 单声道，16 位量化，22.05kHz 采样频率

　　C. 双声道，8 位量化，44.1kHz 采样频率

　　D. 双声道，16 位量化，44.1kHz 采样频率

2. 不属于多媒体静态图像文件格式的是_____。

　　A. MPG　　　　　　　　B. JPEG

　　C. BMP　　　　　　　　D. PNG

3. 多媒体计算机系统主要由_____组成。

　　A. 多媒体硬件和软件系统

　　B. 多媒体硬件和多媒体操作系统

　　C. 多媒体输入系统和输出系统

　　D. 多媒体输入设备和多媒体软件系统

4. 以下文件中不是声音文件的是_____。

　　A. MP3 文件　　　　　　B. Wave 文件

　　C. MIDI 文件　　　　　　D. JPG 文件

5. 一台典型的多媒体计算机在硬件上不应该包括_____。

　　A. 光盘驱动器　　　　　B. 音频卡

　　C. 图形加速卡　　　　　D. 网络交换机

6. 目前常用的视频压缩标准有 MPEG-1、MPEG-4 和 MPEG-7 等，其中_____主要针对互联网上的流媒体、语言传送、互动电视广播等技术发展的要求设计。

　　A. MPEG-1　　　　　　B. MPEG-2

　　C. MPEG-4　　　　　　D. MPEG-7

7. 多媒体不包括_____。

　　A. 文字、图形　　　　　B. 音频、视频

　　C. 影像、动画　　　　　D. 光盘、声卡

8. 在数字音频信息获取与处理过程中，下述顺序中正确的是_____。

　　A. A/D 变换、采样、压缩、存储、解压缩、D/A 变换

　　B. 采样、压缩、A/D 变换、存储、解压缩、D/A 变换

　　C. 采样、A/D 变换、压缩、存储、解压缩、D/A 变换

　　D. 采样、D/A 变换、压缩、存储、解压缩、A/D 变换

9. 如下_____不是图形图像处理软件。

　　A. ACDSee　　　　　　B. CorelDraw

　　C. 3DS Max　　　　　　D. Access

10. 压缩文件通常使用的软件是_____。

　　A. Photoshop　　　　　B. IE

　　C. Word　　　　　　　D. WinRAR

二、多选题

1. 国际上常用的视频制式有_____。

　　A. PAL 制　　　　　　B. NTSC 制

　　C. SECAM 制　　　　　D. MPEG

2. 目前主要有三大编码和压缩标准包括_____标准。

　　A. JPEG　　　　　　　B. MPEG

　　C. H.26　　　　　　　D. DPCM

3. 多媒体技术的应用有_____。

　　A. 教育和培训　　　　　B. 商业和出版业

　　C. 服务业　　　　　　　D. 家庭娱乐

4. 以下对图形和图像的文件类型说法正确的是_____。

　　A. BMP 有压缩和非压缩两种形式

　　B. 与 GIF 不同的是，PNG 图像格式不支持动画

　　C. WMF 图像文件比 BMP 图像文件所占用的空间大

　　D. PNG 是一种能存储向量的文件格式，图像质量远胜于 GIF

5. 常见的视频文件类型有_____。

　A. AVI　　　　　　　B. MOV

　C. MIDI　　　　　　 D. MPEG

三、判断题

（　　）1. 多媒体就是存储信息的实体。

（　　）2. 位图类图像文件格式有 BMP、GIF、PNG、JPEG、TIFF、RAW，而矢量图形文件格式有 SVG、WMF、EPS、CDR。

（　　）3. 流式传输包括顺序流式传输和实时流式传输。

（　　）4. WMF 图像文件是 Microsoft 公司为其 Windows 环境提供的有别于 BMP 文件的另一种文件格式。

（　　）5. 文本文件分为非格式化文本文件和格式化文本文件。

（　　）6. Word、WPS、FrontPage 都是多媒体集成软件。

（　　）7. MPEG 视频压缩技术是针对运动图像的数据压缩技术。

（　　）8. 视频剪辑常见的工具有 Flash、Premiere、Final Cut 等。

（　　）9. JPEG 标准适合于静止图像，MPEG 标准适用于动态图像。

（　　）10. 动画是活动的画面，实质是一幅幅静态图像的连续播放。当多幅连续的图像以每秒 25 帧的速度均匀地播放时，由于人类具有视觉暂留的特性，会形成动画感觉效果。

四、填空题

1. 多媒体技术包括_____、_____、_____、_____。

2. 多媒体的特征包括数字化、交互性、集成性、_____。

3. 多媒体的载体可以有数字、文字、图形、图像、_____、_____。

4. 计算机通过_____对自然界里的真实声音进行采样编码，形成 Wave 格式的声音文件。

5. _____文件是在音乐合成器、乐器和计算机之间交换音乐信息的一种标准协议。

6. Wave 格式文件的大小由_____、_____、_____决定。

7. 目前常用的压缩编码方法分为_____和_____两类。

8. 国际电话与电报咨询委员会将媒体分成_____、表示媒体、表现媒体、存储媒体、传输媒体。

9. 常见的颜色模型有_____、_____、_____。

10. 视频和音频信号数字化后数据量大，同时传输速度要求高，为了满足此要求，采用_____。

第九章 医学信息应用基础

学习目标

1. 熟悉并了解医院信息系统的组成及作用
2. 了解放射信息系统及图像存储与通信系统
3. 了解实验室信息系统
4. 熟悉并了解电子病历

通过前面各章内容的学习，知道了随着计算机技术和网络技术的发展，我们生活的各个领域都逐渐实现了信息化、自动化。近年来，国内外医疗信息化的发展也非常快，从以财务、药品和管理为中心的管理信息系统的应用，发展到以患者信息为中心的临床业务支持和电子病历的应用；从局限在医院内部应用发展到区域医疗信息化应用。可见计算机技术在医疗界的使用已经取得了很大的成果。

第一节　医院信息系统

一、任　务

小刘是某医学院校毕业并且即将进入医院工作的学生，他了解到现阶段医院都采用的是信息化管理，要想快速进入工作状态必须了解并熟悉医院信息系统，那么如何了解医院信息系统？

二、相关知识与技能

（一）医院信息系统概述

医院信息系统（Hospital Information System，HIS）是指医院及其所属各部门利用计算机软硬件技术、网络通信技术等现代手段，对医院工作中的人流、物流、财流进行综合管理，对在医疗活动各阶段中产生的数据进行采集、存储、处理、提取、传输、汇总、加工生成各种信息，从而为医院的整体运行提供全面的、自动化的管理及各种服务的信息系统。

医院信息系统是现代化医院建设中不可缺少的基础设施与支撑环境，在国际学术界，它已被公认为是新兴的医学信息学的重要分支。医院信息系统的有效运行，将提高医院各项工作的效率和质量，促进医学科研、教学；减轻各类事务性工作的劳动强度，使他们腾出更多的精力和时间来服务于患者；改善经营管理、堵塞漏洞，保证患者和医院的经济利益；为医院创造经济效益和社会价值。

由于医院信息系统是医疗服务和管理的重要辅助手段，这就决定了医院信息系统是一个不断发展的系统。随着信息技术、通信技术的进步和发展及应用的深入，医院信息系统也将不断充实和完善。

（二）医院信息系统的结构

从系统应用的角度来看，一个完整的医院信息系统分为两大部分：以医院为中心的管理信息系统（Hospital Management Information System，HMIS）和以患者为中心的临床信息系统（Clinical Information System，CIS）。医院信息系统的组成如图 9-1 所示。

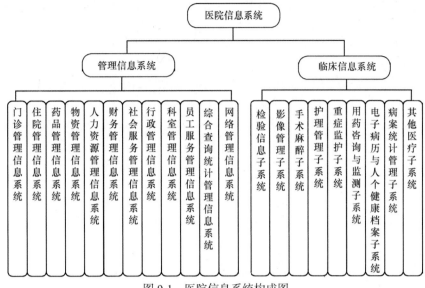

图 9-1 医院信息系统构成图

（1）医院管理信息系统的主要目标是支持医院的行政管理与事务处理业务，减轻事务处理人员的劳动强度，辅助医院管理，辅助高层领导决策，提高医院的工作效率，从而使医院能够以少的投入获得更好的社会效益与经济效益。医院管理信息系统主要包括门诊管理信息系统、住院管理信息系统、药品管理信息系统、物资管理信息系统、人力资源管理信息系统、财务管理信息系统、社会服务系统、行政管理系统、科室管理信息系统、员工服务管理信息系统、综合查询统计管理信息系统、网络管理信息系统等。随着医院管理信息系统应用的不断深入，还会有更多的管理工作转移到医院管理信息系统这个管理平台上来，使医院管理更加规范化、专业化、精细化、科学化。

（2）临床信息系统的主要目标是支持医院医护人员的临床活动，收集和处理患者的临床医疗信息，丰富和积累临床医学支持，并提供临床咨询、辅助诊疗、辅助临床决策，提高医护人员的工作效率，为患者提供更多、更快、更好的服务。临床医疗信息系统主要包括检验信息子系统、影像管理子系统、手术麻醉子系统、护理管理子系统、重症监护子系统、用药咨询与监测子系统、电子病历与个人健康档案子系统、病案统计管理子系统和其他医疗子系统等。

总之，医院管理信息系统的重点在医院的管理。其中，员工的管理应围绕"人—事—岗—科"关系链，患者的管理围绕患者基本信息，财务管理应围绕收、支两条线，物的管理围绕物的生命周期，知识的管理围绕"搜集—整理—应用"过程链。临床信息系统的重点在医学专业管理。其中，疾病诊治信息的管理应围绕患者健康档案的建立，专业工作流程的管理应围绕工作对象的变化。

（三）医院信息系统的基本功能规范划分

根据数据流量、流向及处理过程，可将整个医院信息系统分为五大部分，各部分的功能综述如下。

1. 临床诊疗部分　临床诊疗部分主要以患者信息为核心，将整个患者诊疗过程作为主线，医院中所有科室将沿此线展开工作。随着患者在医院中每一步诊疗活动的进行，产生并处理与患者诊疗有关的各种诊疗数据与信息。整个诊疗活动主要由各种与诊疗有关的工作站来完成，并将这部分临床信息进行整理、处理、汇总、统计、分析等。此部分包括门诊医生工作站、住院医生工作站、护士工作站、临床检验系统、输入血管理系统、医学影像系统、手术室麻醉系统等。

2. 药品管理部分 药品管理部分主要包括药品的管理与临床使用。在医院中，药品从入库直到患者使用，是一个比较复杂的流程，它贯穿于患者的整个诊疗活动中。这部分主要处理的是与药品有关的所有数据与信息。共分为两部分，一是基本部分，包括药库、药房及发药管理；二是临床部分，包括合理用药的各种审核及用药咨询与服务。

3. 经济管理部分 经济管理部分属于医院信息系统中的最基本部分，它与医院中所有发生费用的部分有关，处理的是整个医院中所有补码产生的费用数据，并将这些数据整理、汇总、传输到到各自的相关部门，供各级部门分析、使用并为医院的财务与经济收支情况服务。包括门急诊挂号，门急诊划价收费，住院患者入、出、转、住院收费、物资、设备、财务与经济核算等。

4. 综合管理与统计分析部分 综合管理与统计分析部分主要包括病案的统计分析、管理，并将医院中的所有数据汇总、分析、综合处理供领导决策使用，包括病案管理、医疗统计、院长综合查询与分析、患者咨询服务。

5. 外部接口部分 随着社会的发展及各项改革的进行，医院信息系统已不是一个独立存在的系统，它必须考虑与社会上相关系统的互联问题。因此，这部分提供了医院信息系统与医疗保险系统、社区医疗系统、远程医疗咨询系统及各级行政主管部门等外部接口。

（四）医院信息系统的作用

医院信息系统以患者医疗信息、卫生经济信息和物资管理信息为三条主线，其应用范围覆盖医疗护理管理部门、临床科室及各个医技科室，能够满足不同类型医院的管理和医疗护理工作的需求。医院领导层、各级管理人员、医护人员等，可以及时、全面地获得必需的信息，从而提高工作效率和服务质量。其主要作用包括以下两个方面。

1. 提供信息服务 通过所收集的数据，能够为医院领导层、各级管理人员、医护人员提供各种统计资料，为随时查询医疗工具质量，查询科研、教学工作情况，掌握卫生经济平衡情况提供服务平台。

2. 提供事务管理功能 通过医院信息系统的实际应用，实现对门诊工作、临床工作、药品、财务收支及医院综合信息计算机化的管理与统计。

三、实施方案

现在毕业生想了解医院的信息系统，可以分两部分来进行。
（1）了解医院管理信息系统的组成及功能。
（2）了解临床信息系统的组成及功能。

第二节 放射信息系统及图像存储与通信系统

一、任 务

小刘了解了医院信息系统之后，又得知去医院工作的前两年需要进行轮科学习，所以需要进一步了解其他重点科室用到的一些管理系统，他首先想深入认识一下放射信息系统和图像存储与通信系统。

二、相关知识与技能

随着现代医学的发展，医疗机构的诊疗工作越来越多地依赖医学影像的检查（X线、

CT、MR、超声、血管造影等）。传统的医学影像管理方法（胶片、图片、资料）大量日积月累、年复一年存储保管，堆积如山，给查找和调阅带来诸多困难，丢失影片和资料时有发生，已无法适应现代医院中对如此大量和大范围医学影像的管理要求。采用数字化影像管理方法来解决这些问题已经得到公认。计算机和通信技术的发展为数字化影像和传输奠定了基础。目前国内众多医院已完成医院信息化管理。其影像设备逐渐更新为数字化，已具备了联网和实施影像信息系统的基本条件。实现彻底无胶片放射科和数字化医院，已经成为现代化医疗不可阻挡的潮流。

（一）PACS/RIS 的系统概述

图像存储与通信系统（Picture Archiving and Communication System，PACS）是利用现代放射技术、数字成像技术、计算机及通信技术，准确、高效地采集、存储、归档、传送、显示和管理医学影像信息与患者人口信息的数字化影像系统，它通常与放射信息系统无缝集成，以实现成像、诊断的快速一体化。

一个完整的 PACS 必须具备的功能：①提供影像的查看功能以进行临床诊断、制作诊断报告和远程会诊；②在磁存储介质或光存储介质上对医学影像进行短期、长期的归档保存；③利用局域网、广域网或公用通信设施进行影像的传输通信；④为用户提供与其他医疗设施和科室信息系统进行集成的接口。

放射信息系统（Radiology Information System，RIS）是医院信息系统中的一个重要组成部分。它主要负责处理文字信息，实现放射科内患者的预约、挂号、诊断报告的书写、审核、发布，工作量及疾病的统计，患者跟踪，胶片跟踪，诊断编码，科研教学和管理等功能，并承担与医院信息系统患者信息的交换。

（二）PACS 的体系框架

1.医学图像采集及通信　医学图像的采集与通信起着各类医学影像及其相关信息数字化、标准化与传输的作用。它又具有医学影像获取、通信、显示等功能，可构成一个微型 PACS（mini-PACS）。同时，又是 PACS 与 RIS 和医院信息系统集成信息交换接口之一。PACS 图像采集与通信网关一般具有发送功能和图像预处理功能，是 PACS 的图像采集端。它实现了对各种放射影像（CT、MR、CR/DR、US、ECT、DSA 等）基于 DICOM 标准的采集和转换图像检验、图像本地存储和图像转发，从而为 PACS 系统提供标准可靠的信息，使医院放射科实现标准、网络化的管理要求得以实现。

2.图像存储与管理　医学图像存储与管理服务器是 PACS 的核心，它负责图像的存储、归档、管理与通信，并为 PACS 工作站提供图像的查询和提取服务。PACS 服务器是系统可靠、稳定和安全运行的关键，因此系统对服务器的硬件都有很高的要求。

3.图像显示工作站　图像显示工作站是 PACS 数据流中的最后一个环节。根据不同的图像显示应用可分为诊断工作站、浏览工作站、分析工作站、交互教学工作站、手术模拟工作站和医学治疗计划工作站等。其中，诊断工作站是供放射医师诊断用的工作站，诊断工作站由多台高分辨率专用显示器、高性能计算机及专用软件构成，用于处理多模态图像的通信（利用 DICOM 服务）、检查、图像导航、图像处理与进行数据流管理。其他图像工作站通常使用个人计算机安装相应的图像浏览软件以显示图像。

4.PACS 中心服务器　PACS 中心服务器是整个 PACS 的控制中枢，承担对整个数据库的管理、响应并发出连接用户需求、分发各种图形数据的任务等。并且还支持影像的无损压缩方式，支持多种数据备份方式，自动将图像与 RIS 系统中的数据匹配、统一。同时，中心服

表 9-1　对数字化影像检查空间分辨率与灰阶深度的基本要求

影像类型	空间分辨率（像素数）	灰阶深度
X 线胸片或 CR	至少 2048×2048	12
乳房照相	至少 4096×4096	12
CT	512×512	12
MRI	512×512	12
B 超（冻结像）	512×512	8
血管造影	1024×1024	8
核医学	256×256	8

务器还必须具备相应的安全管理功能，图像提供监控软件，管理员通过控制台能够对系统进行全面管理，包括客户端软件的安装、卸载、启动、关闭、扫描配置、计划、升级等。

对于医学影像信息处理系统，由于其主要处理和传输的是医学影像，医学影像文件在未压缩的条件下都比较大，如表 9-1 所示，这就对系统的存储和网络的传输都提出了很高的要求，也是医学影像信息处理系统必须处理好的问题。

（三）RIS 系统的组成

RIS 系统主要由四类工作站组成：预约登记工作站、报告书写工作站、技师质控工作站和统计管理工作站，各工作站的实现功能归纳如下。

1. 预约登记工作站　预约登记工作站是 RIS 的起始环节，它必须完成患者基本信息的预约登记工作，或通过与医院信息系统的互联，实现从医院信息系统数据库中调阅患者的基本信息资料；并通过检测核实，确认患者的报到情况，再通过 DICOM WORKLIST 服务将患者信息发送到检查设备。

2. 报告书写工作站　报告书写工作站是 RIS 中最重要的组成部分，它主要供放射科诊断医生使用，通过调阅 PACS 中的图像信息，完成诊断报告的书写、审核、修改和发布工作，并支持医生的相关联报告查询工作和病种阳性率统计工作。

3. 技师质控工作站　实现对影像设备技师工作质量控制和工作量统计功能。

4. 统计管理工作站　主要完成对患者信息和基本谱的统计；对放射科诊断医生和技师的量化、考核和对科室的管理。

（四）PACS/RIS 建设的意义

PACS/RIS 系统缩短了从预约登记、影像存储、阅片诊断到报告分发各个环节的时间，极大地提高了医生的工作效率和工作满意度；PACS/RIS 系统及其工作站能迅速快捷地为医师提供查询、统计、观察方法及全方位、多角度的影像处理功能，为科研工作的开展提供了极其便利的条件；PACS/RIS 的建设并投入使用，是医院临床文化与现代信息技术文化的整合与交流，形成了新型的医院文化，促使医院核心竞争力增强。

三、实 施 方 案

现在小刘想了解 RIS 及 PACS，可以分下面步骤来进行。

（1）了解 RIS 及 PACS 的概念。

（2）熟悉 PACS 的体系框架。

（3）熟悉 RIS 的组成及功能。

（4）了解 PACS/RIS 建设的意义。

第三节　实验室信息系统

一、任　　务

小刘了解到实验室信息系统已经成为现代医院信息管理中必不可少的一部分，他现在想熟悉并了解一下该系统。

二、相关知识与技能

（一）实验室信息系统概述

实验室信息系统（Laboratory Information System，LIS）是指利用计算机网络技术，实现临床检验室的信息采集、存储、处理、传输、查询，并提供分析及诊断支持的计算机软件系统。它是医院信息系统的重要组成部分之一；是结合临床检验科日常工作的需求，按检验室的工作流程设计，将检验室各项工作集合到一起，集分析检测、质量控制和检验室综合管理于一体的模块化、开放化的信息平台；是实现仪器检测与医疗信息自动化、智能化的检验室管理软件系统。其主要功能是将检验的实验仪器传出的检验数据经分析后生成检验报告，通过网络存储在数据库中，使医生能够方便、及时地看到患者的检验结果，从现在的应用来看，LIS已经成为现代医院管理中必不可少的一部分。

（二）LIS的组成

LIS是为检验科室服务的计算机软件管理系统，它的组成和功能取决于检验科的业务需求。随着现代临床医学和检验技术的不断发展，检验项目不断增加，检验流程逐步规范，检验科的业务需求也在不断变化。因而LIS的涵盖范围及其基本功能也随之不断扩展和增强，LIS的几个主要分系统及功能介绍如下。

1. 临床检验系统　临床检验系统是LIS最基本、最核心的组成部分。它为检验申请单的录入、样本核收、检验计费、检验任务安排、检验数据的采集和输入、检验结果审核、检验报告发布及检验结果统计查询等一系列最基本的业务提供支持。

2. 实验室质量控制系统　对于检验科来说，主要工作是为临床诊断和治疗提供检验数据，在检验报告形成的全过程中，任何一个过程的质量都会影响最终检验结果的正确性，向临床提供高质量的检验报告，得到患者和临床的信赖与认可，是检验科建设的核心问题。通常，检验的质量控制包括化验前质量控制、化验中质量控制及化验后评估等内容。

3. 实验室管理系统　实验室管理系统主要对检验科内部各种资源进行管理，主要包括实验室设备管理系统、实验室试剂及耗材管理系统、科主任关系系统、文件及人事考勤管理系统等。

4. 实验数据共享及挖掘模块　此部分主要实现检验结果的数据共享，包括实验室内部的数据共享，以及通过LIS与医院信息系统的连接，对检验结果进行全院的共享与交互，更能通过与Internet的连接，实现检验结果的远程查询等。

（三）LIS的主要工作流程

LIS是为医院检验科工作服务的，其工作流程和实际检验工作流程基本相似。检验室科学合理的工作流程如图9-2所示。

申请 → 收费 → 采样 → 核收 → 化验 → 审核 → 查询

图9-2　检验室工作流程

对于上述检验室的工作流程，收费可能会变动，如对于住院患者，在样本核收后收费。其中核收→化验→审核属于实验室的内部流程，其他步骤是与医院信息系统有关的外部流程。LIS 就是围绕这个工作流程和实验室管理的内容来研究和开发的，不同的步骤可以组成若干工作站。例如，申请＋查询组成医生工作站，采样＋查询组成护士工作站，核收组成标本接收站，查询组成服务台工作站，审核组成发布站，还可以根据工作模式需要自由组合。只有清楚掌握和理解 LIS 工作流程，才能更好地开发和使用 LIS。

（四）LIS 的作用与意义

LIS 是促进实验室全面质量管理，实现实验室信息化的重要途径；对提高实验室的工作效率和工作质量，对临床提供更及时的服务具有促进作用。LIS 的作用主要体现在以下几方面。

（1）实现了检验流程的规范化，借助质量控制机制，监控检验人员的操作及分析仪器的工作状态，保证检验的质量，降低检验人员的差错率和劳动强度。

（2）实现检验结果数字化，有利于数据的长期存储，为检验结果的深度处理积累大量的原始数据，加之系统提供多种统计功能，能直接统计处理数据，为科研和教学提供有力的实践依据。

（3）检验报告实现自动打印，不仅规范了检验报告单的格式，而且可降低医务人员手工填写报告导致交叉感染的风险。

（4）实现了检验结果的网上传递，不仅能使检验结果及时传送给临床医师，而且由于信息交换向 Internet 延伸，样本处理和传递技术与开放式实验室仪器相结合，通过与管理信息系统的集成，使实现实验室自动化成为可能。医师开检验申请时，计算机可打印条形码并自动将它贴在试管上，采样后，样本处理和传送全部自动化，检验仪器可依据条形码自动识别检验样本并进行检测。检验的结果则通过网络即时传递给医师工作站，医师能更及时地获得结果。

（五）LIS 的体系结构

在医疗活动的信息传输中，数据量最大的是实验室与临床科室间的信息交流，它所包含的内容不仅是检验科与临床科室间双向数据交流，还包括与医疗活动紧密联系的质量管理、效益管理及创造社会效益的远程资讯和咨询服务系统。检验科是医院医技部门的一大分支，大量的理化数据、信息构成了诊疗实施和决策的重要依据。

LIS 一般作为医院信息系统的重要组成部分，不仅可以与医院信息系统进行双向数据交换，而且可与远程室间质量评价（External Quality Assessment，EQA）系统进行数据传输和信息检索，即局域网之间、局域网与远程网之间进行数据交换，从而为临床诊疗提供高效、可靠、精确的诊断依据。

三、实 施 方 案

现在小刘了解实验室信息系统，可以分下面步骤来进行。

（1）了解实验室信息系统的概念。

（2）熟悉实验室信息系统的组成。

（3）了解实验室信息系统的作用。

（4）了解实验室信息系统的发展前景。

第四节　电子病历

一、任　务

在进一步的学习中，小刘又发现还有必要了解病案科的电子病历系统，他该怎么办呢？

二、相关知识与技能

（一）电子病历概述

电子病历（Electronic Medical Record，EMR）也叫计算机化的病案系统或称基于计算机的病人记录（Computer-Based Patient Record，CPR），它是用电子设备（计算机、健康卡等）保存、管理、传输和重现数字化的患者的医疗记录的电子信息载体。它记录有关患者的健康、医疗和护理状况的全部医疗数据；还能进行多媒体信息综合处理、各种数据操作、查询和统计，并具有信息共享、网络通信、警示、提示和临床决策支持等功能。

（二）电子病历的组成

作为患者信息的载体，电子病历主要记载的信息如下所示。

（1）患者的个人信息：包括患者的身份证号、性别、出生日期、通信地址、联系方法、职业、工作单位、籍贯、电子邮箱等。

（2）医嘱：记录每次看病过程中，医生对病情的分析、处理意见、注意事宜等。

（3）化验检查结果：有些病情需要通过化验检查来确定病情，此时电子病历也将融入这些化验检查结果。

（4）影像检查结果：患者的病情需要通过一些医疗仪器的检查来辅助医生进行病情分析，如X线、磁共振等影像信息，这些也要以图片的方式记录到电子病历中。

（5）住院记录：包括患者在医院里面的住院治疗全过程信息。

（6）用药记录：包括患者在治疗病情的过程中，所使用的药品情况，如药品名称、数量、使用方法、药品价格等。

（7）就医费用信息：主要是针对看病、治疗等的费用结算情况进行记录，包括挂号、医生诊治、住院、检查、化验等费用。

（8）医疗保险信息：对于享受医疗保险的患者，每次看病的时候，和医疗保险之间相关的信息将被记录，如保险公司信息、医疗保险结算情况等。

（9）患者体验信息：包括每个人某阶段的身体检查情况，记录各种检测信息，为预防保健、潜伏病情提供医疗信息数据，如妇女的妇检、婴儿和儿童的固定检查、学生的体检、从业人员的健康体检等。

（三）电子病历内容数据的特点

对照数据采集收到的发展及对电子病历的理解，越来越多的内容都融入了电子病历中，电子病历的内容数据具有以下特点。

1. 数据类型多　电子病历数据类型多样，既有文本、数据表，也有图像、音频、视频、波形和专用格式数据等，模态和结构化程度各不相同，很难用关系数据库来组织和管理，XML技术有利于这类复制数据类型的表示。

2. 来源多样　数据来源众多，既有医生手工录入的文本型病历，也有通过各种医疗仪器和设备、PACS、检验信息系统获取的数据等，及时、高效、准确、连续地收集和管理这些多源数据也是一项难度很大的工作。

3. 涉及范围广　电子病历系统应用范围广，功能复杂，涵盖住院、门诊、医技、药房等不同科室，涉及医护、管理、研究和患者等各类人员，包括数据录入、数据浏览、数据分析、决策支持等多层次应用，需要进行统一规划。

（四）电子病历的作用

电子病历根据其完成电子化记录内容数据的不同，可以分为五个阶段。

1. 自动化的医疗记录　将原有的纸质记录逐渐转化为计算机化记录，目标是以计算机数据取代传统手写病历。目前国内绝大多数的医疗机构都停留于该阶段，仅仅是配合各家医院的医疗信息系统，将原有医师在诊疗时的手写病历输入到计算机后加以打印，再粘贴于医院的病历中。

2. 计算机化的医疗记录　此阶段就是病历文件与影像文件的形成，同时成为无纸化的系统，也就是将病历数据完全以电子媒体档案来表示。此时，因为所有的病因资料包含病历摘要、检验及检查报告（包含 X 线片及其他医疗影像报告），医师或医疗人员都可以在医院计算机工作站取得，已经不需要将实体病历传递至诊间或护理站。

3. 提供者平台的患者医疗记录　在此阶段需具备良好的基础建设，如网络带宽、病历文件影像文件或文字数据。不但实现无纸化的作业，而且计算机还可以将患者的病历数据和有关检验、检查数据、影像报告，运用类似专家系统的知识库，提供医疗专业人员诊断及治疗上的建议，具有提供者平台的界面。在此阶段工作的流程与传统的工作流程已经发生了重大转变，因此工作流程已向全面再造迈出重要一步。

4. 电子化患者记录　具备区域性、国家化、全球化特点，而且依据事先制定的通信协议，可以在网络上互相交流的交换机制，同时病历数据在网络上要具有安全性、一致性，可以在重视个人隐私的条件下进行交换。

5. 电子化的健康记录　这就是电子病历的最佳阶段，可以将电子病历做到个人化的健康记录，即个人的健康资料从出生到死亡，加以一一的记载。其病史及相关治疗记录，以电子媒体格式保存，以备查询或研究。

这一阶段意义重大而且通常需要政府来全面主导，因为这是一个需要投入大量资源共同运作的工作，在构建该阶段时需要庞大的经费，同时要有良好的基础建设，而且要有专职的机构来负责维护及管理。该阶段完成后，要像全国户籍数据一样完整，每一个人都有一个电子化的健康记录档案。

在上述的五个阶段当中，广义上说，都可以称作电子病历，但是，第五个阶段才是未来大家所期望的电子病历。也就是将电子病历能够做到个人化，除了不断更新增加个人的数据记录外，还可以提供临床研究或学术研究分析参考，其作用十分广泛。

三、实施方案

现在小刘了解电子病历系统，可以分下面步骤来进行。

（1）了解电子病历的概念。

（2）熟悉电子病历的组成。

（3）了解电子病历的作用。

本章小结

　　现代医学的发展已经和信息化密不可分，从患者的角度来说，登记挂号、门诊就诊、开单检查、手术及药物处置、入院治疗、划价交费等都已经融入医院的信息化管理中。从医院的角度来说，各科室信息的统计和全院数据的汇总及管理都离不开信息化。从政府和社会的角度来说，公共卫生系统和社区医疗系统的建立，更需要信息化来完成。本章介绍了计算机技术在医学领域中的应用，重点介绍了医院信息系统、放射信息系统及图像存储与通信系统、实验室信息系统、电子病历的概念、组成、工作流程、作用及意义等。通过本章内容的学习，同学们会对医疗信息化有更深刻的了解和认识。

练习 9　医学信息应用基本知识测评

一、单选题

1. 医院信息系统的英文全称是_____，简称为_____。
   - A. hospital information system；HIS
   - B. hospital information management system；HIMS
   - C. nosodochium information system；NIS
   - D. infirmary information system；IIS

2. 医院信息系统中的综合管理与统计分析部分应包括_____、医疗统计、院长综合查询与分析、患者咨询服务。
   - A. 病床管理
   - B. 物资管理
   - C. 收费管理
   - D. 病案管理

3. 下列_____是 RIS/PACS 系统中各计算机设备间数据通信所依赖的主要技术标准。
   - A. ICD10
   - B. DICOM3.0
   - C. HL7
   - D. TCP/IP

4. 实验室信息系统的主要分系统不包括_____。
   - A. 临床检验系统
   - B. 实验室质量控制系统
   - C. 实验室管理系统
   - D. 实验室科室管理系统

5. 下列不是电子病历数据内容特点的是_____。
   - A. 数据类型多
   - B. 来源多样
   - C. 涉及范围广
   - D. 以时间为顺序

6. PACS（Picture Archiving and Communication System）是指_____。
   - A. 图像存储与通信系统
   - B. 检验信息系统
   - C. 临床管理信息系统
   - D. 放射科信息系统

7. 临床信息系统的缩写是_____。
   - A. LIS
   - B. CIS
   - C. RIS
   - D. GMIS

8. 数字化医院发展一般经历三个阶段：_____。
   - A. 医院管理信息化、临床管理信息化、局域医疗卫生服务信息化
   - B. 临床管理信息化、医院管理信息化、局域医疗卫生服务信息化
   - C. 医院管理信息化、局域医疗卫生服务信息化、临床管理信息化
   - D. 局域医疗卫生服务信息化、临床管理信息化、医院管理信息化

二、判断题

（　　）1. 医院信息系统以患者医疗信息、卫生经济信息和物资管理信息为三条主线。

（　　）2. RIS 系统主要包含预约登记、报告审核、技师质控和统计管理四类工作站。

（　　）3. 图像的存储管理是 PACS 系统数据流的最后一个环节。

（　　）4. 实验室信息系统的工作流程与实际检验的工作流程基本相似。

（　　）5. 电子病历的英文简称为 EMR。

三、填空题

1. 根据数据流量、流向及处理过程，可将整个医院信息系统分为五大部分，分别是_____、_____、_____、_____、_____。

2. 医院信息系统大体上可分为_____和_____。

3. 医院的外部接口主要有_____、_____、_____。

4. PACS 系统借助于高速计算设备及通信网络，完成对图像信息的采集、_____、_____、_____、_____、_____等。

5. 电子病历是用电子设备_____、_____、_____和_____的数字化的患者医疗记录，取代手写纸张病历。

6. 利用电子计算机和通信设备，为医院所属各部门提供患者诊疗信息和行政管理信息的收集、存储、处理、提取和数据交换的能力并满足授权用户的功能需求的平台是_____。

7. 数字化医院系统是_____、_____、_____所组成的三位一体的综合信息系统。

8. 护理工作站是_____的重要组成部分之一，它协助病房护士完成日常的护理工作，同时可方便地核对并处理医生下达的长期和临时医嘱，并对医嘱的执行情况进行管理。

9. _____是指基于医学影像存储与通信系统，从技术上解决图像处理技术的管理系统。

参考文献

陈典全，薛洲恩 . 2012. 计算机基础与应用 . 北京：科学出版社 .

李建华 . 2010. 计算机应用基础 . 重庆：西南师范大学出版社 .

刘书铭 . 2003. 计算机应用基础 . 2 版 . 北京：科学出版社 .

刘永生，杨明 . 2009. 医学计算机基础 . 北京：科学出版社 .

徐久成，王岁花 . 2009. 大学计算机基础 . 北京：科学出版社 .

薛洲恩，胡志敏 . 2011. 信息技术应用基础 . 北京：人民军医出版社 .

张洪明 . 2006. 大学计算机基础 . 2 版 . 昆明：云南大学出版社 .

朱凤文 . 2013. 计算机应用基础实训教程 . 天津：南开大学出版社 .

参考答案

练习1参考答案

一、单选题

1. B 2. A 3. D 4. C 5. C 6. B 7. C

8. B 9. C 10. B 11. C 12. C 13. B

14. C 15. B

二、判断题

1. × 2. √ 3. × 4. √ 5. × 6. × 7. √

8. √ 9. × 10. × 11. √ 12. × 13. ×

14. √ 15. √

三、填空题

1. 操作码；操作数 2. 晶体 3. UPS

4. 科学计算 5. 运算器；控制器

6. 算术；逻辑

7. 取出指令；分析指令；执行指令；为执行下一条指令做好准备

8. 255 9. ASCII 码 10. 程序

练习2参考答案

一、单选题

1. C 2. D 3. B 4. C 5. B 6. A 7. D

8. 9. C 10. A 11. A 12. D 13. A

14. C 15. C

二、判断题

1. √ 2. × 3. × 4. × 5. × 6. ×

7. √ 8. √ 9. √ 10. √ 11. √ 12. √

13. × 14. √ 15. ×

三、填空题

1. 桌面；标题栏 2. Ctrl；空格 3. 控制面板

4. [Shift]；[Delete] 5. 库 6. 一；多

7. ??S*.wav 8. .txt；.wav；.com 或者 .exe

9. [Print Screen] 10. 计算机

练习3参考答案

一、单选题

1. D 2. D 3. D 4. B 5. D 6. B 7. C

8. B 9. A 10. C 11. C 12. A 13. C

14. B 15. C

二、判断题

1. × 2. √ 3. √ 4. √ 5. ×

6. × 7. √ 8. × 9. × 10. √

11. √ 12. × 13. × 14. √ 15. ×

三、填空题

1. DOCX

2. 标题栏；菜单栏；工具栏；状态栏

3. 插入；改写；改写

4. 页面视图；Web 版式视图；草稿

5. 插入点 6. 页面视图 7. 可以不

8. 大纲 9. 回车符；首行缩进；悬挂缩进

10. SUM（）

练习4参考答案

一、单选题

1. C 2. C 3. B 4. D 5. B 6. B 7. D

8. C 9. A 10. B 11. A 12. B 13. B

14. C 15. A

二、判断题

1. √ 2. √ 3. √ 4. √ 5. × 6. × 7. ×

8. × 9. × 10. × 11. √ 12. × 13. ×

14. √ 15. √

三、填空题

1. [Delete] 2. =C4+D5 3. 行号 4. 6

5. 新建窗口 6. 填充柄 7. & 8. 6

9. 相对地址、绝对地址、混合地址；相对地址

10. F4

练习5参考答案

一、单选题

1. A 2. D 3. A 4. C 5. A 6. D 7. C

8. C 9. D 10. B

二、多选题

1. ABD 2. ABCD 3. ABCD 4. ABCD

5. ABCD

三、判断题

1. √ 2. × 3. √ 4. × 5. √ 6. ×

7. √　8. √　9. √　10. √

四、填空题

1. .potx　2. [Alt+F4]

3. 幻灯片窗口、大纲窗口、备注窗口

4. [视图]　5. [SmartArt]　6. [设计]

7. 幻灯片母版、讲义母版、备注母版

8. [Shift+F5]

9. 演讲者放映、观众自行浏览、在展台浏览

10. 幻灯片、大纲、备注、讲义

练习6参考答案

一、单选题

1. C　2. D　3. B　4. C　5. D　6. C　7. B

8. C　9. D　10. A

二、判断题

1. ×　2. √　3. √　4. ×　5. √　6. √　7. ×

8. √　9. √　10. ×

三、填空题

1. 一对一、一对多、多对多

2. OLE 对象　3. 主键　4. DBMS

5. 按筛选器；选择筛选；按窗体筛选；高级筛选

6. 更新查询

7. 查询

8. 报表

9. 宏组名 . 宏名

10. 分组 /Group By

练习7参考答案

一、单选题

1. B　2. B　3. C　4. B　5. B　6. C　7. D

8. C　9. A　10. A

二、多选题

1. ABCD　2. ABCD　3. ABC　4. ABCD

5. AD

三、判断题

1. √　2. √　3. √　4. ×　5. √　6. ×　7. √

8. ×　9. √　10. √

四、填空题

1. 双绞线　2. 通信　3. 超文本传输协议

4. 4；小数点　5. 服务器操作系统

6. 超文本标记语言　7. 统一资源定位器

8. 网卡　9. 规则标准或协定

10. 客户机 / 服务器

练习8参考答案

一、单选题

1. D　2. A　3. A　4. D　5. D　6. C　7. D

8. C　9. D　10. D

二、多选题

1. ABC　2. ABC　3. ABCD　4. AB　5. ABD

三、判断题

1. ×　2. √　3. √　4. √　5. √　6. ×　7. √

8. ×　9. √　10. √

四、填空题

1. 音频技术；视频技术；数据压缩技术；网络传输技术　2. 实时性　3. 音频；视频

4. 声卡　5. MIDI

6. 采样频率、采样位数、声道数

7. 冗余压缩法；熵压缩法　8. 感觉媒体

9. RGB；CMYK；YUV　10. 数据压缩技术

练习9参考答案

一、单选题

1. A　2. D　3. B　4. D　5. D　6. A　7. B　8. A

二、判断题

1. √　2. ×　3. ×　4. √　5. √

三、填空题

1. 临床诊疗部分；药品管理部分；经济管理部分；综合管理与统计分析部分；外部接口部分

2. 管理信息系统、临床信息系统

3. 医疗保险系统；社区医疗系统；远程医疗咨询系统及各级行政主管部门

4. 存储；归档；传送；显示；管理

5. 保存；管理；传输；重现

6. 医院管理信息系统

7. 医院业务软件；数字化医疗设备；网络平台

8. 临床信息系统

9. 图像存储与通信系统

《计算机基础与应用（第二版）》教学基本要求

一、课程性质和任务

性质： "计算机基础与应用"是各专业学生必修的公共基础课，它是为培养大专层次应用型人才使用计算机技能而开设的。

本课程是一门有关计算机知识的入门课程，普及计算机基础知识，具有一定的计算机文化基础，着重基础知识与基本操作技能的学习和培养，并兼顾实用软件的使用和计算机应用领域前沿知识的介绍，掌握计算机现代工具，为学生将来进一步的学习打下良好的基础。

任务： 使学生具有计算机基础知识，掌握常用的基本概念，能较熟练地操作计算机，管理好自己需要的文件；掌握常用的办公软件的功能及使用，并能熟练地操作和灵活应用；具有一定的数据库知识，能简单地处理数据；具有一定的计算机网络知识，能熟练地上网查询资料，下载文件，发电子邮件。

二、课 程 目 标

目标： 通过本课程的学习，学生应能够掌握微型计算机的基本使用方法、文字和数据信息处理技术、计算机网络和一些常用工具软件的使用方法。提高学生的学习能力、创新能力和实际工作能力，使学生能更好地适应现代社会的需求。

（一）知识教学目标

（1）了解计算机的发展过程、社会贡献及未来发展方向。

（2）了解计算机系统的组成及工作原理。

（3）掌握微型计算机的硬件系统及主要部件的功能。

（4）掌握操作系统的概念与其中一些重要概念。

（5）了解计算机网络、数据库、多媒体等技术的基本概念、相关技术和应用领域。

（6）掌握微型计算机的基本使用方法、文字和数据信息处理技术、演示文稿设计、计算机网络和一些常用工具软件的使用方法。掌握计算机基本应用技能。

（二）能力培养目标

（1）具有计算机、计算机网络常识。

（2）具有计算机基本应用的技能。

（3）具有充分利用计算机技术及网络技术来提高工作效率的能力。

（三）思想教育目标

（1）通过对计算机基础及应用的学习，正确认识计算机科学对人类社会的作用和贡献，能认识到人脑与电脑的相似之处和不同之处，培养辩证唯物主义的世界观。

（2）使学生在未来各自的职业中能够有意识地借鉴、引入计算机科学中的一些理念、技术和方法。

（3）通过上机实践操作，培养学生理论联系实际的良好学习作风和实事求是的科学态度，体验到"只有你想不到的，没有你办不到的"这句话的真实含义。

（4）具有良好的职业道德修养、人际沟通能力和团结协作精神。

（5）具有严谨的学习态度、科学的思维能力、敢于创新的精神。

三、教学内容和要求

教学内容	教学要求			教学活动参考	教学内容	教学要求			教学活动参考
	了解	理解	掌握			了解	理解	掌握	
一、计算机基础知识				理论讲授	2. 中央处理器		√	√	
（一）计算机简介				多媒体演示	3. 内存及外存	√	√		
1. 计算机的诞生	√	√		实物演示	4. 键盘与鼠标	√	√		
2. 计算机发展过程	√				5. 显示器	√	√		
3. 计算机的特点		√			（五）笔记本电脑简介				
4. 计算机分类及社会贡献	√				1. 笔记本电脑特点	√			
5. 计算机的主要应用及未来发展趋向	√				2. 笔记本电脑硬件结构及功能简介（侧重介绍特有硬件）	√	√		
（二）计算机中信息的表示（数字化）					二、中文操作系统 Windows 7 的应用				理论讲授 多媒体演示
1. 二进制数及运算			√		（一）Windows 7 的应用环境				
2. 计算机中使用的各种进位制数间的转换			√		1. 操作系统的概念		√		
3. 计算机中数的表示	√	√			2. 操作系统的五大功能		√		
4. ASCII 码		√			3. 常用操作系统	√			
5. 汉字编码		√	√		4. Windows 7 的特点		√		
6. 中英文输入		√			5. Windows 7 的主要资源		√		
（三）计算机系统的构成及工作原理					（二）Windows 7 的基本操作				
1. 硬件系统的组成及工作原理（只讲五大部件，深入讲解放到微机硬件系统讲）	√	√	√		1. Windows 7 的启动与关闭			√	
					2. 鼠标与键盘操作		√	√	
					3. 窗口认识与操作		√	√	
					4. 菜单的操作			√	
					5. 对话框认识与操作		√	√	
2. 软件系统介绍（突出系统，提及操作系统但不深入讲解）	√	√			6. 快捷键的应用			√	
					7. 应用程序的启动			√	
3. 指令及计算机语言	√				（三）文件管理				
（四）微机系统的主要硬件及功能		√	√		1. 文件知识		√	√	
					2. 资源管理器启动与界面认识		√	√	
					3. 库认识与应用		√	√	
					4. 文件及文件夹的管理操作		√	√	
1. 主板	√	√	√		5. 文件安全管理		√	√	

续表

教学内容	了解	理解	掌握	教学活动参考
6.计算机病毒防范		√	√	
（四）Windows 7 的环境设置			√	
1. 控制面板		√	√	
2. Windows 7 的外观个性化		√	√	
3. 用户管理	√	√		
4. 硬件管理	√	√		
5. 应用程序添加与删除		√	√	
6. 字库与汉字输入法添加与删除	√	√		
三、Word 2010 的应用				理论讲授
（一）Word 文档的创建		√	√	多媒体演示
1. 中文 Office 2010 软件包简介	√	√		案例分析讨论
2. Word 2010 的主要功能及特点	√	√		
3. Word 2010 的启动			√	
4. Word 2010 的窗口与功能区认识			√	
5. 自定义功能区和快速访问工具栏	√	√	√	
6. 文档内容的输入		√	√	
7. 文档的保存		√	√	
8. 退出 Word 2010		√	√	
（二）Word 文档的编辑			√	
1. 打开与关闭 Word 文档	√	√	√	
2. 编辑 Word 文档		√	√	
3. 窗口功能区的使用		√	√	
4. 添加页码、脚注及批注		√	√	
（三）Word 文档的排版与打印				
1.字体设置		√	√	
2.段落设置		√	√	
3.特殊格式设置及引用	√	√		
4. 项目号设置		√	√	
5. 文档背景设置		√	√	
6. 页面设置		√	√	
7. 页眉与页脚设置		√	√	
8. 打印预览及打印控制		√	√	

教学内容	了解	理解	掌握	教学活动参考
（四）图文混排				
1. 图形的插入及排版		√	√	
2. 艺术字的插入及排版		√	√	
3. 文本框的插入及排版		√	√	
4. 数学公式的输入	√	√		
5. 超链接		√	√	
6. 分栏设置		√	√	
7. 分节符的应用		√	√	
（五）表格制作与邮件合并				
1. 表格制作与编辑		√	√	
2. 数据计算		√	√	
3. 邮件合并	√	√		
四、Excel 2010 的应用				理论讲授
（一）Excel 2010 的工作簿创建		√	√	多媒体演示
1. Excel 的启动与退出		√	√	案例分析讨论
2. 工作界面		√	√	
3. 数据编辑与格式化		√	√	
4. 工作簿保存		√	√	
（二）Excel 2010 的数据统计与分析				
1. 数据计算		√	√	
2. 常用函数		√	√	
3. 选择性粘贴应用		√	√	
4. 排序		√	√	
5. 筛选		√	√	
6. 分类汇总		√	√	
7. 合并计算		√	√	
8. 模拟运算	√	√		
9. 数据透视(透视表和透视图)		√	√	
10. 图表应用（含迷你图）		√	√	
（三）Excel 2010 的电子表打印				
1. 页面设置		√	√	
2. 页眉和页脚应用		√	√	
3. 打印区设置		√	√	
4. 打印预览与打印控制		√	√	

续表

教学内容	教学要求			教学活动参考	教学内容	教学要求			教学活动参考
	了解	理解	掌握			了解	理解	掌握	
（四）Excel 2010 的数据保护					5. 自定义放映	√	√		
1. 工作簿的保护	√	√			6. 演示文稿的打包及视频保存		√	√	
2. 工作表的保护	√	√							
五、PowerPoint 2010 的应用				理论讲授	六、Access 2010 的应用				理论讲授
（一）演示文稿的创建				多媒体演示	（一）数据库基础知识				多媒体演示
1. PowerPoint 启动与退出	√	√		案例分析讨论	1. 数据库的产生	√	√		案例分析讨论
2. 工作界面	√	√			2. 数据库系统的主要特点		√	√	
3. 新建演示文稿	√	√			3. 数据库系统的组成		√	√	
4. 幻灯片中对象插入	√	√			4. 数据库系统的基本概念		√	√	
5. 背景音乐和视频	√	√			（二）Access 2010 数据库				
6. 保存演示文稿	√	√			1. Access 2010 简介		√	√	
（二）编辑演示文稿					2. Access 2010 的工作界面	√	√		
1. 插入幻灯片	√	√			3. 创建空数据库		√	√	
2. 复制幻灯片	√	√			4. 数据类型		√	√	
3. 移动幻灯片	√	√			5. 创建数据表		√	√	
4. 删除幻灯片	√	√			6. 创建简单查询		√	√	
（三）美化演示文稿					七、计算机网络应用				理论讲授
1. 幻灯片背景设置（含配色方案）	√	√			（一）计算机网络的基本概念		√	√	多媒体演示
2. 统一演示文稿中幻灯片的外观（设计模板、版式应用及母版设计）	√	√			（二）局域网的基本知识		√	√	案例分析讨论
					（三）Internet 概念及其应用（IPv6 简介）		√	√	
（四）演示文稿动作设计					（四）IE 与电子邮件的使用		√	√	
1. 超链接	√	√			（五）网络安全知识	√	√		
2. 动作按钮	√	√			（六）网页设计		√	√	
3. 动作设置	√	√			（七）物联网简介		√	√	
4. 自定义动画（进入、强调、退出、路径）	√	√			（八）常用网络软件简介	√			
5. 动画窗格的应用（多动画及触发器应用）	√	√			八、多媒体技术基础	√			理论讲授
6. 幻灯片切换	√	√			（一）多媒体基础知识				多媒体演示
（五）演示文稿的放映					1. 多媒体的概念		√	√	案例分析讨论
1. 观看放映	√	√			2. 多媒体的主要特点		√	√	
2. 设置放映方式	√	√			3. 多媒体信息的类型		√	√	
3. 排练计时	√	√			（二）多媒体计算机				
4. 录制旁白	√	√			1. 多媒体计算机系统组成		√	√	
					2. 多媒体计算机的功能		√	√	
					3. 多媒体计算机硬件系统		√	√	
					4. 多媒体计算机软件系统		√	√	

续表

教学内容	教学要求			教学活动参考	教学内容	教学要求			教学活动参考
	了解	理解	掌握			了解	理解	掌握	
（三）多媒体信息的数字化和压缩技术					九、医院信息应用基础				
1.多媒体信息处理的关键技术	√				1.数字化医院概念	√			
2.多媒体信息的数字化		√	√		2.医院信息系统	√			
3.数据压缩技术		√			3.护士站系统简介	√			
（四）多媒体相关软件简介	√				4.医疗图像存储与通信系统简介	√			

四、教学大纲说明

（一）适用对象与参考学时

本教学大纲可供护理、临床医学、助产、药剂、医学检验、口腔工艺技术、医学影像技术等专业使用，总学时为 72 个，其中理论教学 36 学时，实践教学 36 学时。

（二）教学要求

（1）本课程对理论教学部分要求有掌握、理解、了解三个层次。掌握是指对计算机中所学的基本知识、基本理论具有深刻的认识，并能灵活地应用。理解是指能够解释、领会概念的基本含义并会应用所学技能。了解是指能够简单理解、记忆所学知识。

（2）本课程突出以培养能力为本位的教学理念，在实践技能方面分为熟练掌握和学会两个层次。熟练掌握是指能够独立娴熟地进行正确的实践技能操作。学会是指能够在教师指导下进行实践技能操作。

（三）教学建议

（1）在教学过程中要积极采用现代化教学手段，加强直观教学，充分发挥教师的主导作用和学生主体作用。注重理论联系实际，并组织学生开展必要的临床案例分析讨论，以培养学生分析问题和解决问题的能力，使学生加深对教学内容的理解和掌握。

（2）实践教学要充分利用教学资源、计算机网络、实例、多媒体教学软件等，采用理论讲授、操作示范演示、任务驱动方式、案例分析讨论等教学形式，充分调动学生学习的积极性和主观能动性，强化学生的动手能力和专业实践技能操作。

（3）教学评价应通过课堂提问、布置作业、单元目标测试、案例分析讨论、自测软件、实践考核、期末考试等多种形式，对学生进行学习能力、实践能力和应用新知识能力的综合考核，以期达到教学目标提出的各项任务。

学时分配建议（72 学时）

序号	教学内容	学时数		
		理论	实践	合计
1	计算机基础知识	6	6	12
2	中文操作系统 Windows 7 的应用	4	4	8
3	Word 2010 的应用	8	10	18
4	Excel 2010 的应用	4	6	10
5	PowerPoint 2010 的应用	2	4	6
6	Access 2010 的应用	4	2	6
7	计算机网络应用	6	4	10
8	多媒体技术基础	2	0	2
9	医学信息应用基础	2	0	2
	合计	38	34	72